JN268181

HEGEDUS・SÖDERBERG
遷移金属による有機合成
第3版

村井眞二 訳

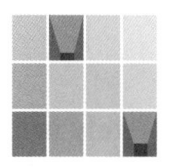

東京化学同人

Transition Metals in the Synthesis of Complex Organic Molecules

Third Edition

Louis S. Hegedus
Colorado State University

Björn C. G. Söderberg
West Virginia University

Copyright © 2010 by University Science Books

序

　本書の第2版が1999年に発刊されて以来，新反応，新触媒，配位子，反応条件，そして複雑な化合物の合成など遷移金属による有機合成のあらゆる観点について，幾千という数の論文が発表されてきた．遷移金属がもたらす反応の反応機構を明らかにするための計算手法が発達し，ときに非常に複雑な触媒反応の過程をより詳細に理解できるようになった．本第3版はますます活発に発展を続けているこの分野の記述を，2008年初頭の文献まで含め刷新したものである．各章末に掲げた参考文献の数は前版の2倍の1600にもなっている．

　遷移金属触媒を用いる重合，種々の材料研究に用いられる化合物の合成，水やフッ素系溶媒や超臨界流体，イオン液体など，これまでとは違った"グリーン"溶媒の利用，さらに高分子担持触媒など，これらはすべてたいへん注目されている．しかし，これらの反応の機構は特に新しいものではないし，標準的な有機溶媒を用いた液相反応と比べて反応性や選択性に本質的な違いがあるという訳ではない．したがってこの版では，あくまでふつうの反応条件の下で，分子量が小さく，構造の明確な分子を対象とする合成をとりあげている．

　第1章：形式，電子数，結合，第2章：有機金属反応機構 は遷移金属化学の基礎理論を述べているので特に大幅な更新はしていない．第3章：遷移金属ヒドリドの合成化学的応用 では均一系水素化，特に不斉水素化，トランスファー水素化，ヒドロ官能基化，アルケンの異性化について最新の進歩を取入れた．第4章：金属－炭素σ結合をもつ錯体の合成化学的応用 では内容を最新のものにすると同時に，特に合成化学的に重要なパラジウム触媒によるカップリング反応に代表されるσ-金属錯体の大きく発展した化学へ記述を広げた．第5章：遷移金属カルボニル錯体の合成化学的応用 は，全章中最も動きの少ない部分であり，少し手を加えただけである．第6章：遷移金属カルベン錯体の合成化学的応用 は金属に結合したカルベンの化学量論的および触媒的反応について述べる．メタセシスプロ

セスについての節はかなり幅を広げた．金属アルケン錯体の生成と反応については，第 7 章：遷移金属アルケン，ジエン，ジエニル錯体の合成化学的応用 で述べる．第 8 章：遷移金属アルキン錯体の合成化学的応用 は，アルキン錯体の有機合成での応用について大幅に更新し，金，白金錯体によるユニークな触媒反応についても述べる．第 9 章：遷移金属アリル錯体の合成化学的応用 では，おもにパラジウム触媒を利用する η^3-アリル型化学の新しい例を多く取入れた．他の遷移金属はパラジウムとの競合反応として，あるいは補完する反応として取入れた．最後に第 10 章：遷移金属アレーン錯体の合成化学的応用 では，おもに，クロム，マンガン，鉄，ルテニウムの η^6-アレーン錯体について述べるが，オスミウムの η^2-アレーン錯体についてもふれた．

Björn C. G. Söderberg
ウェストヴァージニア大学

　この本のこれまでの版についてアップデートおよび改訂が明らかに必要と思われるようになり，私の以前の共同研究者である Björn Söderberg 教授にこの仕事をお願いすることにした．私が 25 年間続けてきた，有機合成における遷移金属の領域を毎年概観する仕事を同教授が引継ぎ，何年もこの仕事にあたってこられたので，同氏こそが本書の改訂には打ってつけの専門家だと考えた．旧版にはもちろん基盤をおくが，今回の改訂はほとんど Söderberg 教授単独の努力によるもので，私は必要最小限の手助けしかしていない．この改訂により本書の価値はおおいに高まったが，これはすべて同教授の勤勉さとハードワークによるものである．

Louis S. Hegedus
コロラド州立大学名誉教授

著者略歴

Louis S. Hegedus　　Colorado 州立大学化学部の John K. Stille-名誉教授．Pennsylvania 州立大学にて Albert Haim 教授のもと無機化学の研究で B. S.（理学士）取得，Harvard 大学で E. J. Corey 教授の指導のもとに Ph. D.（理学博士）を取得した．1994 年 "Transition Metals in the Synthesis of Complex Organic Molecules" の初版を執筆した．

Björn C. G. Söderberg　　West Virginia 大学化学部教授．スウェーデンストックホルムの Royal Institute of Technology にて M. S.（理学修士）および Ph.D.（理学博士）取得．Colorado 州立大学において Louis S. Hegedus 教授のもとで博士研究員．

訳　者　序

　読んでいてなるほどと思うことしきりである．反応パターンをもとに整理されているので，一見複雑な種々の反応をうまく理解できる．初学者から専門家までおおいに役立つ本である．飛ばし読みもよし，教科書によし，輪読によし．

　新版になっての特長は，反応のパターンの整理がたいへん行き届いていることと，カバーしている合成反応の例が非常に多く幅広くなったことである．友人に，論文を書くときにはまずこの本の該当部分を参照すると，イントロの構成がすっきりすること請け合い，と勧めたくなる．新しい共著者 B. C. G. Söderberg 氏の博識とポイントをつかむ能力に敬意を表する．

　本書は，有機合成化学者のお得意のパターン整理法により，遷移金属の関係する有機反応が理解できることを目的としている．有機化学でおなじみの S_N1, E2, [4+2]環化付加などと同様に，遷移金属反応にも，酸化的付加，挿入，配位不飽和といったような限られた数種の反応パターンがあり，これを理解するだけでよいことを本書は教えてくれる．

　特筆すべきは，本書で取上げている合成反応について，この 10 年間に 3 回もノーベル化学賞の対象になったことである．2001 年化学賞は不斉触媒反応の研究において，W. S. Knowles, R. Noyori（野依良治），K. B. Sharpless に，2005 年化学賞はメタセシス反応の開発により，Y. Chauvin, R. H. Grubbs, R. R. Schrock に，そして 2010 年化学賞はクロスカップリング反応に貢献した，R. F. Heck, E. Negishi（根岸英一），A. Suzuki（鈴木　章）に授与された．それぞれ，本書の第 3 章，第 6 章，第 4 章に見事な説明がなされている．最近のノーベル化学賞が"役に立つ"という点を重要視していることと，本書の執筆方針が応用を重視していることとの一致は決して偶然ではない．本書が学習と研究のあらゆる局面で役に立つことの裏付けでもある．

　本新版の訳にあたり，奈良先端科学技術大学院大学の森本　積准教授には，記述内容の，原論文にまで遡ってのチェックでお世話になった．刊行

に際し，東京化学同人の小澤美奈子社長，橋本純子さんにお世話になった．同社編集部の内藤みどりさんには多岐にわたる良質の支援を頂いた．記して謝意を表したい．

2011 年 3 月

村 井 眞 二

目　次

1 章　形式，電子数，結合（簡単なその仕組み） …………………………1
　1.1　はじめに …………………………………………………………………1
　1.2　形　式 ……………………………………………………………………2
　　　a. 酸 化 数 ………………………………………………………………2
　　　b. d 電子配置，配位飽和，18 電子則 …………………………………3
　　　c. 配位子の分類 …………………………………………………………4
　1.3　結合について ……………………………………………………………9
　1.4　構造について ……………………………………………………………11

2 章　有機金属反応機構 ……………………………………………………12
　2.1　はじめに …………………………………………………………………12
　2.2　配位子置換反応 …………………………………………………………12
　2.3　酸化的付加/還元的脱離 ………………………………………………17
　2.4　転位挿入/β 脱離 ………………………………………………………22
　2.5　遷移金属上の配位子への求核攻撃 ……………………………………24
　2.6　トランスメタル化 ………………………………………………………31
　2.7　遷移金属上の配位子への求電子攻撃 …………………………………34

3 章　遷移金属ヒドリドの合成化学的応用 ………………………………37
　3.1　はじめに …………………………………………………………………37
　3.2　均一系水素化 ……………………………………………………………38
　3.3　トランスファー水素化 …………………………………………………55
　3.4　ヒドロ官能基化 …………………………………………………………60
　3.5　金属ヒドリド触媒によるアルケンの異性化 …………………………65
　3.6　遷移金属ヒドリドの他の反応 …………………………………………67

4 章　金属-炭素σ結合をもつ錯体の合成化学的応用 …………………… 72
　4.1　はじめに ……………………………………………………………… 72
　4.2　カルボアニオンと金属ハロゲン化物の反応からのσ炭素-金属錯体：
　　　　　　　　　　　　　　　　　　　　　　　有機銅の化学 ……… 72
　4.3　金属-水素結合へのアルケンやアルキンの挿入で生成する
　　　　　　　　　　　　　　　　　　　　　　σ炭素-金属錯体 ……… 85
　4.4　トランスメタル化/挿入で生成するσ炭素-金属錯体 ……………… 92
　4.5　酸化的付加/トランスメタル化で生成するσ炭素-金属錯体 ……… 96
　4.6　酸化的付加/求核置換経路によるσ炭素-金属錯体 ……………… 122
　4.7　酸化的付加/挿入を経るσ炭素-金属錯体（Heck 反応）………… 126
　4.8　炭素-水素結合への挿入過程で生成するσ炭素-金属錯体 ……… 139
　4.9　アルケンおよびアルキンの還元的カップリングで生成する
　　　　　　　　　　　　　　　　　　　　　　σ炭素-金属錯体 ……… 145

5 章　遷移金属カルボニル錯体の合成化学的応用 ……………………… 173
　5.1　はじめに ……………………………………………………………… 173
　5.2　鉄カルボニルによるカップリング反応 …………………………… 174
　5.3　カルボニル化反応 …………………………………………………… 176
　5.4　脱カルボニル，ヒドロホルミル化，およびヒドロアシル化 …… 184
　5.5　金属アシルエノラート ……………………………………………… 189
　5.6　橋かけアシル錯体 …………………………………………………… 192

6 章　遷移金属カルベン錯体の合成化学的応用 ………………………… 196
　6.1　はじめに ……………………………………………………………… 196
　6.2　ヘテロ原子で安定化された求電子的"Fischer"カルベン錯体 …… 196
　6.3　非安定化求電子的カルベン錯体 …………………………………… 226
　6.4　非安定化求電子的カルベン中間体を経由する
　　　　　　　　　　　　　ジアゾ化合物の金属触媒による分解 ……… 229
　6.5　求電子的カルベン錯体のメタセシスプロセス …………………… 237
　6.6　求核的"Schrock"カルベン錯体 …………………………………… 247

7 章　遷移金属アルケン，ジエン，ジエニル錯体の合成化学的応用 … 262
　7.1　はじめに ……………………………………………………………… 262

7.2 金属アルケン錯体 ………………………………………………………………… 262
   a. パラジウム(Ⅱ)錯体 ……………………………………………………… 262
   b. 鉄(Ⅱ)錯体 ………………………………………………………………… 282
7.3 金属ジエン錯体 …………………………………………………………………… 285
   a. 1,3-ジエン保護基としての Fe(CO)$_3$ …………………………………… 285
   b. 金属ジエン錯体への求核攻撃 …………………………………………… 293
   c. カチオン性金属ジエニル錯体への求核攻撃 …………………………… 296
   d. 金属触媒による環化付加反応 …………………………………………… 301

8 章 遷移金属アルキン錯体の合成化学的応用 ……………………………… 317

8.1 はじめに …………………………………………………………………………… 317
8.2 金属アルキン錯体への求核攻撃 ………………………………………………… 317
8.3 安定なアルキン錯体 ……………………………………………………………… 339
   a. アルキンの保護基として ………………………………………………… 339
   b. Pauson-Khand 反応 ……………………………………………………… 344
8.4 金属触媒によるアルキンの環化オリゴマー化 ………………………………… 350
8.5 ジルコニウムおよびチタン錯体による反応 …………………………………… 361

9 章 遷移金属アリル錯体の合成化学的応用 ………………………………… 372

9.1 はじめに …………………………………………………………………………… 372
9.2 遷移金属触媒による 1,3-ジエンのテロメリゼーション ……………………… 373
9.3 アリル誘導体のパラジウム触媒反応 …………………………………………… 377
   a. 概　論 ……………………………………………………………………… 377
   b. アリル位アルキル化 ……………………………………………………… 378
   c. トランスメタル化によるアリル位アルキル化 ………………………… 383
   d. アリル位アミノ化，アルコキシ化，還元，脱プロトン反応 ………… 386
   e. η^3-アリルパラジウム錯体の挿入反応 …………………………………… 396
   f. トリメチレンメタン中間体を経るパラジウム(0)触媒による
      環化付加反応 ……… 399
   g. プロパルギル系の反応 …………………………………………………… 404
9.4 パラジウム以外の金属アリル錯体 ……………………………………………… 405
   a. モリブデン，タングステン，ルテニウム，ロジウムおよび
      イリジウム触媒 ……… 405
   b. η^3-アリルモリブテンおよびタングステン錯体 ……………………… 407

  c. η^3-アリル鉄錯体 ……………………………………………… 410
  d. η^3-アリルコバルト錯体 ……………………………………… 411
  e. η^3-アリルニッケル錯体 ……………………………………… 412

10 章　遷移金属アレーン錯体の合成化学的応用 …………………… 424
10.1　はじめに ……………………………………………………………… 424
10.2　η^6-アレーン金属錯体の合成 …………………………………… 424
10.3　η^6-アレーン金属錯体の反応 …………………………………… 427
  a. ハロゲン化アリールの芳香族求核置換反応 …………………… 427
  b. 金属アレーン錯体への炭素求核剤の付加 ……………………… 429
  c. アレーンクロムトリカルボニル錯体のリチオ化 ……………… 438
  d. 側鎖の活性化と立体化学の制御 ………………………………… 441
10.4　η^2-アレーン金属錯体 …………………………………………… 449

索　　引 …………………………………………………………………… 459

略　　号

Ac	acetyl
acac	acetylacetonato
Ad	adamantyl
Am	amyl
Ar	aryl
bihep	(6,6′-dimethoxybiphenyl-2,2′-diyl)-bis(diphenylphosphine)
binap	2,2′-bis(diphenylphosphino)-1,1′-binaphthyl
binapo	1,1′-bi-2-naphthyl bis(diphenylphosphinite)
binol	1,1′-bis-2,2-naphthol
Bn	benzyl
Boc	t-butoxycarbonyl
BOM	benzyloxymethyl
BPE	substituted 1,2-bis(phospholano)ethane
	または substituted 1,2-bis(phospholane)ethane
	または substituted 1,2-bis(phospholidinyl)ethane
bppm	1-t-butoxycarbonyl-4-diphenylphosphino-2-(diphenylphosphinomethyl)pyrrolidine
	または 1-t-butoxycarbonyl-4-diphenylphosphino-2-(diphenylphosphinomethyl)azolidine
BQ	1,4-benzoquinone
Bu	butyl
Bz	benzoyl
CAN	cerium ammonium nitrate
Cbz	benzyloxycarbonyl
chiraphos	2,3-bis(diphenylphosphino)butane
cod	1,5-cyclooctadiene
coe	cyclooctene
Cp	cyclopentadienyl
Cp*	pentamethylcyclopentadienyl
Cy	cyclohexyl
daipen	1,1-dianisyl-2-isopropyl-1,2-ethylenediamine
davephos	2-dicyclohexylphosphino-2′-(N,N-dimethylamino)biphenyl
dba	dibenzylideneacetone

DBN	1,5-diazabicyclo[4.3.0]non-5-ene
DBU	1,8-diazabicyclo[5.4.0]undec-7-ene
DCE	dichloroethane
DCM	dichloromethane
DDQ	2,3-dichloro-5,6-dicyano-1,4-benzoquinone
DEIPS	diethylisopropylsilyl
dibah, dibal	diisobutylaluminium hydride または diisobutylaluminum hydride
diop	2,3-O-isopropylidene-2,3-dihydroxy-1,4-bis(diphenylphosphino)butane
dipamp	1,2-bis[(2-methoxyphenyl)phenylphosphino]ethane または 1,2-ethanediylbis[(2-methoxyphenyl)phenylphosphine]
DIPEA	diisopropylethylamine
DMA	N,N-dimethylacetamide
DMAD	dimethyl acetylenedicarboxylate
DMAP	4-dimethylaminopyridine
DME	1,2-dimethoxyethane
DMF	N,N-dimethylformamide
DMS	dimethyl sulfide
DMSO	dimethyl sulfoxide
DNBS	2,4-dinitrophenylsulfonyl
DOSP	tetrakis[N-(4-dodecylphenylsulfonyl)prolinate]
dpen	1,2-diphenyl-1,2-diaminoethane
dpephos	bis[2-(diphenylphosphino)phenyl] ether
dppb	1,4-bis(diphenylphosphino)butane
DPPBA	diphenylphosphinobenzoic acid
dppe	1,2-bis(diphenylphosphino)ethane
dppf	1,1'-bis(diphenylphosphino)ferrocene
dppm	1,1-bis(diphenylphosphino)methane
dppp	1,3-bis(diphenylphosphino)propane
DTAB	dodecyltrimethylammonium bromide
dtbm	3,5-di-t-butyl-4-methoxyphenyl
duphos	substituted 1,2-bis(phospholano)benzene または substituted 1,2-bis(phospholane)benzene または substituted 1,2-bis(phospholidinyl)benzene

E	electrophile
ebthi	ethylenebis(tetrahydroindenyl)
EDC	1-ethyl-3-(3-dimethylaminopropyl)carbodiimide
Et	ethyl
Fmoc	9-fluorenylmethoxycarbonyl
Fp	cyclopentadienyldicarbonyliron
Hept	heptyl
Hex	hexyl
HMDS	hexamethyldisilazane
HMPA	hexamethylphosphoramide または hexamethylphosphotriamide
IMes	1,3-bis(2,4,6-trimethylphenyl)imidazol-2-ylidene
josiphos	1-[2-diphenylphosphinoferrocenyl]ethyldicyclohexylphosphine
KHMDS	potassium hexamethyldisilazide
KNTMS$_2$	potassium (hexamethyldisilyl)amide
L	ligand
LAH	lithium aluminium hydride
LDA	lithium diisopropylamide
LiHMDS	lithium hexamethyldisilazide
M	metal
MACIM	methyl 1-acetylimidazolidin-2-one-carboxylate
m-CPBA	m-chloroperbenzoate
Me	methyl
5-MEPY	methyl 2-pyrrolidone-5-carboxylate
MOM	methoxymethyl
monophos	(3,5-dioxa-4-phosphacyclohepta[2,1-a : 3,4-a']-dinaphthalen-4-yl)dimethylamine
MOP	monodentate optically active phosphine 一般に 2-(diphenylphosphino)-2′-alkoxyl-1,1′-binaphthyls をさす
Ms	methanesulfonyl
MTM	methylthiomethyl
NAP	naphthylmethyl
naph	naphthalene
nbd	norbornadiene
NMO	N-methylmorpholine oxide

NMP	N-methyl-2-pyrrolidinone
Ns	4-nitrobenzensulfonyl
nttl	1,8-naphthanoyl-t-leucinate
Nuc	nucleophile
PBB	p-bromobenzyl
PBS	t-butyldiphenylsilyl
pent	pentyl
Ph	phenyl
Piv	pivaloyl
PMB	p-methoxybenzyl
PMDTA	N,N,N',N',N''-pentamethyldiethylenetriamine
PMes	tri(2,4,6-trimethylphenyl)phosphine (=trimesitylphosphine)
PMHS	polymethylhydrosiloxane
PMP	p-methoxyphenyl または 1,2,2,6,6-pentamethylpiperidine
PPTS	pyridinium p-toluenesulfonate
Pr	propyl
Py	pyridine または pyridyl
PYBOX	2,6-bis(2-oxazolin-2-yl)pyridine
R	alkyl group
segphos	5,5'-bis(diphenylphosphino)-4,4'-bi-1,3-benzodioxole
SEM	2-(trimethylsilyl)ethoxymethyl
siphos	10,11,12,13-tetrahydrodiindeno[7,1-de:1',7'-fg][1,3,2]-dioxaphosphocin-5-dimethylamine
TBAF	tetrabutylammonium fluoride
TBDMS	t-butyldimethylsilyl
TBDPS	t-butyldiphenylsilyl
TBS	t-butyldimethylsilyl
Teoc	2-(trimethylsilyl)ethoxycarbonyl
TES	triethylsilyl
Tf	trifluoromethanesulfonyl (=triflyl)
TFA	trifluoroacetic acid
THF	tetrahydrofuran
THP	tetrahydropyranyl
TIPS	triisopropylsilyl
TMEDA	N,N,N',N'-tetramethylethylenediamine

TMG	tetramethylguanidine
TMS	trimethylsilyl
TMSE	trimethylsilylethyl
tmtu	N,N,N',N'-tetramethylthiourea
tol	p-tolyl
Tp	hydridotris(pyrazolyl)borate
Tp′	hydridotris(3,5-dimethylpyrazolyl)borate
Tr	triphenylmethyl (=trityl)
triphos	bis(2-diphenylphosphinoethyl)phenylphosphine
Troc	2,2,2-trichloroethoxycarbonyl
Ts	p-toluenesulfonyl (=tosyl)
xyl	2,2′-bis[di(3,5-xylyl)phosphino]-1,1′-binaphthyl
Z	benzyloxycarbonyl

Transition Metals in the Synthesis of Complex Organic Molecules

Third Edition

1

形式，電子数，結合
（簡単なその仕組み）

1.1 はじめに

　有機合成において，なぜ遷移金属*を用いるのか？　当然それには多くの理由がある．ほとんどの官能基は遷移金属に配位でき，配位することによりその官能基の反応性が劇的に変わる．求電子剤が求核剤になったり，その逆が起こったり，安定な化合物が活性になったり，高活性種が安定化したりする．官能基のふつうの反応性が逆転し，（通常の条件下では不可能な）考えられないような型の反応が容易に進む．通常生成できない高活性反応中間体を発生させ，安定化させ，有機合成の有用な反応剤として用いることが可能となる．多くの有機金属反応は特異的に進行し，似ている反応点を識別することができ，通常の有機合成で悩みの種であった"保護-脱保護"の無駄を軽減することができる．さらに，うまく金属と基質を選べば，一つの反応操作でいくつかの結合をつぎつぎとつくる多段階過程を一挙にやり遂げ，あたかも金属で反応基質を縫い合わせるような合成も可能である．

　しかし良い事づくめではなく，欠点も多い．最大の難点は有機合成に遷移金属を用いるには，これまでと違った考え方が必要となり，遷移金属の反応挙動の基礎的な知識が必要となることであろう．金属は，いくつもの安定な酸化状態（酸化数）をとることができ，いくつもの立体配置や配位数をとることもできて，これらの要素が金属の有機化合物に対する反応性に直接関係している．この遷移金属化合物の構造の複雑さが，とっつきにくく，とまどいを与えるだろう．しかし幸いにも，すぐにマスターできる形式上

---

　*（訳注）　不完全に満たされたdまたはf亜殻をもつ原子またはそのような陽イオンを生じる元素を遷移元素といい，すべて金属元素なので遷移金属ともよばれる．図1.2 (p.3) では4族から11族がとりあげられている．12族（Zn, Cd, Hg）は遷移金属に似た点があり，遷移元素に分類することもある．

の約束がいくつかあって，これらに基づけばこの膨大な情報を互いに関連づけ整理することが可能である．本章ではこの体系について学ぶこととしよう．

利点の一つとして上で指摘した高い特異性は，裏を返せば特異的な反応は一般性を欠くという意味で欠点でもあり，基質の構造のわずかな変化により反応が全く進まなくなったりする．しかしほとんどの遷移金属化合物は，反応に関係する有機分子が配位している以外に，反応に直接関与はしないが反応性に影響を与えている配位子（"非関与"配位子，spectator ligand）がいくつか配位していて，これら配位子を変化させることにより，金属の反応性を調節でき，反応の適用範囲を広げることができる．

最後に，有機金属化合物の反応はその機構が複雑で不明の部分が多く，反応結果の予測と説明が困難な場合が多い．しばしばエネルギー的には近いけれど異なった反応経路をとることがある．このことを欠点と考えるのではなく，新反応を開発できる機会が大きいと考えれば大いなる発展が期待できる．

1.2 形 式

本書で示すすべての反応は遷移金属の配位子圏内で進行するものであって，反応の経路や結果を決定するのは金属の詳細な電子的性質である．したがって，金属の反応性を理解するためには金属の性質をよく理解することが必要となる．重要な要素は，1) 金属の酸化数，2) その酸化状態における金属のd電子数，3) 金属の配位数，4) 金属上の配位不飽和座の有無である．以下に述べる簡単な形式上の規則を知れば，これらの諸要素を容易に決定できる．ここで注意が必要である．これらの形式はあくまで形式上のことで，現実ではなく真の姿ではなく，場合によっては化学的にさえ妥当ではない．しかし，遷移金属有機化学のすべてを一つの形式的枠組みに収めることにより，膨大な異なった化学を系統づけ整理することができ，この分野の統一的な見方が可能となる．形式上のこととして取扱っているということを承知している限り，例外が出てきても困った問題とはならない．

a. 酸 化 数

ある金属の酸化数は，金属からすべての配位子を**通常の閉殻構造をもつ形で**——すなわち**電子対とともに**——取除いたときに金属上に残る電荷として定義される．酸化数は金属の物理的特性**ではなく**，測定できるものではない．形式上の表示であり，電子数を数えるのに役立つ以上のことは何もない．典型的な例を図1.1に示す．（なお，電子数を数えるために，古い文献にみられる別の方法があり，それによると，金属と共有結合しているアニオン性配位子を**中性**の化学種として電子一つをもった形で金属から取除き，もう一方の電子を金属上に残す．この方法によると金属の**形式的酸化数**は異なる値

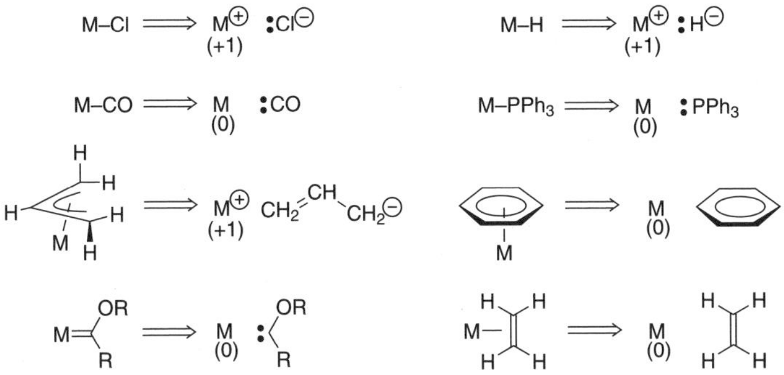

1.2 形式

図 1.1 遷移金属の酸化数の決め方の例

となるが，結合殻内の全電子数や配位飽和度などに関しては同じ結果を与える．この方法はここでは示さない．)

配位子の**化学的**性質は，形式的酸化数を必ずしも反映しているわけではない．たとえば，金属水素化物の場合，ヒドリド配位子を**いつも**形式上 H^- とみなすことになっているが，ある種の金属水素化物は実際は強い酸 H^+ である！　こんなことがあるにせよ，この形式上の取扱いは非常に有用である．

b. d 電子配置，配位飽和，18 電子則

ある錯体中の金属の酸化数が決まれば，金属上の d 電子の数は周期表から容易に求まる．図 1.2 に遷移金属元素の d 電子数を示した．遷移金属元素の系列では d 軌道が順次

族		4	5	6	7	8	9	10	11
第1列	3d	Ti	V	Cr	Mn	Fe	Co	Ni	Cu
第2列	4d	Zr	Nb	Mo	Tc	Ru	Rh	Pd	Ag
第3列	5d	Hf	Ta	W	Re	Os	Ir	Pt	Au
酸化数	0	4	5	6	7	8	9	10	—
	I	3	4	5	6	7	8	9	10
	II	2	3	4	5	6	7	8	9
	III	1	2	3	4	5	6	7	8
	IV	0	1	2	3	4	5	6	7

d^n

図 1.2 遷移金属の形式的酸化数と d 電子配置との関係

満たされていく．ふつう教科書では 4s 準位のエネルギーを 3d より下に置き，そこから

電子を詰めていくとしているが，図1.2の電子配置はこれらとは異なることに注意してほしい．裸の**独立した原子**の場合には教科書の取扱いが成り立つが，これら2個のエネルギー準位はきわめて近く，本書で扱うような配位子に囲まれた**錯体**中の原子の場合には外殻電子はd電子であるとの仮定はそこそこよい近似である．周期表をみれば（遷移金属の位置を覚えておくとよい）各酸化数に対応するd電子数はすぐにわかる．

d電子数を数えることは，**18電子則** (18 electron rule) にあてはめて有機遷移金属化学を理解するために不可欠である．18電子則とは"単核で反磁性の錯体では，結合殻内の全電子数（金属のd電子と配位子から与えられる電子の合計）は18個を超えない"（少なくとも長い時間の間超えることはない．後述）というものである[1]．この18電子則はどのような種類の金属がどのような酸化数にあっても許される**最大**の配位子の数を規定する．許される最大数の配位子をもつ化合物——結合殻に18電子をもっている——は**配位飽和**であるとよばれ，もはや金属上にこれ以上の配位座は残っていない．18電子則により許される最大の配位子をもっていない化合物は**配位不飽和**であるとよばれ，まだ空の配位座が存在する．触媒的過程では空の配位座がふつう必要とされ（基質が反応する前にまず配位しなくてはならない），これから述べる多くの反応において配位の程度はきわめて重要である．

c. 配位子の分類

有機遷移金属化学では多くの配位子を取扱うが，これらは三つのグループに分けられる．1) **形式的**にアニオンのもの，2) **形式的**に中性のもの，3) **形式的**にカチオンのものである．これらの分類は，配位子が閉殻構造をとる状態（電子対をもたせた形）で金属から取除いて金属の酸化数を数えるという形式上の手法に基づいている．配位子によっては電子を与えたり受取ったりすることができ，個々の配位子の特性が中心金属の反応性に大きな影響を与える．不飽和性を多くもつ配位子は1箇所以上の点で配位可能で，全体として2電子以上を金属中心に供給することもできる．これらの個々の例を以下におおよそ配位能力の大きいものから順に述べる．

2電子供与体として働く，形式的にアニオンの配位子を次に示す．

$$R^{\ominus} > Ar^{\ominus} > H^{\ominus} > RC(=O)^{\ominus} > X^{\ominus}（ハロゲン化物イオン）\approx CN^{\ominus}$$

これらの配位子は配位子の一つの点で配位し，金属の配位座を一つ満たし**モノハプト** (monohapto) 配位子とよばれη^1と表される*．アリル基 $C_3H_5^-$ はモノハプト (η^1) 2電

---

* (訳註) η^n（ハプト表記法）：ある配位子内で金属と結合している炭素原子（または他の原子）の数を η^n（ギリシャ文字イータを書きハプトと読む）で表す．たとえばフェロセンのシクロペンタジエニル基は η^5（ペンタハプト）で表し η^5-C_5H_5 と書く．

1.2 形　式

子供与体として，あるいはトリハプト（η^3，別名 π-アリル）4電子供与体としてふるまう（図1.3）．後者の場合，金属の二つの配位座が占められ，三つの炭素原子すべてが金属と結合するが，配位子全体としては形式的に1価アニオンのままである．シクロペンタジエニル配位子 $C_5H_5^-$ はふつう η^5 型で働き三つの配位座を占め6電子供与体として働くが，η^3 型（4電子，2配位座，η^3-アリルと等価）や η^4 型の配位も知られている．シクロヘキサジエニル配位子は，η^6-アレーン金属錯体への求核攻撃で生成する（第10章）が，ほぼ常に6電子供与，1価アニオン性，η^5-配位子で3配位座を占める．これらの配位子を図1.3に示す．

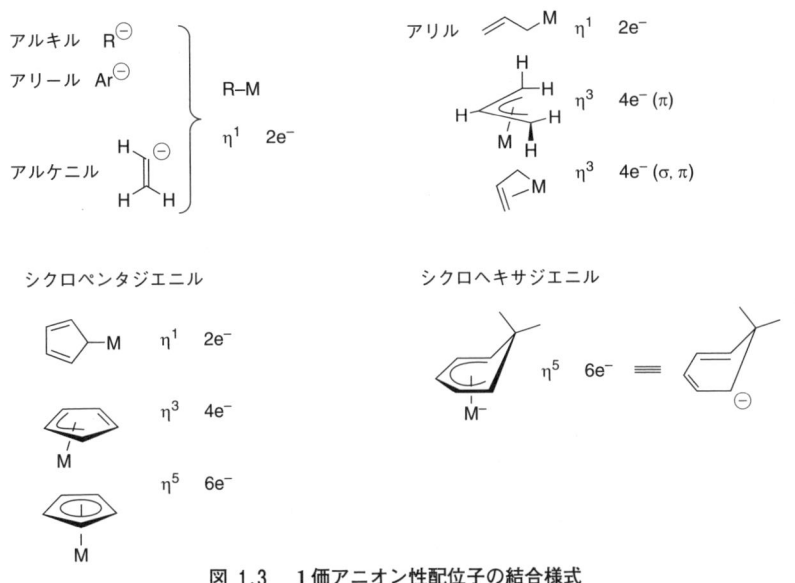

図 1.3　1価アニオン性配位子の結合様式

形式的に中性の配位子はきわめて多くごくふつうであって，これらは，**直接**には反応に関与しないが金属の反応性を調節するために導入されているホスフィンやアミンのような "非関与" 配位子（spectator ligand）もあれば，多くの場合**反応基質**そのものである一酸化炭素，アルケン，アルキンや，アレーンといった配位子もある（図1.4）．ホスフィンやアミンのような配位子はよい σ ドナー（σ-donor，シグマ電子供与体）であり金属中心の電子密度を増大させ，一酸化炭素や，イソニトリルや，アルケンなどは π アクセプター（π-acceptor，パイ電子受容体）であり金属の電子密度を減少させる．この理由は次節で述べる．

形式的にカチオン性の配位子はあまり一般的ではない．形式上，完全に正電荷をもっ

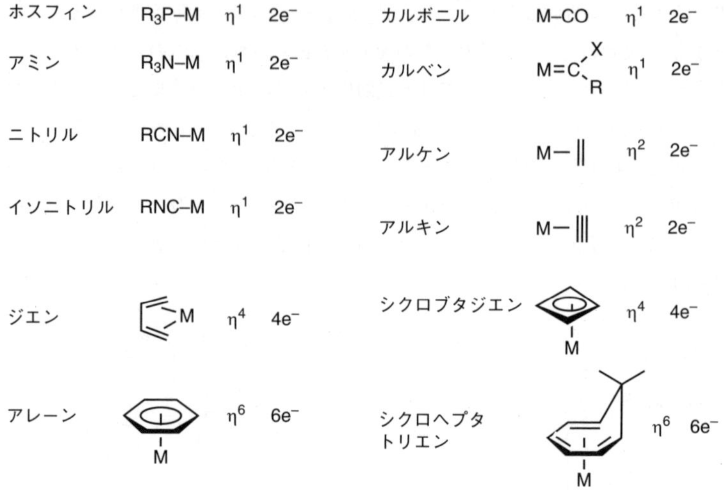

6   1. 形式, 電子数, 結合

ホスフィン	R_3P-M	η^1	$2e^-$
アミン	R_3N-M	η^1	$2e^-$
ニトリル	$RCN-M$	η^1	$2e^-$
イソニトリル	$RNC-M$	η^1	$2e^-$

カルボニル	$M-CO$	η^1	$2e^-$
カルベン	$M=C(X)(R)$	η^1	$2e^-$
アルケン	$M-\|\|$	η^2	$2e^-$
アルキン	$M-\|\|\|$	η^2	$2e^-$

ジエン　η^4　$4e^-$

アレーン　η^6　$6e^-$

シクロブタジエン　η^4　$4e^-$

シクロヘプタトリエン　η^6　$6e^-$

図 1.4　中性配位子の結合様式

ていて,しかも非共有電子対をもつ化学種がまれだからである.ニトロシル(:NO^+)基はこのような例で,カチオン性であって2電子供与体である.非関与配位子として配位しているほか,一酸化炭素(CO)配位子をニトロシルで置き換えることにより中性のカルボニル錯体をカチオン性ニトロシル錯体に変えるのに用いられる.

さて,これまで述べてきたことを知っているだけで,今や実際上すべての遷移金属錯体について,酸化数を決定し,結合殻の全電子数を数え,その錯体が配位飽和か配位不飽和かを認定することが可能となる.たとえば,図1.5(p.8上から2番目)に示すように錯体$CpFe(CO)_2(C_3H_7)$は安定な中性の化合物であって,二つの形式上の1価アニオン配位子,つまりη^1 2eドナー (2電子供与性) であるn-プロピル基 (C_3H_7) と,η^5 $6e^-$ドナー (6電子供与性) であるシクロペンタジエニル (Cp) 配位子,および各2個の電子を供与する中性配位子である一酸化炭素2個をもつことがわかる.錯体は全体として中性であって2個の1価アニオン配位子をもつので,鉄原子は形式上+2の電荷をもち,Fe(II), d^6である.全体の電子数は,金属の6個の電子と,2個の一酸化炭素から計4電子,プロピル基から2電子,Cpから6電子,これらを合計すれば$18e^-$ (18電子) となる.つまり,この錯体は,Fe(II), d^6で配位飽和である.他の例を説明付きで図1.5に示す.

図1.5のp.8一番上の例をみれば,形式を厳密に適用することの難しさがわかる.ここで示すシクロヘキサジエニル鉄トリカルボニルカチオンの取扱いは形式上正しいものであって,規則に従い閉殻構造を各配位子がとるものとしてシクロヘキサジエニル配位

1.2 形式

Ph$_3$P、Rh(PPh$_3$)$_3$Cl 構造

	Cl$^-$	2e$^-$, −1 電荷
	3 × PPh$_3$	2e$^-$, おのおの電荷なし

Wilkinson 錯体：活性な水素化触媒

錯体は中性； 1 × −1 電荷配位子
⇒ Rh(I), d^8 (Rh$^+$)

電子数
d^8 = 8e$^-$； 3×2 PPh$_3$ = 6e$^-$
2e$^-$ が Cl$^-$ から
―――――――――
16e$^-$ 不飽和

(OC)$_5$Cr=C(OCH$_3$)(CH$_3$) 構造

	5 × CO	2e$^-$, おのおの電荷なし
	:C(CH$_3$)(OCH$_3$)	2e$^-$, 電荷なし

錯体は中性； 電荷をもつ配位子なし
⇒ Cr(0), d^6

電子数
d^6 = 6e$^-$
10e$^-$ が 5CO から
2e$^-$ が :C から
―――――――――
18e$^-$ 飽和

(η^6-C$_6$H$_6$)Cr(CO)$_3$ 構造

	ベンゼン	6e$^-$, 電荷なし
	3 × CO	2e$^-$, おのおの電荷なし

錯体は中性； 電荷配位子なし
⇒ Cr(II), d^6

電子数
d^6 = 6e$^-$ ベンゼン = 6e$^-$
3×CO = 6e$^-$
―――――――――
18e$^-$ 飽和

[Pd(μ-Cl)$_2$Pd] 二量体構造

	アリル	4e$^-$, −1 電荷
	Cl$^-$	2e$^-$, −1 電荷
	Cl:	2e$^-$, 電荷なし

Cl 上の孤立電子対による橋かけ．各 Cl は 2e$^-$ で負電荷．一つの配位子が一つの Pd へ配位．および 2 電子（ホスフィンのような）配位子が他の金属へ配位

錯体は中性； 2 × −1 配位子
⇒ Pd(II), d^8 (Pd^{2+})

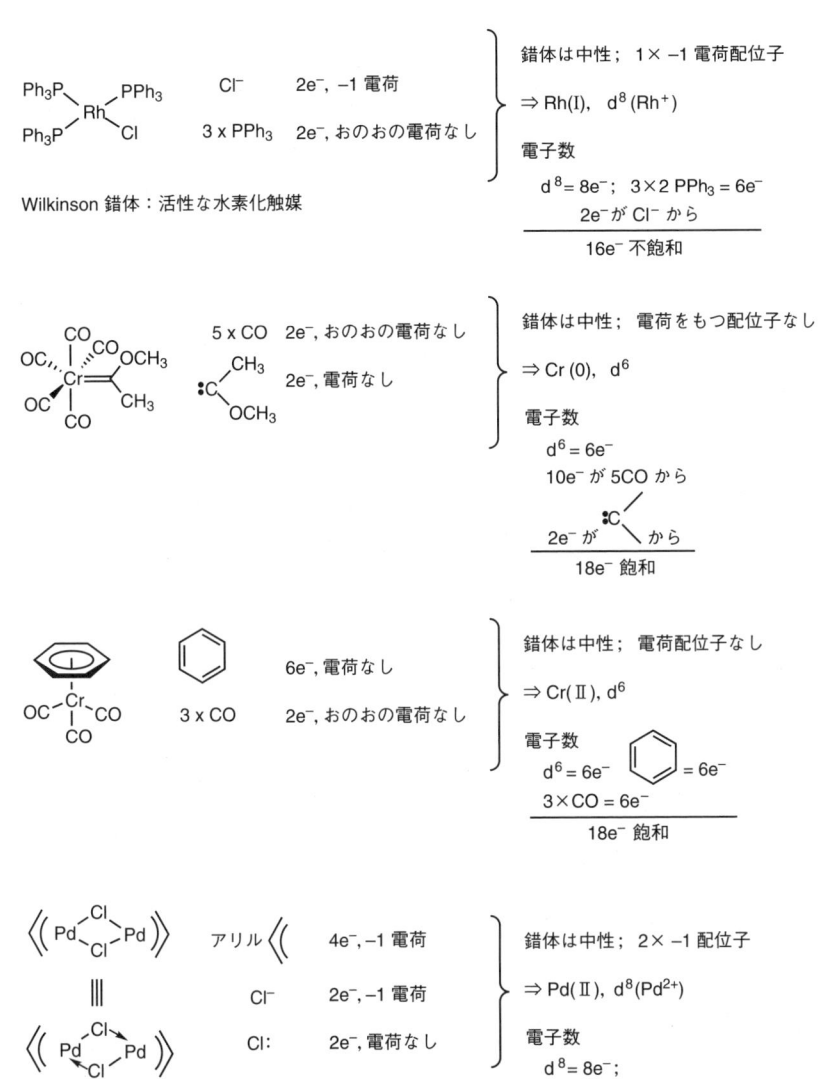

電子数
d^8 = 8e$^-$；
アリル = 4e$^-$, 2×Cl = 4e$^-$
―――――――――
16e$^-$ 不飽和

図 1.5 遷移金属の電子数と酸化数（次ページへつづく）

子は 6 電子供与体で**アニオン**性である．しかし，この錯体は中性のシクロヘキサジエン鉄トリカルボニルから**ヒドリド**（hydride）引抜きで合成するので，このシクロヘキサジ

1. 形式，電子数，結合

[Fe(CO)₃(シクロヘキサジエニル)]⁺

- ⬡ 6e⁻, −1 電荷
- 3 × CO 2e⁻, おのおの電荷なし

錯体 +1 に荷電，1 × −1 電荷配位子
⇒ Fe(II), d⁶(Fe²⁺)

電子数
$$\begin{array}{l} d^6 = 6e^-; \\ 3 \times CO = 6e^- \\ シクロヘキサジエニル = 6e^- \\ \hline 18e^- \; 飽和 \end{array}$$

CpFe(CO)₂(プロピル)

- Cp 6e⁻, −1 電荷
- プロピル 2e⁻, −1 電荷
- 2 × CO 2e⁻, おのおの電荷なし

錯体化して合計は電荷なし（中性）

錯体は中性；2 × −1 電荷配位子
⇒ Fe(II), d⁶(Fe²⁺)

電子数
$$d^6 = 6e^-; \; プロピル = 2e^-$$
$$\underline{Cp = 6e^-; \; 2\,CO = 4e^-}$$
$$18e^- \; 飽和$$

[CpFe(CO)₂(エチレン)]⁺

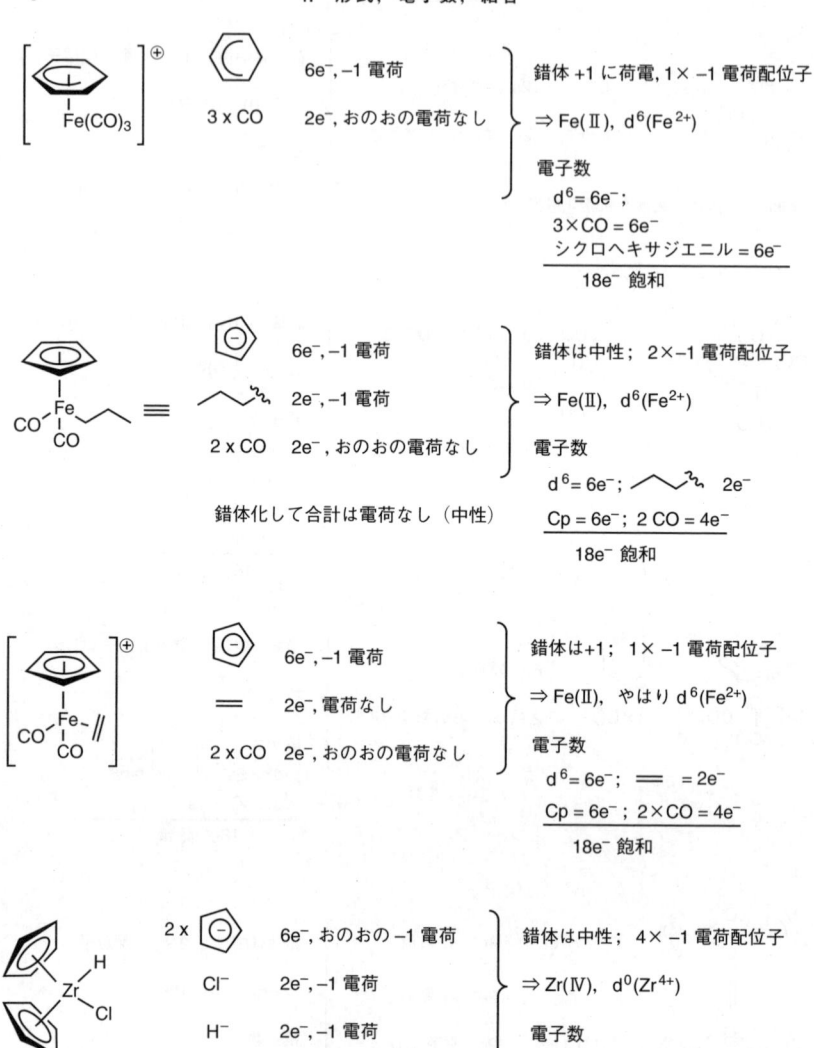

- Cp 6e⁻, −1 電荷
- エチレン 2e⁻, 電荷なし
- 2 × CO 2e⁻, おのおの電荷なし

錯体は +1；1 × −1 電荷配位子
⇒ Fe(II), やはり d⁶(Fe²⁺)

電子数
$$d^6 = 6e^-; \; エチレン = 2e^-$$
$$\underline{Cp = 6e^-; \; 2 \times CO = 4e^-}$$
$$18e^- \; 飽和$$

Cp₂ZrHCl

- 2 × Cp 6e⁻, おのおの −1 電荷
- Cl⁻ 2e⁻, −1 電荷
- H⁻ 2e⁻, −1 電荷

錯体は中性；4 × −1 電荷配位子
⇒ Zr(IV), d⁰(Zr⁴⁺)

電子数
$$d \, 電子なし；\; 12e^- \, が \, 2Cp \, から$$
$$\underline{2e^- \, が \, H^- \, から, \; 2e^- \, が \, Cl^- \, から}$$
$$16e^- \; 不飽和$$

図 1.5 遷移金属の電子数と酸化数（つづき）

エニル配位子は 4 電子供与体でカチオン性であると仮定できる．実際，この錯体中のシクロヘキサジエニル基は求核攻撃を容易に受ける（第 7 章）．真の姿を示すのは不可能である．正電荷は，先に述べた形式上正しい取扱いで仮定したようにすべて金属中心に

あるというわけではなく、またヒドリドが引抜かれた後のシクロヘキサジエニル配位子上に全部あるというわけでもなく、金属と配位子を含む錯体全体に広がっているというのが本当のところである。このようにどちらの取扱いも真の姿を表してはいないが、どちらの取扱いも、この錯体が$18e^-$で配位飽和であるとの結論に至る。形式的取扱いの有用性は、この取扱い方がいつもつじつまが合っていて、当の錯体がどのように合成され、どのように反応するかといった知識を**全く必要としない**、という点にある。これら形式はあくまで真実を表現しているのではなくて、膨大な量の事実を整理するための便法であると承知してさえおけば、これら形式的取扱いは有用である。Roald Hoffmann は"形式的取扱いとはほんの少しの真実を含む作り事であって、この作り事であるという仮定を忘れて、多くの人が形式論から導かれた結果にこだわり、無駄な議論に時間を使っているのは残念なことである"といっている[2]。

1.3 結合について[3]

遷移金属元素系列は、d軌道に電子を順に入れてできあがっており、d軌道は錯体では次のs軌道やp軌道よりも低エネルギー準位にある。したがって遷移金属はd軌道が部分的に満たされ、s軌道やp軌道は空である。対照的に、ほとんどの配位子には満たされた"sp^n"混成軌道があり、不飽和有機化合物配位子には空の反結合性π^*軌道がある。金属のd軌道は、不飽和配位子の反結合性π^*軌道と同じ対称性をもち、同程度のエネルギー準位にある（図1.6）。

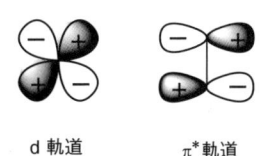

図 1.6　d軌道とπ^*軌道の対称性

遷移金属は、二つの型の結合をしばしば同時に行う。**σドナー結合**（σ-donor bond, シグマ供与結合）は、配位子の充塡sp^n混成軌道（不飽和炭化水素のπ結合性軌道を含む）と金属の空の"dsp"混成軌道との重なりで形成される。基本的にσドナーであるR_3P, R_3N, H^-, R^-などの配位子は金属の電子密度を増大させる。不飽和有機配位子である、アルケン、アルキン、アレーン、一酸化炭素、イソニトリルなど反結合性π^*軌道をもつものは、少し違う結合をつくる。これらは、やはりその充塡π結合性軌道と金属の空の"dsp"混成軌道との重なりでσドナー結合をつくる。これに加えて、金属の**充塡d軌道**が配位子の**空の反結合性π^*軌道**と重なることが可能で、これにより金属から配位子へ電子密度が逆供与される（バックドネーション back donation, 図1.7）。こうして、

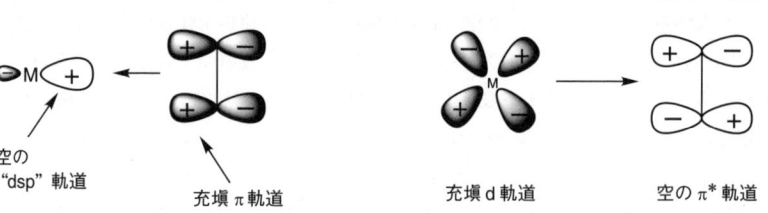

1. 形式，電子数，結合

σドナーとしての有機π結合 　　　　　πアクセプターとしての有機π*軌道

図 1.7　π結合の詳細

不飽和有機配位子は，πアクセプター（パイ受容体）あるいはπ酸として働き，金属の電子密度を**減少させる**.

σドナー性と"逆供与"（back bonding）によるπアクセプター性という二つの性格の結合により，金属は配位子から電子を受取ったり供給したりすることができ，いわば配位子の電子の貯蔵庫として働くことができる．したがって，金属上の電子密度すなわち金属の反応性は，金属周辺の配位子を変化させることにより調節することができる．これは，有機金属反応剤の反応性を微調整するための主たる方法となっている．

逆供与π結合には二つの型があり，したがってπアクセプター配位子には二つの型がある．1) 直線型アクセプター，一酸化炭素，イソニトリル，直線型ニトロシルなど，2) 垂直型アクセプター，例として，アルケン，アルキンなど（図1.8）.

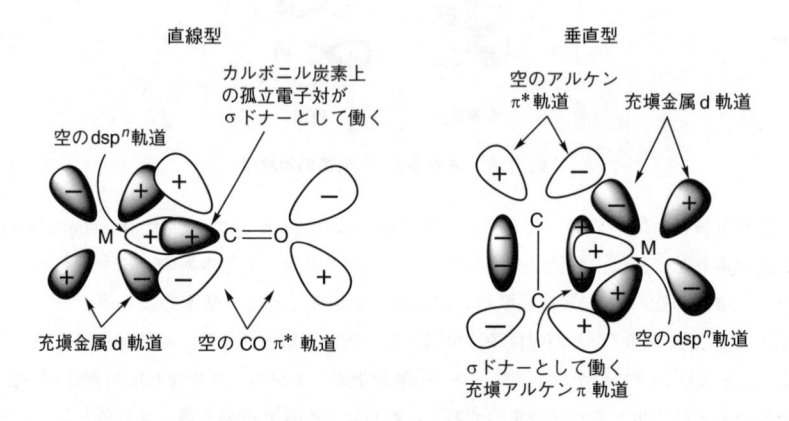

図 1.8　πアクセプターの型

πアクセプターとして働く配位子については，逆供与π結合の物理的な証拠は豊富にある．一酸化炭素は常にアクセプターとして働くが，金属への配位によってCOの結合

が長くなり，赤外スペクトルで CO 伸縮の振動数が減少する．これらのことは，CO 上の π^* 軌道の存在と CO 結合次数の減少という二つのことを示している．アルケンの場合にはもう少し複雑である．Pd^{2+} や Pt^{2+} のような求電子的な金属の場合，アルケンは基本的には σ ドナー配位子であって，錯体中の C=C 結合長は遊離のアルケンの場合とほぼ同じである．電子密度の高い Pd(0) のような金属では，かなりの逆供与結合が起こり，アルケンの C−C 結合は長くなり，アルケン部の炭素の混成は sp^3 の方向へ変化する．π 逆供与結合の程度は π アクセプター配位子の反応性に大きな効果をもたらす．以下の章では，π アクセプター配位子の反応も含めた有機金属反応過程を考えることとする．

1.4 構造について

本書では金属に結合した配位子の反応性をおもに取上げるのであるが，有機金属錯体がとる三次元構造を知っておくことは大切である．18 電子（すなわち飽和）錯体の構造は立体的要因によって決まり，$Ni(CO)_4$ や $Pd(PPh_3)_4$ などの 4 配位錯体は正四面体で，$Fe(CO)_5$ や $(diene)Fe(CO)_3$ などの 5 配位錯体は三角両錐，$Cr(CO)_6$ や Ir(III) 錯体，さらに Rh(III) 錯体のような 6 配位錯体では正八面体構造をとる．

対照的に，Pd(II)，Pt(II)，Ir(I)，および Rh(I) などの d^8 錯体は，平面四角形，4 配位，配位不飽和 16e$^-$ 錯体である．このような平面構造では，$d_{x^2-y^2}$ 軌道のエネルギー準位が高くなって，満たされないままで安定な錯体となるが，このような錯体の空軌道は，会合機構により容易に配位子交換を行うことを可能とする．これらも含め種々の反応機構については第 2 章で述べる．

文 献

1. 18 電子則の歴史についての総説：Jensen, W. B. *J. Chem. Ed.* **2005**, *82*, 28.
2. Sailland, J.-V.; Hoffmann, R. *J. Am. Chem. Soc.* **1984**, *106*, 2006.
3. より厳密な軌道の取扱いについて：Collman, J. P.; Hegedus, L. S.; Finke, R. O.; Norton, J. R. *Principles and Applications of Organotransition Metal Chemistry*, 2nd ed.; University Science Books: Mill Valley, CA, 1987; pp 21-56.

2

有機金属反応機構

2.1 はじめに

　本書は有機金属錯体の**有機化学**に焦点を当てたもので，有機化合物の反応性が遷移金属への配位によってどう変動を受けるかを述べる．有機化合物の遷移金属による触媒反応では，反応の経路は**遷移金属の化学**によって支配されているわけであり，有機遷移金属錯体の種々の反応機構を十分理解しておくことが，有機合成に遷移金属を正しく用いるうえで重要である．

　有機金属反応機構は有機反応機構に比べて，より複雑であり未発達である．とはいうものの類似点も多く，有機化学の反応過程で矢印で電子の流れを表す方法は有機金属反応でも一定の規則が守られれば使える．ある有機金属反応の反応機構が非常に詳細にわかっている一方，別の場合には全くわかっていなかったりする．この分野の研究は活発に続いており，新しい知識がどんどん積み重なっている．しかし本書で扱う内容は，有機金属反応を計画し実際に行い，さらにこの分野の文献が無理なく読めるために必要とされるレベルにとどめる[1]．

2.2 配位子置換反応

　配位子置換（交換）反応〔ligand substitution（exchange）process, (2.1)式〕は，有機

$$M–L + L' \rightleftharpoons M–L' + L \qquad (2.1)$$

合成化学的に重要な有機金属反応のほとんどすべてにおいて中心となる過程である．触媒反応過程では，安定な触媒前駆体が配位子を失い，反応基質を配位し，触媒作用となる反応を促進させ基質を放出するという一連の過程が一般的である．これら四つの過程のうちの三つまでが配位子置換反応である．ある場合には，配位基質の反応性を調節す

2.2 配位子置換反応

る目的で〔(2.2)式〕，あるいは不安定中間体の単離や反応機構の解明のために〔(2.3)式〕，

$$\text{[CH}_2\text{=CH-PdCl}_2\text{Cl]}_2 + \text{Et}_3\text{N} \longrightarrow \text{CH}_2\text{=CH-Pd(Cl)(NEt}_3\text{)} \xrightarrow{\text{Et}_3\text{N}} [\text{CH}_2\text{=CH-Pd(Cl)(NEt}_3)_2]^+ \text{Cl}^- \quad (2.2)$$

求核剤に対し不活性 → 求核剤に対し活性

$$[\text{Ni(dppe)}]^+ \text{Br}^- \xrightarrow{\text{Ph}_2\text{P-PPh}_2} [\text{Ni(Br)}_2] \xrightarrow{\text{PPh}_3} [\text{Ni(Br)(PPh}_3)] \quad (2.3)$$

酸化には HCl/HNO$_3$ が必要 ／ 空気に不安定 ／ 酸化には HNO$_3$ が必要

有機金属錯体中の反応に関与しない配位子を置換し安定化をはかることが必要となる．すなわち，合成反応に有機金属錯体を利用しようとすると，配位子交換過程の基本的な理解が不可欠である．

金属中心での配位子置換反応は，炭素中心での有機求核置換反応と類似点が多い．金属中心から離れていく配位子は電子対をもって離れていき，入ってくる配位子はそのもっている電子対で金属を攻撃する．明らかな相異点は，金属は4以上の配位数をとれることと，安定でしかも配位不飽和な金属錯体はごくふつうであること，などである．したがって，配位子交換の**詳細**に関しては，有機求核置換反応とはいくぶん異なってお

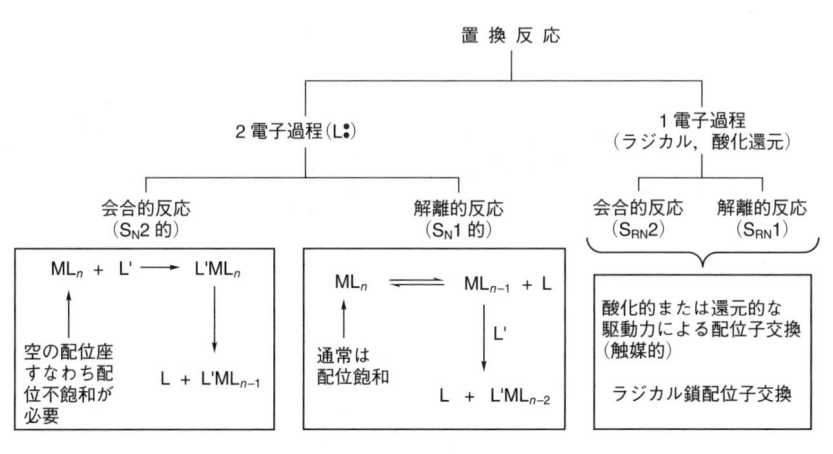

```
                          置換反応
                    ┌────────┴────────┐
              2電子過程(L:)           1電子過程
                                   (ラジカル, 酸化還元)
          ┌──────┴──────┐        ┌──────┴──────┐
       会合的反応       解離的反応    会合的反応    解離的反応
        (S_N2 的)       (S_N1 的)    (S_RN2)      (S_RN1)
```

会合的反応 (S_N2 的)	解離的反応 (S_N1 的)	1電子過程 ($S_{RN}2$, $S_{RN}1$)
$ML_n + L' \longrightarrow L'ML_n$ ↑ 空の配位座すなわち配位不飽和が必要 ↓ $L + L'ML_{n-1}$	$ML_n \rightleftharpoons ML_{n-1} + L$ ↑ ↓ L' 通常は配位飽和 $L + L'ML_{n-2}$	酸化的または還元的な駆動力による配位子交換（触媒的） ラジカル鎖配位子交換

図 2.1 配位子置換反応の分類

り，もっと多様である．しかし，配位子置換反応は，有機求核置換反応を分類するときと同じように分類することができ，2電子過程と1電子過程のどちらであっても，会合的（S_N2的）反応か解離的（S_N1的）反応に分けられる（図2.1）．

最も詳しく研究されている配位子置換反応は，Ni(II)，Pd(II)，Pt(II)，Rh(I)，Ir(I)などの配位不飽和，16電子，d^8，平面四角形錯体についてのみである．これらは，典型的な場合，2電子過程であってS_N2反応に似た会合過程で進む．しかし相異点もある．(2.4)式に示す白金の系が典型的である[2]．金属が配位不飽和なので，空の配位座へのア

$$\text{（式 2.4 の反応スキーム）} \tag{2.4}$$

S_N2-アピカル攻撃　　四角錐型　　三角両錐型

四角錐型

ピカル攻撃が起こり，四角錐型，飽和中間体となる．ついで，三角両錐型中間体を経て（有機S_N2反応の遷移状態と類似），脱離基がアキシアルとなった四角錐型中間体になった後に脱離基が脱離する．

反応次数は二次で金属の種類により異なり，Ni＞Pd≫Ptの順で10^6程度の開きがある．この傾向は，金属が5配位18電子中間体になりやすい程度を示しているものと考えられる．速度が配位子交換に依存する場合，速度がこれだけ違うと，白金は触媒としては反応が遅すぎて合成反応には使えない．速度は攻撃してくる配位子Yによっても異なり，R_3P＞Py＞NH_3，Cl^-＞H_2O＞OH^-の順で10^5程度の範囲にわたっている．さらに，速度は脱離基Xにも依存し，NO_3^-＞H_2O＞Cl^-＞Br^-＞I^-＞N_3^-＞SCN^-＞NO_2^-＞CN^-の順である．また速度は置換される配位子に対して**トランス**の配位子の性質にも依存し，R_3Si^-＞H^-≈CH_3^-≈CN^-≈アルケン≈CO＞PR_3＞NO_2^-≈I^-≈SCN^-＞Br^-＞Cl^-＞RNH_2≈NH_3＞OH^-＞NO_3^-≈H_2Oの順である．この"トランス効果"（trans effect）を利用すれば，置換したい配位子のトランス位の配位子を変えることにより配位子置換反応を活性化できることになる[3]．

対照的に，18電子配位**飽和系**では，配位子交換はずっと遅くS_N1に似た解離過程で進む．すなわち，配位子交換が起こる前にまず配位座の一つを空けなければならない．この機構で配位子交換する典型的な錯体は，$Ni(CO)_4$（M(0)，d^{10}，飽和），$Fe(CO)_5$（M(0)，d^8，飽和），$Cr(CO)_6$（M(0)，d^6，飽和）などの配位飽和金属カルボニルである．ニッケ

ルテトラカルボニルは配位子置換反応を最も起こしやすく〔(2.5)式〕，反応次数は一次でニッケルカルボニルの濃度に比例する．

$$\text{Ni(CO)}_4 \underset{\text{遅い}}{\rightleftarrows} \text{Ni(CO)}_3 + \text{CO} \xrightarrow[\text{速い}]{L} \text{LNi(CO)}_3 \qquad (2.5)$$

正四面体
反応性大

CO 以外の配位子をもつ場合，かさ高い配位子があれば，それ以外の配位子が脱離すると立体ひずみの緩和になるので，配位子交換速度が大きくなる．このことは表 2.1 中のニッケル(0)テトラキスホスフィン錯体によく表れている．ホスフィンのかさ高さの

表 2.1 ホスフィン円錐角が配位子解離速度に及ぼす影響

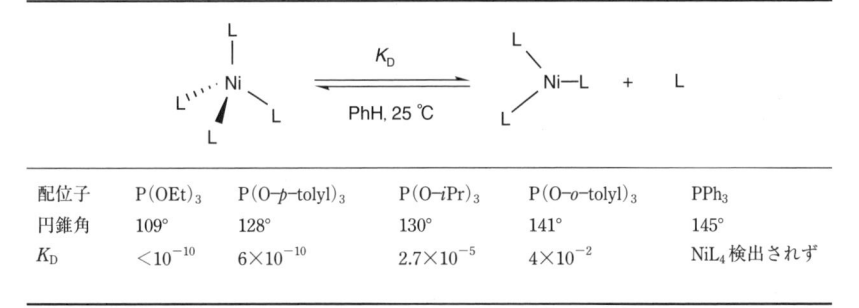

配位子	P(OEt)$_3$	P(O-p-tolyl)$_3$	P(O-iPr)$_3$	P(O-o-tolyl)$_3$	PPh$_3$
円錐角	109°	128°	130°	141°	145°
K_D	<10^{-10}	6×10^{-10}	2.7×10^{-5}	4×10^{-2}	NiL$_4$検出されず

指標が円錐角 (cone angle, 図 2.2) である[4]．ホスフィンの大きさが増すと，配位子の解離の平衡定数は 10^{10} 以上変化する．実用的な観点からは，ホスフィン配位子の解離過程を含む触媒反応については，配位子を変えることにより反応性の微調整が可能であるといえる．

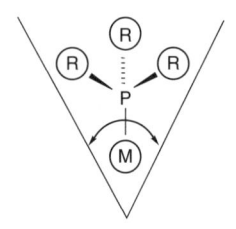

図 2.2 円 錐 角

ニッケルテトラカルボニルと対照的に，鉄ペンタカルボニル（三角両錐）とクロムヘキサカルボニル（正八面体）は反応性に乏しく配位子置換反応には不活性であり，配位子交換を起こそうとすれば熱や，超音波や光照射が必要となる．また，これらの不活性な錯体での一酸化炭素配位子の置換を化学的にひき起こすこともできる．第三級アミン

オキシドは金属に配位した一酸化炭素を容易に不可逆的に酸化し，二酸化炭素として解離させることができる．副生するアミンは低次酸化状態の金属に強く配位することはないので，配位座が空くことになる〔(2.6)式〕[5]．

$$(CO)_4Fe-C\equiv O \longleftrightarrow (CO)_4Fe=C=O + R_3N-O^- \longrightarrow (CO)_4Fe^- - \overset{O}{\underset{}{C}} - O - \overset{+}{N}R_3$$
$$\longrightarrow Fe(CO)_4 + CO_2 + R_3N \xrightarrow[速い]{L} LFe(CO)_4 \quad (2.6)$$

アミンオキシドはふつうの有機化合物を酸化することはないので，有機配位子を解離させることなく CO 配位子を"かじり取る"のに用いられる．このことは，カチオン性ジエニル鉄カルボニル錯体の有機合成への利用（第7章）に際し役立っている．ホスフィンオキシドは CO 配位子の**交換の触媒**となる〔(2.7)式〕[6]．おそらく同様の機構による

$$Fe(CO)_5 + R_3PO \longrightarrow (CO)_4Fe^- - \overset{\overset{強いP-O結合}{\downarrow}}{\underset{}{\overset{O}{C}}} - O - \overset{+}{P}R_3 \longrightarrow$$
$$Fe(CO)_4 + CO + R_3PO \xrightarrow{L} LFe(CO)_4 \quad (2.7)$$

のであろうが，P-O 結合が強いので切断されることはなく，したがって CO の酸化も起こらない．第三級アミンオキシドやホスフィンオキシドは金属カルボニル錯体の反応を促進させるためによく用いられる．例として Pauson-Khand 反応（第8章）や Fischer カルベンの反応（第6章）などがある．

配位子交換は，$18e^-$（18電子）系の1電子酸化や1電子還元によってもまたひき起こされ，このときずっと不安定な $17e^-$（17電子）や $19e^-$（19電子）系を経る．しかし，これらの反応を，遷移金属を用いる有機合成へ応用した例はまだほとんどない．

すべての $18e^-$（18電子）錯体の配位子交換が解離機構によって起こるわけではない．別の機構としては，"スリップ"機構が重要である．η^3-アリル，η^5-シクロペンタジエニル，および η^6-アレーン配位子は，ふつうは配位座を全部用いている．しかし，配位飽和化合物であっても，これらの配位子は配位座を"スリップ"させることで低いハプト数

$$\underset{\underset{18e^-,飽和}{M(I),d^6,}}{Mn(CO)_3} \rightleftharpoons \underset{\underset{16e^-,不飽和}{M(I),d^6,}}{Mn(CO)_3} \xrightarrow{L} \underset{単離可}{L-Mn(CO)_3} \xrightarrow{-CO} LMn(CO)_2 \quad (2.8)$$

(低い配位数)の配位子へと変化する．例を図2.3に示す．この"スリップ"機構は，見かけ上説明が困難な実験結果を多く説明することができる．たとえば，配位飽和錯体においてS_N2的な会合機構で進むかにみえる配位子置換反応〔たとえば(2.8)式〕などがその例である．アレーン錯体の場合には，この機構の第1段階（$\eta^6 \to \eta^4$）が芳香族性を失わせるのでエネルギー的に困難である．しかし，ナフタレンやインデンなどの環縮合アレーン配位子では，この過程は容易になり，実際$10^3 \sim 10^8$倍速度が増す．

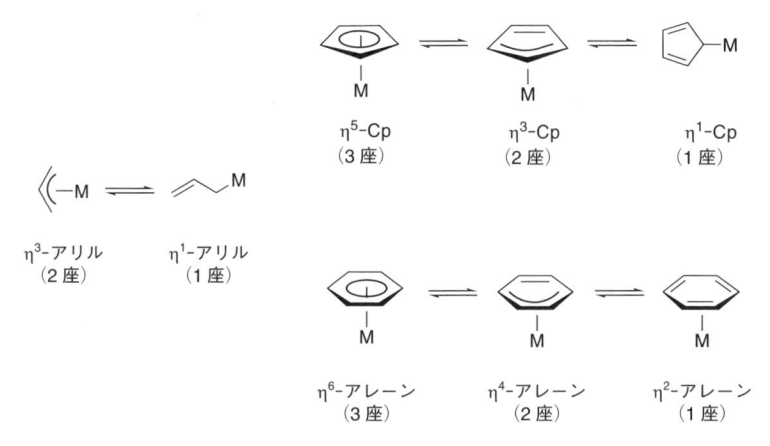

η^5-Cp (3座) ⇌ η^3-Cp (2座) ⇌ η^1-Cp (1座)

η^3-アリル (2座) ⇌ η^1-アリル (1座)

η^6-アレーン (3座) ⇌ η^4-アレーン (2座) ⇌ η^2-アレーン (1座)

図 2.3 多座配位錯体の配位の"スリップ"

2.3 酸化的付加/還元的脱離[7]

　酸化的付加と還元的脱離過程は，合成化学的に有用な非常に多くの有機金属反応（第4章"Heck"反応など）で中心的な位置を占める．これらの過程は，通常閉殻構造しかとれない非遷移金属元素の反応と対照的であって，遷移金属がいくつもの異なる酸化状態（酸化数）で存在できるという特徴に基づくものである．実際，違う酸化状態の間を容易に行き来できることが，有機合成での遷移金属の有用性を高めている．**酸化的付加**と**還元的脱離**という用語は変換過程全体を一般的に表す用語で，その変換の個々の機構を示すものではない．酸化的付加には多くの機構があり，そのいくつかを以下に述べる．反応の一般的な形を(2.9)式に示す．

　配位不飽和な遷移金属で低酸化状態（0か+1）にあるものは，電子密度が比較的大きく求核性をもち，基質A－Bと反応しA－B結合の間に金属が挿入したような形のA－M－Bという新しい錯体をつくる．形式的酸化数は，おのおのの配位子を電子対をもった形で金属から離して考えるので（実際はAもBもそれぞれ1電子しかA－M－Bに供給しなかったのだが），A－M－B付加体中で金属は形式上酸化されたことになる．"酸

$$M(n) + A-B \xrightleftharpoons[還元的脱離]{酸化的付加} \underset{A}{\overset{B}{M}}(n+2) \qquad (2.9)$$

多くの場合極性 → A-B

金属は形式的に酸化された → B-M(n+2)-A

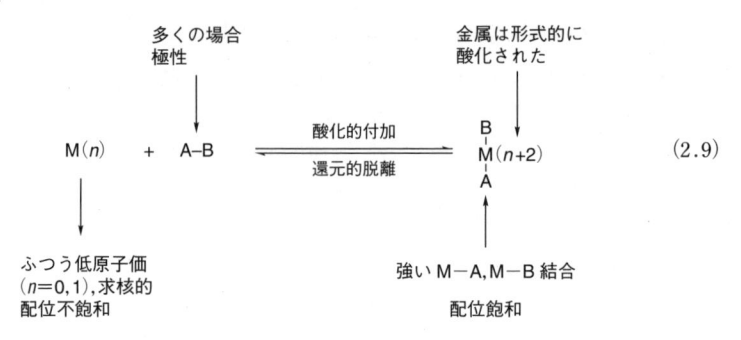

ふつう低原子価 ($n=0, 1$), 求核的 配位不飽和 → M(n)

強い M-A, M-B 結合 配位飽和

化剤"A-B が金属に付加しているので,この過程のことを**酸化的付加**(oxidative addition)とよぶ.配位子として,R_3P, R^-, および H^- のような σ ドナー (σ 供与) 性で金属上の電子密度を高める配位子があると酸化的付加を容易にし,一方,CO, CN^-, およびアルケンのような π アクセプター (π 受容) 性で金属上の電子密度を小さくする配位子があれば酸化的付加は抑制される.酸化的付加の逆反応が**還元的脱離**(reductive elimination)であり,反応の型や用語は明白であろう.酸化的付加/還元的脱離過程は遷移金属の有機合成への利用において中心的位置を占めており,これは,**還元的脱離を行う有機基はたったいま酸化的付加した二つの基どうしである必要はない**,ということに基づいている.このことが,非常に多くのクロスカップリング反応 (第4章) を可能にしている基本である.

最もよく出合うのは,Ni(0), Pd(0) → Ni(Ⅱ), Pd(Ⅱ) ($d^{10} → d^8$) と Rh(Ⅰ), Ir(Ⅰ) → Rh(Ⅲ), Ir(Ⅲ) ($d^8 → d^6$) である.最も深く研究され,上に述べた形式の一般化に寄与したのは Vaska 錯体(バスカ)であって,このレモンイエローの Ir(Ⅰ), d^8, 16 電子錯体は配位不飽和で,幅広いさまざまな基質と酸化的付加反応をし,安定な Ir(Ⅲ), d^6, 18 電子飽和錯体になる〔(2.10)式〕.

$$\underset{\substack{\text{Ir(Ⅰ), } d^8, 16e^-, \text{不飽和} \\ \text{Vaska 錯体}}}{\overset{Ph_3P}{\underset{Cl}{\diagup}}\text{Ir}\overset{CO}{\underset{PPh_3}{\diagdown}}} + A-B \rightleftharpoons \underset{\substack{\text{Ir(Ⅲ), } d^6, 18e^-, \text{飽和}}}{\overset{A}{\underset{B}{\overset{Ph_3P}{\underset{Cl}{|}}\text{Ir}\overset{CO}{\underset{PPh_3}{|}}}}} \qquad (2.10)$$

(またはシス)

酸化的付加で遷移金属錯体に付加できる化合物は広い範囲にわたっており,有機合成に有用な化合物も多くその範囲に含まれている.これらの化合物は一般的に,極性求電子剤,非極性化合物,および多重結合の3種に大別できる (図2.4).これらは反応の結果,金属-水素結合や金属-炭素結合を生成し,有機基質の"活性化"に至る.

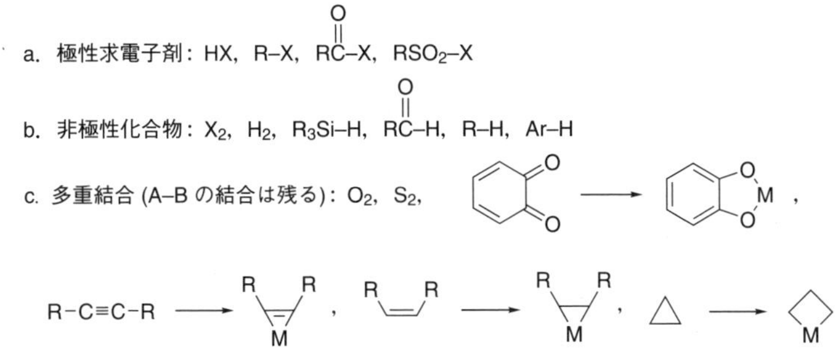

2.3 酸化的付加/還元的脱離

a. 極性求電子剤: HX, R–X, RC(=O)–X, RSO$_2$–X

b. 非極性化合物: X$_2$, H$_2$, R$_3$Si–H, RC(=O)–H, R–H, Ar–H

c. 多重結合 (A–B の結合は残る): O$_2$, S$_2$, (o-benzoquinone) ⟶ (catecholate-M),

R–C≡C–R ⟶ (MR$_2$C=CR metallacyclopropene), (cis-RHC=CHR) ⟶ (R$_2$C–CR$_2$ cyclopropane with M), △ ⟶ ◇

図 2.4 酸化的付加反応を起こす化合物の分類

酸化的付加に関しては数種の反応機構が知られており，どの機構に従うかは反応に関与する化合物と金属錯体の性質に依存する．反応機構としては，1) M の A–B への協奏的会合的 1 段階**挿入**，2) イオン的会合的 2 段階 S$_N$2 反応，3) 電子移動-ラジカル連鎖機構があげられる．

協奏的酸化的付加は，非極性基質によくみられ，特に H$_2$ の酸化的付加（触媒的水素化において重要）と C–H 結合の酸化的付加（炭化水素の活性化）が重要である．この過程では，H–H や C–H 結合が金属と"アゴスティック"(agostic, 形式上 3 中心 2 電子結合) な型の前段階配位をし，ついでシス挿入すると考えられている〔(2.11)式〕．

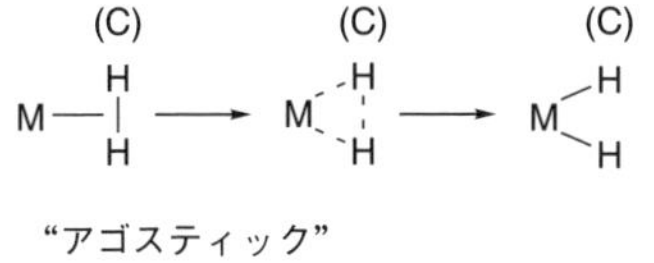

$$\text{M}-\underset{\text{H}}{\overset{\text{(C)}}{|}}-\text{H} \longrightarrow \text{M}\underset{\text{H}}{\overset{\text{(C)}\cdots\text{H}}{\cdots}} \longrightarrow \text{M}\underset{\text{H}}{\overset{\text{(C)}}{\diagdown}\diagup} \qquad (2.11)$$

"アゴスティック"

ちょうどこのような結合をもつ分子状水素-タングステン錯体が単離され，この考えが妥当であることが支持された〔(2.12)式〕[8]．同様の過程が，アルケン部の立体保持で

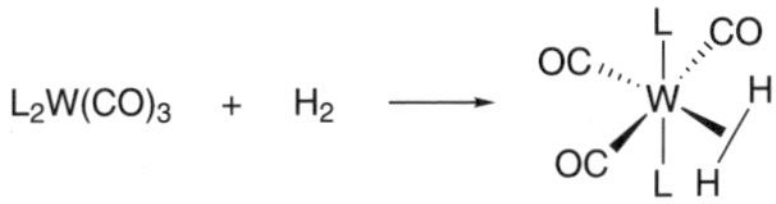

$$\text{L}_2\text{W(CO)}_3 + \text{H}_2 \longrightarrow \text{OC}-\underset{\text{L}}{\overset{\text{L CO}}{\text{W}}}-\underset{\text{H}}{\overset{\text{H}}{|}} \qquad (2.12)$$

進む sp^2 ハロゲン化物の M(0)d^{10} 錯体への酸化的付加にも含まれるものと思われるが〔(2.13)式〕，まだ実験的観測はされていない．

酸化的付加で S$_N$2 型過程を経るのは，強い求核性をもつ低原子価金属と，第一級，第二級ハロゲン化物やトシラート (p-トルエンスルホン酸エステル) のような古典的な

$$L_4Pd \rightleftharpoons L + L_3Pd \xrightarrow{Ph\diagup\!\!\!\diagdown Br} [L_3Pd\cdots\overset{Br}{\underset{H}{C}}\!\!=\!\!\overset{H}{\underset{Ph}{C}}] \longrightarrow L_2Pd\!\!-\!\!\overset{Br}{\underset{Ph}{C}}\!\!=\!\!\overset{}{\underset{}{C}}$$

(2.13)

S_N2 反応をしやすい基質との間の反応の場合が多い．初期の例を (2.14)式[9]に示すが，S_N2 型で反応する金属の典型的な例である．速度は，金属に一次，基質に一次の二次で

$$Y\!\!-\!\!\underset{L}{\overset{L}{Ir}}\!\!-\!\!CO + CH_3\!-\!X \xrightarrow{\text{遅い}} \left[Y\cdots\underset{L}{\overset{CH_3}{\underset{|}{Ir}}}\cdots L\atop CO\right]^{\oplus} X^{\ominus} \xrightarrow{\text{速い}} Y\!\!-\!\!\underset{L}{\overset{CH_3}{\underset{X}{Ir}}}\!\!-\!\!\underset{CO}{\overset{L}{}}$$

(2.14)

Ir(I), d^8, 16e⁻   Ir(Ⅲ), d^6, 18e⁻

X = I > Br > Cl

L = Et_3P > Et_2PPh > $EtPPh_2$ > PPh_3 （30倍の速度差）

あり，極性中間体を通ることから予想されるとおり極性溶媒中で加速される．S_N2 型反応に期待されるように基質の反応性の順は I>Br>Cl である．速度は配位ホスフィンの性質に依存し，一般的に配位子の塩基性（金属への電子供与能）が大きくなると速度も大きくなる．これは重要な事実で，遷移金属錯体の反応性を配位ホスフィンの性質を変えることにより**微調整**できることを裏付けしている．このことは，複雑な全合成で遷移金属を利用するときに非常に重要であって，遷移金属反応の本来の特異性を幅広い基質に対し応用できるようになる．

合成化学的により有用で，やはり S_N2 型機構で反応する反応剤として Collman 反応剤（コールマン）$Na_2Fe(CO)_4$ が知られている〔(2.15)式〕[10]．この非常に有用な求核剤は Fe(0) 錯体であ

$$Na_2Fe(CO)_4 + R\!-\!X \longrightarrow [RFe(CO)_4]Na + NaX$$

(2.15)

速度 $\propto$ [RX][Fe(CO)$_4^{2-}$] ただし RX：第一級＞第二級
             X = I>Br>OTs>Cl
炭素での立体化学――明確な反転

る $Fe(CO)_5$ をナトリウムベンゾフェノンケチルで Fe^{2-} 錯体まで還元して得られる．鉄としてはこの価数はいかにも低いが，一酸化炭素配位子が強力な π アクセプターであり強い電子求引性なので，負電荷を安定化できる．このような，高度に還元された金属カルボニル錯体はよくみられる．この錯体とハロゲン化物との反応は S_N2 反応のあらゆる特徴をみせており〔(2.15)式〕，一般に d^8-d^{10} 遷移金属錯体と第一級，第二級，ハロゲ

2.3 酸化的付加/還元的脱離

ン化アリル,およびハロゲン化ベンジルとの反応はS_N2機構で進むとするのが妥当であろう.

しかし,多くの場合ラジカル過程が競争的に起こる.反応機構は全く異なるが反応結果は同じである.たとえば,Vaska錯体〔(2.14)式〕は,空気を厳密に除いた条件下では,有機臭化物はもちろん第二級ヨウ化物とさえも反応しない.しかし,微量の空気かラジカル開始剤を加えると,反応はラジカル連鎖機構〔(2.16)式〕[11]で容易に進行する.

$$R-X \xrightarrow{h\nu \text{または}} R\cdot \qquad 開始$$

$$R\cdot + L_2Ir(I)(CO)Cl \longrightarrow L_2Ir(II)(R)(CO)Cl \qquad (2.16)$$

$$L_2Ir(II)(R)(CO)Cl + R-X \longrightarrow L_2Ir(III)(R)(CO)(Cl)X + R\cdot$$

この場合,予期されるようにラセミ化を伴う.酸化的付加のラジカル機構の存在は,ふつう酸素を除去して取扱うはずの錯体の反応が,ときどき微量の酸素で促進されるという経験をうまく説明できる.このことは,どの程度注意を払って反応を行うかが,実はどの機構で反応が進行するかを決めているという警告になる.

ラジカル連鎖による酸化的付加の合成化学的に有用な反応の例としては,ニッケル触媒によるハロゲン化アリールのビアリールへのカップリングがあり,この反応は以前は2電子過程型の酸化的付加が連続して2回起こると考えられていた.詳細な研究により,むしろ,Ni(I)→Ni(III)型の酸化的付加を含む込み入ったラジカル連鎖機構が真の反応経路であることがわかった〔(2.17)式〕[12].

還元的脱離は酸化的付加の逆であって,多くの触媒反応の最終過程にみられる.有機合成への応用において還元的脱離はきわめて重要な過程であり,**遷移金属の作用で炭素−炭素結合や炭素−水素,炭素−酸素,炭素−窒素,炭素−硫黄,および炭素−リン結合が形成されるための主要な反応経路である**.還元的脱離の機構はある程度調べられている[13].脱離すべき二つの基は金属上で互いにシスであること,またはもしトランスならまずシスに転位する必要があることはよく知られている〔(2.18)式〕[14].還元的脱離を促進することはできる.金属上の電子密度を下げるものなら何であれ,還元的脱離を促進させる.還元的脱離は配位子の脱離のように容易に,自発的にまたは熱や光によって起こる.化学的または電気化学的酸化は還元的脱離を促進させる(酸化でひき起こされる還元とは反対語の妙な組合わせであるが).実際,一酸化炭素,無水マレイン酸,キノン,テトラシアノエチレンなどの強いπアクセプター(π受容性)配位子を加えると還元的脱離が促進されることが知られており,実用面で有用な手段となる.

当初の（間違いの）機構

$$L_n Ni + Ar-X \longrightarrow Ar-Ar + NiX_2$$

$$Ni(0) + Ar-X \longrightarrow Ar-Ni(II)X \xrightarrow{Ar-X} Ar-\underset{X}{\overset{Ar}{Ni(IV)}}-X \longrightarrow Ar-Ar$$

実際はラジカル連鎖

開始 $\begin{cases} Ar-X + L_3Ni(0) \xrightarrow[\text{酸化的付加}]{2e^-} Ar-\underset{L}{\overset{L}{Ni(II)}}-X \\[2ex] Ar-\underset{L}{\overset{L}{Ni(II)}}-X + Ar-X \xrightarrow{\text{電子移動}} [ArNi(III)XL_2]^{\overset{\bullet}{\oplus}} [ArX]^{\overset{\bullet}{\ominus}} \\[2ex] [ArNi(III)XL_2]^{\overset{\bullet}{\oplus}} [Ar-X]^{\overset{\bullet}{\ominus}} \longrightarrow Ni(I)X + ? \\[2ex] \text{または} \\ L_nNi(0) + Ar-X \xrightarrow{\text{電子移動}} [L_nNi]^{\overset{\bullet}{\oplus}} [Ar-X]^{\overset{\bullet}{\ominus}} \longrightarrow Ni(I)X + Ar^{\bullet} + ? \end{cases}$

連鎖 $\begin{cases} Ni(I)X + Ar-X \longrightarrow ArNi(III)X_2 \\ ArNi(III)X_2 + ArNi(II)X \rightleftharpoons Ar_2Ni(III)X + Ni(II)X_2 \\ Ar_2Ni(III)X \longrightarrow Ar-Ar + Ni(I)X \end{cases}$

(2.17)

$$\underset{Ph_2P\diagdown PPh_2}{\overset{Ph_2P\diagup PPh_2}{Pd}}\underset{Me}{\overset{Me}{<}} \xrightarrow{\text{速い}} CH_3-CH_3 \quad \text{一方} \quad \underset{Ph_2P-Pd-PPh_2}{\text{（ビフェナントレン Pd 錯体）}} \xrightarrow{\Delta} \text{反応しない}$$

(2.18)

2.4 転位挿入／β脱離

　有機合成にとって，重要な第3番目の反応機構は，転位挿入（migratory insertion）と

2.4 転位挿入/β脱離

いう過程である*〔(2.19)式〕. ふつう, CO, RNC, アルケン, あるいはアルキンなどの

$$\underset{M-Y}{\overset{X}{|}} \rightleftarrows M-Y-X \rightleftarrows \underset{M-Y-X}{\overset{L}{|}} \quad (2.19)$$

Y = CO, RNC, C=C, C≡C　　X = H, R, など

不飽和配位子が隣接する (シスの) 金属-配位子結合へ**形式上**挿入する.

この隣接する配位子がヒドリド (hydride, H^-) または σ-アルキル基ならば, 挿入により新しい炭素-水素結合または炭素-炭素結合が生成し, アルケン挿入では新しい金属-炭素結合も生成する. この"挿入"(insertion) という用語はいささか誤解を招くところがある. 実際は, 金属上の不飽和種へ隣接する配位子が**転位** (migration) し, 空の配位座を残す過程である. 挿入反応は通常可逆である. 転位する基の立体化学は挿入過程でも逆反応でもふつう保たれる.

一酸化炭素の金属-炭素 σ 結合への挿入は有機合成にとって最も重要な過程であって, この過程により有機化合物中に直接一酸化炭素分子が導入され, アルデヒド, ケトン, カルボン酸誘導体などを生成する. 逆反応もまた重要で, 脱カルボニル反応により, アルデヒドからアルカンを, 酸ハロゲン化物からハロゲン化物を生成する.

CO 挿入の一般的過程は (2.20)式に示すように, シスに結合した CO への R 基の可逆的な転位であり, この転位が律速過程である. この転位により発生した空の配位座は系に存在する外からの配位子で占められる.

$$\underset{R}{\overset{M-CO}{|}}{}_{\searrow シス} \underset{k_{-1}}{\overset{k_1}{\rightleftarrows}} M\overset{O}{\overset{\|}{-}}R \underset{-L}{\overset{L}{\rightleftarrows}} L-M\overset{O}{\overset{\|}{-}}R \quad (2.20)$$

同様に, 逆過程では配位アシル基のシス位に空の配位座が必要である. 転位挿入過程も逆挿入過程も転位基の立体配座は保持され, もし金属中心がキラルならそれもまた保持される. 金属カルボニル錯体での転位のしやすさは Et>Me>PhCH$_2$>η^1-アリール>アルケニル≥アリール, ROCH$_2$>プロパルギル>HOCH$_2$ の順である. ヒドリド (H), CH$_3$CO, CF$_3$ はふつう転位せず, RO や R$_2$N などのヘテロ原子はまれにしか転位しない. ルイス酸はしばしば CO 挿入を容易にする. 酸化も同様であるがこの場合, 金属アシルはさらに反応を続け金属上から酸化により切断される.

アルケンも金属-水素結合間に容易に挿入し (これはアルケンの触媒的水素化の鍵過程である), また金属-炭素 σ 結合にも挿入しアルケンのアルキル化に至る〔(2.21)式〕. ヒドリド挿入の逆反応は β 水素脱離 (β-hydrogen elimination, β脱離ともいう) であっ

---

* (訳注)　単に挿入 (insertion) ともいう.

て，σ-アルキル金属錯体の分解の最もよくある過程である．アルケン挿入と CO 挿入とには多くの共通した特徴がある．アルケンは挿入に先立ちまず金属に配位しなければな

$$\begin{matrix} M \\ R \\ (H) \end{matrix} \underset{シス}{\|} \underset{\beta 脱離}{\overset{挿入}{\rightleftarrows}} シス \left\{ \begin{matrix} M \\ (H)R \end{matrix} \right. \qquad (2.21)$$

らない．また転位すべきヒドリドやアルキル基に対してシスである必要がある．転位により金属上に空の配位座が生じる．逆反応のβ水素脱離（βアルキル脱離は起こらない）のためには，金属上のシス位が空いている必要がある．

金属と転位する基の両方ともアルケンへ同じ側から付加する．アルキル基の転位の際，その立体化学は保持される．金属アルケン錯体での転位のしやすさのおよその傾向は H≫アルキル，アルケニル，アリール>RCO≫RO, R$_2$N である．このアルケンへの転位の場合でも，ヘテロ原子基はヘテロ原子上の余分の孤立電子対を用い金属と多重結合をつくり安定化しているので転位しにくい〔(2.22)式〕．

$$M=\overset{..}{\underset{R}{O}} \leftrightarrow M=\overset{}{\underset{R}{O}} \leftrightarrow M\equiv O-R$$

$$M-\overset{..}{\underset{\underset{R}{|}}{N}}\underset{R}{} \leftrightarrow M=\underset{\underset{R}{|}}{N}\underset{R}{} \qquad (2.22)$$

アルキンも金属－水素および金属－炭素結合に挿入し，やはり挿入にはシス配置が必要で転位中心の立体化学は保持である〔(2.23)式〕．この過程の研究は少なく，さらにア

$$\begin{matrix} M \\ R \\ (H) \end{matrix} \underset{シス}{|||} \underset{\beta 脱離}{\overset{挿入}{\rightleftarrows}} シス \left\{ \begin{matrix} M \\ (H)R \end{matrix} \right. \qquad (2.23)$$

ルキンは生成物である σ-アルケニル錯体にもしばしば挿入しオリゴマー化に至ることも多く，系は複雑となることが多い．

2.5 遷移金属上の配位子への求核攻撃

不飽和有機配位子への求核攻撃は，有機合成上最も有用なプロセスの一つである[15]．一酸化炭素，アルケン，アルキンおよびアレーンなどは電子密度が高く，一般的に求核剤に対して反応しない．しかし，電子密度の低い金属への配位により，これらの基質の通常の反応性が逆転し，求核攻撃を受けやすくなり，ひいては全く新しい合成反応が可

2.5 遷移金属上の配位子への求核攻撃

能となる．金属中心が電子不足になればなるほど，金属上の配位子は求核攻撃に対し活性になる．したがって，カチオン性錯体や一酸化炭素などの強いπアクセプター配位子をもつ錯体はとりわけこれらの反応で活性である．

金属に配位した一酸化炭素は求核剤に対し活性で，これが有機化合物へカルボニル基を導入するための主要な経路となっている．中性の金属カルボニルの場合，有機リチウム化合物のような強い求核剤を必要とし，反応 (a) はアニオン性金属アシル錯体（アシル"アート"錯体）を与える〔(2.24)式〕．〔電子数を数える目的で金属に結合したCOの

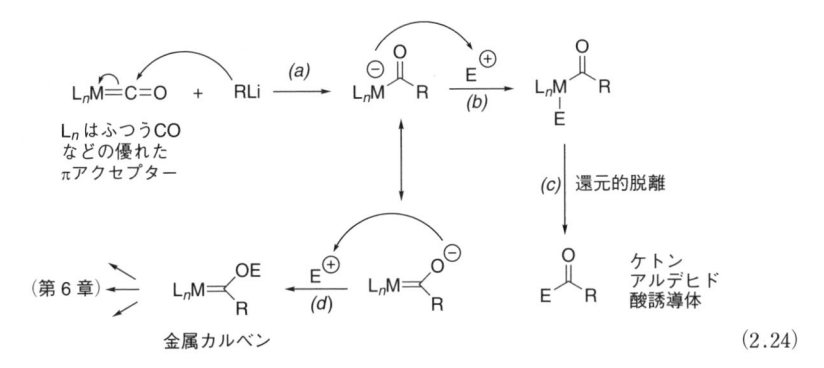

$$ (2.24) $$

σドナー（供与性）結合とπアクセプター（受容性）結合を示す共鳴構造を用いた．COはやはり形式上2電子供与配位子である．〕これらのアシル"アート"錯体の多くはきわめて安定で単離して取扱える．

求電子剤は金属中心に反応し（反応 b），（エノラートの C-アルキル化と同様に）中性のアシル-求電子剤錯体を与え，これから還元的脱離（反応 c）によりケトン，アルデヒド，またはカルボン酸誘導体を生成する．一方，求電子剤が酸素上で反応すれば（反応 d），（エノラートの O-アルキル化と同様に）ヘテロ原子で安定化されたカルベン錯体を与え，これからは独特の豊かな有機化学が展開されている（第6章）．求電子剤がどちらを攻撃するかは金属と求電子剤の両方に依存する．よりハードな，$R_3O^+BF_4^-$，ROTf（トリフラート），$ROSO_2F$ などの求電子剤は酸素を攻撃し[16]，よりソフトな求電子剤は金属上へ反応する[17]．

アルコキシドやアミンは金属カルボニル，特に，反応性のよいカチオン性錯体を攻撃し〔(2.25)式〕，アルコキシカルボニルまたはカルバモイル錯体を生成する[18]．これらの

$$ (2.25) $$

錯体は，金属-アシル炭素への挿入反応を軸とする金属を用いるさまざまなカルボニル

化反応の過程に含まれている.

水酸化物イオンは金属カルボニルを攻撃して（ふつうは）不安定な金属カルボン酸を与え，これはふつうアニオン性金属ヒドリドと二酸化炭素とに分解する[19]〔(2.26)式〕.

$$L_nM\!=\!C\!=\!O \ + \ HO^{\ominus} \longrightarrow L_nM\!-\!C(O^{\ominus})\!-\!OH \longrightarrow L_nM\!-\!H \ + \ CO_2 \quad (2.26)$$

求電子的なカルベン錯体は，カルベン炭素での求核攻撃を受け，ヘテロ原子の交換〔(2.27)式〕[16]か安定な付加体の生成〔(2.28)式〕[20]に至る.

$$(CO)_5Cr\!=\!C(OMe)(R) \ + \ Nuc^{\ominus} \longrightarrow (CO)_5Cr\!-\!C(OMe)(R)(Nuc)^{\ominus} \longrightarrow (CO)_5Cr\!=\!C(Nuc)(R)$$

Nuc = RS, R_2NH, PhLi, など $\quad (2.27)$

$$[Cp(OC)(CO)Fe\!=\!C(OMe)(H)]^{\oplus} \ + \ CH_3Li \longrightarrow Cp(OC)(CO)Fe\!-\!C(OMe)(Me)(H) \quad (2.28)$$

安定

炭素σ結合の求核的な切断は，有機基を金属から切り離すためにしばしば用いられるので，また有機合成にとって重要な過程である．多くの金属-アシル錯体がアルコールやアミンや水により切断され，これらは多くの触媒的アシル化の鍵過程となっている〔(2.29)式〕[21]．もっと安定なアシル錯体もあり，この場合には酸化的に切断をする必要がある〔(2.30)式〕[22]．σ-アルキル鉄錯体は酸化的に切断されるが，この過程はいくぶ

$$XL_2Pd\!-\!C(O)Ar \ \xrightarrow{R-OH} \ XL_2Pd\!-\!C(OR)(O^{\ominus})(Ar)(H^{\oplus}) \ \xrightarrow{-H^{\oplus}} \ ArCO_2R \ + \ L_2Pd \ + \ HX \quad (2.29)$$

$$\text{(Pd chelate complex)} \ \xrightarrow[\text{MeOH}]{Br_2} \ R\!-\!CH(NR'_2)\!-\!CH_2\!-\!C(O)OMe \quad (2.30)$$

ん詳しく調べられている〔(2.31)式〕[23]．金属を酸化するとそれ自身脱離基としてより優れたものになり，きれいな反転を伴う置換反応を促進する.

2.5 遷移金属上の配位子への求核攻撃

$$(2.31)$$

有機合成にとっていくぶんかかわりのあるその他の求核的反応として，自己交換反応がある．低原子価金属への有機ハロゲン化物の酸化的付加は，立体配置の反転を伴い進むことがわかっている[24]．ところがときどき，ラセミ化や部分的ラセミ化がみられる．この原因は，σ-アルキル錯体中の金属(II)を，出発物質である金属(0)が求核的に置換することによるものであると考えられている〔(2.32)式〕[25]．この反応は"熱的に中性"なので困難なプロセスではなく，予期せぬラセミ化が起こるときにはいつも考慮する必要がある．

$$(2.32)$$

配位したπ-不飽和炭化水素への求核攻撃は，これら基質の"通常"の反応化学とちょうど逆の反応を実現できるので，有機合成のための有機金属反応のうち最も重要なものの一つである．18電子カチオン性錯体への求核攻撃は特によく研究されていて[26]，このような錯体の速度支配下での反応性の順が多くの例をもとに導かれている（次式）．

$$\| \;>\; \bigcirc\!\!\!\!\!\!\!\diagup \;>\; \bigcirc \;>\; \bigcirc \;>\; \square \;\gg\; \diamondsuit \;>\; \pentagon \;>\; \hexagon$$

シクロペンタジエニル配位子（Cp）の反応性が低いことは注目に値し，しばしば反応に関与しない配位子として用いられる．

アルケンの求電子的金属錯体，特に $Pd(II)$, $Pt(II)$, $Fe(II)$ などの錯体の典型的な反応は，そのアルケンへの求核攻撃である[27]．たいていの場合，求核剤はアルケンの置換基の多い炭素を，金属と反対側の面から（トランス）攻撃し，炭素－求核剤結合と炭素－金属結合を生成する〔(2.33)式〕．少数の求核剤，塩化物，アセテート，安定化されてい

$$(2.33)$$

Nuc = Cl, AcO, ROH, RNH_2, R

ないカルボアニオンなどは，金属上を最初に攻撃することもできる．ついでアルケン挿

入が起こると全体の結果はシス付加となり，置換基の少ない炭素が攻撃される．この反応は，一置換または1,2-二置換アルケンにおもにみられ，もっと置換基が多い場合アルケンの配位は弱いので求核剤によりアルケンが金属から置換されてしまう．

　アルキンの求電子的金属錯体も求核攻撃を受けるが，この求電子的金属のアルキン錯体の安定な例が少なく（アルキンのオリゴマー化に進みやすい）研究例は少ない．カチオン性のアルキン鉄錯体は，金属の反対側から求核剤の攻撃を受け，選択性よく安定なσ-アルケニル鉄錯体を与える〔(2.34)式〕[28)]．この反応は，まだ有機合成には全く使われていない．

$$\text{[Fe錯体]}^+ + \text{Nuc}^- \longrightarrow \text{σ-アルケニル鉄錯体} \tag{2.34}$$

Nuc = PhS, CN, CH(CO$_2$Et)$_2$ 〔Ph, Me, H$_2$C=CH, MeC≡C,
L = PPh$_3$, P(OPh)$_3$ 　ただし R$_2$Cu(CN)Li$_2$ から供給〕

　η^3-アリル金属錯体への求核攻撃，特に Pd(II) は，有機合成の方法としてよく研究され発展しており，詳しくは第9章で述べる．一般的な形を (2.35)式に示す．求核攻撃は

$$\text{M錯体} + \text{Nuc}^- \xrightarrow{\text{トランス攻撃}} \text{π-アルケン錯体} \tag{2.35}$$

ほとんどの場合金属と反対側の面で起こる．しかし，カルボン酸イオンや安定化されていないカルボアニオンなどの少数の求核剤はまず金属へ攻撃しついでアリル基へ転位する．合成化学的にみて，η^3-アリル錯体を含む反応で最も重要なものは，Pd(0) 触媒によるアリル化合物の反応であり，炭素上で (2回反転するので) 全体として立体保持で進む〔(2.36)式〕[29)]．特殊な限られた場合に求核攻撃が η^3-アリル錯体の中心炭素上で起こ

$$\text{*CH(OAc)-CH=CH-Ph} \xrightarrow[\text{酸化的付加}]{\text{PdL}_4,\text{反転}} \text{[Pd アリル錯体]}^+ \xrightarrow[\text{反転}]{\text{Y-X}^-} \text{*CH(XY)-CH=CH-Ph} + \text{PdL}_4 \tag{2.36}$$

全体としては保持

2.5 遷移金属上の配位子への求核攻撃

り，メタラシクロブタンを与えることがある．(2.37)式に示すカチオン性モリブデン錯体の場合に，メタラシクロブタンは安定で単離されている[30]．

$$[\text{Cp}_2\text{Mo}=\text{CH}_2]^+ + \text{MeLi} \longrightarrow \text{Cp}_2\text{Mo}(\text{CH}_2\text{CH}_2\text{CH}_2\text{Me}) \quad (2.37)$$

拡張 Hückel 法による計算[31]では η^3-アリルパラジウム錯体の中心炭素攻撃は無理だとされているが，適切な反応条件（α置換エステルエノラートを用い，極性溶媒を用いる）を設定すれば，この型の反応が容易に起こりシクロプロパンが得られる〔(2.38)式〕[32]．提案されているような，TMEDA（N,N,N',N'-テトラメチルエチレンジアミン）

$$(\text{allyl-PdCl})_2 + \text{Cy(CO}_2\text{Me})^- \xrightarrow[\text{THF, }-78\,°\text{C}]{\text{NEt}_3,\text{ HMPA}} \text{MeO}_2\text{C-Cy-C(CH}_2)_2\text{PdL}_2 \longrightarrow \text{MeO}_2\text{C-Cy-cyclopropyl} \quad (2.38)$$

で安定化されたパラダシクロブタン中間体が単離され，構造も明らかにされた[33]．

中性の η^4-ジエン鉄トリカルボニル錯体は強い求核剤（たとえば，LiCMe$_2$CN）と反応し，末端炭素に攻撃を受けて η^3-アリル錯体，また内部炭素に攻撃を受けて σ-アルキル-η^2-アルケン錯体の両者が生成する〔(2.39)式〕[34]．対照的に，より求電子性の大き

$$\text{diene-M} + \text{Nuc}^- \xrightarrow{(a)} \eta^3\text{-アリル (トランス攻撃)} \quad \text{または} \xrightarrow{(b)} \sigma\text{-アルキル-}\eta^2\text{-アルケン} \quad (2.39)$$

い塩化パラジウム錯体では，末端攻撃だけが起こり η^3-アリルパラジウム錯体のみを与え，この生成物はさらなる官能基変換に用いることができる（第9章）〔(2.40)式〕[35]．多くの場合求核攻撃はやはり金属の反対側から起こる．例外もある．

$$\text{シクロヘキセン} + \text{PdCl}_2 \xrightarrow{\text{Cl}^{\ominus}} \left[\text{Pd錯体}\right] \quad (2.40)$$

 η^4-ジエン錯体とは対照的に，カチオン性 η^5-ジエニル錯体は種々の求核剤に対し活性で，η^5-シクロヘキサジエニル鉄トリカルボニルは有機合成に広く利用されている．電子密度の高い芳香族化合物から有機銅に至るまで容易にこれらの錯体と反応し，当然ながら金属の反対側から攻撃が起こり，安定な η^4-ジエン錯体を生成する〔(2.41)式〕[36]．

$$\overset{\oplus}{[}\text{Fe(CO)}_3] \xrightarrow{\text{Nuc}^{\ominus}} [\text{(CO)}_3\text{Fe}]\text{-Nuc} \quad (2.41)$$

 置換基のあるシクロヘキサジエニル配位子では，求核攻撃の起こる点は一般に電子的要因で決まる．この η^5-ジエニル錯体への求核の付加反応と，η^4-ジエン錯体からヒドリド引抜きで η^5-ジエニル錯体を生成させる反応とを組合わせると，6員環化合物の位置および立体特異的な多官能性化合物を生成することができる（第7章）．

 アレーンはふつう求電子攻撃を受け，特別な場合を除いては，求核攻撃には全く不活性である．しかし，電子不足金属種に，とりわけ金属カルボニル（CO は強い電子求引基である）に配位することにより，アレーンは求核剤に対しよく反応するようになる．なかでも最もよく研究されているのが η^6-アレーンクロムトリカルボニル錯体である〔(2.42)式〕[37]．ここでもまた，求核剤は金属の反対側から攻撃し，やや不安定なアニオ

$$[\text{Cr(CO)}_3] \xrightarrow{\text{Nuc}^{\ominus}} [\ominus\text{Cr(CO)}_3]\text{-Nuc,H} \xrightarrow[\text{H}^{\oplus}]{\text{酸化}} \begin{array}{c}\text{Nuc-アレーン}\\ \text{Nuc-シクロヘキサジエン}\end{array} \quad (2.42)$$

ン性 η^5-シクロヘキサジエニル錯体を与える．この錯体は有機化学的に多くの利用がなされている（第10章）．酸化すればアレーンを再生し，酸分解すればシクロヘキサジエンを与える．

 求核剤と金属上の配位子との種々の反応を表2.2に示し，d 電子数と形式的酸化数を出発物質と生成物について併せて示した．金属上の電子は相当動くが，ほとんどの場合，

金属の酸化状態は反応の前後で変化がなく，このことは酸化的付加/還元的脱離の一連の反応とは全く異なっている．それぞれの反応で，形式的に中性の配位子が形式的に1価アニオンの配位子に変化しており，いいかえれば求核剤の攻撃は金属ではなく配位子を還元しているといえる．例外が二つあり，η^3-アリルとη^5-ジエニル錯体の反応であって，形式的にアニオンの配位子が反応によって形式的に中性の配位子へと変化し金属が還元される．

2.6 トランスメタル化

トランスメタル化（transmetallation, 金属交換）は，有機合成に遷移金属を用いるという領域でますます重要になってきているが，よく研究されてはいなくてあまり理解できていないプロセスである．一般的な現象としては，有機典型金属化合物中の有機基Rが遷移金属錯体上へ移動するプロセスである〔(2.43)式〕[38]．これらの遷移金属上へのR

$$R-M + M'-X \xrightleftharpoons{K} R-M' + M-X \qquad (2.43)$$

M = Mg, Zn, Zr, B, Hg, Si, Sn, Ge
M' = 遷移金属

基導入反応と，酸化的付加反応あるいはアルケンへの求核攻撃反応とを組合わせれば，効率的な炭素－炭素結合生成反応（クロスカップリング，交差カップリングともいう）ができあがる．このような反応のほとんどの場合，トランスメタル化過程が律速段階で

表 2.2 遷移金属上での求核反応のまとめ

1. $Cr(CO)_6$ + CH_3Li ⟶ $(CO)_5Cr-C(O^-)CH_3$

   Cr(0), d^6 Cr(0), d^6, 全体で(-)
   6 中性 CO   5 中性 CO
                              1 (形式的に) $[R-\overset{\|}{\underset{O}{C}}-]^-$

2. 2e$^-$ドナー

   アルケン-$PdCl_2(NR_3)$ + $Et_2\overset{..}{N}H$ ⟶ $Et_2\overset{+}{N}H$-アルキル-$PdCl_2(NR_3)^-$

   Pd(II), d^8 2 Cl$^-$
   2 Cl$^-$, 中性 C=C   1 R$^-$ 全体で (-), Pd(II), d^8
   中性 NR_3 1 中性 NR_3

（次ページへつづく）

表 2.2 遷移金属上での求核反応のまとめ（つづき）

3. ブタジエン–Fe(CO)$_3$ + CH$_3$Li ⟶ (η^3-メチルアリル)Fe(CO)$_3^-$ ≡ 4e$^-$ ドナー

- 3 中性 CO
- 1 中性ジエン
- Fe(0), d^8

- 3 中性 CO
- 1 R(−)
- 全体で (−)
- Fe(0), d^8

- 3 中性 CO
- 1 (アルケン) (−)
- 全体で (−)
- Fe(0), d^8

4. (η^6-ベンゼン)Cr(CO)$_3$ 6e$^-$ ドナー + $^-$CH$_2$CN ⟶ (η^5-シクロヘキサジエニル)Cr(CO)$_3^-$ 6e$^-$ ドナー

- 3 中性 CO
- 1 中性 PhH
- Cr(0), d^6

- 3 中性 CO

- 全体で (−)
- Cr(0), d^6

一方

4e$^-$ ドナー

(η^3-アリル)PdCl(PPh$_3$) + $^-$CH(CO$_2$Me)$_2$ ⟶ 形式上は還元 ⟶ CH$_2$=CHCH$_2$CH(CO$_2$Me)$_2$·Pd(PPh$_3$) + Cl$^-$

- 1 Cl$^-$, 1 アリル$^-$
- 1 中性 PPh$_3$
- 全体で中性
- Pd(II), d^8

- 2e$^-$ ドナー
- 他の 2 電子は金属の還元に使われた

- 1 中性 C=C
- 1 中性 PPh$_3$
- 全体で中性
- Pd(0), d^{10}

あり，もしこの過程を含む触媒反応がうまく進まなかったら，ふつうはトランスメタル化の過程を改良する必要がある．

トランスメタル化がうまく進行するためには，典型元素有機金属 M が遷移金属 M′ よりもより電気的に陽性である必要がある．しかしながら，これは平衡過程であるので，もし RM′ が不可逆的に逐次反応により消費されれば，トランスメタル化が不利な過程（K が小）であっても利用可能である．したがって，電気陰性度の値の不正確さともあいまって，実験をやってみるのが手っとり早い手法といえる．

反応 (2.43) 式が平衡であるという事実はよく忘れられているところであり，さらにこの過程で両方の反応体が熱力学的に得るところがなければならないということも忘れら

れがちである．したがって，MやM′の性質と同様にXの性質も重要であって，事実適当な対イオンXの添加によりトランスメタル化がしばしばうまく進行する（第4章）．

表 2.3　遷移金属に配位した有機配位子への求電子攻撃

1. σ-アルキル金属結合の求電子的切断

    R–M + E$^⊕$ ⟶ R–E + M$^⊕$　　Rで立体保持

2. α位での攻撃

    （カルベン）

3. β位での攻撃

4. γ位での攻撃

5. 配位ポリエンへの攻撃

2.7 遷移金属上の配位子への求電子攻撃

金属上に配位した有機配位子に対する求電子剤の反応は，求核剤の反応ほどは有機合成に用いられてはいない．最もよく使われる求電子反応は，金属から有機基を取除くための手段として用いられている，金属－炭素 σ 結合の求電子的切断であろう．金属錯体が d 電子をもっていれば，求電子攻撃は通常金属上に起こり，形式的には酸化的付加となる．つづいて還元的脱離が起これば，炭素での立体配置を保持した切断である〔(2.44)式〕．もし十分良好な求核剤が存在していれば（たとえば Br_2 よりの Br^-），**立体反転**に

$$R-M + E^{\oplus} \longrightarrow E-M-R \xrightarrow{Nuc^{\ominus}} R-Nuc \quad \text{立体反転}$$

$$E = H, D, Br, I \quad \downarrow \text{還元的脱離}$$

$$R-E \quad \text{立体保持} \tag{2.44}$$

よる切断も起こりうる．この種の切断についてはすでに述べた〔(2.31)式〕．d 電子をもたない σ-アルキル金属錯体でも求電子的切断は容易であって，ふつう立体配置は保持である．このような場合には，金属－炭素 σ 結合への直接の求電子攻撃（S_E2）によるものと思われる〔(2.45)式〕[39]．

$$Cp_2Zr(Cl)(CHDR) + Br_2 \longrightarrow Cp_2Zr(Br)Cl + BrCHDR \tag{2.45}$$

$Zr(IV), d(0)$

求電子剤は有機金属錯体の**炭素**で反応することもあって，種々の有用な反応の過程にこの型の反応が含まれている．これらを表 2.3（前ページ）に示す．その中のいくつか，特に η^1-アリル錯体と求電子剤との反応（γ 攻撃）と η^4-ジエン錯体からのヒドリド引抜きは有機合成で有用であり，後に詳しく述べる．

文 献

1. (a) Collman, J. P.; Hegedus, L. S.; Norton, J. R.; Finke, R. G. *Principles and Applications of Organotransition Metal Chemistry*, 2nd ed.; University Science Books: Mill Valley, CA, 1987; pp 235-458. (b) Twigg, M. V., Ed. *Mechanisms of Inorganic and Organometallic Reactions*; Plenum Publishing: New York, 1983 年より年刊，各巻の第 3 章を見よ..
2. Odell, L. A.; Raethel, H. A. *J. Chem. Soc., Chem. Commun.* **1968**, 1323; **1969**, 87.
3. 正八面体錯体でのこの効果の総説: Coe, B. J.; Glenwright, S. *J. Coord. Chem. Rev.* **2000**, *203*, 5.
4. Tolman, C. A. *Chem. Rev.* **1977**, *77*, 313.
5. Albers, M. O.; Coville, N. J. *Coord. Chem. Rev.* **1984**, *53*, 227.

6. (a) Darensbourg, D. J.; Walker, N.; Darensbourg, M. *J. Am. Chem. Soc.* **1980**, *102*, 1213. (b) Darensbourg, D. J.; Darensbourg, M. Y.; Walker, N. *Inorg. Chem.* **1981**, *20*, 1918. (c) Darensbourg, D. J.; Ewen, J. A. *Inorg. Chem.* **1981**, *20*, 4168.
7. 総 説: (a) Collman, J. P.; Roper, W. R. *Adv. Organomet. Chem.* **1968**, *7*, 53. (b) Collman, J. P. *Acc. Chem. Res.* **1968**, *1*, 136. (c) Stille, J. R.; Lau, K. S. Y. *Acc. Chem. Res.* **1977**, *10*, 434. (d) Stille, J. K. in *The Chemistry of the Metal-Carbon σ-Bond*; Hartley, F. R., Patai, S., Eds.; Wiley: New York, 1985; Vol. 2, pp 625-787.
8. (a) Sweany, R. L. *J. Am. Chem. Soc.* **1985**, *107*, 2374. (b) Upmacis, R. K.; Gadd, G. E.; Poliakoff, M.; Simpson, M. B.; Turner, J. J.; Whyman, R.; Simpson, A. F. *J. Chem. Soc. Chem. Commun.* **1985**, 27.
9. Chock, P. B.; Halpern, J. *J. Am. Chem. Soc.* **1966**, *88*, 3511.
10. Collman, J. P.; Finke, R. G.; Cawse, J. N.; Brauman, J. I. *J. Am. Chem. Soc.* **1977**, *99*, 2515.
11. (a) Labinger, J. R.; Osborn, J. A. *Inorg. Chem.* **1980**, *19*, 3230. b) Labinger, J. A.; Osborn, J. A.; Coville, N. J. *Inorg. Chem.* **1980**, *19*, 3236. c) Jenson, F. R.; Knickel, B. *J. Am. Chem. Soc.* **1971**, *93*, 6339.
12. Kochi, J. K. *Pure Appl. Chem.* **1980**, *52*, 571.
13. 総 説: Hartwig, J, F. *Inorg. Chem.* **2007**, *46*, 1936.
14. Gillie, A.; Stille, J. K. *J. Am. Chem. Soc.* **1980**, *102*, 4933.
15. 総 説: Hegedus, L. S. "Nucleophilic Attack on Transition Metal Organometallic Compounds" in *The Chemistry of the Metal-Carbon σ-Bond*; Hartley, F. R., Patai, S., Eds.; Wiley: New York, 1985; Vol. 2, pp 401-512.
16. Dötz, K. H. *Angew. Chem., Int. Ed. Engl.* **1984**, *23*, 587.
17. Collman, J. P. *Acc. Chem. Res.* **1975**, *8*, 342.
18. Angelici, R. L. *Acc. Chem. Res.* **1972**, *5*, 335.
19. Ungermann, C.; Landis, V.; Moya, S. A.; Cohen, H.; Walker, H.; Pearson, R. G.; Rinker, R. G.; Ford, P. C. *J. Am. Chem. Soc.* **1979**, *101*, 5922 およびその引用文献.
20. Casey, C. P.; Miles, W. M. *J. Organomet. Chem.* **1983**, *254*, 333.
21. Heck, R. F. *Pure Appl. Chem.* **1978**, *50*, 691.
22. Hegedus, L. S.; Anderson, O. P.; Zetterberg, K.; Allen, G.; Siirala-Hansen, K.; Olsen, D. J.; Packard, A. B. *Inorg. Chem.* **1977**, *16*, 1887.
23. Whitesides, G. M.; Boschetto, D. J. *J. Am. Chem. Soc.* **1971**, *93*, 1529.
24. 最近の例: Rodriguez, N.; Ramirez de Arellano, C.; Asenio, G.; Medio-Simon, M. *Chem.-Eur. J.* **2007**, *13*, 4223.
25. Lau, K. S. Y.; Fries, R. M.; Stille, J. K. *J. Am. Chem. Soc.* **1974**, *96*, 4983. パラジウム自己交換による同様な立体化学の消失が η^3-アリルパラジウムの反応で知られている: Granberg, K. L.; Bäckvall, J.-E. *J. Am. Chem. Soc.* **1992**, *114*, 6858.
26. Davies, S. G.; Green, M. L. H.; Mingos, D. M. P. *Tetrahedron* **1978**, *34*, 3047.
27. (a) Lennon, P. M.; Rosan, A. M.; Rosenblum, M. *J. Am. Chem. Soc.* **1977**, *99*, 8426. (b) Hegedus, L. S.; Åkermark, B.; Zetterberg, K.; Olsson, L. F. *J. Am. Chem. Soc.* **1984**, *106*, 7122. (c) Hegedus, L. S.; Williams, R. E.; McGuire, M. A.; Hayashi, T. *J. Am. Chem. Soc.* **1980**, *102*, 4973. (d) 総 説: McDaniel, K. Nucleophilic Attack on Alkene Complexes. In *Comprehensive Organometallic Chemistry II*. Abel, E. W., Stone, F. G. A., Wilkinson, G., Eds.; Pergamon Press: Oxford, UK, 1995; Vol. 12, pp 601-622.
28. Reger, D. L.; Belmore, K. A.; Mintz, E.; McElligott, P. J. *Organometallics* **1984**, *3*, 134; 1759.
29. (a) Hayashi, T.; Hagihara, T.; Konishi, M.; Kumada, M. *J. Am. Chem. Soc.* **1983**, *105*, 7767. (b) 総 説: Harrington, P. J. Transition Metal Allyl Complexes. In *Comprehensive Organometallic Chemistry II*; Abel, E. W., Stone, F. G. A., Wilkinson, G., Eds.; Pergamon Press: Oxford, UK, 1995; Vol. 12, pp 797-904.
30. Periana, R. A.; Bergman, R. G. *J. Am. Chem. Soc.* **1984**, *106*, 7272.
31. Curtis, M. D.; Eisenstein, O. *Organometallics* **1984**, *3*, 887.
32. (a) Hegedus, L. S.; Darlington, W. H.; Russel, C. E. *J. Org. Chem.* **1980**, *45*, 5193. (b) Carfagna, C.; Mariani, L.; Musco, M.; Sallese, G.; Santi, R. *J. Org. Chem.* **1991**, *56*, 3924.
33. (a) Hoffmann, H. M. R.; Otte, A. R.; Wilde, A.; Menzer, S.; Williams, D. J. *Angew. Chem., Int. Ed. Engl.* **1995**, *34*, 100. η^3-アリルパラジウム錯体への求核攻撃の位置に対する配位子の

効果について，次の文献を見よ： (b) Aranyos, A.; Szabo, K. J.; Castaño, A. M.; Bäckvall, J. -E. *Organometallics* **1997**, *16*, 1997; 1058.
34. (a) Semmelhack, M. F.; Le, H. T. M. *J. Am. Chem. Soc.* **1984**, *106*, 2715. (b) Semmelhack, M. F.; Herndon, J. W. *Organometallics* **1983**, *2*, 363.
35. Bäckvall, J.-E.; Nyström, J.-E.; Nordberg, R. E. *J. Am. Chem. Soc.* **1985**, *107*, 3676.
36. (a) Pearson, A. J. *Comp. Org. Synth.* **1991**, *4*, 663. (b) Pearson, A. J. Nucleophilic Attack on Diene and Dienyl Complexes. In *Comprehensive Organometallic Chemistry II*; Abel, E. W., Stone, F. G. A., Wilkinson, G., Eds.; Pergamon Press: Oxford, UK, 1995; Vol. 12, pp 637-684.
37. (a) Semmelhack, M. F. *Comp. Org. Synth.* **1991**, *4*, 517. (b) Semmelhack, M. F. Transition Metal Arene Complexes. In *Comprehensive Organometallic Chemistry II*; Abel, E. W., Stone, F. G. A., Wilkinson, G., Eds.; Pergamon Press: Oxford, UK, 1995; Vol. 12, pp 979-1038.
38. Negishi, E.-I. *Organometallics in Organic Synthesis*; Wiley: New York, 1980.
39. Labinger, J. A.; Hart, D. W.; Seibert, W. E., III; Schwartz, J. *J. Am. Chem. Soc.* **1975**, *97*, 3851.

3

遷移金属ヒドリドの合成化学的応用

3.1 はじめに

　遷移金属ヒドリド[1]は，均一系水素化，ヒドロホルミル化，ヒドロメタル化などの反応で重要な役割を果たす有機金属錯体である．遷移金属ヒドリドの反応性は，中心金属とその配位子に強く依存しており，ヒドリドドナーから強酸までの広い範囲にわたっている[2]．しかし，有機合成化学における金属ヒドリドのおもな用途は上記のいずれでもない．むしろ，アルケンやアルキンが金属－水素結合に容易に挿入し，σ-アルキル金属錯体を生成してさらなる変換反応に用いることができるという点が重要である．

　遷移金属ヒドリドは多くの経路により合成が可能であるが（図3.1），最も一般的には

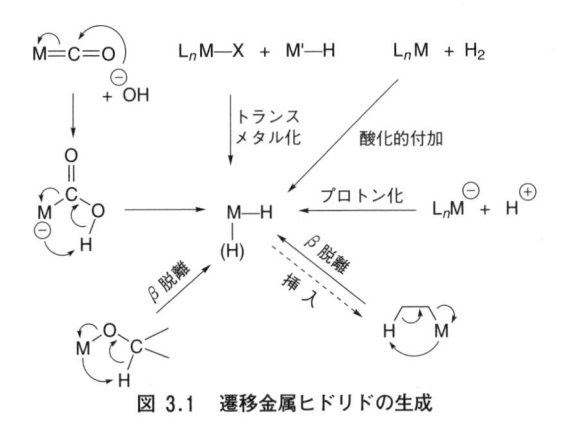

図 3.1　遷移金属ヒドリドの生成

酸化的付加反応で生成する．遷移金属が非常に穏和な条件下で水素を活性化できるということは大きな特徴であり，これが触媒的水素化での有用性に結びついている．還元反

応に用いられるのは，ほとんどの場合ロジウム，ルテニウム，およびイリジウム錯体であり，加えて，白金，ジルコニウム，チタンなどが時に用いられる．

3.2 均一系水素化[3]

合成化学者が炭素－炭素二重結合を還元しようとするとき，ほとんどの場合パラジウム/炭素（Pd/C）のような**不均一系**（heterogeneous）触媒をまず考える．不均一系触媒は取扱いやすく，効果的で，反応終了後濾過で簡単に除ける．これに対し，**均一系**（homogeneous）触媒は，ときには取扱いが難しく，微量の酸素などの不純物に弱く，アルケン異性化をひき起こしやすく，均一に溶けているので反応後の回収が困難である．しかし，何といっても選択性という大きな利点が，これらの欠点を補っている．

均一系水素化触媒にはモノヒドリドとジヒドリドの2種類があり，これらは異なった機構で反応し異なった特異性を示す．最もよく研究されているモノヒドリド触媒は，レモンイエローで空気中で安定な結晶性固体の $Rh(H)(PPh_3)_3(CO)$ である．この錯体によるアルケンの水素化の機構を図3.2に示す．反応は，**完全に特異的に末端アルケンにだ**

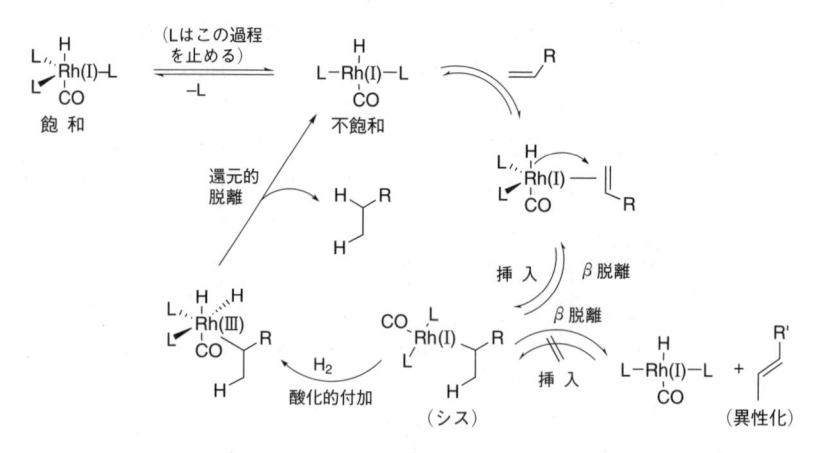

図 3.2 モノヒドリド触媒によるアルケンの還元

け起こり，分子内の別の位置に内部アルケン，アルデヒド，ニトリル，エステル，塩素などがあっても影響なく進む．この反応のおもな欠点はアルケン異性化が水素化と競争的に起こることであり，異性化してしまったアルケンは水素化を受けなくなる．

反応の開始には，配位飽和錯体である $Rh(I)d^8$ 錯体のホスフィン配位子が解離することが必要になる（配位子解離）．したがって，ホスフィンの添加は触媒作用を停止させる．配位不飽和となった金属中心へ基質であるアルケンが配位し，つづく転位挿入によって

不飽和の σ-アルキルロジウム(I)錯体を生成する.挿入の位置選択性は明らかではなく,ロジウムは末端にも内部にも結合するものと思われる.水素がこの σ-アルキルロジウム(I)錯体に酸化的付加し,つづいて R–H が還元的脱離すればアルケンの水素化が達成され,触媒的に活性な配位不飽和ロジウム(I)モノヒドリド錯体が再生する.もし第二級アルキルの σ-アルキルロジウム(I)中間体が**内部方向で** β 水素脱離(転位挿入の逆反応)をすれば,不可逆なアルケン異性化であり,内部アルケンと触媒的に活性なロジウム(I)モノヒドリド錯体を生成する.この活性錯体は内部アルケンを還元できないので,この異性化反応は不可逆反応として競争的に起こる.特にこのモノヒドリド触媒に関してはほとんど合成には利用されていないが,このモノヒドリド経路は以下に述べるルテニウム(II)による不斉水素化触媒では重要な役割を果たしているものと考えられる.

ジヒドリド錯体は使える範囲が広く,よく研究されている.最も広く用いられている触媒前駆体は,ワインレッドの固体である **Wilkinson 触媒** とよばれる $RhCl(PPh_3)_3$ である.この触媒による水素化の機構は非常に詳しく研究されており,かなり複雑である(図 3.3)[4]. Wilkinson 触媒はすでに配位不飽和(Rh(I),d^8,$16e^-$)であるが,速度論的に活性

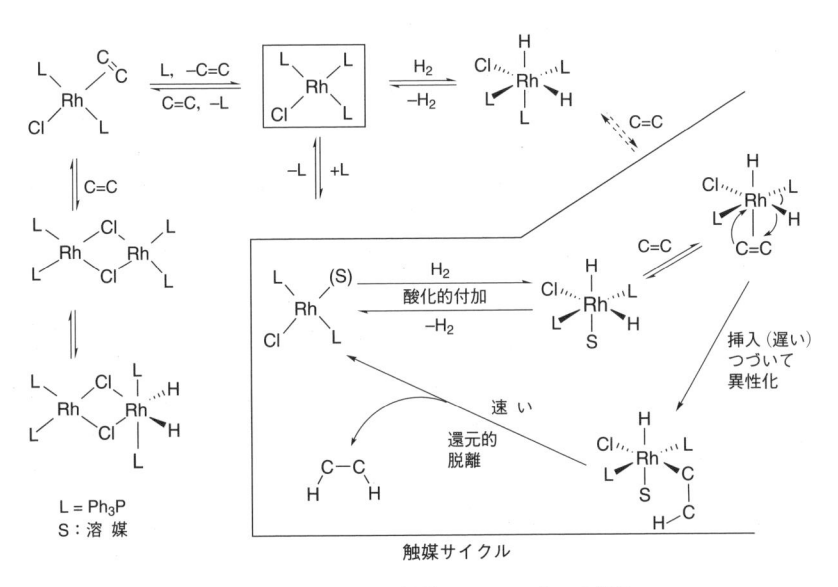

図 3.3 Wilkinson 触媒によるアルケンの還元

な錯体は 14 電子錯体 $RhCl(PPh_3)_2$ であって,これにはおそらく溶媒がゆるく配位しているのであろう.この場合 H_2 の酸化的付加が最初の過程で,ついでアルケンが配位す

る.転位挿入が律速段階で,その後速いアルカンの還元的脱離とともに活性種が再生する.この触媒サイクルに加えて,いくつかの他の平衡過程があり,系を複雑にしている.

Wilkinson 触媒は,選択的で効率がよく,各種官能基が分子内に存在していてもよく,モノヒドリド錯体であった中性条件下のアルケンの異性化も伴わないので,合成化学上有用である.アルケンの反応性は配位のしやすさを反映しており,ここに示すアルケンで 50 倍ほどの反応性の幅がある.

非環状の三および四置換アルケンは還元されない.エチレン(エテン)は強く配位しすぎて触媒毒となる.この触媒系が異なるアルケンを見分けられる例を (3.1) 式[5] と (3.2) 式[6] に示す.

官能基は触媒に配位して還元の方向を決めることができる.触媒のヒドロキシ基への配位により,環のエキソ二重結合の面選択的還元を行う方法が,ガンビエル酸の A 環の合成に用いられた〔(3.3) 式〕[7].対照的に,パラジウム炭素を用いたエキソ二重結合の還元ではこのような選択性はみられず混合物を生成する.アルケンの水素化でのキレーションによる制御の例は,反応基質が金属に配位して面選択に働き単一の異性体を生成する例〔(3.4) 式〕[8] にもみられる.

3.2 均一系水素化

(構造式) [Rh(nbd)(dppb)]BF$_4$, H$_2$ (10 atm), 91% (3.4)

アルキンは Wilkinson 触媒により容易にアルカンまで還元される．ベンジルエーテルを切断することなく容易にアルキンをアルカンへ速やかに還元する方法がマクロビラシン (macroviracin) A の合成の過程で用いられた〔(3.5)式〕[9]．ニトロアルケンでは，競争しそうなニトロ基の還元を起こすことなくアルケンへ還元できる．

(構造式) RhCl(PPh$_3$)$_3$, H$_2$, 99% (3.5)

Wilkinson 触媒を用いる還元にはいくつかの適用限界がある．溶媒中ではトリフェニルホスフィンの酸化触媒でもあるので，空気があると錯体自体が壊れてしまう．エチレン，チオール，および塩基性の大きなホスフィンは触媒毒となる．一酸化炭素および酸ハロゲン化物のように反応して一酸化炭素を与える基質は使用できない．このような限界はあるものの，Wilkinson 触媒は合成化学的にきわめて有用で，普通の均一系水素化反応を行うときには最初に選択される触媒である．

ホモアリルアルコールのキレーション制御による還元は，Wilkinson 触媒では非選択的であるが，binap-Ru(OAc)$_2$ を用いると選択的に進む〔(3.6)式〕[10]．Wilkinson 触媒が，(−)-バオゴンテン (Bao Gong Teng) A の合成過程で，α,β-不飽和ケトンの還元に用いら

(構造式) Ru(OAc)$_2$[(S)-binap], H$_2$ (100 atm), DCM, MeOH, 88% (3.6)

れた〔(3.7)式〕[11].

$$\text{(図: RhCl(PPh}_3)_3, \text{THF}, t\text{-BuOH}, H_2(1\ \text{atm}), 85\%) \quad (3.7)$$

合成化学者にとって，もっと興味深いのは均一系不斉水素化 (asymmetric homogeneous hydrogenation) であり[12),13)]，プロキラル*なアルケンを還元して一方のエナンチオマー（鏡像異性体）が多い生成物が得られる．この課題は非常に詳細に研究されており，反応がうまくいったときは見事である．しかし，不斉水素化がうまく進むための諸条件は当初あまりにも厳しく，ごく限られた範囲の基質の反応のみであった．しかし，最近開発された触媒では，基質の適用範囲がかなり広がっている．

$Rh(cod)_2BF_4$, $Rh(cod)_2OTf$ および $Rh(nbd)BF_4$ が活性な触媒の前駆体として用いられる．用いられる触媒は，光学活性な2座配位ジホスフィン，単座配位[14)]ホスフィン，ホスホナイト，ホスファイト，およびホスホルアミダイトをもつカチオン性ロジウム(I)錯体で，相当するジホスフィンジアルケン錯体をその場で還元して〔(3.8)式〕調製する．

$$\text{(図: 錯体の調製反応式)} \quad S = 溶媒 \quad (3.8)$$

非常に多くの種類のリン配位子（何百個も）が開発されている（図3.4）．これらの触媒は，2座でキレート配位するような限られたプロキラルアルケンの不斉水素化に非常に有効である．

これまで知られている最もよい反応基質は (Z)-α-アセトアミドアクリラートで，光学活性な α-アミノ酸誘導体へと還元される．この反応系はきわめて詳細に研究されており，提案されている触媒サイクルに含まれるいくつかの中間体が，^1H, ^{13}C, ^{31}P NMR スペクトル分析とX線結晶解析により構造決定されている[15)]．

これにより，アルケンは二重結合に加えてアミド基の酸素も用いて2座配位子として配位し，2個のジアステレオメリックなアルケン錯体が生成できることが示された．ところが，これらの研究結果にはただ一つ困った問題が含まれており，それは検出された

---

* （訳注）プロキラリティー (prochirality)：キラルになる前段階の分子構造．隠れた立体異性性．たとえば，sp^3炭素上の二つの等価な水素原子の一つを他の置換基に置き換えるとキラルになる（鏡像異性を生みだす）場合．あるいは，sp^2炭素原子のどちらかの側から水素化が起こるとキラルになる場合などのことをいう．

3.2 均一系水素化

中間体ジアステレオマーからは，実際得られた生成物とは**逆の立体配置**のものが生成することになる点であった．注意深い速度論的研究がこの問題を解決し[15b)〜15d)]，その結果，ある触媒プロセスでもし中間体が検出されればそれは反応経路に含まれる中間体で

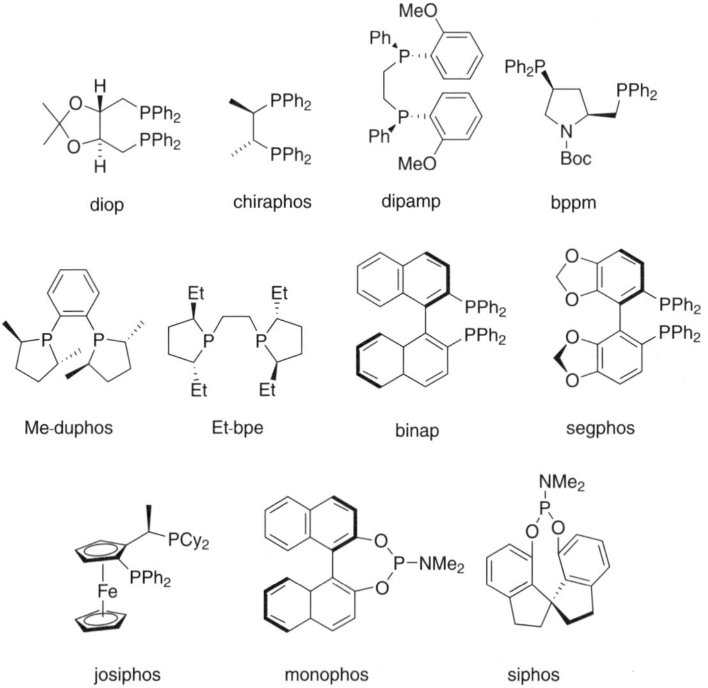

図 3.4 光学活性配位子

はないだろうという所見を生みだした．すなわち，検出できるほど高い濃度で集積されてくる中間体はおよそ速度論的には不活性であって，速度論的に活性な中間体はすぐさま出発物質を生成物へ変えるように働き，ふつう検出できるほどの濃度では存在しない，ということである．しかし，このことは常に正しいとは限らない．最近の研究によれば，NMRやX線結晶解析で観測された中間体ジアステレオマーが，**実際の生成物の立体配置を与える中間体**である場合が存在する[16)]．

図3.5に (Z)-アセトアミドアクリラートの不斉水素化の機構を示す．合成化学者にとっては，この機構の詳細は重要ではなく，効率的な不斉水素化が達成されるためには一連の複雑な過程がバランスよく進行する必要があるということの例示として重要であろう．この事情が理解できれば，これらの触媒で不斉水素化できるプロキラルなアルケンの範囲が狭いことと，異なる基質への応用が困難であることが理解できるであろう．

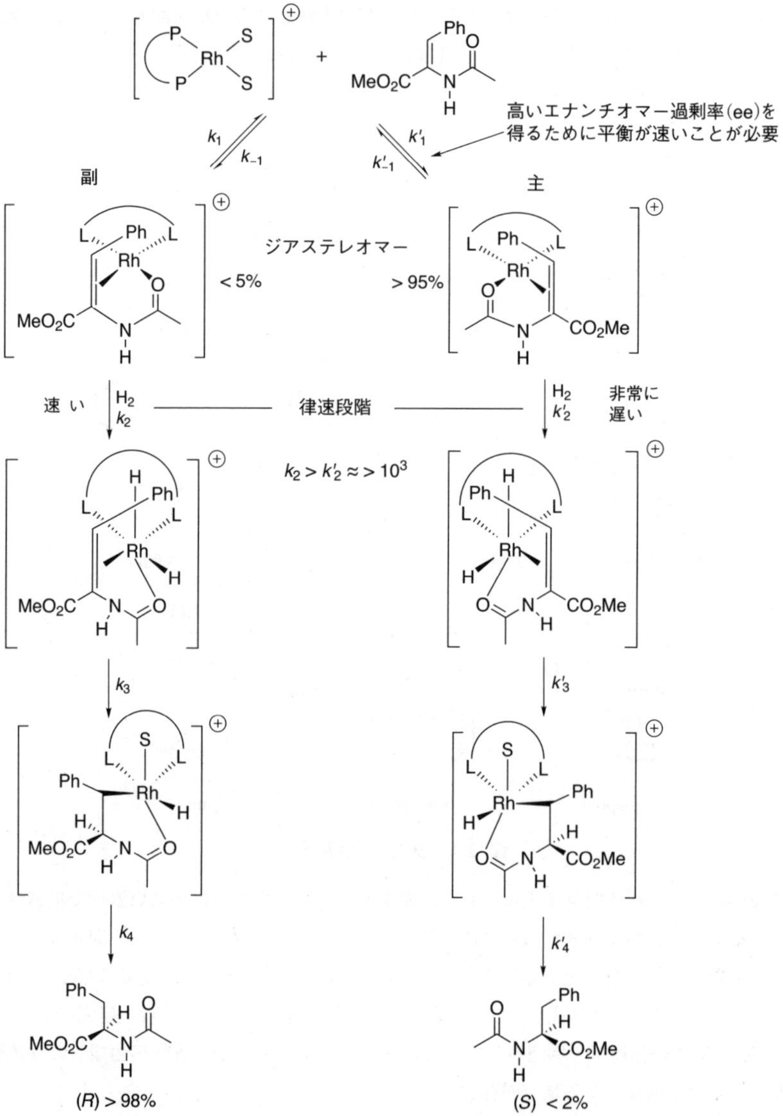

ee は高H_2圧ではk'_2増大により低い.
ee は低温で平衡が遅くなり,主ジアステレオマーが蓄積するので低い

図 3.5 (Z)-アセトアミドアクリラートの不斉水素化の機構

3.2 均一系水素化

 高選択的不斉誘導に必要なプロセスには二つの特徴がある．すなわち2個のジアステレオマーはかなり異なる速度で反応する必要があり，さらに両者は速い平衡系にある必要がある．反応の律速段階は水素がロジウム(I)アルケン錯体に酸化的付加する過程であり，一方の（濃度が低い方の）ジアステレオマーは他方よりも 10^3 倍速く反応する必要がある．2個のジアステレオメリックなアルケン錯体が速い平衡にあるならば，高選択的不斉誘導が認められる．おもしろいことに，水素圧を高くし反応温度を下げると，この両者とも上述の平衡を妨げるので，エナンチオ選択性は低下する．

 上記触媒はもっぱら Z 体のアセトアミドアクリラートに有効である．窒素上の他の有効なカルボニル置換基は，Bz-，Boc-，および Cbz- などがある．E 体は還元によりアミノ酸の逆のエナンチオマーを与えるはずだが，実際は還元反応中に E-Z 異性化が起こるので (E)-アセトアミドアクリラートのエナンチオ選択的な還元はうまくいかない．

 (Z)-アセトアミドブタジエン酸エステルでは，アセトアミド基に近い二重結合だけが還元される〔(3.9)式〕[17]．これとは対照的に，リン配位子 duphos，dipamp，または bpe

$$\text{TBDMSO} \diagup \diagup \diagdown \diagdown \text{CO}_2\text{Me} \quad \xrightarrow[\text{H}_2(4\text{ atm}),\ \text{MeOH},\ 99\%,\ >99\%\text{ ee}]{\text{Rh(cod)}[(R,R)\text{-Et-duphos}]\text{OTf}} \quad \text{TBDMSO} \diagup \diagdown \diagdown \text{CO}_2\text{Me}$$
$$\text{NHAc} \qquad\qquad\qquad\qquad\qquad\qquad\qquad\qquad \text{NHAc}$$

(3.9)

は，E と Z のアセトアミドアクリラートの両方を等しく高いエナンチオ選択性で還元し，触媒がある一つの立体配置であれば，アルケンの立体異性に関係なく同一の絶対配置をもつ生成物を与える〔(3.10)式〕[18]．加えて β,β-二置換アセトアミドアルケノエー

$$\xrightarrow[\text{H}_2(3.5\text{ atm}),\ \text{MeOH},\ 94\%]{\text{Rh(cod)}[(R,R)\text{-dipamp}]\text{BF}_4}$$

一種のジアステレオマー

$E/Z = 1/5.4$

(3.10)

$$\xrightarrow[\text{H}_2(6\text{ atm}),\ \text{MeOH},\ >98\%\text{ ee}]{\text{Rh(cod)}[(S,S)\text{-Et-duphos}]\text{BF}_4}$$

(3.11)

トはβ側鎖をもつα-アミノ酸へ、これらの触媒により高エナンチオ選択的に還元される[19]．例を (3.11)式に示す[20]．

アセトアミドアクリラート以外にも、イタコン酸エステル、エナミド、エノールエステル、α-アセトキシアクリラート、デヒドロ-β-アミノ酸誘導体〔(3.12)式〕[21]，および α,β-不飽和ニトリル〔(3.13)式〕[22] は、この型の触媒系を用いて高いエナンチオ選択性で還元される[23]．

$$\underset{\text{NHAc}}{\diagup}\hspace{-1em}=\hspace{-1em}\underset{\text{CO}_2\text{Me}}{\diagup} \xrightarrow[\text{DCM, 100\%, 99\% ee}]{\text{Rh(cod)}_2\text{BF}_4,\ \text{H}_2\ (10\ \text{atm})} \underset{\text{NHAc}}{\diagup}\hspace{-1em}\text{CO}_2\text{Me} \quad (3.12)$$

(配位子: binaphthyl-O-P-NMeBn)

$$\text{(3.13)}$$
(Rh/t-Bu phosphine 触媒, BF$_4^-$, MeOH, H$_2$ (3 atm) 定量的 99% ee)

やはりアルケンの2座キレート配位に基づいていて、もっと広い有用性をもつ水素化触媒として**ルテニウム(II)-binap系**が知られている[24]．これらの錯体は、種々の基質を高い不斉収率で還元する．キレート構造がもたらす整った硬い配位状態が高いエナンチオ選択性の要因である．たとえば、α,β-不飽和カルボン酸の還元では、還元の選択性は高く効率もよく〔(3.14)式〕[25]，きわめて幅の広い官能基許容性がある．抗炎症剤ナプロキセン〔(3.15)式〕がメタノールを溶媒とする高圧還元で 97% ee (ee: エナンチオマー

$$\underset{R^1}{\overset{R^2}{\underset{R^3}{\diagup}}}\hspace{-1em}\text{CO}_2\text{H} \xrightarrow[\text{H}_2]{\text{Ru(OCOR)}_2(\text{binap})} \underset{R^1}{\overset{R^2}{\underset{R^3}{\diagup}}}\hspace{-1em}\overset{*}{\diagup}\text{CO}_2\text{H} \quad (3.14)$$

$$\text{MeO-naphthyl-C(=CH}_2\text{)CO}_2\text{H} \xrightarrow[\text{MeOH, 92\%, 97\% ee}]{\text{Ru(OAc)}_2[(S)\text{-binap}],\ \text{H}_2\ (135\ \text{atm})} \text{MeO-naphthyl-CH(CH}_3\text{)CO}_2\text{H} \quad (3.15)$$

過剰率または鏡像体過剰率）で得られ、同様にエナンチオ選択性は劣るがチエナマイシン (thienamycin) (3.16)式やグラキソライド (glaxolide) 前駆体〔(3.17式)〕[26] も得られる．

3.2 均一系水素化

$$\text{(3.16)}$$

TBDMSO ... CO₂H Ru(OAc)₂[(S)-binap], H₂(100 atm)
MeOH, 74% de
de：ジアステレオマー過剰率

$$\text{(3.17)}$$

RuCl₂(PhH)₂, (S)-binap
H₂(100 atm), 94%, 89% ee

α,β-不飽和エステル，ラクトン，ケトン〔(3.18)式〕[27]，アミド[28]，およびエノールアセテートも効果的配位をする基質で，メタノール中 1〜4 atm の水素で還元され，モルフィンやベンゾモルファンやモルフィナンのような，1,2,3,4-テトラヒドロイソキノリン誘導体を 95〜100% ee で与える〔(3.19)式〕[29].

$$\text{(3.18)}$$

{RuCl₂[(R)-p-tol-binap]}₂NEt₃
H₂(70 atm), MeOH, > 98% ee

$$\text{(3.19)}$$

Ru(OAc)₂[(R)-binap], H₂(4 atm)
EtOH, DCM, 100%, > 99.5% ee

アリルアルコールとホモアリルアルコールも高いエナンチオ選択性で還元される〔(3.20)式〕[30]．ゲラニオールはシトロネロールへ高いエナンチオマー過剰率＞96%(ee)

$$\text{(3.20)}$$

で還元され，このとき他の二重結合は影響を受けない〔(3.21)式〕．binap 配位子の適切な方を用いれば，どちらの幾何異性体を用いてもどちらのエナンチオマーも得ることが

できる.ホモゲラニオールも選択的に水素化できるが,ビスホモゲラニオールは反応しない〔(3.21)式〕.このことは,基質であるアルケンが2座キレート配位できることがエナンチオ選択性だけではなく**反応性**にとっても必要であることを示している.この特徴はカタンシン (chatancin) の合成の過程で用いられ,アリルアルコール部分だけが還元されている〔(3.22)式[31)][32)].

$$\text{(3.21)}$$

96%, 92% ee   不活性

$$\text{(3.22)}$$

第二級アリルアルコールラセミ体は,ルテニウム–binap 触媒での部分的な水素化によって分割することができる〔(3.23)式[33)].種々のアリルアルコール類にもこの分割を適用できる.

$$\text{(3.23)}$$

46%, 95% ee   54%, 80% ee

これらの,ルテニウム–binap 触媒を用いた全体の変換反応は,ロジウム/不斉配位子系と同じにみえるが,反応機構は全く異なっており[34)],ルテニウムの場合は触媒サイクルの全体を通じて同じ (+2) 酸化状態を保っている[35)].図 3.6 に触媒サイクルを簡略化して示す.いくつかの競争的な触媒サイクルが提案されている[36)].アルケンがキレート配

3.2 均一系水素化

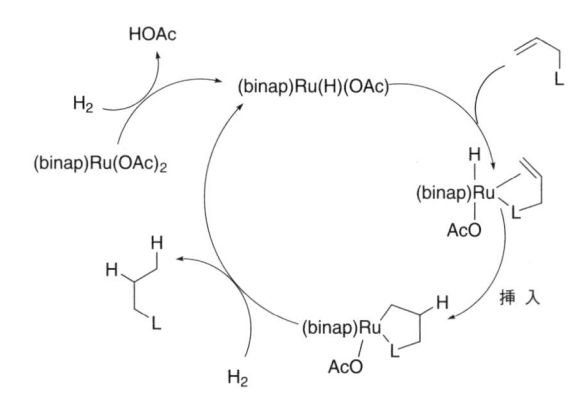

図 3.6 ルテニウム-binap 触媒による水素化の機構

位したモノヒドリド中間体が ^{1}H, ^{13}C, および ^{31}P NMR スペクトルで確認されている[37].

他の水素化触媒で合成化学的に有用な触媒群は，Crabtree 触媒として知られる"超不飽和"イリジウムまたはロジウム錯体である[38]．これらは，たとえばカチオン性シクロオクタジエンイリジウム(I)錯体を"配位しない"溶媒であるジクロロメタン中で還元して，その場合成される〔(3.24)式〕．

$$[\text{Ir}(\text{COD})(\text{py})(\text{PCy}_3)]^+ \xrightarrow[\text{DCM}]{\text{H}_2} [\text{Ir}(\text{PCy}_3)(\text{py})\text{S}_2]^+ = \text{"L}_2\text{Ir}(\text{I})\text{"} \quad (3.24)$$

S = 溶媒　　d^8, 12e$^-$ 超不飽和

Cy = シクロヘキシル
py = ピリジン

溶媒は非常にゆるやかにしか配位していなくて，ほとんどすべてのアルケン基質で置換できる．これらの触媒は，たいていの水素化触媒で水素化できない四置換アルケンの還元を非常に効率よく行える．Crabtree 触媒と Wilkinson 触媒との比較を図 3.7 に示す．Crabtree 触媒には非極性溶媒を用いる必要がある．アセトンやエタノールは抑制剤とし

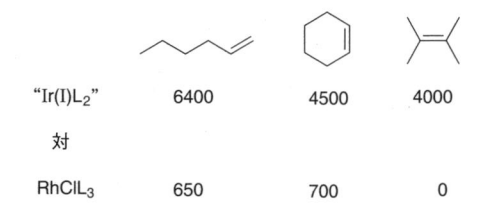

"Ir(I)L$_2$"	6400	4500	4000
対			
RhClL$_3$	650	700	0

図 3.7　Wilkinson 触媒と Crabtree 触媒の活性の比較

て働き触媒の活性を著しく低下させる.

　Crabtree 触媒がアルコールに配位することは,基質中の"硬い(ハードな)"配位子の近くのアルケン部に対し一方の面だけから触媒を近づける方法として,合成の際の利点となって用いられる.(3.25)式では Crabtree 触媒を通常のパラジウム-炭素触媒と比較

$$\text{(3.25)}$$

Pd/C	20	:	30
[Ir(cod)py(PCy$_3$)]PF$_6$	99.9	:	< 0.1

した.イリジウム触媒はアルケンに対しヒドロキシ基が存在する同じ側の面からのみ働き,一方パラジウム-炭素では選択性はない[39].この同じ効果はもっと複雑な基質でもみられる〔(3.26)式[40],(3.27)式[41],(3.28)式[42],(3.29)式[43]〕.すべての場合,配位性官能基のない基質の場合よりも水素化の速度は遅い.

[Ir(cod)py(PCy$_3$)]PF$_6$
H$_2$ (1 atm), DCM
定量的 dr > 99:1
Pd/C, H$_2$ (1 atm), dr = 1:9
dr はジアステレオマー比

(3.26)

[Ir(cod)py(PCy$_3$)]PF$_6$
H$_2$ (68 atm), DCM, 97%

(3.27)

[Ir(cod)py(PCy$_3$)]PF$_6$
H$_2$ (1 atm), DCM, 93%

(3.28)

[Ir(cod)py(PCy$_3$)]PF$_6$
H$_2$ (1 atm), DCM

(3.29)

　比較的不活性なアルケンでも,カチオン性 Ir(cod)-キラル配位子触媒系を用いて高エ

ナンチオ選択的に還元される[44]．高いエナンチオマー過剰率（ee）を得るにはアリール基の存在が必要である．アルケンと得られた ee を図 3.8 に示す[45]．アリルアルコールの不斉還元もイリジウム触媒を用いて行える[46]．

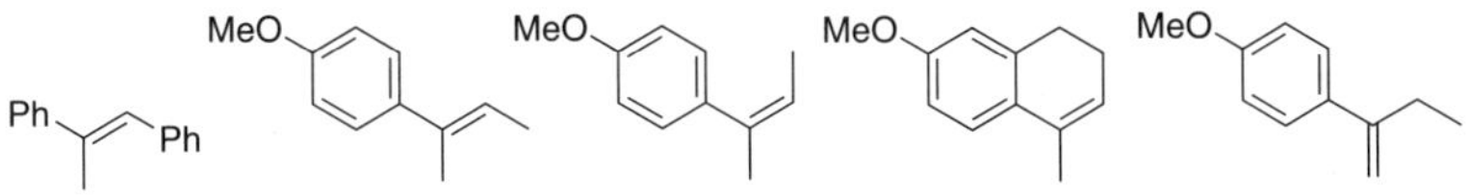
Ph
Ph
MeO
MeO
MeO
MeO

99% ee　　99% ee　　89% ee　　95% ee　　99% ee

図 3.8　比較的不活性なアルケンの不斉水素化

ほとんどの均一系水素化触媒は炭素－炭素二重結合に特異的に反応し，他の多重結合には不活性である．これときわだって対照的に，ハロゲンまたはメタリル基を含んでいるルテニウム(II)錯体は[47]，触媒に配位する第二の点として α か β か γ 位にヘテロ原子が存在するカルボニル基を，効率よく触媒的不斉水素化する〔(3.30)式〕．

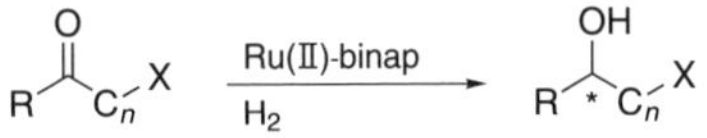
O
R
C_n
X
Ru(II)-binap
H_2
OH
R
*
C_n
X

(3.30)

n = 1〜3
X = OH，OMe，CO_2Me，NMe_2，Br，COSMe，$CONMe_2$
　$P(O)(OMe_2)$，SAr，$P(S)(OR)_2$
C = sp^2，sp^3

β-ケトエステル類はこの触媒系で β-ヒドロキシエステル類に効率よく還元される〔(3.31)式〕[48), 49]．もともと高圧の水素（50〜100 atm）を必要としたが，酸を共触媒として加えるという簡便な手法で，ずっと穏和な条件下での反応が可能になった[50]．大規模合成への応用を（3.32)式[51] に示す．この還元は全合成に広く利用されている〔(3.33)式[52]，(3.34)式[53]〕．

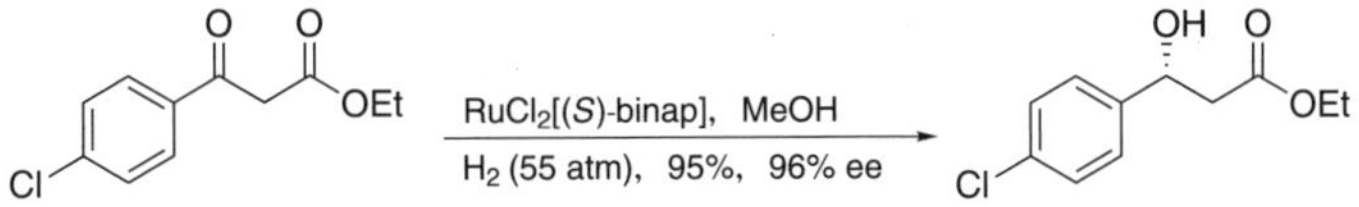
O
O
OEt
Cl
$RuCl_2[(S)\text{-binap}]$，MeOH
H_2 (55 atm)，95%，96% ee
OH
O
OEt
Cl

(3.31)

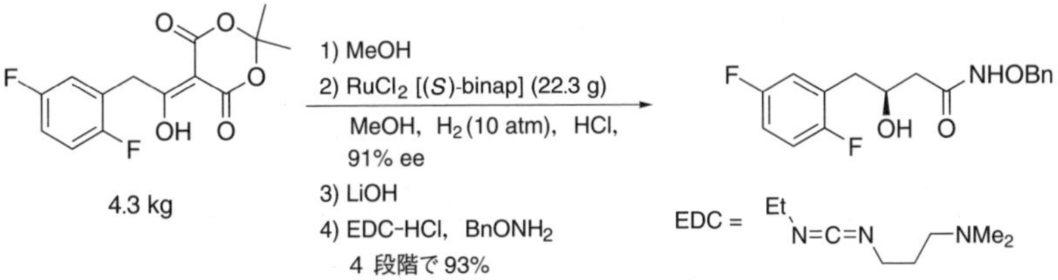
F
F
O
O
O
OH
O
4.3 kg
1) MeOH
2) $RuCl_2$ [(S)-binap] (22.3 g)
MeOH，H_2 (10 atm)，HCl，
91% ee
3) LiOH
4) EDC-HCl，$BnONH_2$
4 段階で 93%
F
F
NHOBn
OH
O
EDC =
Et
N=C=N
NMe_2

(3.32)

$$\text{C}_{17}\text{H}_{35}\underset{\text{O}}{\overset{\text{O}}{\text{C}}}\text{OMe} \xrightarrow[\text{H}_2\ (85\ \text{atm}),\ 77\%,\ >99\%\ ee]{\text{RuCl}_2[(S)\text{-binap}],\ \text{MeOH}} \text{C}_{17}\text{H}_{35}\underset{\overset{\text{OH}}{|}}{\text{C}}\text{H}\text{CH}_2\text{COOMe} \quad (3.33)$$

$$\text{(thiazolyl)}-\text{CH=C(Me)}-\text{CO}-\text{CH}_2-\text{COOEt} \xrightarrow[\text{H}_2\ (3.5\ \text{atm}),\ 83\%\ ee]{\text{RuBr}_2[(S)\text{-binap}],\ \text{MeOH}} \text{(thiazolyl)}-\text{CH=C(Me)}-\text{CH(OH)}-\text{CH}_2-\text{COOEt} \quad (3.34)$$

ラセミ体の β-ケトエステルは高い選択性で対応するジアステレオマーへ還元される〔(3.35)式〕．ところが，この反応をカルボニル基 α 位の速い平衡が起こる条件下で行うと，単一のジアステレオマーが高収率で得られる〔(3.36)式〕[54]．還元はふつうシン選択的であるが，基質，反応条件，およびルテニウム触媒などすべてが反応のシン-アンチ選択性に影響をもつ．

$$\text{CH}_3\text{COCH(CH}_3)\text{COOEt} \xrightarrow[\text{EtOH,}\ \text{H}_2\ (100\ \text{atm})]{\text{RuBr}_2[(R)\text{-binap}]} \text{syn} + \text{anti} \quad (3.35)$$

49%, 97% ee   51%, 96% ee

ligand：配位子

$$\begin{array}{c}\text{R}^1\text{COCH(R}^2)\text{COOR}^3 \xrightleftharpoons[\text{速い}]{} \text{R}^1\text{COCH(R}^2)\text{COOR}^3 \\ \downarrow \text{Ru-ligand, H}_2\ \text{遅い} \qquad \downarrow \text{Ru-ligand, H}_2\ \text{速い} \\ \text{R}^1\text{CH(OH)CH(R}^2)\text{COOR}^3 \qquad \text{R}^1\text{CH(OH)CH(R}^2)\text{COOR}^3 \end{array} \quad (3.36)$$

この非常に強力な反応のいくつかの例を (3.37)式[55]，(3.38)式[56] に示す．ルテニウム触媒によるアンチ選択的な還元も報告されている〔(3.39)式[57]，(3.40)式[58]〕．

$$\text{BocHN-CH(NHCOC}_6\text{H}_4\text{OBn)}-\text{CO}-\text{CH(CH}_2\text{CH}_2\text{CH}_2\text{)}-\text{COOMe} \xrightarrow[\text{H}_2\ (130\ \text{atm}),\ 80\%,\ 93\%\ ds,\ 94\%\ ee]{\text{Ru(methallyl)}_2(\text{cod}),\ (R)\text{-MeO-bihep}} \text{BocHN-CH(NHCOC}_6\text{H}_4\text{OBn)}-\text{CH(OH)}-\text{CH(CH}_2\text{CH}_2\text{CH}_2\text{)}-\text{COOMe} \quad (3.37)$$

(R)-MeO-bihep = 2,2'-bis(diphenylphosphino)-6,6'-dimethoxy-1,1'-biphenyl

3.2 均一系水素化

$$\text{AcCH(CH}_2\text{NHCOPh)COOMe} \xrightarrow[\text{DCM, シン:アンチ = 94:6, 98\% ee}]{\{\text{RuCl}_2[(R)\text{-binap}]\}_2\text{NEt}_3,\ H_2\ (100\ \text{atm})} \text{MeCH(OH)CH(NHCOPh)COOMe} \quad (3.38)$$

$$\text{AcCHClCOOMe} \xrightarrow[\text{DCM, H}_2\ (90\ \text{atm}),\ 99\%\ \text{ee, 98\% ds}]{\text{Ru(methylallyl)}_2(\text{cod}),\ (R)\text{-binap}} \text{MeCH(OH)CHClCOOMe} \quad (3.39)$$

$$\text{iPrCOCH(NH}_3\text{Cl)COOBn} \xrightarrow[\substack{H_2\ (100\ \text{atm}),\ 87\%,\ dr>99:1 \\ 96\%\ \text{ee}}]{\text{RuCl}_2[(S)\text{-binap}](\text{dmf})_n,\ \text{DCM}} \text{iPrCH(OH)CH(NH}_3\text{Cl)COOBn} \quad (3.40)$$

この不斉還元は β-ケトエステル類だけではなく,分子内の適当な位置に配位点をもつような幅広いカルボニル化合物でも進行する[59].

ルテニウム-bpe ジブロミド触媒はまた,β-ケトエステルの還元にも有効である[60]. 還元は穏和な条件〔35 ℃,4 atm H_2,MeOH(H_2O)〕で進む.ふつうは高いエナンチオマー過剰率(ee)で達成されるが,ハロゲンを含む基質では ee は低下し,t-ブチル基やアリール基置換基質では反応の変換率が低下する.これらの触媒は,キラルでラセミ体の β-ケトエステルの速度論的分割〔(3.36)式〕にも,エナミドのアミンへの還元[61]にも,さらにエノールエステルの α-ヒドロキシエステルへの還元[62]にも有効であった.

合成化学的にかなり重要な反応は,ケトンの不斉還元である.キラルなロジウムおよびイリジウム錯体が用いられ,高いエナンチオマー過剰率の生成物が得られる.しかし,アルカリ性塩基存在下でのルテニウム(II)ジアミンホスフィン錯体が開発されるに至り,これがこの種の還元の一般的な方法となった.芳香族ケトンも脂肪族ケトンも還元される.しかし,芳香族ケトンの方が一般に高いエナンチオ選択性をもたらす.この型の還元を2例,(3.41)式[63] および (3.42)式[64] に示す.速度論的分割がこの型の触媒系を用いて達成された〔(3.43)式〕[65].

炭素-炭素二重結合は炭素-酸素二重結合よりも相当容易に還元されてしまう.このことは,触媒的還元における大変困難で長年解決できない課題の代表例であった.ルイス塩基を用いることがこの課題の解決になった.たとえば,二つのアルケンの存在下カルボニル基の還元が,アルカリ性溶媒中ルテニウム錯体を用いて達成された〔(3.44)式〕[66].

イミンおよび他の炭素-窒素二重結合がこの系を用いてアミンに還元される〔(3.45)式〕[67].アルキルアリールケトンから誘導されるイミンも,イリジウム(I)錯体,キラル配位子,および水素ガスを用い光学活性アミンへ還元される[68]~[70].

式 (3.41)～(3.45): ルテニウム触媒による不斉水素化反応

(3.41) RuCl$_2$[(R)-xyl-binap][(R)-daipen], H$_2$ (3 atm), K$_2$CO$_3$, i-PrOH, 100% 変換, 99.4% ee

(R)-daipen の構造式

(3.42) RuCl$_2$[(S)-xyl-binap][(S)-daipen], H$_2$ (8 atm), K$_2$CO$_3$, i-PrOH, 96%, 95% ee

(3.43) RuCl$_2$[(S)-binap][(R,R)-dpen], H$_2$ (4 atm), KOH, i-PrOH, 定量的, シン：アンチ = 99.8：0.2, 93% ee

(R,R)-dpen の構造式

(3.44) RuCl$_2$[(R)-binap], (S,S)-dpen, KOH, H$_2$ (8 atm), i-PrOH, 97%, 90% ee

(S,S)-dpen の構造式

(3.45) RuCl$_2$[(S)-binap], (R,R)-dpen, t-BuOK, t-BuOH, PhMe, H$_2$ (4 atm), 97%, 87% ee

上述のルテニウム(Ⅱ)触媒によるケトンの還元の機構は，かなり詳しく調べられている（図3.9）[71]．この触媒系では，配位している NH 基が H$_2$ から H$^+$ を引抜く**塩基**として働いて H$^-$ を金属へ供給することにより，水素は**不均一**的に（ヘテロリティックに）活性化される．

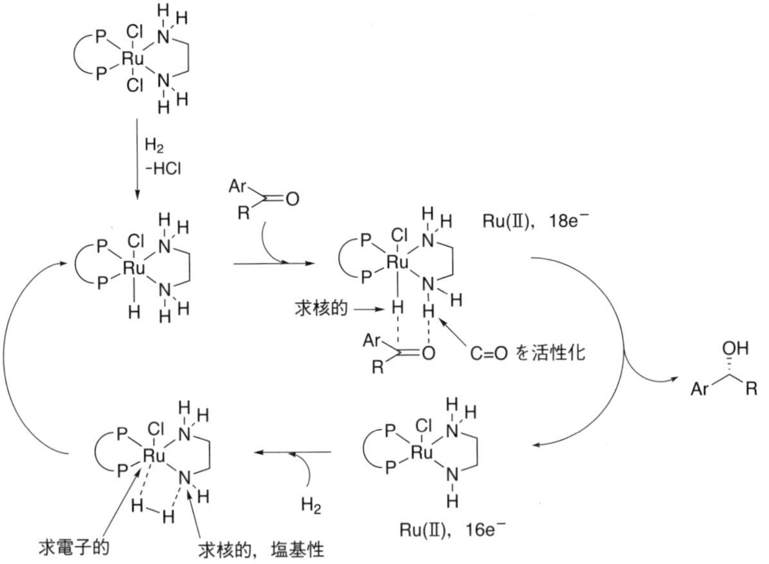

図 3.9　ルテニウム(II)触媒によるケトンの還元の機構

3.3　トランスファー水素化[72]

　上述のすべての反応では，分子状の水素が還元のための水素源であり，酸化的付加過程で水素−水素結合を切断する金属の能力が中心的な役割を果たしていた．しかし，金属ヒドリドは他の経路からでも生成することができ，そのなかのいくつかは合成化学的に有用である．

　アルコールが，酸素の金属への配位と続く β 水素脱離によりヒドリド源となりうる．モノヒドリドおよびジヒドリド還元に対応する2種の一般的な機構がアルコールからの金属ヒドリド生成に対し提案されている（図3.10)[73]．このような反応として，Noyori（野依）触媒[74]を用いたケトンのルテニウム触媒による不斉還元は有機合成で多用されている（野依良治：W. S. Knowles（米），K. B. Sharpless（米）とともに不斉合成の研究により2001年ノーベル化学賞受賞）．ケモ選択的*（chemoselective）ルテニウム触媒による α,β-不飽和ケトンから s-シス立体配座を与える還元反応により (+)-トリシクロクラブロン（tricycloclavulone）が合成されている〔(3.46)式)[75]．アルキノンも同様に還元される〔(3.47)式[76]，(3.48)式[77]〕．

　＊（訳注）ケモ選択的：ケモセレクティブ，化学選択的ともいう．ある反応剤がいくつかの種類の官能基のうちどれかと優先して反応するときの選択性．

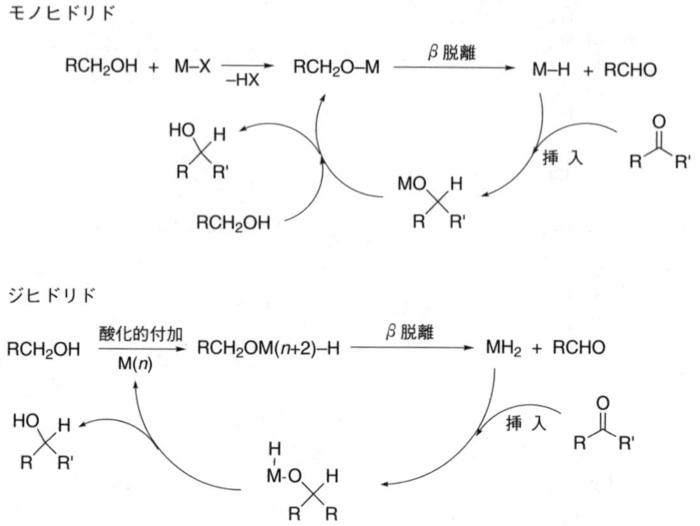

3. 遷移金属ヒドリドの合成化学的応用

モノヒドリド

$RCH_2OH + M-X \xrightarrow{-HX} RCH_2O-M \xrightarrow{\beta脱離} M-H + RCHO$

挿入

ジヒドリド

$RCH_2OH \xrightarrow[M(n)]{酸化的付加} RCH_2OM(n+2)-H \xrightarrow{\beta脱離} MH_2 + RCHO$

挿入

図 3.10 アルコールから金属ヒドリド生成の 2 種の機構

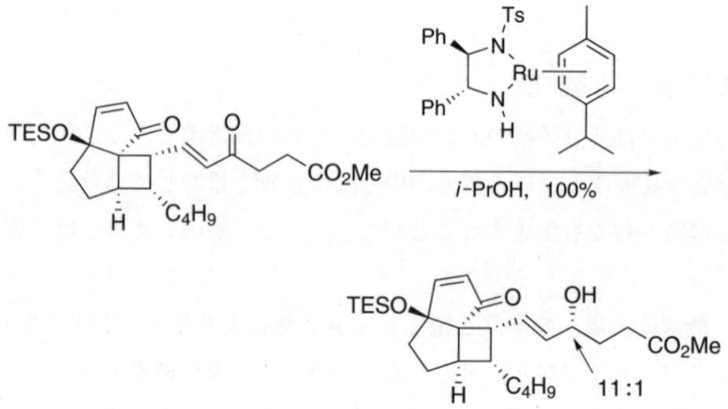

$$(3.46)$$

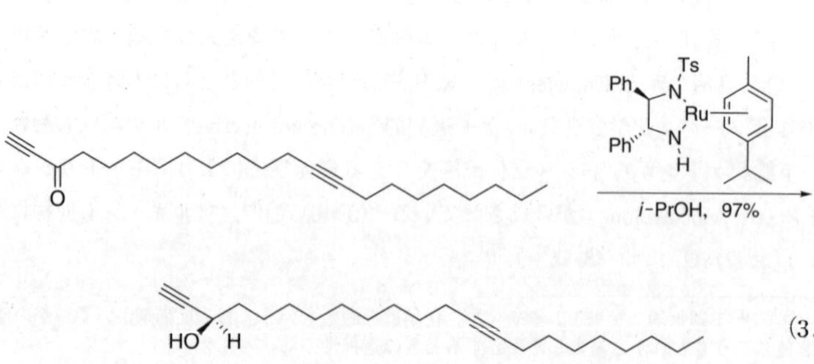

$$(3.47)$$

3.3 トランスファー水素化

(3.48)

Noyori 触媒を用いる 1,3-ジケトン[78] のルテニウム触媒による速度論分割においてギ酸やギ酸エステルも便利なヒドリド源として用いられ〔(3.49)式〕[79]，同様のプロセスはイミンの還元にも用いることができる〔(3.50)式〕[80].

(3.49)

(3.50)

配位できる第二の官能基をもつケトンのルテニウム触媒によるトランスファー水素化はきわめて良好なエナンチオマー過剰率 (ee) を達成できる〔(3.51)式〕[81], [82]. ギ酸エ

R = NMeBoc, 82%, 99% ee
R = CN, 100%, 98% ee
R = N_3, 65%, 92% ee
R = NO_2, 90%, 98% ee

(3.51)

ステルから生成するロジウムヒドリドも芳香族ケトンの不斉還元に用いられる〔(3.52)式〕[83]．

$$(3.52)$$

HCO$_2$H, NEt$_3$, > 98.5% ee

6量体〔(Ph$_3$P)CuH〕$_6$ (Stryker 反応剤) は α,β-不飽和ケトン，アルデヒド，エステル，ニトリル，およびニトロ化合物を化学量論的に還元する．おそらく，共役付加により銅エノラート中間体を経由する[84),85)]．イノンはエノンまたは飽和ケトンに還元される〔(3.53)式〕[86)]．

(CuHPPh$_3$)$_6$
PhMe, H$_2$O, 69%

$$(3.53)$$

Stryker 反応剤は活性化されていないアルケンや炭素－酸素二重結合は還元しない．E-エノンはZ-エノンよりかなり速く還元される〔(3.54)式〕[87)]．クリポウェリン (cripowellin) 骨格の合成で，1,6-還元に対し選択的な 1,4-還元がみられた〔(3.55)式〕[88)]．

(CuHPPh$_3$)$_6$
PhH

$$(3.54)$$

(CuHPPh$_3$)$_6$
81%

$$(3.55)$$

興味あることに，過剰のホスフィン存在下中程度の水素圧をかけるか，またはポリメチルヒドロシロキサン (PMHS) を共存させると，この6量体は触媒的な還元を行う[89)]．

3.3 トランスファー水素化

Stryker 反応剤すなわち銅ヒドリドは，$Cu(OAc)_2$，$CuCl$，$CuCl_2$，および CuF_2 などを，フェニルシラン，ジフェニルシラン，ポリメチルヒドロシロキサンなどのシランと反応させて得られる．α,β-不飽和ケトン，ニトロ化合物，エステル，ラクトン，ラクタム，およびニトリルを還元できる．キラル配位子を用いると α,β-不飽和化合物の不斉還元がきわめて良好に進む[90]〔(3.56)式〕[91]．

$$\text{(3.56)}$$

CuCl (0.5%), NaOMe (0.5%)
(R)-dtbm-segphos, PMHS (200%)
PhMe, −78 ℃, 97%, 97.5% ee

共役エナールとエノンを還元できる効率的な反応系はほかにもあり，パラジウム(0)触媒とトリブチルスズヒドリドの組合わせはそれにあたる〔(3.57)式[92]，(3.58)式〕[93]．反応機構は未解明だが，一つの可能性を図 3.11 に示す．

Bu_3SnH, PhH
$Pd(PPh_3)_4$, 92%

注意：ラクトンは還元されない

(3.57)

$Pd(PPh_3)_4$
Bu_3SnH

(3.58)

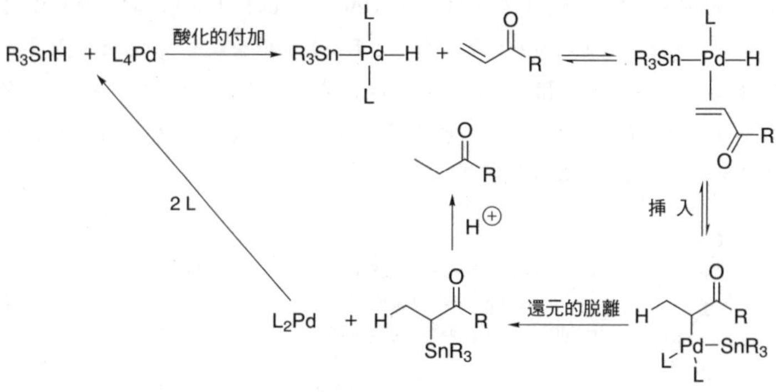

図 3.11 パラジウム触媒による共役エナールとエノンのスズヒドリド還元の機構

3.4 ヒドロ官能基化

　水素ともう一つの官能基をアルケンやアルキンに付加させる型の多くの興味深く有用な遷移金属触媒反応が開発されてきた[94]．反応機構的には，まず低原子価遷移金属への酸化的付加により金属ヒドリドが生成，ついでアルケンやアルキンの配位と挿入，さらに還元的脱離で触媒サイクルが完了，という具合に進行するとみなせる（図 3.12)[95]．

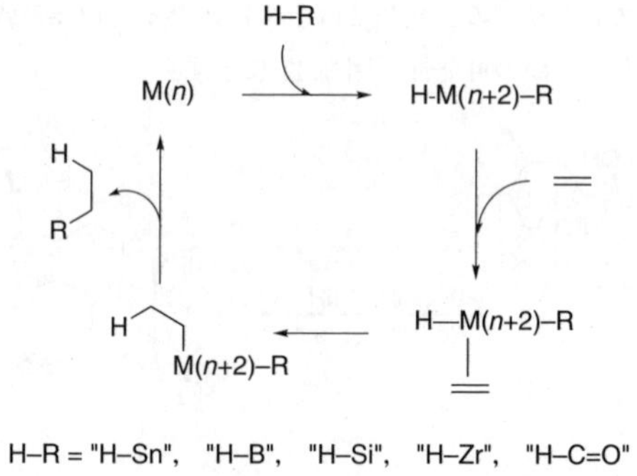

H–R = "H–Sn", "H–B", "H–Si", "H–Zr", "H–C=O"

図 3.12 アルケンのヒドロ官能基化の機構

　アルケンやアルキンの遷移金属触媒によるヒドロメタル化によりメタル官能基を導入した合成化学的に有用な化合物が得られる．アルキンのヒドロスズ化（ヒドロスタニル化 hydrostannation）は，パラジウム，モリブデン，ロジウム，ニッケル，コバルト，銅，白金，およびルテニウムなどの多くの遷移金属によりひき起こされる．これらの反応のなかできわだって多用され合成化学的に重要なものは，安定な E-アルケニルスズを高

3.4 ヒドロ官能基化

い位置および立体選択性で与える，末端アルキンの白金(0)触媒によるヒドロスズ化である〔(3.59)式〕[96].

(3.59)

ヒドロスズ化で，アルキンはアルケンよりも速く反応する．位置選択的な内部アルキンのヒドロスズ化が報告されている．スズ基は生成物のよりひずみの少ない位置を占める．これらの反応は電子的および立体的な要因に支配されているものと思われる〔(3.60)式〕[97].アルキン酸エステルは，おそらく電子的な要因により，アルキンの構造のいかんにかかわらず α 位が選択的にスズ化される〔(3.61)式〕[98].

(3.60)

(3.61)

アルケニルスズは Stille 型(スティレ)カップリング反応で重要な中間体である（第 4 章をみよ）．さらに，ヨウ素によるアルケニルスズの酸化的切断は，位置および立体保持でヨウ化アルケニルを与える〔(3.62)式〕[99].

(3.62)

Wilkinson(ウィルキンソン)触媒またはモリブデン(0)触媒による同様な反応が報告されている〔(3.63)式〕[100].式(3.63)に示した例でパラジウム触媒を用いたときは，位置異性体の混合物が得られる．

(3.63)

非常に多くの遷移金属触媒によるヒドロホウ素化やヒドロシリル化が開発され有機合成に役立っている．Wilkinson 触媒によるアルケンのヒドロホウ素化は穏和な条件下きわめて高い位置およびケモ選択性で起こる〔(3.64)式〕[101]．白金触媒による分子内ヒド

(3.64)

ロシリル化の例を (3.65)式に示す[102]．Wilkinson 錯体とフェニルジメチルシランを用いたエノンのヒドロシリル化がエノールシリルエーテルの合成に用いられる．グアナカステペン A (guanacastepene A) の合成で，交差共役したエノンの一方だけのケモ選択的なヒドロシリル化がその1例である〔(3.66)式〕[103]．

(3.65)

3.4 ヒドロ官能基化

$$(3.66)$$

他のヒドロ官能基化の例としてロジウムやルテニウム触媒によるアルケンのヒドロエステル化がある．酸素配向ルテニウム触媒によるヒドロエステル化の例を (3.67)式に示す[104]．

$$(3.67)$$

市販品として入手可能な，電子不足，d^0，ジルコニウム(IV)錯体である $Cp_2Zr(H)Cl$（Schwartz 反応剤）は穏和な条件下種々のアルケンと反応し単離可能な $Cp_2Zr(R)Cl$ 型の σ-アルキル錯体を与える〔(3.68)式〕[105]．

$$(3.68)$$

$Zr(IV), d^0, 16e^-$

この反応にはいくつかの注目すべき特長がある．反応は穏和な条件で起こり，生成するアルキル錯体はきわめて安定である．反応基質中の二重結合の初めの位置に関係なく，アルケン鎖の最も立体的ひずみの少ない位置にジルコニウムが入る．末端の位置へのジルコニウムのこの転位において，Zr-H の β 脱離と再付加とによってジルコニウムはアルキル鎖のひずみの少ない方に位置する（図 3.13）．この転位は二つのシクロペンタジエン環から生じる Zr まわりの立体的込み合いが原因で進行する．ヒドロジルコニウム化に対する種々のアルケンの反応性の順は，末端アルケン＞シス内部アルケン＞トランス内部アルケン＞エキソ型アルケン＞環状アルケンおよび二置換末端アルケン＞三置換アルケン，である．四置換アルケンと環状三置換アルケンは反応しない．最後に，1,3-ジエンに対し Zr-H はひずみの少ない二重結合に付加し，γ,δ-不飽和アルキルジル

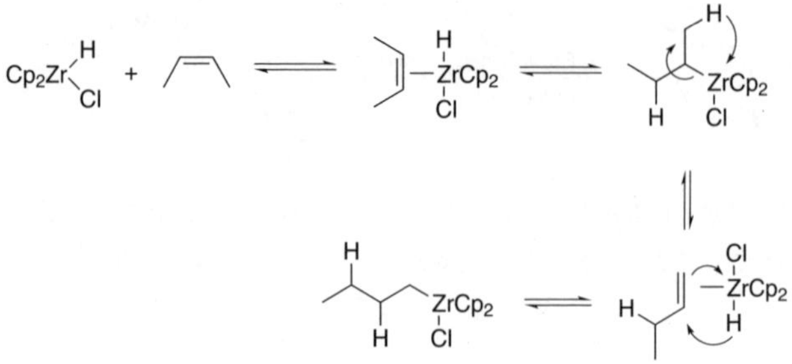

図 3.13 ジルコニウム転位の機構

コニウム錯体を与える.

アルキンもまた $Cp_2Zr(H)Cl$ と容易に反応し,Zr－H がシス付加する形をとる.非対称置換アルキンでは,電子的因子には無関係に立体的ひずみが少ない方のアルケニル Zr 錯体が優先した混合 Zr 錯体が得られる.この混合物を少し過剰量の $Cp_2Zr(H)Cl$ を用いて平衡を達成させると,よりひずみの少ない錯体が非常に増加する.

ジルコニウム(Ⅳ)アルキル錯体は,臭素,ヨウ素,過酸化物などの求電子剤により,原料として用いたのはアルケン異性体の混合物であっても,立体保持で直鎖型のアルキルハロゲン化物やアルコールを与える[106].しかし,この反応は有機合成で広く使われてきたというわけではない.ジルコニウム(Ⅳ)アルケニル錯体の求電子反応による開裂ではアルケンの幾何異性を保持したまま進行する〔(3.69)式〕[107].また,ルイス酸の存在下アルデヒドへ付加させることもできる〔(3.70)式〕[108].さらに一酸化炭素の挿入により安定なアシルジルコニウム(Ⅳ)錯体を生成し,これは酸による切断でアルデヒドへと変換できる[109].しかし,これらヒドロジルコニウム化が有機合成で真に役立つようになったのは,効率のよいトランスメタル化の方法が開発されてからであった(第4章を見よ).

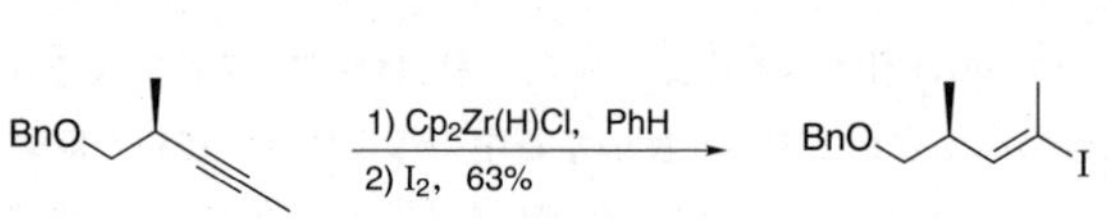

(3.69)

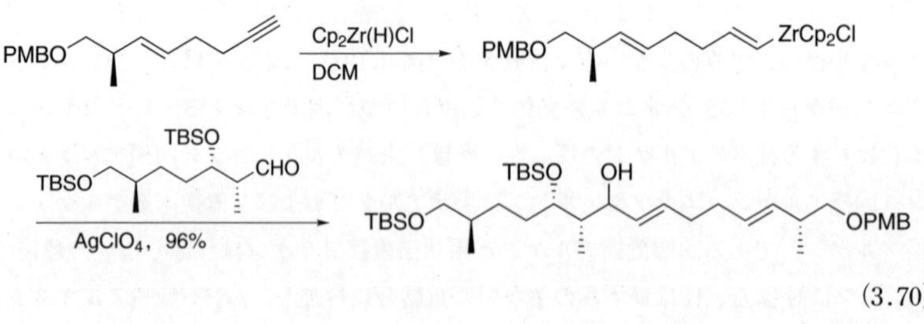

(3.70)

3.5 金属ヒドリド触媒によるアルケンの異性化

炭素-炭素多重結合の異性化は，末端アルケンの水素化反応で副生するやっかいな現象であり，解決しにくいこととみなされてきた．しかし，最近になって異性化が有機合成に有用な場合もみられるようになってきた．複雑な分子の合成に最もよく利用されているアルケンの異性化は，アルケンをより多置換のアルケンに，アリルアミンやアリルアミドをエナミンやエナミドに，そしてアリルエーテルをエノールエーテルに変換する異性化である．容易に想像できることだが，アルケン還元に用いられる金属種はアルケンの異性化にも有効である．これらは，パラジウム，ロジウム，ルテニウム，およびイリジウム触媒である．より多置換のアルケンを生成する例を (3.71)式[110] と (3.72)式[111] に示す．

アリルエーテルやアリルアミンのエノールエーテルやエナミンへの同様な異性化が有機合成で活用されている[112]．Wilkinson 触媒を用いた例を (3.73)式に示す[113]．実生産に用いられている重要な例は，N,N-ジエチルゲラニルアミンを相当するシトロネラールエナミンへ異性化させる反応で，この過程は年産1000トンを超える（-）-メントールの合成に用いられている〔(3.74)式〕[114]．

3. 遷移金属ヒドリドの合成化学的応用

　第一級および第二級のアリルアルコールの異性化で，飽和のアルデヒドおよびケトンをそれぞれ与える．同様な反応でプロパルギルアルコールは異性化により α,β-不飽和アルデヒドやケトンを与える．この反応は，いわば同一分子内での還元と酸化から成っている〔(3.75)式〕[115]．この型の異性化を不斉反応として行うことは，さまざまなキラルな配位子と遷移金属を用いて達成されている．

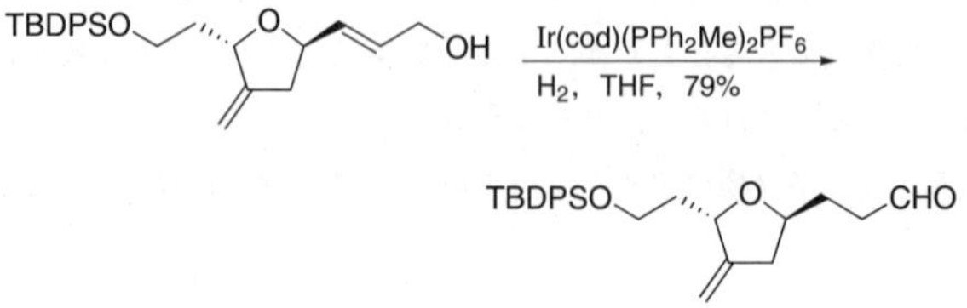

$$\text{TBDPSO}\diagdown\diagup\text{O}\diagdown\diagup\text{OH} \xrightarrow[\text{H}_2,\ \text{THF},\ 79\%]{\text{Ir(cod)(PPh}_2\text{Me)}_2\text{PF}_6} \text{TBDPSO}\diagdown\diagup\text{O}\diagdown\diagup\text{CHO} \qquad (3.75)$$

　異性化の機構はある程度詳しく研究されている[116]．一般的には，反応機構の異なるいくつかの経路が提案されている．遷移金属ヒドリド錯体が関与する場合，機構として，アルケンの配位，転位挿入，そして β 脱離を含む経路が最も妥当なところである（図3.14）．金属は反応を通じてずっと同じ酸化数を保っている．

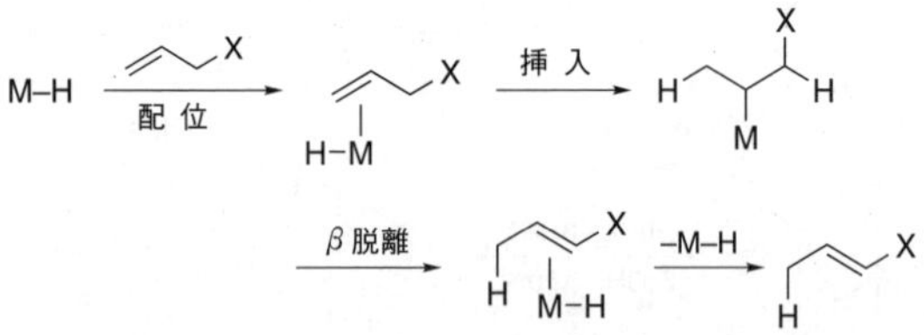

$$\text{M–H} + \diagup\!\!\diagdown\!\!\text{X} \xrightarrow{\text{配位}} \diagup\!\!\diagdown\!\!\text{X} \cdot \text{H–M} \xrightarrow{\text{挿入}} \text{H}\diagdown\!\!\diagup\!\!\text{M}\!\!\diagdown\!\!\diagup\!\!\text{X}$$

$$\xrightarrow{\beta\text{脱離}} \text{H}\diagdown\!\!\diagup\!\!\text{M–H}\!\!\diagdown\!\!\diagup\!\!\text{X} \xrightarrow{-\text{M–H}} \diagup\!\!\diagdown\!\!\text{X}$$

図 3.14　転位挿入と β 脱離によるアルケンの異性化

　上に述べたすべての反応基質について，異性化はアルケンが低原子価金属に配位することによる起こる．すなわち，まず酸化的付加により η^3-アリル金属ヒドリド錯体を形成し，ついでヒドリドがこの η^3-アリル系の反対側へ再付加するという経路もありそうである（図3.15）．また別の経路として，金属がまずヘテロ原子に配位してから β 脱離

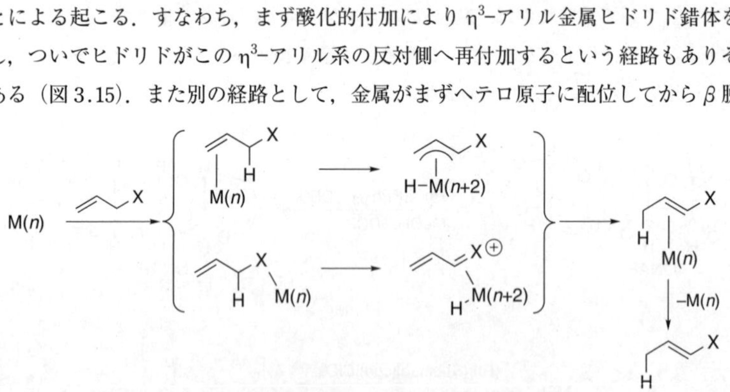

図 3.15　酸化的付加を経るアルケンの異性化

により金属ヒドリド錯体を与え，これが転位挿入を行うことも考えられる．ルテニウム(II)錯体によるアリルアルコールの異性化は，おそらくルテニウムアルコキシドの生成と続くβ脱離を経ている（図3.16）[117]．つづいて転位挿入とアルコキシド交換が起こり触媒サイクルが完結する．

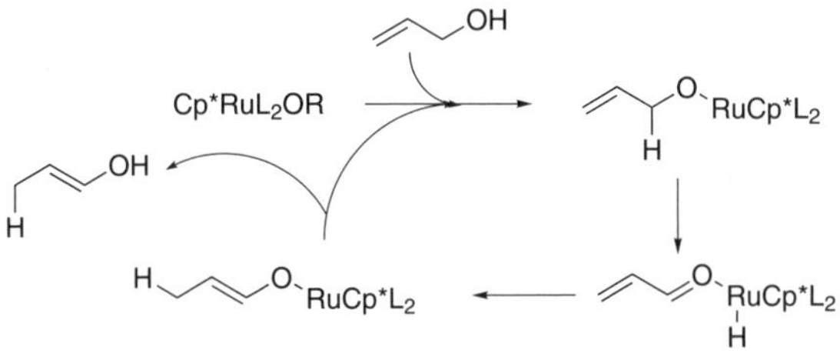

図 3.16 ルテニウム触媒によるアリルアルコールの異性化

3.6 遷移金属ヒドリドの他の反応

遷移金属ヒドリドは他にも合成化学的に有用な多くの反応に含まれていて，それらの多くはアルケンやアルキンの"ヒドロメタル化"（hydrometallation，すなわち，金属－水素結合への挿入）でσ-アルキル金属錯体を生成する形である．合成化学的に有用な変換の鍵は，これらのσ-アルキル金属種がさらにどのような反応経路を通っていくかで決まり，これらについては第4章で述べる．

文　献

1. 総説：McGrady, G. S.; Guilera, G, *Chem. Soc. Rev.* **2003**, *32*, 383.
2. Moore, E. J.; Sullivan, J. M.; Norton, J. R. *J. Am. Chem. Soc.* **1986**, *108*, 2257.
3. 不斉水素化の総説：a) Tang, W.; Zhang, X. *Chem. Rev.* **2003**, 3029. b) Noyori, R. *Angew. Chem. Int. Ed.* **2002**, *41*, 2008. c) Noyori, R.; Ohkushima, T. *Angew. Chem. Int. Ed.* **2001**, *41*, 1999.
4. Halpern, J.; Okamoto, T.; Zakhariev, A. *J. Mol. Catal.* **1976**, *2*, 65.
5. Zhu, L; Mootoo, D. R. *J. Org. Chem.* **2004**, *69*, 3154.
6. Drege, E.; Morgant, G.; Desmaële, D. *Tetrahedron Lett.* **2005**, *46*, 7263.
7. Clark, J. S.; Fessard, T. C.; Wilson, C. *Org. Lett.* **2004**, *6*, 1773.
8. Nagamitsu, T.; Takano, D.; Fukuda, T.; Otoguro, K.; Kuwajima, I.; Harigaya, Y.; Omura, S. *Org. Lett.* **2004**, *6*, 1865.
9. Takahashi, S.; Souma, K.; Hashimoto, R.; Koshino, H.; Nakata, T. *J. Org. Chem.* **2004**, *69*, 4509.
10. アンフィジノール（amphidinol）3の合成で：Flamme, E. M.; Roush, W. R. *Org. Lett.* **2005**, *7*, 1411.
11. Zhang, Y.; Liebeskind, L. S. *J. Am. Chem. Soc.* **2006**, *128*, 465.
12. 総説：a) Noyori, R. *Asymmetric Catalysis in Organic Synthesis*; Wiley: New York, 1994; pp 16–94. b) Ojima, I. Transition Metal Hydrides: Hydrocarboxylation Hydroformylation and Asymmetric Hydrogenation. In *Comprehensive Organometallic Chemistry II*; Abel, E. W., Stone, F. G. A., Wilkinson, G., Eds.; Pergamon Press: Oxford, UK, 1995; Vol. 12, pp 9–38.

13. 総説: a) Komarov, I. V.; Börner, A. *Angew. Chem. Int. Ed.* **2001**, *40*, 1197. b) Berthod, M.; Mignani, G.; Woodward, G.; Lemaire, M. *Chem. Rev.* **2005**, *105*, 1801.
14. 単座配位子による不斉水素化の総説: Jerphagnon, T.; Renaud, J.-L.; Bruneau, C. *Tetrahedron:Asymmetry* **2004**, *15*, 2101.
15. a) Brown, J. M.; Chaloner, P. A. *J. Am. Chem. Soc.* **1980**, *102*, 3040. b) Brown, J. M.; Parker, D. *Organometallics* **1982**, *1*, 950. c) Halpern, J. *Science* **1982**, *217*, 401. d) Halpern, J. *Acc. Chem. Res.* **1982**, *15*, 332. e) Gridnev, I. D.; Higashi, N.; Asakura, K.; Imamoto, T. *J. Am. Chem. Soc.* **2000**, *122*, 7183.
16. a) Drexler, H.-J.; Bauman, W.; Schmidt, T.; Zhang, S.; Sun, A.; Spannenberg, A.; Fischer, C.; Buschmann, H.; Heller, D. *Angew. Chem. Int. Ed.* **2005**, *44*, 1184. b) Evans, D.; Michael, F. E.; Tedrow, J. S.; Campos, K. R. *J. Am. Chem. Soc.* **2003**, *125*, 3534.
17. (+)-ブルゲシニン (bulgecinine) の合成で: Burk, M. J.; Allen, J. G.; Kiesman, W. F. *J. Am. Chem. Soc.* **1998**, *120*, 657.
18. (+)-シネフンギン (sinefungin) の合成で: Ghosh, A. K.; Wang, Y. *J. Chem. Soc., Perkin Trans. 1* **1999**, 3597.
19. a) Burke, M. J.; Gross, M. F.; Harper, T. G. P.; Kalberg, C. S.; Lee, J. R.; Martinez, J. P. *Pure Appl. Chem.* **1996**, *68*, 37. b) Burk, M. J.; Wang, Y. M.; Lee, J. R. *J. Am. Chem. Soc.* **1996**, *118*, 5142. c) Burk, M. J.; Gross, M. F.; Martinez, J. P. *J. Am. Chem. Soc.* **1995**, *117*, 9375.
20. Roff, G. J.; Lloyd, R. C.; Turner, N. J. *J. Am. Chem. Soc.* **2004**, *126*, 4098.
21. Pena, D.; Minnaard, A. J.; de Vries, J. G.; Feringa, B. L. *J. Am. Chem. Soc.* **2002**, *124*, 14552.
22. Hoge, G.; Wu, H.-P.; Kissel, W. S.; Pflum, D.; Greene, D. J.; Bao, J. *J. Am. Chem. Soc.* **2004**, *126*, 5966.
23. Lotz, M.; Polborn, K.; Knochel, P. *Angew. Chem. Int. Ed.* **2002**, *41*, 4708.
24. 総説: a) Noyori, R.; Takaya, H. *Acc. Chem. Res.* **1990**, *23*, 345. b) Noyori, R. *Acta Chem. Scand.* **1996**, *50*, 380. c) 触媒合成法: Takaya, H.; Akatagawa, S.; Noroyi, R. *Org. Synth.* **1988**, *67*, 20.
25. Ohta, T.; Takaya, H.; Kitamura, M.; Nagai, K.; Noyori, R. *J. Org. Chem.* **1987**, *52*, 3174.
26. Ciappa, A.; Matteoli, U.; Scivanti, A. *Tetrahedron:Asymmetry* **2002**, *13*, 2193.
27. Yamamoto, T.; Ogura, M.; Kanisawa, T. *Tetrahedron* **2002**, *58*, 9209.
28. 総説: van den Berg, M.; Haak, R. M.; Minnaard, A. J.; Vries, A. H. M.; de Vries, J. G.; Feringa, B. L. *Adv. Synth. Catal.* **2002**, *344*, 1003.
29. a) Noyori, R.; Ohta, M.; Hsiao, Y.; Kitamura, M.; Ohta, T.; Takaya, H. *J. Am. Chem. Soc.* **1986**, *108*, 7117. b) Kitamura, M.; Hsiao, Y.; Ohta, M.; Tsukamoto, M.; Ohta, T.; Takaya, H.; Noyori, R. *J. Org. Chem.* **1994**, *59*, 297. c) Uematsu, N.; Fujii, A.; Hishiguchi, S.; Ikoriza, T.; Noyori, R. *J. Am. Chem. Soc.* **1996**, *118*, 4916.
30. Takaya, H.; Ohta, T.; Sayo, N.; Kumobayashi, H.; Akutagawa, S.; Inoue, S.-I.; Kasahara, I.; Noyori, R. *J. Am. Chem. Soc.* **1987**, *109*, 1596.
31. Toro, A.; L'Heureux, A.; Deslongchamps, P. *Org. Lett.* **2000**, *2*, 2737.
32. Imperiali, B.; Zimmerman, J.W. *Tetrahedron Lett.* **1988**, *29*, 5343.
33. Kitamura, M.; Kasahara, I.; Manabe, K.; Noyori, R.; Takaya, H. *J. Org. Chem.* **1988**, *53*, 708.
34. a) Ohta, T.; Takaya, H.; Noroyi, R. *Tetrahedron Lett.* **1990**, *31*, 7189. b) Ashby, M. T.; Halpern, J. *J. Am. Chem. Soc.* **1991**, *113*, 589.
35. Kitamura, M.; Tsukamoto, M.; Bessho, Y.; Yoshimura, M.; Kobs, U.; Widhalm, M.; Noyori, R. *J. Am. Chem. Soc.* **2002**, *124*, 6649.
36. Yoshimura, M.; Ishibashi, Y.; Miyata, K.; Bessho, Y.; Tsukamoto, M.; Kitamura, M. *Tetrahedron* **2007**, *63*, 11399.
37. Wiles, J. A.; Bergens, S. H.; *Organometallics* **1999**, *18*, 3709.
38. Crabtree, R. *Acc. Chem. Res.* **1979**, *12*, 331.
39. Crabtree, R. H.; Davis, M. W. *Organometallics* **1983**, *2*, 681.
40. Schultz, A. G.; McCloskey, P. J. *J. Org. Chem.* **1985**, *50*, 5905.
41. Watson, A. T.; Park, K.; Wiemer, D. F.; Scott, W. J. *J. Org. Chem.* **1995**, *60*, 5102.

42. Hodgson, D. M.; Le Strat, F.; Avery, T. D.; Donohue, A. C.; Brückl, T. *J. Org. Chem.* **2004**, *69*, 8796.
43. Padwa, A.; Ginn, J. D. *J. Org. Chem.* **2005**, *70*, 5197.
44. 総説: Xiuhua, C.; Burgess, K. *Chem. Rev.* **2005**, *105*, 3272.
45. Smidt, S. P.; Menges, F.; Pfaltz, A. *Org. Lett.* **2004**, *6*, 2023.
46. Lightfoot, A.; Schneider, P.; Pfaltz, A. *Angew. Chem. Int. Ed.* **1998**, *37*, 2897.
47. a) Mashima, K.; Kusano, K.; Sato, N.; Matsumura, Y.; Nozaki, K.; Kumbayashi, H.; Sayo, N.; Hori, Y.; Ishizaki, T.; Akutagawa, S.; Takaya, H. *J. Org. Chem.* **1994**, *59*, 3064. b) Kitamura, M.; Tokamages, M.; Ohkuma, T.; Noyori, Y. *Org. Synth.* **1992**, *71*, 1.
48. Noyori, R.; Ohkuma, T.; Kitamura, M.; Takaya, H.; Sayo, N.; Kumobayashi, H.; Akutagawa, S. *J. Am. Chem. Soc.* **1987**, *109*, 5856.
49. (R)-バクロフェン (baclofen) の合成で: Thakur, V. V.; Nikalje, M. D.; Sudalai, A. *Tetrahedron:Asymmetry* **2003**, *14*, 581.
50. a) King, S. A.; Thompson, A. S.; King, A. O.; Verhoeven, T. R. *J. Org. Chem.* **1992**, *57*, 6689. b) Hartman, R.; Chen. P. *Angew. Chem. Int. Ed.* **2001**, *40*, 3581.
51. β-アミノ酸ファルマコホア (pharmacophore) の合成で: Angelaud, R.; Zhong, Y.-L.; Maligres, P.; Lee, J.; Askin, D. *J. Org. Chem.* **2005**, *70*, 1949.
52. (R)-3-ヒドロキシイコソン酸の合成で: Zamyatina, A.; Sekljic, H.; Brade, H.; Kosma, P. *Tetrahedron* **2004**, *60*, 12113.
53. エポチロン (epothilone) のC12−C21部分の合成で: Reiff, E. A.; Nair, S. K.; Reddy, B. S. N.; Inagaki, J.; Henri, J. T.; Greiner, J. F.; Georg, G. I. *Tetrahedron Lett.* **2004**, *45*, 5845.
54. a) Noyori, R.; Ikeda, T.; Ohkuma, T.; Widhalm, M.; Kitamura, M.; Takaya, H.; Akutagawa, S.; Sayo, N.; Saito, T.; Taketomi, T.; Kumobayashi, H. *J. Am. Chem. Soc.* **1989**, *111*, 9134. b) Noyori, R.; Tokunaga, M.; Kitamura, M. *Bull. Chem. Soc. Jpn.* **1995**, *68*, 36.
55. (−)-バラノール (balanol) の合成で: Phasavath, P.; Duprat de Paul, S.; Ratovelomana-Vidal, V.; Genet, J. P. *Eur. J. Org. Chem.* **2000**, 3903.
56. Noyori, R.; Ikeda, Y.; Ohkuma, T.; Widhalm, M.; Kitamura, M.; Takaya, H.; Akutagawa, S.; Sayo, N.; Saito, T.; Taketomi, T.; Kumobayashi, H. *J. Am. Chem. Soc.* **1989**, *111*, 9134.
57. Genet, J. P.; Cano de Andrade, M. C.; Ratovelomana-Vidal, V. *Tetrahedron Lett.* **1995**, *36*, 2063.
58. Makino, K.; Takayuki, G.; Hiroki, Y.; Hamada, Y. *Angew. Chem. Int. Ed.* **2004**, *43*, 882.
59. Kitamura, M.; Ohnkuma, T.; Inoue, S.; Sayo, N.; Kumobayashi, H.; Akutagawa, S.; Ohta, T.; Takaya, H.; Noyori, R. *J. Am. Chem. Soc.* **1988**, *110*, 629.
60. Burk, M. J.; Harper, T. G. P.; Kalberg, C. S. *J. Am. Chem. Soc.* **1995**, *117*, 4423.
61. a) Burk, M. J.; Wang, Y. M.; Lee, J. R. *J. Am. Chem. Soc.* **1996**, *118*, 5143. b) Burk, M. J.; Allen, J. G.; Kiesman, W. F. *J. Am. Chem. Soc.* **1998**, *120*, 657.
62. a) Burk, M. J. *J. Am. Chem. Soc.* **1991**, *113*, 8518. b) Burk, M. J.; Allen, J. G.; Kiesman, W. F. *J. Am. Chem. Soc.* **1998**, *120*, 4345.
63. PDE4阻害剤の合成で: O'Shea, P.; Chen, C.-i.; Chen, Y.; Dagneau, P.; Frey, L. F.; Grabowski, E. J. J.; Marcantonio, K. M.; Reamer, R. A.; Tan, L.; Tillyer, R. D.; Roy, A.; Wang, X.; Zhao, D. *J. Org. Chem.* **2005**, *70*, 3021.
64. Ohkuma, T.; Koizumi, M.; Doucet, H.; Pham, T.; Kozawa, M.; Murata, K.; Katayama, E.; Yokozawa, T.; Ikariya, T.; Noyori, R. *J. Am. Chem. Soc.* **1998**, *120*, 13529.
65. Ohkuma, T.; Ooka, H.; Yamakawa, M.; Ikariya, T.; Noyori, R. *J. Org. Chem.* **1996**, *61*, 4872.
66. (+)-アリスガシン (arisugacin) AとBの合成で: Sunazuka, T.; Handa, M.; Nagai, K.; Shirahata, T.; Harigaya, Y.; Otogurao, K.; Kuwajima, I.; Omura, S. *Tetrahedron* **2004**, *60*, 7845.
67. S18986の合成で: Cobley, C. J.; Foucher, E.; Lecouve, J.-P.; Lennon, I. C.; Ramsden, J. A.; Thominot, G. *Tetrahedron:Asymmetry* **2003**, *14*, 3431.
68. Jiang, X.-b.; Minnaard, A. J.; Hessen, B.; Feringa, B. L.; Duchateau, A. L. L.; Andrien, G. O.; Boogers, J. A. F.; de Vries, J. G. *Org. Lett.* **2003**, *5*, 1503.

69. Trifonova, A.; Diesen, J. S.; Chapman, C. J.; Andersson, P. G. *Org. Lett.* **2004**, *6*, 3825.
70. Moessner, C.; Bolm, C. *Angew. Chem. Int. Ed.* **2005**, *44*, 7564.
71. a) Sandoval, C. A.; Ohkuma, T.; Muniz, K.; Noyori, R. *J. Am. Chem. Soc.* **2003**, *125*, 13490. b) Clapham, S. E.; Hadovic, A.; Morris, R. H.; *Coord. Chem. Rev.* **2004**, *248*, 2201.
72. 不斉トランスファー水素化の総説: Gladiali, S.; Alberico, E. *Chem. Soc. Rev.* **2006**, *35*, 226.
73. Bäckvall, J.-E. *J. Organomet. Chem.* **2002**, *652*, 105.
74. Matsumura, K.; Hashiguchi, S.; Ikariya, T.; Noyori, R. *J. Am. Chem. Soc.* **1997**, *119*, 8738.
75. Ito, H.; Hasegawa, M.; Takenaka, Y.; Kobayashi, T.; Iguchi, K. *J. Am. Chem. Soc.* **2004**, *126*, 4520.
76. (*R*)-ストロンギロジオール (strongylodiol) A と B の合成で: Kirkham, J. E. D.; Courtney, T. D. L.; Lee, V.; Baldwin, J. E. *Tetrahedron* **2005**, *61*, 7219.
77. (−)-ジクチオスタチン (dictyostatin) の合成で: Shin, Y.; Fournier, J.-H.; Fukui, Y.; Brückner, A. M.; Curran. D. P. *Angew. Chem. Int. Ed.* **2004**, *43*, 4634.
78. Eustache, F.; Dalko, P. I.; Cossy, J. *Org. Lett.* **2002**, *4*, 1263.
79. (+)-コナゲニン (conagenine) の合成で: Matsukawa, Y.; Isobe, M.; Katsuki, H.; Ichikawa, Y. *J. Org. Chem.* **2005**, *70*, 5339.
80. (+)-ラウダノシン (laudanosine) と (−)-キシロピン (xylopine) の合成で: Mujahidin, D.; Doye, S. *Eur. J. Org. Chem.* **2005**, 2689.
81. Kawamoto, A. M.; Wills, M. *J. Chem. Soc., Perkin Trans. I* **2001**, 1916.
82. Watanabe, M.; Murata, K.; Ikariya, T. *J. Org. Chem.* **2002**, *67*, 1712.
83. エリオラニン (eriolanin) とエリオランギン (eriolangin) の合成で: Merten, J. Fröhlich, R.; Metz, P. *Angew. Chem. Int. Ed.* **2004**, *43*, 5991.
84. Mahoney, W. S.; Stryker, J. M. *J. Am. Chem. Soc.* **1989**, *111*, 8818.
85. 中間体エノラートについて，連続する還元および分子内アルドールまたは Henry 反応の例: a) Chiu, P.; Leung, S. K. *Chem. Commun.* **2004**, 2308. b) Chung, W. K.; Chiu, P. *Synlett* **2005**, 55.
86. 新規ラウリマリド (laulimalide) 類似体の合成で: Gallagher, B. M., Jr.; Zhao, H.; Pesant, M.; Fang, F. G. *Tetrahedron Lett.* **2005**, *46*, 923.
87. Paterson, I; Bergmann, H.; Menche, D.; Berkessel, A. *Org. Lett.* **2004**, *6*, 1293.
88. Moon, B.; Han, S.; Yoon, Y.; Kwon, H. *Org. Lett.* **2005**, *7*, 1031.
89. Mahoney, W. S.; Brestensky, D. M.; Stryker, J. M. *J. Am. Chem. Soc.* **1988**, *110*, 291.
90. Appella, D. H.; Moritani, Y.; Shintani, R.; Ferreira, E. M.; Buchwald, S. L. *J. Am. Chem. Soc.* **1999**, *121*, 9473.
91. Lipshutz, B. H.; Servesko, J. M.; Petersen, T. B.; Papa, P. P.; Lover, A. A. *Org. Lett.* **2004**, *6*, 1273.
92. Keinan, E.; Gleize, P. A. *Tetrahedron Lett.* **1982**, *23*, 477.
93. リツアリン (lituarine) の C7−C19 部分の合成で: Smith, A. B., III; Frohn, M. *Org. Lett.* **2001**, *3*, 3979.
94. アルキンへの付加の総説: Trost, B. M.; Ball, Z. T. *Synthesis* **2005**, 853.
95. ロジウム触媒によるヒドロホウ素化の機構研究: Evans, D. A.; Fu, G. C.; Anderson, B. A. *J. Am. Chem. Soc.* **1992**, *1143*, 6679.
96. スピロフンギン (spirofungin) の合成で: B. Zanatta, S. D.; White, J. M.; Rizzacasa, M. A. *Org. Lett.* **2004**, *6*, 1041.
97. ホルマミシノン (formamicinone) の合成で: Savall, B. M.; Blanchard, N.; Roush, W. R. *Org. Lett.* **2003**, *5*, 377.
98. アスペラジン (asperazine) の合成で: Govek, S. P.; Overman, L. E. *J. Am. Chem. Soc.* **2001**, *123*, 9468.
99. グリセオビリジン (griseoviridin) の合成で: Kuligowski, C.; Bezzenine-Lafollee, S.; Chaume, G.; Mahuteau, J.; Barriere, J.-C.; Bacque, E.; Pancrazi, A.; Ardisson, J. *J. Org. Chem.* **2002**, *67*, 4565.
100. (−)-ボレリジン (borrelidin) の合成で: Vong, B. G.; Kim, S. H.; Abraham, S.; Theodorakis, E. A. *Angew. Chem. Int. Ed.* **2004**, *43*, 3947.
101. (+)-ホルボキサゾール (phorboxazole) の合成で: Smith, A. B., III; Minbiole, K. P.;

Verhoest, P. R.; Schelhaas, M. *J. Am. Chem. Soc.* **2001**, *123*, 10942.
102. ジャトロファトリオン (jatrophatrione) とシトラリトリオン (citlalitrione) の合成で: Yang, J.; Long, Y. O.; Paquette, L. A. *J. Am. Chem. Soc.* **2003**, *125*, 1567.
103. Tan, D. S.; Dudley, G. B.; Danishefsky, S. J. *Angew. Chem. Int. Ed.* **2002**, *41*, 2185.
104. インテグラマイシン (integramycin) の C16-C35 部分の合成で: Wang, L.; Floreancig, P. E. *Org. Lett.* **2004**, *6*, 569.
105. Schwartz, J.; Labinger, J. A. *Angew. Chem., Int. Ed. Engl.* **1976**, *15*, 333.
106. Gibson, T. *Tetrahedron Lett.* **1982**, *23*, 157.
107. (+)-シホスタチン (scyphostatin) の合成で: Inoue, M.; Yokota, W.; Murugesh, M. G.; Izuhara, T.; Katoh, T. *Angew. Chem. Int. Ed.* **2004**, *43*, 4207.
108. アンタスコミシン B (antascomicin B) の合成で: Brittain, D. E. A.; Griffiths-Jones, C. M.; Linder, M. R.; Smith, M. D.; McCusker, C.; Barlow, J. S.; Akiyama, R.; Yasuda, K.; Ley, S. V. *Angew. Chem. Int. Ed.* **2005**, *44*, 2732.
109. Bertelo, C. A.; Schwartz, J. *J. Am. Chem. Soc.* **1976**, *98*, 262.
110. (-)-フィソベニン (physovenine) の合成で: Sunazuka, T.; Yoshida, K.; Kojima, N.; Shirata, T.; Hirose, T.; Handa, M.; Yamamoto, D.; Harigaya, Y.; Kuwajima, I.; Omura, S. *Tetrahedron Lett.* **2005**, *46*, 1459.
111. スタキフリン (stachyflin) の合成過程で: Nakatani, M.; Nakamura, M.; Suzuki, A.; Inoue, M.; Katoh, T. *Org. Lett.* **2002**, *4*, 4483.
112. Corey, E. J.; Suggs, J. W. *J. Org. Chem.* **1978**, *38*, 3224.
113. シガトキシン (ciguatoxin) の合成過程で: Kobayashi, S.; Alizadeh, B. H.; Sasaki, S.-y.; Oguri, H.; Hirama, M. *Org. Lett.* **2004**, *6*, 751.
114. Tani, K.; Yamagata, T.; Akutagawa, S.; Kumobayashi, H.; Taketomi, T.; Takaya, H.; Miyashita, A.; Noyori, R.; Ohtsuka, S. *J. Am. Chem. Soc.* **1984**, *106*, 5208.
115. ハリコンドリン (halichondrin) の F 環の合成で: Jiang, L.; Burke, S. D. *Org. Lett.* **2002**, *4*, 3411.
116. a) Tanaka, K.; Fu, G. C. *J. Org. Chem.* **2001**, *66*, 8177. b) Uma, R.; Crevisy, C.; Gree, R. *Chem. Rev.* **2003**, *103*, 27. c) Ito, M.; Kitahara, S.; Ikariya, T. *J. Am. Chem. Soc.* **2005**, *127*, 6172.
117. Martin-Matute, B.; Bogar, K.; Edin, M.; Kaynak, F. B.; Bäckvall, J.-E. *Chem.—Eur. J.* **2005**, *11*, 5832.

4

金属—炭素σ結合をもつ錯体の合成化学的応用

4.1 はじめに

　金属-炭素σ結合をもつ遷移金属錯体は,遷移金属が炭素-炭素結合,炭素-ヘテロ原子結合や炭素-水素結合の形成に役立っている大多数の変換反応において中心的な役割を果たしている.したがって有機合成にとってこのうえなく重要である.遷移金属と炭素とのσ結合はふつうイオン性ではなく共有結合性である.この特徴のために,配位している有機基は適度の反応性をもつようになり,さらに,遷移金属に特有の有機基の反応(たとえば,酸化的付加,挿入,還元的脱離,β水素脱離,トランスメタル化など)を形づくっている.すなわち,遷移金属部分は,有機基の複雑な対イオンであるというよりははるかに重要で,有機基の化学的挙動を決定するおもな要素である.

　図4.1に示すように,σ炭素-金属錯体は多くの方法で調製することができる.このことはとりもなおさず,実際上あらゆる種類の有機化合物が,これらの錯体の有機基になれるとともに,σ炭素-金属錯体の行うすべての炭素-炭素結合形成反応にも関与できることを示している.これらのプロセスの合成化学的利用を本章で述べる.

4.2　カルボアニオンと金属ハロゲン化物の反応からのσ炭素-金属錯体: 有機銅の化学

　少量の銅(I)塩が,Grignard(グリニャール)反応剤の共役エノンへの1,4-付加反応で触媒となるという初期の研究に始まって[1],**有機銅の化学**はよく研究されており,合成化学的に広く用いられている.有機銅反応剤は多様な一群の反応剤であり,有機金属反応剤としては最もよく用いられているものの一つで,これら反応剤とその変換反応の多彩さは驚くばかりである[2),3)].最も簡単で最もよく用いられる錯体は**リチウムジオルガノ銅アート錯体** (lithium diorganocuprate,クプラート)"R_2CuLi"であって,溶媒可溶で熱的に不安定で

4.2 カルボアニオンと金属ハロゲン化物の反応からのσ炭素-金属錯体

1. 合成

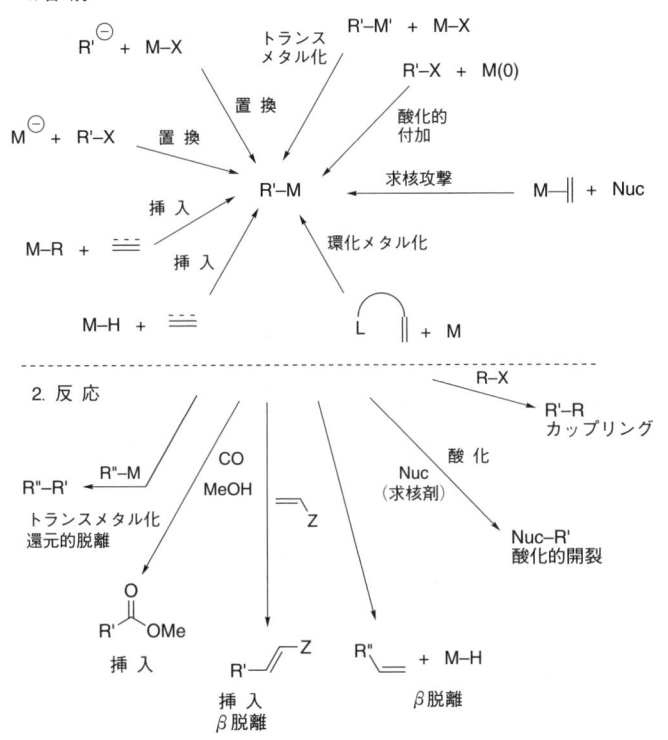

```
         R'⁻ + M–X              R'–M' + M–X
                    トランス
                    メタル化     R'–X + M(0)
                          置換
M⁻ + R'–X   置換                酸化的
                                付加
                                           求核攻撃
                    R'–M    ←――――――――   M–‖ + Nuc
              挿入
M–R +  ═══        環化メタル化
              挿入
M–H +  ═══
                          L ‖ + M
```

- -

2. 反応

```
                                    R–X
                                         → R'–R
                                           カップリング
         R"–M        CO              酸化
R"–R' ←――――――    MeOH        Nuc
   トランスメタル化               (求核剤)
   還元的脱離          ═══Z          → Nuc–R'
                                        酸化的開裂

        O
        ‖
     R'―C―OMe                          R"
        挿入       R'  ═══Z            ═══  + M–H
                    挿入
                    β脱離              β脱離
```

図 4.1 σ炭素-金属錯体の合成と反応

ヨウ化銅(I)と2当量の有機リチウム反応剤との反応でその場で調製される〔(4.1)式〕. このリチウムジオルガノ銅アート錯体は, 実際は"R_2CuLi"の数個の集合体であり, 構造は溶媒, 濃度や他の要因により異なってくる. (モノアルキル銅錯体RCuは黄色い不

$$2RLi + CuI \longrightarrow R_2CuLi + LiI \quad (4.1)$$

溶性のオリゴマー錯体で, ほとんど合成には用いられない.) これらの反応剤は種々のハロゲン化物を効率よくアルキル化する〔(4.2)式〕. これらの反応剤は塩基性が低いため,

$$R_2CuLi + R'X \longrightarrow R\text{-}R' \quad (4.2)$$

通常起こしやすい脱離反応を起こさず目的とする置換が優先する. さらに, 反応基質にヒドロキシ基があっても反応は進行する.

用いうる基質ハロゲン化物の範囲は広い. ハロゲン化アルキル(sp^3)の反応性の順は

第一級＞第二級≫第三級で，ヨウ化物が臭化物や塩化物よりも反応性が高い．ヨウ化物と同程度の速度で，ジオルガノ銅アート錯体によりアルキルトシラートおよびトリフラート〔(4.3)式〕[4]も置換される．ハロゲン化アルケニルとトリフラート（ケトン[5]か

$$\text{(OTf基質)} \xrightarrow{(CH_2=CHCH_2)_2CuLi} \text{(アリル生成物)} \quad (4.3)$$
$$\text{THF, 78\%}$$

ら調製したエノールトリフラート）もリチウムジオルガノ銅アート錯体と良好に反応し，二重結合の立体化学は完全に保持であって，この特徴が有機合成上有用である．ヨウ化アリールと臭化アリールもリチウムジオルガノ銅アート錯体によってアルキル化されるが，ときどきハロゲン−金属交換反応が起こり問題となる．（RCu の方がこの反応にはときには良い結果を与える．）ハロゲン化ベンジル，ハロゲン化アリル，ハロゲン化プロパルギルも良好に反応する．ハロゲン化プロパルギルはおもにアレンを（S_N2'型反応により）与えるが，塩化アリル，臭化アリルの反応ではアリル転位はない．対照的にアリルエステルとオキシラン〔(4.4)式〕[6]は主としてアリル転位を伴う．酸ハロゲン化物はリチウムジアルキル銅アート錯体と反応してケトンを与えるが，この目的のためには**アルキルヘテロ（混合）銅アート錯体**〔alkyl hetero (mixed) cuprate〕の方がよい．最後に，オキシランは，置換基の少ない炭素上でのアルキル化とともに開環する．

$$\text{(エポキシアルコール)} \xrightarrow[Et_2O]{Me_2CuLi} \text{(ジオール生成物)} \quad (4.4)$$

多くの実験データをもとにリチウムジオルガノ銅アート錯体に対する有機化合物の反応性を整理すると，酸ハロゲン化物＞アルデヒド＞トシラート≈オキシラン＞ヨウ化物＞ケトン＞エステル＞ニトリルの順になる．もっともこれは一般的傾向で，有機銅反応剤や有機基質に変わった特徴のあるときには多くの例外が存在する．

複雑な有機化合物の合成で，リチウムジオルガノ銅アート錯体のエノンへの共役付加が多く用いられる〔(4.5)式〕[7,8]．この有用な反応に用いることのできる R 基の範囲は

$$R_2CuLi + \text{(エノン)} \longrightarrow \text{(付加体)} \quad (4.5)$$

アルキル化で用いられたものと同様である．直鎖アルキル，分枝鎖アルキル，第一級，第二級，第三級アルキル錯体など実際上ほとんどの sp^3 混成ジアルキル銅アート反応剤がきれいに反応する．フェニルや置換アリール銅アート錯体，またアルケニル−，ベンジ

ル-，アリル銅アート錯体も同様に反応する．アルキニル銅反応剤のアルキニル基は共役エノンへは付加しない．この特徴は後に述べる混合銅アート錯体の反応に生かされている．環状化合物では，付加はひずみの少ない側から優先的に起こる〔(4.6)式〕[9]．

$$\text{(4.6)}$$

ジオルガノ銅アート錯体が1,4-付加する α,β-不飽和カルボニル化合物の範囲は非常に広い．どのようなものにせよ，ある特定の系の反応性は銅錯体や基質の構造など多くの因子で支配されるけれども，多くのデータをもとにある程度一般化できる．共役ケトンは最も反応性のよい部類に属し，ジオルガノ銅アート錯体と反応し1,4-付加物を高収率で短時間に（25℃で0.1秒以下）与える．非環式エノンに対する共役付加の速度と反応経路は，エノンの α, α', β 位に置換基を入れてもほとんど影響を受けないが，環状エノンでの同様な位置やもっと遠い位置へ置換基を入れたときは反応の立体化学的経路に影響を及ぼす．

共役エステルは共役ケトンよりもいくぶん反応性が低い．このようなエステルの α,β-および β,β-二置換体の反応性は極端に低い．共役カルボン酸はリチウムジオルガノ銅アート錯体とは反応しない．共役アルデヒドでは1,2-付加が競争的に起こる．共役酸無水物やアミドについてはほとんどまだ研究されていない．

有機銅アート錯体のエノンへの共役付加では，まずエノラートが生成し，これと求電子剤とがさらに反応しうるが，この後の反応はしばしば遅く非効率的である．プロスタグランジン全合成研究の一環として，この問題の解決がはかられ，ブチルホスフィンで安定化された銅反応剤を用いて，最初に生成する反応性の低い銅（またはリチウム）エノラートをもっと反応性のよいスズエノラートに塩化トリフェニルスズで変換すれば可能であるということが示された〔(4.7)式〕[10]．α,β-不飽和スルホンへの共役付加と続く

$$\text{(4.7)}$$

分子内アシル化の例を (4.8)式[11] に示す.

$$\text{(TESO, OCO}_2\text{Me, SO}_2\text{Ph)} \xrightarrow[83\%]{\text{Bu}_2\text{CuLi}} \text{(TESO, OH, CO}_2\text{Me, SO}_2\text{Ph, Bu)} \quad (4.8)$$

　リチウムジアルキル銅アート錯体は非常に有用な反応剤であるが，いくつかの重大な欠点もあって，特に二つのアルキル (R) 基のうちの一つしか利用できないというのは大きな欠点である．この反応剤は不安定なので，反応の完結のためには3倍から5倍（6ないし10倍R基が過剰）用いる必要がある．プロスタグランジン合成によくみられるように，このR基が大きいか複雑であるときには見過ごせない欠点となる．銅のアルコキシド，チオラート，シアニド，アセチリドなどはアルキル銅よりも安定でかなり反応性が低い．銅上から移動せずさらに錯体を安定化するようなこれらの基の一つとアルキル基一つを用いて，混合アルキルヘテロ銅アート錯体をつくることにより前述の欠点を改良できる[12]．これらのヘテロ銅アート錯体のうち，リチウムフェニルチオ(アルキル)銅アート錯体，リチウム t-ブトキシ(アルキル)銅アート錯体，およびリチウム 2-チエニル銅アート錯体[13] が最も有用で，-20℃から0℃で安定である．

　混合アルキルヘテロ銅アート錯体は，酸塩化物をケトンへ変換するのに最もよい反応剤である．わずか10%過剰の反応剤を用いるだけで高収率を達成でき，しかも分子内の離れた位置にハロゲン，ケトンやエステル基があっても妨げにならない．しかし，この変換のためにリチウムジアルキル銅アート錯体を用いると，大過剰必要であり，そのうえ第二級と第三級有機銅アート錯体は反応しない．さらに，アルデヒドはリチウムジアルキル銅アート錯体とは-90℃でも反応してしまうが，リチウムフェニルチオ(t-ブチル)銅アート錯体をベンズアルデヒドと塩化ベンゾイルの等量混合物と反応させると，ピバロフェノンが90%の収率で得られ，73%のベンズアルデヒドが回収される．このリチウムフェニルチオ(t-アルキル)銅アート錯体は，第一級ハロゲン化アルキルを第三級アルキル基でアルキル化するのにも優れた反応剤である．第二級ハロゲン化物や第三級ハロゲン化物はこの反応剤とは反応しない．

　なかでも重要なことは，これらの混合銅アート錯体反応剤，特にアセチリドおよび 2-チエニル錯体が非常に効率よくアルキル化と α,β-不飽和ケトンへの付加を行うことであろう．複雑な分子の合成に最も多用されているのがこの反応であり，混合銅アート錯体の開発は合成化学の発展に大きく貢献した．混合 2-チエニル銅アート錯体を用いるアルキル化の例を (4.9)式[14] に示した．

4.2 カルボアニオンと金属ハロゲン化物の反応からのσ炭素-金属錯体

(4.9)

2-Th = (チオフェン-2-イル)

有機銅の化学は上記の当初の領域をはるかに超えて発展している．熱的に安定な銅アート錯体が，ジフェニルホスフィド Ph_2P やジシクロヘキシルアミド Cy_2N のような立体的に大きいため反応しない型の配位子を用いて合成され，$RCu(L)Li$ が調製されている[15]．これらの反応剤はふつうの有機銅アート錯体の反応をし，しかも 25 ℃で 1 時間以上安定である．もっと注目されるのは，非常にかさ高い反応剤 $RCu[P(t-Bu)_2]Li$ であり，THF 中数時間還流加熱しても安定で，しかもふつうの有機銅アート錯体の反応も可能である〔(4.10)式〕[16]．さらに，もっと容易に合成できる β-シリル有機銅アート錯体[17] $RCuCH_2SiR_3$ も注目に値する．

$[CuP(t-Bu)_2]_4 + 4\,RLi \longrightarrow 4\,RCu[P(t-Bu)_2]Li$ (X線構造解析)

(4.10)

シアン化銅(I)を 2 当量の有機リチウム反応剤と反応させると"高次"銅アート錯体 "$R_2Cu(CN)Li_2$" が生成する．これは R_2CuLi よりも安定で，ふつう反応しない第二級臭化物や第二級ヨウ化物ときわめて良好に反応し，さらに共役ケトン〔(4.11)式[18]〕やエ

(4.11)

ステル[19] への 1,4-付加も良好に進む．分光学的に調べると，"高次銅アート錯体"は $R_2CuLi\text{-}LiCN$[20] の構造をもつ単量体であり高次というわけではない[20]．どのような構造をとっているにせよ，反応性は R_2CuLi とは全く異なる．

混合ジアリール"高次"銅アート錯体は低温（＜−100 ℃）ではアリール基のスクランブルはないという特長を利用して,非対称ビアリールの合成法が開発されている〔(4.12)式〕[21]. この方法は軸性キラリティーをもつ天然物の合成に用いられている〔(4.13)式[22),23)]．

$$ArLi + CuCN \xrightarrow{-78\ ℃} ArCu(CN)Li \xrightarrow[-125\ ℃]{Ar'Li} [ArCuAr']CNLi_2 \xrightarrow[-125\ ℃]{酸化} Ar-Ar'$$

78–90%, ＞96% クロスカップリング

(4.12)

(4.13)

有機銅化合物にBF$_3$-OEt$_2$やTMSClのようなルイス酸を加えると, 反応性は著しく高まり合成化学的用途が広がる. 通常不活性なRCu反応剤にBF$_3$を加えると, アリル誘導体のアルキル化[24)]や, ふつうR$_2$CuLiとは反応しないエノン類やα,β-不飽和カルボン酸への共役付加などを行うことができる反応剤[25)]が発生する. 反応剤RCu-BF$_3$はアセタールの一つのアルコキシ基をモノアルキル化するという従来全くなかった型の反応をする〔(4.14)式[26)]．光学活性なアリルアセタールはS$_N$2′切断を受け, ジアステレオ選択性[27)]は非常によい〔(4.15)式[28)]〕．

$$R'Cu-BF_3 + \underset{}{RO\ \ OR} \longrightarrow \underset{}{RO\ \ R'} \qquad (4.14)$$

(4.15)

de：ジアステレオマー過剰率

BF$_3$-OEt$_2$をジオルガノ銅アート錯体に加えると, R$_2$CuLiの反応性も非常に向上し, 立体的に非常に込み入っている不飽和ケトンのアルキル化[29)], アジリジンの開環[30)], およびキラルケタールのジアステレオ選択的アルキル化などが行えるようになる. これらのルイス酸で修飾された銅アート錯体反応剤は, さらに, エノンへ効率よく1,4-付加し,

4.2 カルボアニオンと金属ハロゲン化物の反応からの σ 炭素-金属錯体

この過程での良好なジアステレオ選択が光学活性な α,β-不飽和アミド,エステル,およびスルタムアミドを用いて達成されている[31),32)].ほとんどの場合,収率もジアステレオマー過剰率(de)も高い〔(4.16)式[33)]〕.

(4.16)

アルキル銅反応剤を用いた化学量論反応は,多くの場合,銅触媒反応に持込むことができる.銅は,Grignard(グリニヤール)反応剤や有機リチウム反応剤の S_N2 型反応や共役付加反応のよい触媒となる.触媒の前駆体としては CuCN,CuI,CuBr–DMS,Cu(OTf$_2$),および Li$_2$CuCl$_4$ などが用いられる.この反応は有機合成で広く用いられており,アルキル化の例を (4.17)式[34)] に示す.

(4.17)

不斉配位子の存在下共役エノンへの有機リチウム反応剤〔(4.18)式[35)]〕,Grignard 反応

(4.18)

(4.19)

剤,有機アルミニウム反応剤および特に有機亜鉛反応剤[36),37)]〔式(4.19)〕[38)]の付加は,不斉合成の優れた一般性のあるアプローチであろう[39)]. 当初この方法は単純なシクロペンテノンとシクロヘキセノンとに限られていたが,今では種々の環式および非環式のエノンや α,β-不飽和エステルやニトロアルケンにも適用できるようになっている. 非常に多くの (数百もの) 配位子が合成されその効果が研究されている.

上に述べた有機銅の化学の多くは,Grignard 反応剤か有機リチウム化合物から活性な有機銅錯体を発生させることを基本としている. すなわち,有機銅錯体中の官能基は有機リチウム反応剤や Grignard 反応剤に対して安定でなければならず,このことはこれら有機銅反応剤に欠点となる限界が存在することになる. この問題に関して最近いくつかの解決法が開発された.

末端アルキンの pK_a 値は低いので,アルキンと銅(I)塩とからアミン塩基の存在下銅アセチリドが容易に生成する. この銅アセチリドはブロモアルキンと反応し非対称1,3-ジイン (Cadiot–Chodkiewicz カディオ ホトキェヴィチ カップリング)[40)]. 最近,この反応は銅(I)塩と過剰のアミンを用いれば触媒反応となることがわかり[41)],有機合成に利用されている〔(4.20)式〕[42)]. 銅アセチリドを酸化すれば二量化し対称1,3-ジインを与える (Glaser グレイザー カップリング) ことは,すでに早く 1869 年に報告されている[43)].

$$C_8H_{17}-\!\!\!\equiv\!\!\!-\!\!\!-\!\!\!-\!\!\!-\!\!\!\overset{OH}{\underset{|}{C}}\!\!\!-\!\!\!\equiv\!\!H \quad + \quad Br-\!\!\!\equiv\!\!\!-\!\!\!\diagup\!\!\!\!OH$$

$$\xrightarrow[\text{EtNH}_2,\ \text{MeOH, 82\%}]{\text{CuCl (12 mol\%)},\ \text{NH}_2\text{OH·HCl}} \quad C_8H_{17}-\!\!\!\equiv\!\!\!-\!\!\!-\!\!\!-\!\!\!-\!\!\!\overset{OH}{\underset{|}{C}}\!\!\!-\!\!\!\equiv\!\!\!-\!\!\!\equiv\!\!\!-\!\!\!\diagup\!\!\!OH \quad (4.20)$$

リチウムナフタレニドを用いて CuCN-2LiBr や CuI-PR$_3$ を−100 ℃ で還元すると,高い活性をもつ銅が生成し,これは**官能基をもつ**有機ハロゲン化物 ($I>Br \gg Cl$) と反応し,**官能基をもつ**有機銅錯体溶液が得られる. 求電子剤をこれらの溶液に直接加えると,アルキル化生成物が高収率で得られる (図 4.2)[44)]. このプロセスでは,エステル基,ニトリル,塩化アリール,塩化アルキルなどは不活性であって,これらの官能基をもつ銅アート錯体を発生させ用いることができる.

こうして調製した反応剤は,ω-ハロエポキシドを効率よく環化させ〔(4.21)式〕,官能

$$\text{NC(CH}_2)_6\!\!-\!\!\!\overset{O}{\diagdown}\!\!\!-\!\!\!\text{CH}_2\text{Br} \quad \xrightarrow[-45\,℃ から室温,\ 83\%]{(\text{Cu})_n(\text{PBu}_3)_y} \quad \overset{HO}{\underset{}{\bigcirc}}\!\!\!(\text{CH}_2)_6\text{CN} \quad (4.21)$$

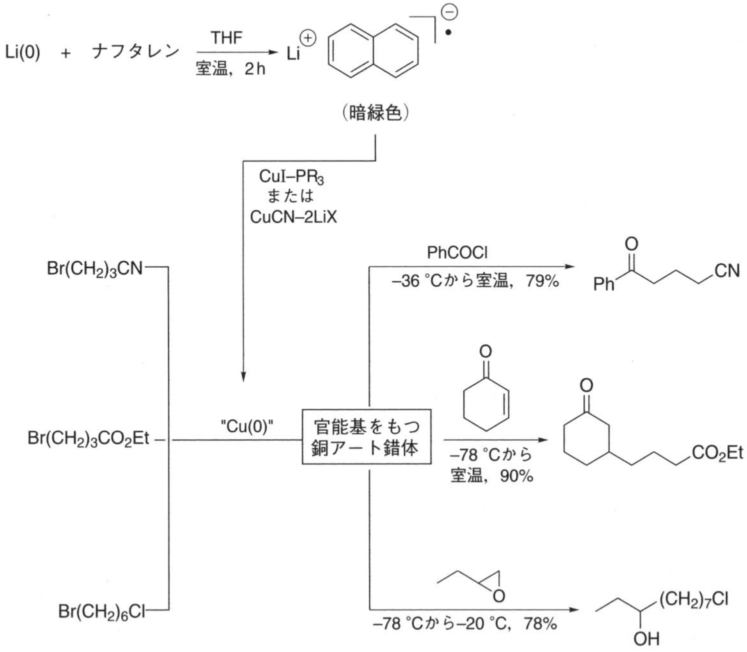

4.2 カルボアニオンと金属ハロゲン化物の反応からのσ炭素-金属錯体

図 4.2 官能基をもつ有機銅錯体の合成と反応

基をもつハロゲン化アリルでイミンをアルキル化させ〔(4.22)式〕[45],さらには(通常はリチオ化しようとするとベンザインになってしまうような)2-ハロゲン化アリール反応剤を活性な求電子剤にカップリングすることができる〔(4.23)式〕[46]. アリール銅反応

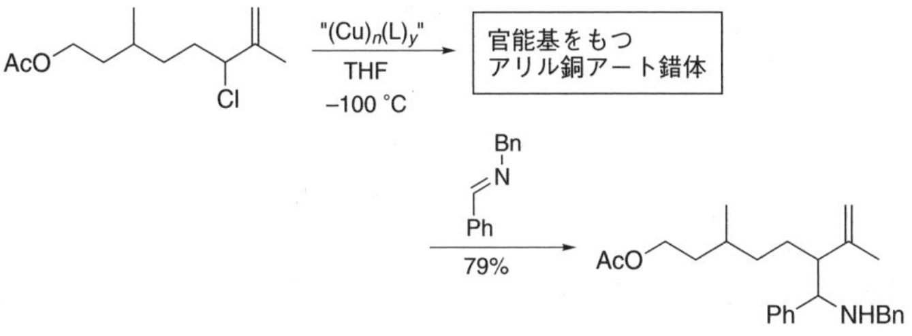

(4.22)

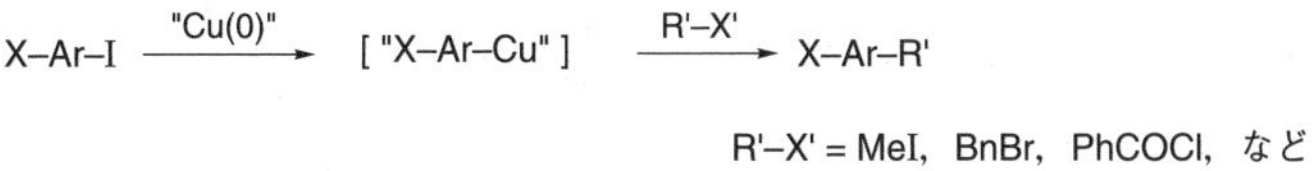

(4.23)

R'–X' = MeI, BnBr, PhCOCl, など

剤と二酸化炭素とを反応させ，生じる銅カルボキシラート中間体をアルキル化すれば芳香族エステルが得られる〔(4.24)式〕[47]．

$$\underset{F}{\underset{I}{\bigcirc}} \xrightarrow{"Cu(0)"} \underset{F}{\underset{"Cu"}{\bigcirc}} \xrightarrow{CO_2} \underset{F}{\underset{"CO_2Cu"}{\bigcirc}} \xrightarrow[57\%]{\overset{I}{\curlywedge}} \underset{F}{\underset{O}{\bigcirc}} \quad (4.24)$$

　官能基をもつ有機銅反応剤の別の調製法として，特に有機亜鉛化合物のような反応性の低い有機金属反応剤からの銅へのトランスメタル化がある[48]．有機亜鉛化合物は，有機ハロゲン化物と直接金属亜鉛との反応またはジエチル亜鉛との反応で，さらには有機リチウム化合物と塩化亜鉛との反応により合成できる．多くの官能基はこの有機金属反応剤に対し非常に安定である（図4.3）．官能基をもつ有機亜鉛ハロゲン化物でCuCN-

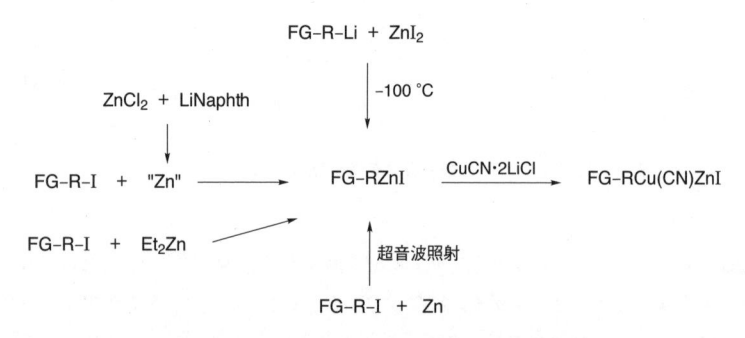

```
                    FG-R-Li + ZnI_2
                           │
      ZnCl_2 + LiNaphth    │ -100 °C
              │            ↓
              ↓
FG-R-I + "Zn" ───────→ FG-RZnI ──CuCN·2LiCl──→ FG-RCu(CN)ZnI
                           ↑
FG-R-I + Et_2Zn ──────────┤
                           │ 超音波照射
                     FG-R-I + Zn
```

図 4.3　官能基(FG)をもつ有機銅反応剤の合成

2LiClを処理すると官能基をもつ有機銅アート錯体が生成し，こうして得た反応剤は通常の銅アート錯体カップリング反応をするので，**官能基をもつR基を基質へ導入できる**．亜鉛から銅へのトランスメタル化を用いたアリル位のアルキル化の例を(4.25)式に示す[49]．この反応でCH$_2$TMS基は生成物に入ってこないのが注目される．このプロセスを銅触媒量で行うことができる[50]〔(4.26)式〕[51]．

$$\underset{\overset{|}{OP(O)(OEt)_2}}{\bigcirc\!\!\!-I} + NC\!\frown\!ZnCH_2TMS \xrightarrow[NMP,\ 73\%,\ 95\%\ ee]{CuCN-2LiCl,\ THF} \underset{I}{\bigcirc}\!\!\!\frown\!CN \quad (4.25)$$

4.2 カルボアニオンと金属ハロゲン化物の反応からのσ炭素–金属錯体

(4.26)

この型の亜鉛–銅化学のとりわけきれいな応用として、銅塩を触媒とする亜鉛ホモエノラートとイノン (ynone, アセチレンケトン) からのシクロペンテノンの合成を示す〔(4.27)式〕[52]。この反応はギンコライド (ginkolide) の合成に用いられた〔(4.28)式〕[53]。

(4.27)

枠内は亜鉛
ホモエノラート由来

(4.28)

他にも有用な官能基をもつ有機銅錯体がある。**α-アルコキシスズ反応剤** (α-alkoxytin reagent) はトリアルキルスズリチウム反応剤やビス(トリアルキルスズ)亜鉛とアルデヒドとの反応で容易に得られる。ブチルリチウムと反応させてこの α-アルコキシアルキル基をスズから切断し、α-アルコキシアルキルリチウムを容易に生成できる[54]。シアン化銅(I)を加え、一連の求電子剤と反応させれば α-アルコキシアルキル基の導入法となる〔(4.29)式〕。もっと合成化学的に有用な反応は、配位性官能基をもつ α-アルコキシスズ反応剤から銅への直接的なトランスメタル化である[55]。スズ置換基をもつ炭素での立体保持で進行する〔(4.30)式〕[56]。

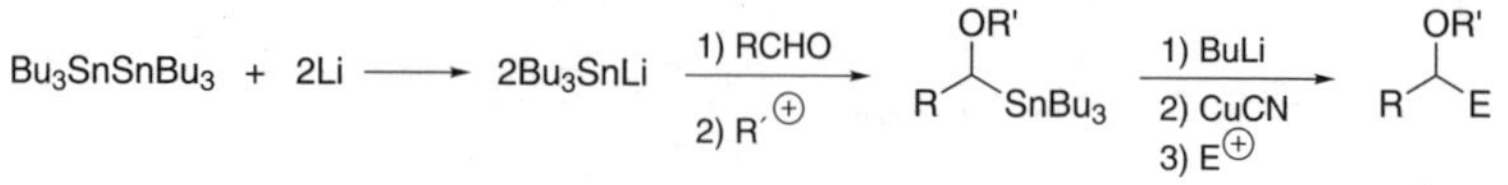

$$Bu_3SnSnBu_3 + 2Li \longrightarrow 2Bu_3SnLi \xrightarrow[2) R'^{\oplus}]{1) RCHO} R\underset{SnBu_3}{\overset{OR'}{\diagup}} \xrightarrow[\substack{2) CuCN \\ 3) E^{\oplus}}]{1) BuLi} R\underset{E}{\overset{OR'}{\diagup}} \quad (4.29)$$

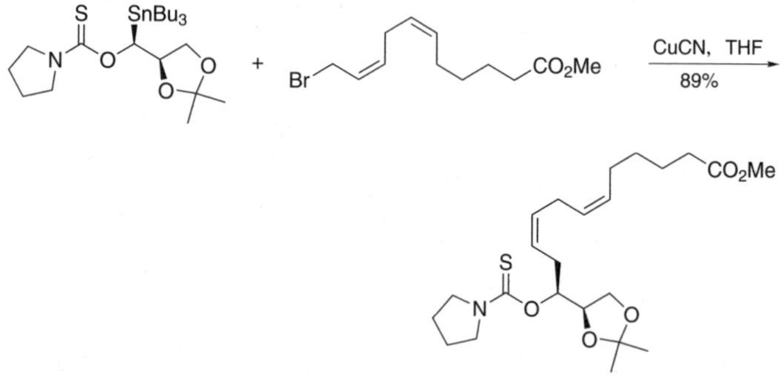

(4.30)

 ジアルキルやアルキルヘテロ銅アート錯体は最も多用されている有機銅反応剤であるが，単純な有機銅錯体 RCuMX も似た化学的挙動を示し，とりわけ末端アルキンへの $RCuMgX_2$ の付加のようにある種の反応についてはずっと優れている．R_2CuLi 錯体は末端アルキンの酸性度の高いアセチレン水素を引抜くことが多いし，純粋な RCu や RCuLiX は全く付加しない．しかし，Grignard 反応剤とヨウ化銅(I)から生成する $RCuMgX_2$ 錯体は，単純末端アルキンに位置および立体選択的にきれいにシン付加しアルケニル銅アート錯体を与える（"カルボクプレーション"，carbocupration）．酸性のアセチレン水素は反応せずそのままである．こうして生成したアルケニル銅アート錯体は有機銅化合物に共通の反応性をもち，多くの有機化合物と反応できる（図4.4）[57]．

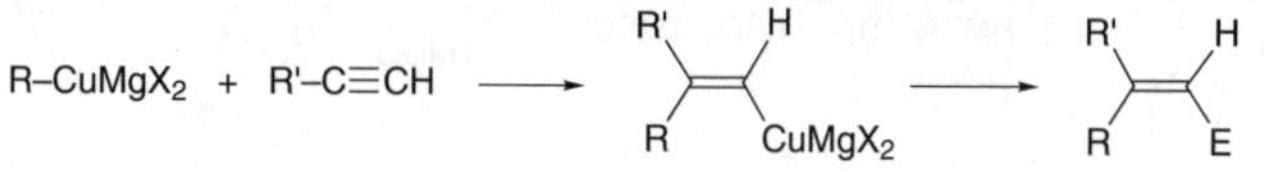

$$R-CuMgX_2 + R'-C \equiv CH \longrightarrow \underset{R\quad CuMgX_2}{\overset{R'\quad H}{\diagup\!\!\!\diagdown}} \longrightarrow \underset{R\quad E}{\overset{R'\quad H}{\diagup\!\!\!\diagdown}}$$

E = R''–X, D$^+$, I$_2$, SO$_2$, CO$_2$, CH$_2$=CHCOMe, など

図 4.4 アルキンのカルボクプレーション

 有機合成におけるカルボクプレーションのきれいな応用例として，アジュダゾール A (ajudazole A) の合成過程で用いられた．アセチレンへの二重のカルボクプレーションによるアルキル化を示す〔(4.31)式〕[58]．アルキニルエーテルの反応では電子的な理由により位置選択性は逆となる〔(4.32)式〕[59]．
 図4.3のように有機亜鉛反応剤から生成させた官能基をもつ銅アート錯体もアルキン

を"カルボクプレーション"することができて、合成化学的に有用な、官能基をもつアルケニル銅アート錯体を与える[60]. これらの錯体は、リチウムやマグネシウム反応剤ほど反応性が高くなく、無置換アセチレン以外の不活性な末端アセチレンとは反応しない. 分子内反応の場合には、エキソ環状アルケンが生成する〔(4.33)式〕.

4.3 金属－水素結合へのアルケンやアルキンの挿入で生成する σ炭素-金属錯体

アルケンやアルキンが金属－水素結合へ挿入して σ炭素-金属錯体をつくる過程は、触媒的水素化やヒドロホルミル化など多くの重要なプロセスの鍵過程である. この挿入

は平衡反応であり，β水素脱離が逆反応である．Rh(I)やPd(II)のような電子密度の高い低酸化状態の金属種ではこの平衡はずっと左に偏っている．これはおそらく，πアクセプター性（電子求引性）のアルケン配位子が，挿入で生成する側のσドナー性のアルキル配位子よりも，より効果的にこれらの電子密度の高い金属種を安定化するためであろう〔(4.34)式〕．

$$M-H + \begin{matrix}=\\\equiv\end{matrix} \rightleftarrows \begin{matrix}M-\|\\H\\M-\|\|\\H\end{matrix} \rightleftarrows \begin{matrix}M\\H\\M\\H\end{matrix} \longrightarrow \qquad (4.34)$$

電子密度の低い高酸化状態の金属種〔たとえばd^0 Zr(IV)〕ではこの状況は逆になる．この場合σドナー性のアルキル配位子は安定化に働き（逆にπアクセプター性のアルケン配位子は不安定化に働く），その結果平衡は右に偏る．合成化学的見地からは，挿入で生成するσ炭素-金属錯体がアルケン-ヒドリド錯体よりも高い反応性をもっていればよいのであって，平衡の位置は重要ではない．金属ヒドリドとアルケンとから生成するσ炭素-金属錯体は，電子密度の高い金属種の場合も電子密度の低い金属種の場合も，複雑な分子の合成過程に用いられている．

パラジウム(II)触媒による1,n-エンイン，1,n-ジイン，1,n-ジエン，および1,2-ジエン-n-イン（n=6と7）から5または6員環をつくる環化異性化を(4.35)式[61]に示す．

$$(4.35)$$

この反応の機構の詳細は明らかではないが，重水素標識実験によれば，パラジウム(II)ヒドリド種がその場で生成する[62]．DMF中でのPd(PPh$_3$)$_4$と酢酸の反応はHPd(II)-(DMF)$_2$OAcを与える[63]．アルキンを"挿入"（ヒドロメタル化）し，近くにアルケン部をもつσ-アルケニルパラジウム(II)錯体を与える．このアルケン部が配位しσ-アルケニルパラジウム錯体に挿入し炭素-炭素結合（環）をつくるとともに2種のβ水素をもつσ-**アルキルパラジウム**(II)錯体となる．β水素脱離はいずれの方向にも起こり，環状

ジエンを与えるとともにパラジウム(II)ヒドリド種を再生し触媒サイクルに入る．β水素脱離の方向は，添加する配位子に影響されるが〔(4.36)式〕，この理由は明らかではない．この触媒サイクルの全過程を通じてパラジウムの酸化数に変化がないことが注目される．

$$(4.36)$$

この反応は種々の官能基があってもよく，構造の複雑な基質にも適用できる〔(4.37)式〕[64]．シランのような適当な還元剤の共存下では，σ-アルキルパラジウム(II)錯体はβ水素脱離する前に還元されるので，生成物はジエンではなくモノエンとなる〔(4.38)式〕[65]．有機スズ化合物が存在するとトランスメタル化/還元的脱離が起こり，最終生成物はアルキル化された形となる〔(4.39)式〕[66]．

$$(4.37)$$

$$(4.38)$$

$$(4.39)$$

連続挿入は，もしβ水素脱離が次の挿入よりも遅ければ可能であり，反応基質を注意

深く選ぶことにより達成される[67]．(4.40)式に例を示す．挿入はシス過程であり，β脱離では金属と水素がシン(*syn*)で共平面をとる．(4.40)式では，シス挿入で生成するσ-アルキルパラジウム(II)錯体の場合は，シンで共平面となるβ水素が存在しないのでβ脱離は起こらない．その代わり適当な位置にアルケンがあれば挿入を行い，新たなσ-

$$(4.40)$$

アルキルパラジウム(II)錯体が生成し，これからのβ脱離が起こる．そのきわめつけの例が(4.41)式に示してあり，ここでは最後に形成される閉環点を除けばすべての閉環点は第四級中心でありβ水素をもたない[68]．

$$(4.41)$$

1,7-エンインから6員環が形成されるが，この環化異性化反応は1,6-エンインに比べて遅い[69]．キラル配位子存在下での不斉環化異性化が達成されている〔(4.42)式〕[70]．

$$(4.42)$$

1,2-ジエン-7-インも6員環を与える.この反応はたぶんη^3-パラジウム中間体を経ている.この中間体は用いる反応剤に応じた種々の最終段階の反応を行う〔(4.43)式〕[71].

$$(4.43)$$

触媒: Pd(PPh$_3$)$_4$, AcOH
PhMe, 65%

NaBPh$_4$, Et$_3$SiH
CHCl$_3$, 56%

Pd(OAc)$_2$, PPh$_3$
HCO$_2$H, PhMe, 52%

1,6-ジイン,1,6-ジエン,1,2-ジエン-7-インなどの不飽和な側鎖をもつ化合物も,パラジウム触媒による環化異性化を行い合成化学的に興味ある化合物を与える.1,6-ジインの反応で中間体として生成するσ-アルケニルパラジウム錯体を最終段階で還元すれば5員環化合物が得られる〔(4.44)式〕[72].この反応は,容易に電子環状反応(electro-

$$(4.44)$$

cyclic reaction)を行う型の1,3,5-ヘキサトリエンを生成するのに用いられた〔(4.45)式〕[73].これらの反応の中間体のσ炭素-金属錯体は,平衡がずっと左に偏っているため低濃度でしか存在しないので,検出されない.

$$(4.45)$$

最後に,ルテニウムもおそらくヒドロメタル化機構により1,6-エンインの環化異性化の触媒となる.ルテニウムヒドリド触媒による反応例を (4.46)式に示す[74].

$$(4.46)$$

アルケニルアレーンや1,3-ジエンのエチレンによるヒドロアルケニル化反応を遷移金属触媒を用いて行える[75].パラジウム,ニッケル,イリジウム,およびルテニウムなどの金属がふつう用いられる.反応機構の詳細は明らかではないが,金属ヒドリドが生

$$(4.47)$$

4.3 金属−水素結合への挿入で生成するσ炭素−金属錯体

成し，これにアルケニルアレーンが配位，アルケン挿入により η^3-アリル錯体を生成，ついでエチレンが配位し挿入，最後に β 水素脱離で生成物を与える〔(4.47)式〕.

アルケニルアレーンの反応ではキラル中心が生成する．これをキラル配位子の共存下ニッケルを触媒として行えば不斉反応が可能である〔(4.48)式〕[76]．$NaBAr_4$ は触媒前駆体から臭素を引抜きカチオン性錯体を生成する．第四級炭素中心を形成するような不斉反応も可能である[77]．1,3-ジエンから1,4-ジエンを得る反応も可能である〔(4.49)式〕[78]．

$$[NiBr(C_3H_5)]_2,\ CH_2=CH_2\ (1\ atm) \quad NaB(3,5\text{-di-}CF_3\text{-}C_6H_3)_4,\ DCM \quad L^*,\ >99\%,\ 86\%\ ee \tag{4.48}$$

$$L^* = \text{(配位子構造)}$$

$$[(PCy_3)_2Cl(CO)Ru=CH=C=CMe_2]BF_4 \quad CH_2=CH_2\ (1\ atm),\ DCM,\ 50\% \tag{4.49}$$

アルケニルアレーン[79]や1,3-ジエン[80]のパラジウム触媒によるヒドロアミノ化でも，η^3-アリル金属中間体の形成が提案されている〔(4.50)式〕．（アルケンのヒドロアミノ化には別の反応機構もあり，第7章を参照のこと.）カチオン性 η^3-アリル金属中間体へのアミンの攻撃は金属と同じ側と異なる側，いずれからも起こりいずれの生成物も得られている．単離した η^3-アリル錯体では，金属と反対側から攻撃を受けて立体化学の反転が優先する．対照的に触媒的反応は立体保持で進む．

$$Ar\text{-CH=CH}_2 + Ar'NH_2 \xrightarrow{\text{触媒}} Ar\text{-CH(NHAr')-CH}_3 \tag{4.50}$$

4.4 トランスメタル化/挿入で生成するσ炭素-金属錯体

典型金属から遷移金属へのトランスメタル化（R基の移動）は，この過程がまだよく理解されていないにもかかわらず（第2章），有機合成化学的に非常によく開発されている．まず，典型金属の反応で有機基質を"活性化"し（たとえばアルケンのヒドロホウ素化，芳香族の直接水銀化など），ついでこれら有機基質を遷移金属に移しその特異な反応性を利用する．このような有用な反応の一つが**トランスメタル化/挿入**である〔(4.51)式〕．容易に推定できるように，生成したσ-アルキル金属錯体の最も普通の最終段階はβ水素脱離とプロトン化分解（求電子的開裂）である．

$$R-M + M'-X \rightleftarrows R-M' + M-X \xrightarrow{\diagup Z} \overbrace{}^{R-M'} \xrightarrow{挿入}$$

M = Li, Mg, Zn, Sn, Hg, B, Si, Al, Sb, Te, Zr
M' = Pd, Ni, Cu, Ru, Rh, Ir

(4.51)

第3章で述べたように，アルケンやアルキンは容易にヒドロジルコニウム化されるが，生成するσ-アルキルジルコニウム(IV)錯体は反応性に乏しい．しかし，これらはニッケル(II)錯体にトランスメタル化し，生成する有機ニッケル錯体は共役エノンに1,4-付加する〔(4.52)式〕[81]．σ-アルケニルジルコニウム(IV)錯体も，ロジウム(I)へトランスメタル化しキラル配位子の存在下エナンチオ選択的な1,4-付加が達成できる〔(4.53)式〕[82),83)]．

$$C_5H_{11}\diagdown\text{ZrCp}_2\text{Cl} \text{(OTBS)} + \text{(cyclopentenone-OC(CH_3)_2Ph)} \xrightarrow[\substack{2)\ CH_2O\\ 3)\ H^{\oplus}\ 68\%}]{1)\ Ni(acac)_2,\ dibal-H} \text{(product)}$$

(4.52)

$$C_6H_{13}\diagdown\text{ZrClCp}_2 + \text{(cyclohexenone)} \xrightarrow[\text{THF, 95\%, 96\% ee}]{[\text{RhCl(cod)}]_2,\ (S)\text{-binap}} C_6H_{13}\diagdown\text{(product)}$$

(4.53)

多重トランスメタル化も上述過程の有用性を増大させる．たとえば，(4.54)式[84)]のようにヒドロジルコニウム化はアルキンを活性化できるが，この場合生じたσ-アルケニルジルコニウム(IV)錯体は銅には直接トランスメタル化できない．しかし，有機リチウ

4.4 トランスメタル化/挿入で生成するσ炭素–金属錯体

ム反応剤は，アルケニルジルコニウム種をアルキル化し，これが銅へトランスメタル化し，さらにこれがエノンへの 1,4-付加を行う．適当な反応条件を選べば，このプロセスは触媒量の銅塩で進行する〔(4.55)式〕[85]．最近，ヨウ化銅 DMS（ジメチルスルフィド）錯体を触媒とすれば，アルケニルジルコニウム錯体の 1,4-付加で有機リチウム反応剤を用いなくてもよいことがわかった[86]．

(4.54)

(4.55)

銅塩はまた，(Zr 触媒によるアルキンのカルボアルミニウム化で得た）アルケニルアルミニウム化合物の共役付加の触媒ともなる〔(4.56)式〕[87] ほか，(アルキンではなくア

(4.56)

ルケンのヒドロジルコニウム化で生成する）**アルキルジルコニウム**種の 1,4-付加の触媒ともなる[88]．

水銀, タリウム, スズからのパラジウム(II)へのトランスメタル化も合成化学的に有効な方法である[89]．水銀やタリウムは芳香族化合物を求電子的に直接メタル化できるが, これらの有機典型金属化合物は反応性が低いので, そのアリール基をパラジウム(II)へトランスメタル化し Pd の豊かな反応性を利用する．トランスメタル化/挿入方式が用いられるときには, ほとんどの場合挿入には Pd(II) が必要であり最終過程では Pd(0) が生成するので, 反応全体は化学量論量のパラジウムを必要とする〔(4.57)式〕．効率の

$$\text{Ar–H} + \text{HgX}_2 \longrightarrow \text{Ar–Hg–X} \xrightarrow{\text{PdX}_2} \text{Ar–Pd–X} + \text{HgX}_2 \xrightarrow{\diagup\!\!\!\!\diagup Z}$$

$$\begin{array}{c}\text{Ar–Pd–X}\\ |\\ \text{CH}_2=\text{CHZ}\end{array} \longrightarrow \begin{array}{c}\text{Ar}\text{Pd–X}\\ ||\\ \text{H}\text{Z}\end{array} \xrightarrow{\beta\text{脱離}} \text{Ar–CH=CH–Z} + \text{Pd(0)} + \text{HX}$$

(4.57)

よい再酸化はわずかな場合しか知られていない[90]．しかし, この過程はそれでも有用であって, Pd(0) は回収され別途再酸化して用いられる〔(4.58)式〕[91]．塩化アリルの場合

(4.58)

は特別なアルケンであり〔(4.59)式〕[92], Pd(II) について反応は触媒的である．すなわち, 通常の β 水素脱離をして Pd(0) と HCl を与える過程よりも β クロリド脱離して PdCl$_2$ を与える過程の方が速いからである．

4.4 トランスメタル化/挿入で生成するσ炭素-金属錯体

(4.59)

アリールタリウム(Ⅲ)錯体からのトランスメタル化は可能で効率はよくないが触媒反応となる〔(4.60)式〕[93]．この場合，Tl(Ⅲ)が生成した Pd(0) を Pd(Ⅱ) へ酸化する．ス

(4.60)

ズからのトランスメタル化を利用しアリールグリコシドの合成が行われている〔(4.61)式〕[94]．アリールマンガン(I)錯体でさえも Pd(Ⅱ) にトランスメタル化され，アルケニル化が達成されている〔(4.62)式〕[95]．

(4.61)

$$\text{(structure with OMe, Mn(CO)}_4\text{, MeO}_2\text{C)} + \overset{}{=}\!\!\!-\!\text{CO}_2\text{Me} \xrightarrow[\text{MeCN, Et}_3\text{N, 86\%}]{\text{Pd(OAc)}_2(\text{PPh}_3)_2} \text{(product)} \quad (4.62)$$

有機ホウ素反応剤も容易にパラジウムやロジウムにトランスメタル化し[96]，続いてアルケンの挿入を行う．とりわけロジウムは，有機ホウ素化合物を電子不足アルケンへ不斉1,4-付加させることができる一般性ある触媒である．環式や脂環式エノン，α,β-不飽和エステルやスルホン，およびニトロアルケンに対し，種々のアルケニルおよびアリールホウ素酸が反応する．いくつかの不活性なアルケンさえこの反応をする〔(4.63)式〕[97]．生成したパラジウム(0)を O_2 が酸化しパラジウム(II)に戻すので反応はパラジウムに関して触媒的である．

$$\text{PhB(OH)}_2 + \text{(4-methylene-N-Ts-piperidine)} \xrightarrow[\text{O}_2,\text{ DMF, 86\%}]{\text{Pd(OAc)}_2,\text{ Na}_2\text{CO}_3} \text{Ph}\!\!-\!\!\text{CH=(N-Ts-piperidine)} \quad (4.63)$$

4.5 酸化的付加/トランスメタル化で生成する σ 炭素-金属錯体[98]

σ 炭素-金属結合生成の最も一般的な方法の一つが，低原子価金属への有機ハロゲン化物およびトリフラート($ROTf: ROSO_2CF_3$)の酸化的付加（第2章）である．金属としてはパラジウム(0)やニッケル(0)〔図4.5 (a)〕が最もよく用いられる．反応は当初は，ハロゲン化アリールまたはハロゲン化アルケニルがスルホナート，または β 水素をもたない化合物に限られていた．-20 ℃以上では β 水素脱離が非常に速いので最近，β 水素脱離よりもトランスメタル化-還元的脱離が速い新触媒系が開発され，カップリング反応で種々のハロゲン化アルキルが使えるようになった[99]．ハロゲン化アルケニルの反応では立体化学保持である．反応性の順は $I > OTf > Br \gg Cl$[100] である．アルケニルトリフラートはアリールトリフラートより酸化的付加がずっと速い[101]．この型の反応で，塩化物は酸化的付加過程が非常に遅いので最も反応性が低い．しかし，かさ高い配位子（たとえば，アリールジアルキルホスフィン，トリアルキルホスフィン，およびカルベンなど）は塩化物の酸化的付加を促進し，現在では比較的穏和な条件下でも種々のカップリング反応が行える[102]．

酸化的付加/トランスメタル化/還元的脱離の過程は大変複雑で，実際の過程は溶媒，

4.5 酸化的付加/トランスメタル化で生成する σ 炭素-金属錯体

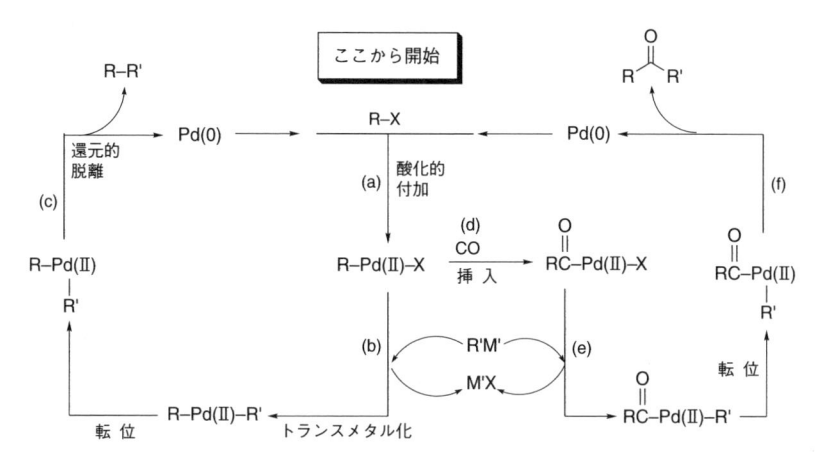

図 4.5 酸化的付加/トランスメタル化

配位子,遷移金属,添加物に依存する.全体の反応の簡略化した機構を図 4.5 に,酸化的付加〔過程 (a)〕で始まる形で示した.反応基質に関しては,金属が酸化され基質は還元される.よって,電子不足の基質は電子密度の高い基質より反応性に富む.生成する(不安定な) σ 炭素-金属ハロゲン化物錯体は種々の有用な反応をする.有機典型金属と反応すればトランスメタル化をして,(b) ジオルガノ金属錯体を与え,これはすぐに還元的脱離を行い,(c) カップリング(炭素-炭素結合生成)するとともに低原子価金属触媒を再生する(図 4.5).還元的脱離は β 水素脱離よりも速いので,有機典型金属中に β 水素があっても用いることが可能な場合があり,sp^2 炭素基に限定されない.通常,トランスメタル化と還元的脱離は立体保持で進行する.

金属-炭素 σ 結合への CO の挿入は $-20\,°C$ でも起こるほど速いので,酸化的付加を CO 雰囲気下で行うと σ 炭素-金属錯体が CO で捕捉されて σ-アシル錯体を与える (d).この錯体へのトランスメタル化 (e) によりカルボニル化カップリング (f) が達成される.これら両方のプロセスは合成過程でよく用いられている.

酸化的付加の機構の古典的な図示は,中性のパラジウム (0) 錯体と有機ハロゲン化物やトリフラートを含む.しかし,最近の詳細な実験と理論の研究によれば,塩化物イオンや酢酸アニオンの存在下で,酸化的付加が起こる前に,3価アニオン性パラジウム (0) 錯体が生成することが示されている〔(4.64)式〕[103].

$$Pd(0)L_n + X^{\ominus} \rightleftharpoons Pd(0)L_nX^{\ominus} \qquad (4.64)$$

酸化的付加/トランスメタル化の領域で最も詳細に研究され発展してきたのが,パラジウム (0) 触媒を用い,Li, Mg, Zn, Zr, B, Al, Sn, Si, Ge, Hg, Tl, Cu, In, Bi, Ga,

Ti, Ag, Mn, Sb, Te, および Ni からのトランスメタル化を組合わせた反応である. こ
の反応に関しては非常に多くの研究例があるが, これらの例には共通点がある. 広い範
囲のパラジウム触媒や触媒前駆体が用いられるが (図 4.6), どれを選択するかは重要な

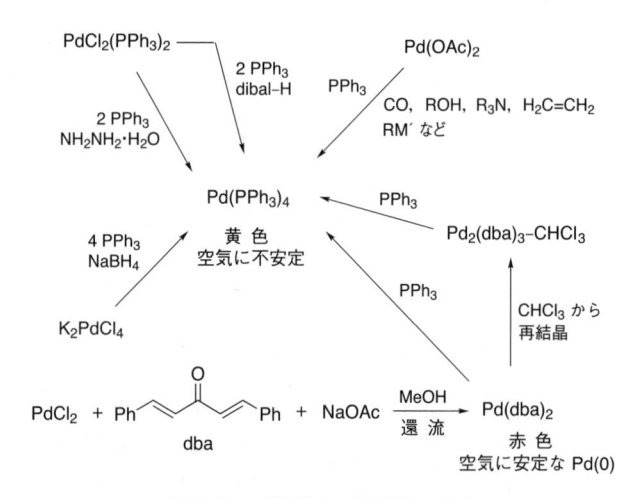

図 4.6 パラジウム(0)錯体の合成

問題ではない. 触媒としては, $Pd(PPh_3)_4$ ("テトラキス"と略称) や, $Pd(dba)_2$ または
$Pd_2(dba)_3$-$CHCl_3$・ホスフィンのような前もって調製した安定なパラジウム(0)錯体[104],
ホスフィン共存下パラジウム(II)を還元してその場調製したパラジウム(0)ホスフィン
錯体, ときには Pd/C であったりする"裸の"すなわち配位子をもたないパラジウム(0)
種などが用いられる. パラジウム(II)は, アルコール, アミン, CO, アルケン, ホスフィ
ンおよび有機典型金属化合物によって容易にパラジウム(0)に還元される点が重要であ
る[105].

通常臭化物の酸化的付加にはホスフィン配位子が必要であるが, ヨウ化アリールの反
応はホスフィンにより抑制されるので, ハロゲン化物を効率よく区別することができる.
これらのカップリングプロセスで, トランスメタル化の段階が律速段階であり, しかも
最も理解が進んでいない過程である. 重要な点は, トランスメタル化過程でエネルギー
的に**両方**の金属が利益を受ける点であり, 金属によってはときには添加剤が必要となる.

酸化的付加/トランスメタル化の例で最も早い時期のものに, ニッケルやパラジウム
触媒による Grignard 反応剤を用いた反応 (Kumada (熊田) カップリング, または Tamao
(玉尾)-Kumada カップリング) がある[106]. (触媒前駆体として Ni(II) や Pd(II) がもっぱ
ら用いられるが, これら金属(II)錯体が Grignard 反応剤で還元されて生成する金属(0)
が触媒活性種である.) ニッケルホスフィン錯体は, Grignard 反応剤とハロゲン化アリー

4.5 酸化的付加/トランスメタル化で生成するσ炭素–金属錯体

ルやハロゲン化アルケニルおよびアリールやアルケニルトリフラートとの選択的クロスカップリングの触媒となる〔(4.65)式〕[107]. この反応は，第一級アルキル，第二級アル

$$\text{Ar–X} \quad \text{Ar–R}$$
$$\diagup\!\!\!\diagup X \;+\; \text{RMgX} \xrightarrow[L_4\text{Pd または}]{L_2\text{NiCl}_2,\; L_4\text{Ni}} \diagup\!\!\!\diagup R \quad (4.65)$$
$$L_2\text{PdCl}_2$$
$$\text{Het–X} \quad \text{Het–R}$$

R = アルキル，アルケニル，Ar = アリール，Het = ヘテロアリール

キル，アリール，アルケニルおよびアリルの Grignard 反応剤に適用できる．広範囲にわたる単純または縮合または置換ハロゲン化アリールとハロゲン化アルケニルおよびトリフラートを基質として用いることができる．加えて，単純なハロゲン化アルキルが Grignard 反応剤との反応が起こるための反応条件も開発されている[108].

このプロセスは複素環化合物のカップリングに特に有用である[109]. この反応では，Grignard 反応剤か，ハロゲン化物か，またはこれら両者が複素環であってもよい．全合成の過程で応用された Grignard 反応剤のカップリングの例を〔(4.66)式[110]，(4.67)式[111]〕に示す.

$$(4.66)$$

$$(4.67)$$

不斉2座配位 P, N-配位子を用いれば立体配置が不安定な第二級アルキル Grignard 反応剤でも，種々のハロゲン化アリールやハロゲン化アルケニルと高い不斉誘導率でカップリングさせることができる〔(4.68)式〕[112),113)]. これはラセミ体の（しかし速い平衡系にある）Grignard 反応剤の**速度論的分割** (dynamic kinetic resolution) である．すなわち，Grignard 反応剤の一方のエナンチオマーがもう一方のエナンチオマーより速く不斉ホスフィン金属(II)-σ炭素錯体と反応し，しかも Grignard 反応剤の平衡（ラセミ化）がカッ

$$\underset{\text{ラセミ体}}{\underset{\text{TMS}}{\text{Ph}}\diagdown\text{MgX}} + \text{Ph}\diagup\diagdown\text{Br} \xrightarrow[\text{Et}_2\text{O, 95\%, 95\% ee}]{\text{PdCl}_2[(R)\text{-}(S)\text{-ppfa}]} \underset{\text{H}}{\text{Ph}\diagup\diagdown\underset{\text{Ph}}{\overset{\text{TMS}}{\text{C}}}} \quad (4.68)$$

$(R)\text{-}(S)\text{-ppfa} =$ フェロセン構造 (H, Me, NMe$_2$, PPh$_2$, Fe)

プリングより速く起こる．アリールトリフラートも Grignard 反応剤とカップリングする．プロキラルなビストリフラートでは非対称化が進行し，高いエナンチオ選択性で不斉ビアリールが生成する〔(4.69)式〕[114].

$$\text{(TfO-ナフチル-OTf)} + \text{PhMgX} \xrightarrow[\text{87\%, 93\% ee}]{\text{Bn,N,P,Pd(Cl)}_2 \text{配位子}} \text{(Ph-ナフチル-OTf)} \quad (4.69)$$

アリールおよびアルケニルエーテル[115]〔(4.70)式[116]〕，さらにスルフィド〔(4.71)式〕[117]もニッケル触媒存在下 Grignard 反応剤と酸化的付加/トランスメタル化を行う．

$$\text{(プレニル-ジヒドロフラン)} \xrightarrow[\text{PhH, 82\%}]{\text{NiCl}_2(\text{PPh}_3)_2,\ \text{MeMgBr}} \text{(ゲラニオール誘導体)} \quad (4.70)$$

$$\text{(MeS-キノリンインドール)} \xrightarrow[\text{BuLi, PhH, 78\%}]{\text{NiCl}_2(\text{PPh}_3)_2,\ \text{MeMgI}} \text{(Me-キノリンインドール)} \quad (4.71)$$

最近，有機ハロゲン化物 (I, Br, または Cl) やトリフラートが，鉄やコバルトを用いても Grignard 反応剤とカップリング反応を行うことが明らかになった[108]．これらの触媒は扱いやすく前駆体の価格が安く，大量の反応が可能で，毒性が低いなどの点でパラジウムやニッケルと比べて優れている．触媒前駆体として，三塩化鉄，トリス(アセトニルアセトナト)鉄，二塩化コバルトなどが用いられる．NMP (N-メチルピロリドン) を溶媒または混合溶媒に用いると収率が向上する．第一級や第二級のアルキルハロゲン化物を用いても β 脱離は少ないかほとんど起こらない[119]．第三級ハロゲン化物は鉄触媒

4.5 酸化的付加/トランスメタル化で生成するσ炭素-金属錯体

では不活性であるがコバルト錯体を用いるとカップリングを行う〔(4.72)式〕[120]. ケトン, エステル, および R-N=C=O などの官能基は反応しないなど, 官能基許容性に優れている〔(4.73)式[121], (4.74)式[122]〕.

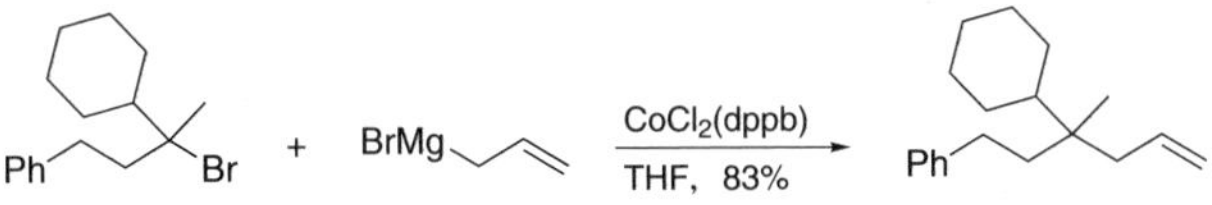

$$\text{Ph}\diagup\diagdown\underset{\text{Br}}{\diagdown}\diagup + \text{BrMg}\diagup\diagdown \xrightarrow[\text{THF, 83\%}]{\text{CoCl}_2(\text{dppb})} \text{Ph}\diagup\diagdown\diagup\diagdown\diagup \quad (4.72)$$

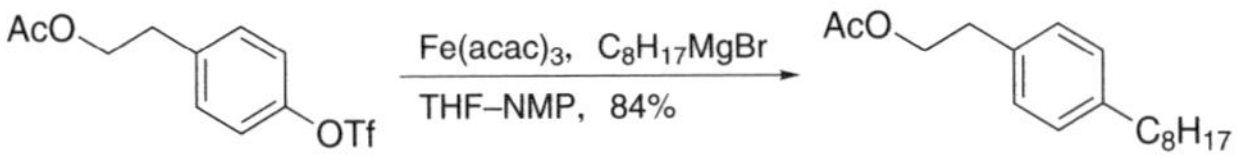

$$\text{AcO}\diagup\diagdown\text{C}_6\text{H}_4\text{-OTf} \xrightarrow[\text{THF-NMP, 84\%}]{\text{Fe(acac)}_3,\ \text{C}_8\text{H}_{17}\text{MgBr}} \text{AcO}\diagup\diagdown\text{C}_6\text{H}_4\text{-C}_8\text{H}_{17} \quad (4.73)$$

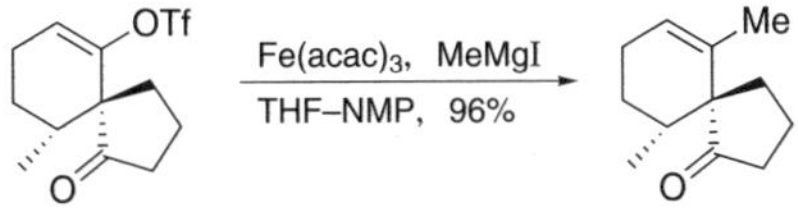

$$(4.74)$$ 式: OTf-シクロヘキセニル spiro ケトン + Fe(acac)$_3$, MeMgI, THF-NMP, 96% → Me-置換体

これらの反応の機構は明らかではないが, 大変複雑なラジカル過程を示唆する実験がある[123]. 単純化した機構を図 4.7 に示す. まず, 触媒前駆体から M(n) が生成し, 有機ハロゲン化物からハロゲン原子を引抜いてラジカルと M(n+1)X を与える. マグネシ

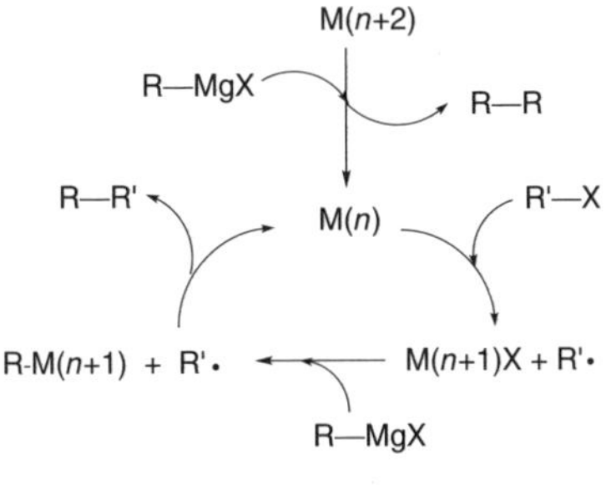

図 4.7 コバルトおよび鉄触媒を用いた Grignard 反応剤の反応機構

ウムから鉄へのトランスメタル化が起こり σ-金属錯体が生成, 続いてラジカルとカップリングし生成物を与えるとともに触媒活性種を再生する.

有機亜鉛反応剤は, パラジウム触媒による有機ハロゲン化物やトリフラートとのカップリングで広く適用できるパートナーである (Negishi (根岸) カップリング*). なかで

---

* (訳注) 2010 年ノーベル化学賞は, 有機合成におけるパラジウム触媒クロスカップリングの研究により, R. F. Heck (米), 根岸英一, 鈴木 章に授与された (p. 105, p. 128 参照).

も有機亜鉛ハロゲン化物は，パラジウム(II)へのトランスメタル化で最も有効な主要族元素有機金属化合物であり〔(4.75)式〕[124]，一方有機リチウム化合物は最も反応性が低

(4.75)

い[105]．しかし，有機リチウム反応剤を THF 中で 1 当量の無水塩化亜鉛と反応させることにより，その場で有機亜鉛ハロゲン化物を発生させることができ，スムーズにカップリング反応が起こる〔(4.76)式〕[126]．

(4.76)

この容易な Li から $ZnCl_2$ へのトランスファー（移動）が行えるので，配位子による配向を用いたリチウム化により反応でのカップリングパートナーを得ることが可能になる．クロスカップリングのため亜鉛へトランスメタル化を行うことの最も重要な特長は，アルキル亜鉛反応剤がほとんどあるいは全く β 水素脱離をしないことであろう．新しい配位子が種々開発されて，有機臭化物，塩化物，トリフラート，トシラートなどでさえアルキル亜鉛反応剤とのカップリングを行える[127]．加えて有機亜鉛ハロゲン化物

(4.77)

4.5 酸化的付加/トランスメタル化で生成するσ炭素-金属錯体

の魅力的な点として,さまざまな官能基をもつ反応剤が官能基をもつハロゲン化物と活性亜鉛から直接得られ,カルボニル基,ニトリル,ハロゲン,その他の官能基をカップリング反応に持込めるという特長がある(図4.3を参照).合成反応での最近のカップリングの応用例を (4.77)式[128] と (4.78)式[129] に示す.

(4.78)

末端アルキンのヒドロジルコニウム化で得られるσ-アルケニルジルコニウム(IV)錯体は効率よくトランスメタル化してパラジウム(II)錯体を与えるので,Pd(0)触媒による酸化的付加/トランスメタル化プロセスの効率のよいカップリングのパートナーである〔(4.79)式[130]〕[131].このヒドロジルコニウム化過程はシス付加であり,中間体の (E)-アルケニルジルコニウムでもカップリング生成物においても非常に高い立体選択性がみられる.

(4.79)

しかし内部アルキンのヒドロジルコニウム化で生成するσ-アルケニルジルコニウム(IV)錯体はPd(II)へのトランスメタル化を全く起こさない.この系に塩化亜鉛を加えると反応は進行する.おそらく Zr → Zn → Pd/Ni の一連のトランスメタル化を経るので

(4.80)

あろう〔(4.80)式[132], (4.81)式[133]〕. ここでもカップリング反応における有機亜鉛化合物の有用性が示されている.

(4.81)

ヒドロジルコニウム化はよく研究されているが，アルキルジルコノセンはアルキンに対し"炭素-ジルコニウム化"を行わない．ところが，ジルコニウムはアルキンの炭素-アルミニウム化を，やはり非常に高いシン (syn) 立体選択性で行う．特に，二塩化ジルコノセン存在下トリメチルアルミニウムのアルキンへの反応は有用である．容易に生成するσ-アルケニルアルミニウム種はパラジウム触媒によるカップリング反応を行う〔(4.82)式〕[134].

(4.82)

ヒドロホウ素化は，アルキンやアルケンを酸化的付加/トランスメタル化系へ持込むためのきわめて有効で魅力的な手段と考えられる．この系は長年にわたり徹底して研究され驚くほど多くの反応例が知られている．しかし，ホウ素は求電子的であって，ホウ素上のアルキル基はパラジウム(II)へ移動できるだけの求核性を備えていない．ヒドロキシ基のようなアニオン性の塩基を中性の有機ホウ素化物に加えると，それによりボ

4.5 酸化的付加/トランスメタル化で生成するσ炭素-金属錯体

ラートになったホウ素上の有機基の求核性が格段に向上し,ホウ素からパラジウムへのトランスメタル化が容易に達成できる.これが "**Suzuki (鈴木) 反応**" あるいは "Suzuki-Miyaura (宮浦)" 反応[135),136)]の基盤であって (鈴木 章: 2010 年ノーベル化学賞受賞者),結果としてジルコニウムやアルミニウムを用いるトランスメタル化の相当部分を置き換えていった.このようにして,アルキルボランやアルケニルボランは広範囲の高度に官能基化されたハロゲン化アルケニルやアルケニルトリフラートと良好にカップリングを行う.アルキルハロゲン化物でさえ反応基質として用いることができる.Suzuki 反応の壮大な適用例を (4.83) 式[137)] と (4.84) 式[138)] に示す＊.複雑な基質の場合には,塩基として TlOH を用いると反応の速度と収率とが改善されることが多い[139)].塩基に弱い基質の場合には,フッ化物イオンが用いられることが多い[140),141)].ニッケル錯体も Suzuki 反応の触媒となる.たとえば,最近開発された触媒を用いると活性化されていないアルキルハロゲン化物とアルキルホウ素反応剤を室温でカップリングさせることができる[142)].

(4.83)

＊ (訳注) これほど大きな天然物分子で,これほど多種の損なわれやすい官能基をもつ二つの出発化合物を,ねらった部位だけで高選択的に結合 (カップリング) させる手法は目を見張るほど鮮やかである.

(4.84)

ビアリールの合成には一般的に Suzuki カップリングがまず用いられる[143]. アリールボロン酸が合成しやすく, 比較的安定で取扱いやすく, ホウ素を含む副生成物が水溶性で無毒であるなどの理由による〔(4.85)式[144]〕. 非常にかさ高くまた官能基をもつ系でも良好にカップリングを行い〔(4.86)式[145]〕, しかも大スケールでも反応がうまく進む〔(4.87)式[146]〕.

4.5 酸化的付加/トランスメタル化で生成するσ炭素-金属錯体

(4.85)

(4.86)

(4.87)

　官能基による配向を用いたアレーンのオルトリチオ化と Suzuki カップリングとを組合わせる[147]と〔(4.88)式[148]〕，非常に大きなひずみのかかった分子など幅広く種々の官能基をもつ芳香族化合物が合成できる〔(4.89)式〕[149]．不斉 Suzuki カップリングは不斉触媒系〔式(4.90)〕[150]や不斉カップリングパートナー〔式(4.91)〕[151]を用いて行える．

　最近，ボロン酸エステルを有機ハロゲン化物やトリフラートとピナコールボランあるいはビス(ピナコラト)二ホウ素とをパラジウム触媒を用いて合成する方法が開発された〔(4.92)式〕[152]．有機リチウム反応剤を B-OMe-9-BBN または同様化合物に加えて，パラジウムへ容易にトランスファー（移動）できるホウ素誘導体を調製することもできる〔(4.93)式〕[153]．

4. 金属−炭素σ結合をもつ錯体の合成化学的応用

(4.88)

(4.89)

(4.90)

4.5 酸化的付加/トランスメタル化で生成するσ炭素–金属錯体

(4.91)

(4.92)

(4.93)

　大環状化合物が分子内 Suzuki カップリング反応により合成できる〔(4.94)式[154]，(4.95)式[155]〕．有機ボロン酸エステルや酸は不安定で純品にするのが困難な場合がある．一方，トリフルオロボラートは，取扱いやすい結晶で空気中長期間安定で，酸化的付加/トランスメタル化反応に有用である[156]．分子内クロスカップリングの例を (4.96)式[157]に示す．

110   4. 金属-炭素σ結合をもつ錯体の合成化学的応用

(4.94)

(4.95)

(4.96)

4.5 酸化的付加/トランスメタル化で生成するσ炭素-金属錯体

スズからパラジウムへのトランスメタル化〔"**Stille 反応**"または"Kosugi(小杉)-Migita(右田)-Stille"反応[158]〕は,有機合成において最も広く用いられ最もよく研究されているパラジウム触媒反応の一つである[159),160]。構造的にかなり込み入っていても有機スズ化合物は比較的容易に合成でき,種々の官能基ともそこそこ共存でき,しかも容易にパラジウムへトランスメタル化できるので,複雑な酸化的付加/トランスメタル化に供するにはうってつけである。スズ化合物に毒性があり,また副生スズ化合物の除去が困難であるという欠点があるにもかかわらず,スズ化合物の利用は広がっており,スズ反応剤を抽出で除去できる方法の開発といった朗報もある[161]。

スズからパラジウムへの移動の速度と容易さの順序はアルキニル>アルケニル>アリール>アリル>アルキルである。アルケニル基が移動するときアルケンの立体化学は保持であり,アリル基が移動するときアリル転位を伴う。単純アルキル基の移動は遅いので,トリメチルスズやトリブチルスズ化合物は望ましい R 基だけを移動させるのに使われる。メチル基は,もしそれがスズ上の唯一の基であり反応条件が十分激しい場合であればトランスファーできる[162]。トランスメタル化過程はほとんどの場合律速段階であり,比較的反応性のよくないスズ反応剤では高い反応温度(>100 ℃)と長い反応時間を要する。ドナー性の低い Ph_3As や $P(2\text{-furyl})_3$ のような配位子を用いると,しばしばトランスメタル化の速度が上がり,より穏和な反応条件を用いることが可能となり[163],同様なことは銅(I)共触媒を使用したときにも可能である[164]。

原理的には,パラジウム(0)に酸化的付加できるようなあらゆる基質は,トランスファー(移動)できるあらゆる有機スズ基とカップリングできる。初期によく研究された基質は酸塩化物であり,容易にケトンに変換できる〔(4.97)式[165)][166]。一酸化炭素雰囲気は酸塩化物が競争的な脱カルボニルを起こさないように必要である(第5章)。

$$(4.97)$$

ハロゲン化アルケニルは,アルキニルスズ化合物[167]〔(4.98)式[168]〕や,単純アルケニルスズ化合物[169]と,双方の反応パートナーのアルケンの立体化学を保持したままで効率よくカップリングする〔(4.99)式〕。

分子内 Stille 反応も良好に進行するので，この方法論を利用して種々の大環状化合物が合成されている〔(4.100)式[170]，(4.101)式[171]，(4.102)式[172]，および (4.103)式[173]〕．あまり用いられないが，ハロゲン化アルキニルもパラジウム触媒存在下有機スズ化合物と効率よくカップリングする〔(4.104)式〕[174]．

(4.98)

(4.99)

4.5 酸化的付加/トランスメタル化で生成するσ炭素-金属錯体

PdCl$_2$(2-furyl)$_2$, DIPEA
DMF, THF, 74%

(4.100)

PdCl$_2$(MeCN)$_2$
DMF, THF

(4.101)

(4.102)

(4.103)

(4.104)

このカップリング反応は，アリールトリフラートやアルケニルトリフラート[175]やフルオロスルホナート[176]やホスホナート[177]を使用できる反応条件が見いだされてから合成的有用性が劇的に向上し，原料としてフェノール，ケトンおよびエステルが（そのエノールトリフラートやフルオロスルホナートを経由して）用いられるようになった．こ

4.5 酸化的付加/トランスメタル化で生成するσ炭素-金属錯体

れまでの他の基質の場合と同様に,双方の基質に種々の官能基が存在してもカップリング反応は影響を受けない〔(4.105)式[178],(4.106)式[179]〕.

(4.105)

(4.106)

(4.107)

トリフェニルホスフィン-パラジウム触媒でクロスカップリングを行わせるために，しばしば LiCl や $ZnCl_2$ の添加が必要である．しかし DMF のような極性溶媒中で Ph_3As を用いるとこのような添加剤は不要であり，アリールトリフラートのような反応性の低いものでも反応させることができる[180]．塩化物イオンを添加したとき，しないときのトリフラートと有機スズ反応剤とのカップリングの反応機構を (4.107)式に示す．

パラジウム触媒を用いスズ反応剤とのカップリングが開発された最初の基質は，ハロゲン化アリールであった[181]．ビアリールの合成については Stille カップリングの多くが Suzuki カップリングに置き換えられているが，ヘテロ芳香族系の合成には Stille カップリングがずっと多用されてきた．大量合成の例を (4.108)式[182] に示す．

$$\text{(構造式)} \xrightarrow[\text{DMF (2.7 L), 67\%}]{Pd(PPh_3)_4 \text{ (105 g)}} \text{(生成物)} \quad (4.108)$$

535 g   672 g   302 g

ヘキサアルキルジスズ化合物は容易にトランスメタル化し σ-パラジウム錯体を与え，最終的にはアルケニル-またはアリールスズ化合物となる〔(4.109)式[183]〕．ヘキサアル

$$\text{(構造式)} \xrightarrow[Me_6Sn_2, \text{ DIPEA, 90\%}]{Pd(PPh_3)_4, \text{ PhH}} \text{(生成物)} \quad (4.109)$$

キルジスズとアリールハロゲン化物からアリールスズの生成は，スズ反応剤を用いたパラジウム触媒によるカップリング反応の最初の報告であったと考えられる[184]．同一分子に第二のハロゲンやトリフラートが存在すれば，スズ化合物の生成と分子内 Stille 反応を起こすことができる〔(4.110)式[185]〕．

$$\text{(構造式)} \xrightarrow[\text{LiCl, ジオキサン, 96\%}]{Pd(PPh_3)_4, \text{ } Me_6Sn_2} \text{(生成物)} \quad (4.110)$$

有機スズ化合物の使用量を触媒的な量まで減らせるという進歩が Stille 反応において達成された〔(4.111)式〕が，まだこの反応の適用範囲は限られている[186]．反応はヒド

4.5 酸化的付加/トランスメタル化で生成するσ炭素-金属錯体

ロスズ化とクロスカップリングという二つのパラジウム触媒過程から成っている[187].

$$(4.111)$$

銅(I)塩が，アルケニルおよびアリールスズ反応剤とヨウ化アルケニルとのStille型反応を促進する〔(4.112)式〕[188]．なかでも有用なのが銅チオフェンカルボキシラート〔Cu(TC)〕であり，NMPを溶媒に用いればカップリングが室温で進行する[189]〔(4.113)式〕[190]．スズから銅へのトランスメタル化でアルキル銅中間体が生成し，ヨウ化アルケニルの酸化的付加と還元的脱離が続くという反応機構が提案されている．最近，第一級および第二級ハロゲン化物とモノ有機基スズ反応剤との"Stille"反応をニッケル触媒でも行えるということが報告された[191]．この反応は，たぶん，アルキルラジカルを経由して進行するのであろう．

$$(4.112)$$

ふつうは，ケイ素からパラジウムへのトランスメタル化は容易な過程ではなく，アルケニルシランはトランスメタル化/カップリング系では不活性基として扱われている〔たとえば(4.114)式[192]〕．しかし，フッ化テトラブチルアンモニウム（TBAF）やトリス（ジエチルアミノ）スルホニウムジフルオロトリメチルシリケート（TASF）[193]などのフッ化物イオンや水酸化ナトリウム[194]の存在下では5配位のシリケートが形成し，これはSi-C結合を切断し安定なケイ素化合物を生成する．このようなケイ素化合物からのトランスメタル化は種々の反応基質においてスムーズに進行する〔(4.115)式[195]〕[196]．

(4.113)

(4.114)

(4.115)

　この反応は一般に"Hiyama(檜山)"反応とよばれる．ふつう，アルケンの立体構造は保持される．有機シラノールや有機シリルエーテル[197]も，銀(I)オキシドやTBAFの存在下でトランスメタル化を行う〔(4.116)式[198]および(4.117)式[199]〕．この反応の重要な特長の一つは，臭化物やトリフラートの存在下でもヨウ化物が優先的に反応することである．

4.5 酸化的付加/トランスメタル化で生成するσ炭素–金属錯体

$$PhSi(OMe)_3 + \text{（2-クロロピリジン）} \xrightarrow[\text{i-Pr, i-Pr, i-Pr, i-Pr イミダゾリウム塩 Cl}^{\ominus}]{Pd(OAc)_2,\ TBAF,\ THF,\ ジオキサン,\ 81\%} \text{（2-フェニルピリジン）} \quad (4.116)$$

$$\text{（ヨードビニルエーテル基質）} \xrightarrow[\text{TBAF, 61\%}]{[PdCl(C_3H_5)]_2} \text{（オクセン環生成物）} \quad (4.117)$$

あらかじめ調製した有機銅アート錯体 R_2CuLi は，パラジウムへのトランスメタル化が遅く，トランスメタル化に必要な温度よりも手前のずっと低い温度でほとんどは分解してしまう．しかし，末端アルキンはパラジウム触媒，アミン，およびヨウ化銅(I)存在下，ハロゲン化アリールやハロゲン化アルケニルさらにトリフラートとカップリングする（"Sonogashira(薗頭) または Sonogashira-Hagihara(萩原)" 反応）．おそらくパラジウム(0)への酸化的付加とつづく銅からのトランスメタル化を含んでいる[200]．反応機構の詳細は研究されていないが，推定機構を (4.118)式に示す．この反応はずっと以前から知

$$R\text{≡}H \xrightarrow[R_3N]{CuI} R\text{≡}Cu \quad \text{（触媒サイクル：}R'\text{-Pd≡}R \rightarrow R\text{≡}R' \rightarrow Pd(0) \rightarrow R'\text{-}X \rightarrow R'\text{-Pd-}X\text{）} \quad (4.118)$$

られていたが，抗生物質であり，抗がん剤であるカリケアミシン（calicheamycin）やエスペラミシン（esperamycin）[201] のようなエンジインの合成課題に伴い脚光をあびるようになった．ここにきて，この反応はハロゲン化アルケニルの立体化学を損なわないし他の官能基にも影響されないなど，すばらしい反応であることが明らかとなってきた〔(4.119)式[202]，(4.120)式[203]〕．いくつかの見事なカップリング反応の例を〔(4.121)式[204]および (4.122)式[205]〕に示す．

$$\text{（カルバメート–アルキン基質）} + Cl\text{-}C\text{≡}C\text{-}TMS \xrightarrow[CuI,\ NBu_3\ PhH,\ 64\%]{Pd_2(dba)_3\text{-}CHCl_3,\ PPh_3} \text{（エンジイン生成物）} \quad (4.119)$$

(4.120)

(4.121)

PMB = p-メトキシベンジル

(4.122)

4.5 酸化的付加/トランスメタル化で生成するσ炭素-金属錯体

多くの官能基をもっている有機化合物の合成でのこの反応の重要さが増すにつれ，パラジウム触媒の代わりに Pd/C を用いる[206]とか，アミンおよび/または銅を用いない条件〔(4.123)式〕[207),208]とか，反応溶媒として水を用いる[209]とか，銅共触媒を用いないでもよい触媒系の開発などの，新しい反応条件が開発されてきた[210]．第一級臭化およびヨウ化アルキル[211]や第二級臭化アルキル[212]さえも末端アルキンとカップリングできる．

$$O_2N-C_6H_4-I + HC\equiv C-Ph \xrightarrow[Bu_4NOAc,\ 97\%]{Pd(OAc)_2,\ DMF} O_2N-C_6H_4-C\equiv C-Ph \quad (4.123)$$

最後に，ハロゲン化アリル，アルケニル，およびアルキニルをクロム(Ⅱ)を用いてアルデヒドとカップリングさせる反応（"Nozaki(野崎)-Hiyama(檜山)-Kishi(岸)" 反応）は全合成過程でよく用いられている〔(4.124)式〕[213]．この反応の機構はまだ明らかではないが，ラジカル中間体の存在を示す証拠が得られている[214]．

$$(4.124)$$

なかでも，ニッケル-クロム（すなわち NiCl$_2$ と CrCl$_2$）で起こるヨウ化アルケニルとアルデヒドの反応が興味深い．反応はニッケルについて触媒的にすることができる．この反応は複雑な有機化合物の合成過程で多数の応用例がある．二つの例を (4.125)式[215]と (4.126)式[216]に示す．

$$(4.125)$$

$$\text{(4.126)}$$

ハロゲン化アリルやプロパルギルとアルデヒドの不斉反応が報告されており,高いエナンチオマー過剰率(ee)でホモアリルアルコール,ホモプロパルギルアルコール[217],およびアレニルアルコール[218]が得られる〔(4.127)式〕[219].

$$\text{(4.127)}$$

4.6 酸化的付加/求核置換経路によるσ炭素-金属錯体

スズアミド($R_3SnNR'_2$)によるハロゲン化アリルのパラジウム触媒を用いるアミノ化は1983年に報告された[220]が,のちにスズ反応剤は必要でないことが示された[221].代替法として,パラジウムホスフィンとナトリウム t-ブトキシドあるいはセシウムカルボナート[222]存在下,アリール臭化物,ヨウ化物,あるいはトリフラートを第一級や第二級アミンあるいはアミドと反応させると,効率よくアミノ化やアミド化が行える("Hartwig-Buchwald" カップリング).活性化されたパラジウム[223]またはニッケル[224]触媒を用いると塩化物でもアミノ化やアミド化が行える.この反応の成功の鍵は配位子の選択にあり,多くの例が開発された.この反応の広がりは目覚ましく実際上どんな第一級や第二級アミンでも N-アリール化が可能である.さらに,ヘテロ環化合物(イン

4.6 酸化的付加/求核置換経路によるσ炭素–金属錯体

ドール,ピロールその他),ヒドラジン,ヒドラゾン,スルファミド,イミン,およびスルホキシイミンなどのN–Hを含む化合物もこの炭素–窒素カップリング反応を行える.分子内と分子間反応の例を (4.128)式[225],(4.129)式[226],および (4.130)式[227] に示す.

$$(4.128)$$

$$(4.129)$$

$$(4.130)$$

アルケニルハロゲン化物やトリフラートをアミノ化あるいはアミド化すればエナミンとエナミドが容易に合成できる[228].銅も触媒として用いることができるので,反応の適用範囲はさらに広がっている[229].

アリールハロゲン化物のアミンによるアミノ化の機構は大変複雑である[230].しかし,カップリングの一つの可能な機構を図4.8に示す.

配位子の開発が非常に重要であることの証拠にあたるが,最近アンモニア[231]や水酸化カリウム[232]を用いてNH$_2$やOH基を芳香環に直接導入する方法が開発された.アルコキシドやチオラートもパラジウム触媒存在下同様に反応しエーテル〔(4.131)式〕[233]

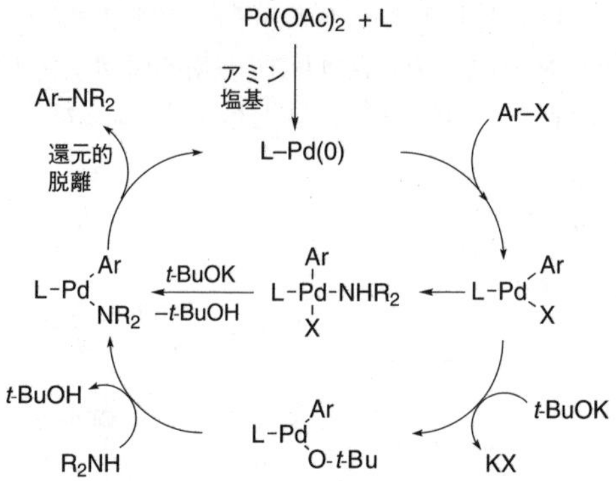

図 4.8 パラジウム触媒によるアミンのアリール化の機構

やチオエーテル〔(4.132)式〕[234] を合成できる.

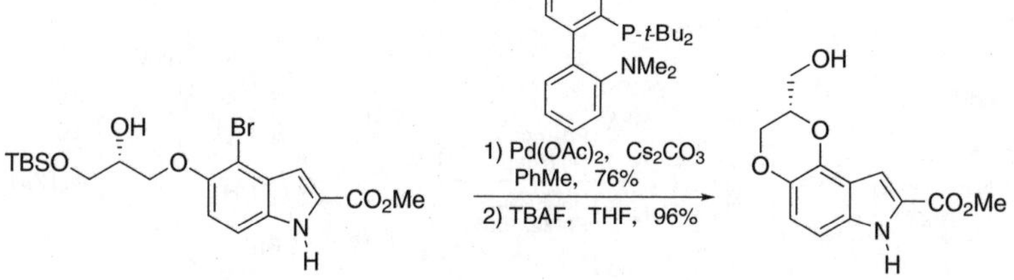

(4.131)

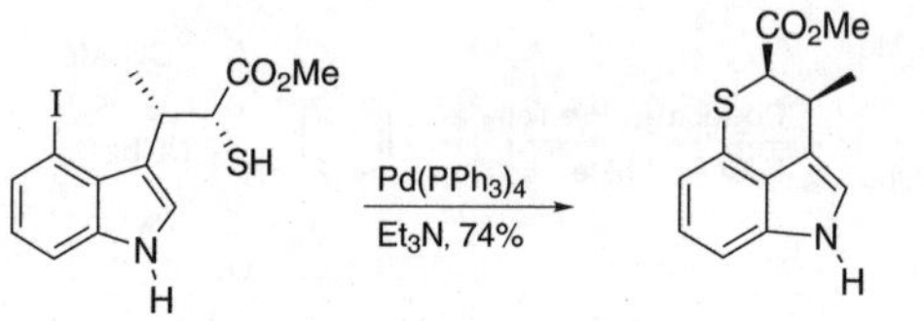

(4.132)

炭素求核剤も酸化的付加/求核置換反応に用いることができる. たとえば, マロン酸エステルやアセト酢酸エチルエステルのアニオン, シアン化物イオン, エノラートなどが求核剤として使える〔(4.133)式[235], (4.134)式[236]〕.

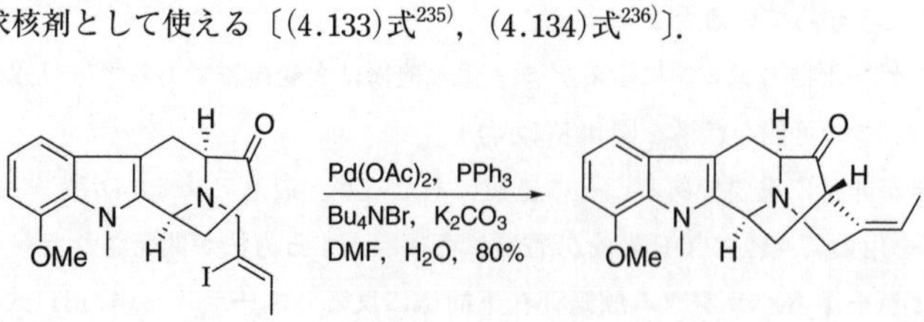

(4.133)

4.6 酸化的付加/求核置換経路によるσ炭素–金属錯体

(4.134)

有機ハロゲン化物やトリフラートから生成するσ-パラジウム錯体は，基質に応じてさまざまなヒドリド源を用いることにより容易にアルカンやアルケンへ還元できる〔(4.135)式〕．還元剤としては，トリブチルスズヒドリド，ギ酸アンモニウム，およびトリアルキルシランなどがふつう用いられる〔(4.136)式〕[237]．

$$R\text{–}Pd\text{–}X \xrightarrow{H^{\ominus}} R\text{–}Pd\text{–}H + X^{\ominus} \xrightarrow{還元的脱離} R\text{–}H + Pd(0) \quad (4.135)$$
$$R\text{–}X$$

(4.136)

アルキルハロゲン化物の場合は，ヒドリドトランスファーと還元的脱離過程はβ水素脱離よりも速いといえる〔(4.137)式〕[238]．カルボン酸塩化物はトリブチルスズヒドリドを用いてアルデヒドへ還元できる[239]．

(4.137)

パラジウム(0)触媒とともに2当量のトリブチルスズヒドリドを用いるとブロモアルキンは高い位置選択性でE-トリブチルスズ置換アルケンへと還元される[240]．反応はおそらく，まずブロモアルキンのヒドロスズ化が起こり，ここで生成した臭素とスズで置換されているアルケン中間体の還元で進行すると考えられ，別の機構としてありそうな最初のアルキン生成と続くヒドロスズ化の経路をとるのではないだろう．これを支持する事実として，ブロモアルキンを出発物質とした場合の方が，担当するアルキンを出発物質としたときよりも末端トリブチルスズ置換アルケンへの選択性が高い〔(4.138)式〕[241]．

$$\text{(構造式)} \xrightarrow[\text{Bu}_3\text{SnH, THF}]{\text{PdCl}_2(\text{PPh}_3)_2} \text{(構造式)} + \text{(構造式)}$$

R = H   39 %   30%
R = Br 72 %   5%

(4.138)

4.7 酸化的付加/挿入を経る σ 炭素−金属錯体 (Heck 反応)

　金属−炭素 σ 結合は酸化的付加過程で容易に生成し，一酸化炭素やアルケン（反応性はより低い）が金属−炭素 σ 結合に容易に挿入し新しい金属−炭素 σ 結合を生成する．これら二つの過程は数多くの合成化学的に有用な変換反応の基礎となっている．広範囲の有機化合物が酸化的付加できるので，一酸化炭素の挿入は有機化合物にカルボニル基を導入するための最も良い方法の一つとなっている．系中に存在する求核剤に応じて，カルボン酸，エステル，またはアミドが，それぞれ水，アルコールまたはアミンとの反応により合成できる．その一般的な過程を図4.9 に示した．

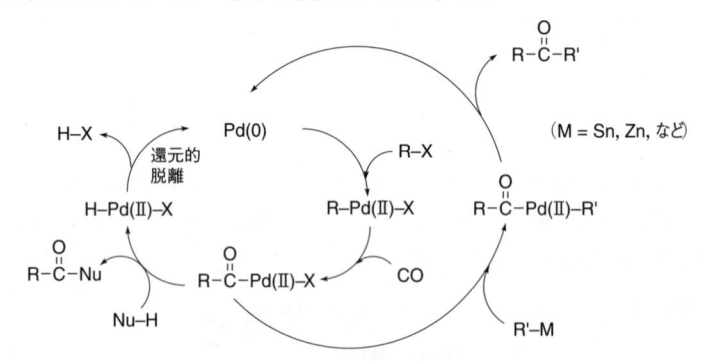

図 4.9　酸化的付加/CO 挿入

　酸化的付加に要する反応条件下で β 水素脱離が起こることが多く，通常，反応は β 水素をもたない基質に限られる．したがって，アルケニル，アリール，ベンジル，アリルのハロゲン化物，トリフラート，フルオロスルホナート[242]が容易にカルボニル化される．挿入は1気圧で容易に起こるので，反応に加圧装置は通常は不要である．σ−アシル錯体の求核的切断の際に生成する酸を中和するため，塩基が必要である．パラジウム(II)が触媒前駆体として用いられる場合，一酸化炭素によりパラジウム(0)に素早く還元される．トリフェニルホスフィンのような配位子は，臭化物の酸化的付加を容易にし，さらに，パラジウムが金属パラジウムとして沈殿してしまうのを防止する．アルケニル

4.7 酸化的付加/挿入を経る σ 炭素-金属錯体（Heck 反応）

トリフラートが非常によく用いられ〔(4.139)式〕[243]，しかもこの反応は大スケールになっても効率よく進む〔(4.140)式[244]〕[245]．この反応は，トリフラートが直接ケトンから合成できるので，結局のところケトンという常用官能基を共役エステルへ変換するためのよい方法となる．分子内でも反応はうまく進みラクトン[246]〔(4.141)式〕[247]，ラクタム[248]〔(4.142)式〕[249]，さらにβ-ラクタム〔(4.143)式〕[250]さえも合成できる.

酸化的付加/CO 挿入とトランスメタル化を組合わせると，有機ハロゲン化物やトリフラートをアルデヒド[251),252)]やケトンへ効率よく変換できる．トランスメタル化に先行してCO 挿入が**起こる必要がある**が，この条件はふつう CO 圧の調整で満たされる（通常，大気圧ではなく 3～6 atm 必要）．いくつかの例を（4.144）式[253)]，（4.145）式[254)]，（4.146）式[255)]および（4.147）式[256)]に示す．

$$\text{(4.144)}$$

$$\text{(4.145)}$$

$$\text{(4.146)}$$

$$\text{(4.147)}$$

酸化的付加/アルケン挿入の組合わせは，さまざまな変形や工夫を持込めるので，合成にさらに有用である．一般的過程は "**Heck**"（ヘック）または "**Mizoroki**(溝呂木)-**Heck**" [257)] **反応**として知られている[258)]（R. Heck：2010 年ノーベル化学賞受賞者）．2 種の一般的な機構の説明（すなわち，中性と陽性）を図 4.10 に示した[259)]．もっと複雑な機構を一般化して示した．この場合，ふつう挿入過程が最も困難なステップでありアルケンの構造が反応の適用限界を決めている．すべての酸化的付加できる化合物が原理的に利用できるが，β脱離反応が挿入反応と競争的に起こるので，β水素をもつ化合物はやはり用いる

4.7 酸化的付加/挿入を経るσ炭素-金属錯体（Heck 反応）

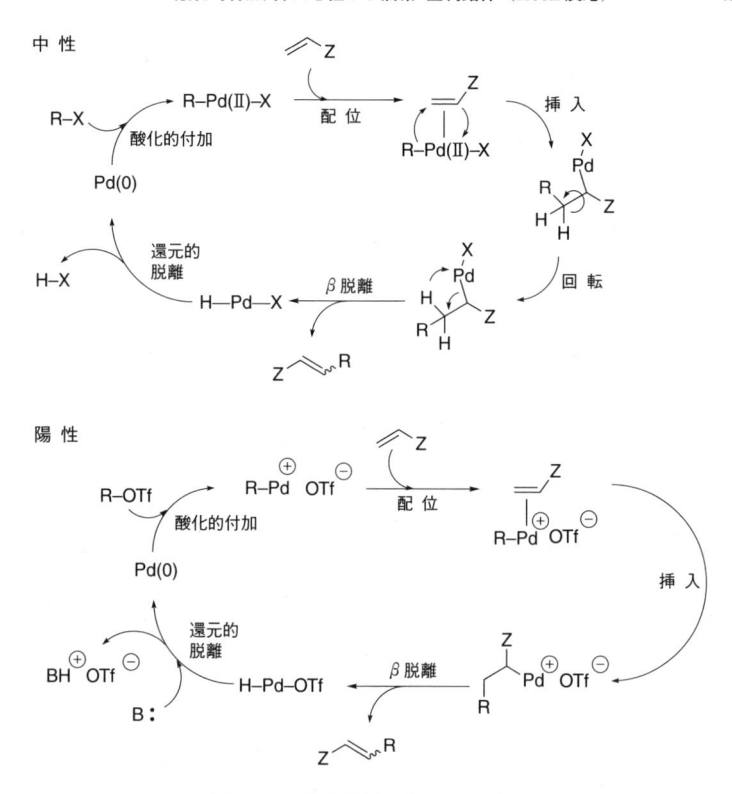

中 性

陽 性

図 4.10 酸化的付加/アルケン挿入

ことができない．

Heck 反応は，基質のハロゲン化物かトリフラート，アルケン，触媒量の酢酸パラジウム(II)，および過剰の第三級アミンをアセトニトリル中で加熱して行うのが典型的である．第三級アミンは，配位/β脱離/還元的脱離〔(4.148)式〕[260]により，容易に Pd(II) を Pd(0) に還元する．

$$R_2NCH_2R' + PdX_2 \rightleftharpoons \left[\begin{array}{c} H \\ R_2N-C-R' \\ | \\ Pd \\ | \\ X \end{array}\right]^{+} X^{-} \xrightarrow{\beta \text{脱離}}$$

$$\left[R_2\overset{+}{N}=CHR'\right]X^{-} + H-Pd-X \longrightarrow Pd(0) + HX$$

(4.148)

ヨウ化アリールが基質のとき,ホスフィンの添加は不必要で,添加すれば実際反応を停止させてしまう.Pd/Cでさえヨウ化アリールのHeck反応の触媒となる[261].対照的に,基質がアリール臭化物では,ホスフィンがAr'Ph₃PXを与えるような第四級化を抑えるためにトリ-o-トリルホスフィンのようなかさ高い第三級ホスフィンを加える必要がある.最近,Heck反応のかなり穏やかで効率的な反応条件が開発された.この方法は,溶媒としてDMFのような極性溶媒を用い,塩化第四級アンモニウムを加えて反応を促進させる方法である[262].可溶性の塩化第四級アンモニウムは溶液中の塩化物イオンの濃度を高め,ハロゲン化物イオンのパラジウム(0)錯体の系中での安定性と反応性を増大させる[263].硫酸アンモニウムも穏和な条件を可能とし,反応は水溶液でも進行するようになる[264].工業的応用のため,高い触媒ターンオーバー数(TON)とターンオーバー頻度(TOF)を達成できる類似の反応条件が開発されている(TON=10^6およびTOF=4×10^4 hr^{-1})[265),266)].

非常に広範囲のアルケン,たとえば,α,β-不飽和エステル,アミド,ケトン,ニトリルのような電子不足アルケン,エチレンやスチレンのような活性化されていないアルケン,さらにエノールエーテルやエナミドのような電子豊富アルケンなどが使える.電子密度の低いアルケンや不活性アルケンでは,挿入過程は立体化学的に支配されていて,移動するR基はアルケンの置換基の少ない側に結合する.このR基は金属と同じ面から反応する(シス挿入).アルケンのβ位に置換基があれば反応は阻害され,分子間反応ではβ-二置換アルケンは反応しない.つづくβ水素脱離もやはりシス過程である(PdとHはシン共平面となる必要がある).

電子密度の高いアルケンでは,挿入の位置選択性はもっと複雑である[267),268)].環状エノールエーテルやエナミドでは,アリール化はいつもヘテロ原子のα位で起こるが,非環状基質ではしばしば混合物となる.2座配位ホスフィン配位子はα-アリール化に有利で,電子豊富ハロゲン化アリールも同様だが,電子不足ハロゲン化アリールはβ-アリール化となる傾向がある.分子内反応の位置選択性は予想しにくく,アルケンの置換基よりも環の大きさに影響されやすい."芳香族"の二重結合でさえ挿入できる(後述).

Heck反応は合成化学者の間で大変よく知られるようになり,複雑な分子の合成への幅広い応用が報告されている.このプロセスは多種の官能基に対し許容性があり,またふつう高い位置選択性および立体選択性を示す〔(4.149)式[269)],(4.150)式[270)]〕.アリルアルコールを用いるHeck反応では,アルコール側へのβ脱離と生成するエノールの互変異性を経てアルデヒドまたはケトンが得られる〔(4.151)式〕[271)].

4.7 酸化的付加/挿入を経る σ 炭素-金属錯体 (Heck 反応)

(4.149)

(4.150)

(4.151)

有機金属反応でよくあるように，分子間反応よりも分子内反応はうまく進む[272]．分子内 Heck 反応の位置選択性は一般に高いが，付加の様式（エンドかエキソか）は予測しにくく，しばしば環の大きさで決まる〔(4.152)式〕[273]．一般的には，5-エキソまたは 6-エキソ環化がずっと優先する．反応条件を変えることにより位置選択性を変えることができる場合もある〔(4.153)式〕[274]．（環化の**立体化学**は，パラジウム-炭素 σ 結合に対してアルケンがどう向いているかによる[275]）．高希釈条件下や高分子担持による反応場の孤立などの技術を用いると，Heck 反応によって大環状化合物は容易に得られる[276]．分子内 Heck 反応の壮観ともいえる例を (4.154)式[277]，(4.155)式[278]，(4.156)式[279]，お

よび (4.157)式[280] に示す．**臭化**アルキルの分子内 Heck 反応までもが最近報告された[281]．

(4.152)

(4.153)

R = 4-MeOC$_6$H$_4$-

エキソ

エンド

(4.154)

4.7 酸化的付加/挿入を経る σ 炭素−金属錯体（Heck 反応）

(4.155)

(4.156)

(4.157)

大きな進展として，Heck 反応によって不斉を導入できることを述べる[282]．不斉が導入できるためには新しく生成する立体中心は〔(4.151)式のように〕sp^3 中心であって，よくある sp^2 中心〔(4.149)式〕であってはならない．このことが実現できるためには，β 水素脱離は新しく形成された中心から遠くで起こる必要があり（β′），新しく形成された中心の側であってはならない（β）〔(4.158)式〕．このことから，不斉誘導は環状化合

(4.158)

物の場合または第四級中心を形成する場に限られる．というのは，これらの系では，脱離できるようなβ水素がシンの位置に存在しないかまたは水素が存在しないという理由で結合が新しく形成された中心を含む方向でのβ脱離が不可能となっている．これらの条件が満たされれば，高いエナンチオ選択性が達成できる〔(4.159)式[283]，(4.160)式[284]，(4.161)式[285]，および(4.162)式[286]〕．

$$(4.159)$$

$$(4.160)$$

$$(4.161)$$

$$(4.162)$$

芳香族ハロゲン化合物やトリフラートのHeck型カップリングはアルケンに限られているわけではない．芳香環のπ系，特に電子豊富なπ系は"挿入"できる〔(4.163)式[287]〕[288]．メタセシス機構によりパラジウムビアリール中間体を形成する機構[289],[290]

4.7 酸化的付加/挿入を経る σ 炭素–金属錯体 (Heck 反応)

〔(4.164)式[291)]〕，または，求電子付加〔(4.165)式〕と続く還元的脱離という，2種の異なる反応機構が実験および理論的計算に基づいて提案されている．ベンゼンでさえ芳香族ハロゲン化合物とカップリングする〔(4.166)式[292)]〕．この型の Heck 反応は複雑な多環化合物の合成において広く応用されている〔(4.167)式[293)]および (4.168)式[294)]〕．

(4.163)

(4.164)

(4.165)

(4.166)

(4.167)

$$\text{(反応式)} \quad (4.168)$$

Heck 反応でのアルケン挿入過程は新しい金属－炭素 σ 結合をつくるので，もし β 水素脱離さえそう簡単に起こらなかったら，原理的には金属－炭素 σ 結合のあらゆる反応が続いて起こるはずである（図 4.1）．もし β 脱離を抑制するか β 脱離よりもっと速い反応（CO 挿入のような）を設定できれば，一つの触媒プロセスでいくつかの新しい結合が連続してできる．実際このことは可能であり，これらの"カスケード（段々滝，多段階連続）"（cascade）反応は多環化合物の合成に有力な手法となりつつある[295]．

このような考え方をすぐに応用しているのが"還元的 Heck 反応"であり，ギ酸アンモニウムなどのギ酸塩からヒドリドがパラジウムへ移動し，ついで生成した有機パラジウムヒドリドからの還元的脱離が起こりアルカンが生成する〔(4.169)式〕．この反応の例を (4.170)式[296] に示す．

$$\text{(反応式)} \quad (4.169)$$

$$\text{(反応式)} \quad (4.170)$$

合成化学的には σ-パラジウム中間体から新しい炭素－炭素結合をつくる方がより重要である．たとえば，(4.171)式[297] に示した反応では，酸化的付加/CO 挿入/アルケン挿入/CO 挿入/切断という一連のプロセスにより触媒 1 回転当たり三つの炭素－炭素結合が形成される．反応がうまくいくのは，最初の酸化的付加では β 水素が存在せず，σ-アルキルパラジウム錯体では CO 挿入はアルケン挿入より速いが，σ-アシル錯体では CO 挿入の方が遅いなどの理由による．この系で最も困難と思われたのは，最終段階の

4.7 酸化的付加/挿入を経るσ炭素-金属錯体 (Heck 反応)

CO 挿入を, β 水素をもつ σ-アルキルパラジウム(II)錯体の β 脱離と競争して打勝つようにすることであった. これは, 比較的高圧の CO を用いることにより解決された. 実際 1 気圧の CO 雰囲気下では β 脱離が主反応となる.

(4.171)

これらの多段階連続反応 (カスケード反応) が進行するために各段階がエネルギー的に下り坂であることが肝要で, 事がうまく運べば, 一つの触媒サイクル当たりいくつもの数の結合が一度に形成される[298]〔(4.172)式[299], (4.173)式[300]〕.

(4.172)

(4.173)

PMP = 1,2,2,6,6-ペンタメチルピペリジン

アルキンはアルケンよりずっと容易に挿入するので, アルキンを用いた"カルボサイクリゼーション (炭素化環化)" (carbocyclization) の種々の方法[301]が開発されている〔(4.174)式[302], (4.175)式[303], (4.176)式[304]〕.

(4.174)

(4.175)

(4.176)

上述のほとんどの場合に連続反応の最終過程はβ水素脱離である．しかしながら，トランスメタル化〔(4.177)式〕[305] あるいは求核攻撃〔(4.178)式[306]，(4.179)式〕[307] へと連続させることも可能である．この方法論を用いれば非常に多くの 2,3-二置換インドールやピロール縮合ヘテロ環化合物を合成できる．かくして，無限の応用の型が可能であり，そのほとんどが試みられていると思われる．

4.8 炭素-水素結合への挿入過程で生成する σ炭素-金属錯体

(4.177)

(4.178)

(4.179)

4.8 炭素-水素結合への挿入過程で生成する σ炭素-金属錯体

パラジウム(II)塩はかなり求電子的であり，適当な条件下（電子豊富アレーン，$Pd(OAc)_2$,酢酸還流下）では芳香族求電子置換反応で直接アレーンをパラジウム化できる．この過程は一般性を欠き効率もよくないが，最近の研究成果によって有機合成上の応用が始まっている．もっと一般的なものは (4.180)式[308),309)]に示す配位子配向による

(4.180)

オルトパラジウム化（ortho-palladation）である．この過程は大変一般的で，ベンジル位に金属に配位できるような孤立電子対があればよく，芳香族求電子置換反応の条件（ふつう酢酸が溶媒）下で起こる．配位する原子としては，窒素，酸素，硫黄，およびリンがよく用いられる．パラジウム化の起こる位置はいつも配向性配位子に対してオルトで

あって，オルト位2箇所が非等価のときには，パラジウムは電子的な偏りに関係なく常に立体的に空いている方に入る．〔このことは**オルトリチオ化**(ortho-lithiation)と際立って対照的である．オルトリチオ化は電子的に制御されていて，いくつかの電子供与基のある環の比較的込み合っている位置で起こる．〕生成した σ-アリールパラジウム(II)錯体はキレートによる安定化を受けており，ほとんどの場合非常に安定で容易に単離精製，保存でき，きわめて反応性に乏しい．

これらのオルトパラジウム化錯体はオルト配位子の配向を除くことにより，"ふつうの" σ-アリール金属錯体のように反応させることができる．一般的には，その錯体を反応基質と，オルト配位子と競争させるための大過剰のトリエチルアミンと反応させる．このような反応条件下でアルケン挿入〔(4.181)式〕[310] や CO 挿入〔(4.182)式〕[311] が可能となる．

$$(4.181)$$

$$(4.182)$$

配位子配向のメタル化の威力は (4.183)式[312] に示されていて，ここでは，配位子配向パラジウムの縄張りに入った不幸のために，活性でないメチル基がもっぱらパラジウム化を受ける．一連の配位子配向パラジウム化がテレオシジン (teleocidine) B4 の骨格の合成に用いられた〔(4.184)式〕[313]．

$$(4.183)$$

4.8 炭素—水素結合への挿入過程で生成する σ 炭素-金属錯体

(4.184)

酢酸銅を用いてパラジウム(0)をパラジウム(II)へ再酸化することにより反応は触媒的になる。例としてカルボニル化によるラクタムの合成〔(4.185)式〕[314] と塩素化〔(4.186)式〕[315] を示す。sp^3 混成の炭素—水素結合の活性も可能であり、カルボン酸の β-アリール化の例を示す〔(4.187)式〕[316]。

(4.185)

(4.186)

(4.187)

インドールの2位でおそらく直接的なパラジウム化が起こりついで側鎖のアルケンが挿入するという触媒反応が開発され合成に用いられている〔(4.188)式[317] および (4.189)

式[318]〕. ベンゾキノン (BQ) または酸素はパラジウム(0)をパラジウム(II)へ酸化するのに必要である.

(4.188)

(4.189)

芳香族炭素-水素結合の多数回の活性化がパラジウムを触媒として行える. この型の反応は, 酸化的付加に始まりアルケン挿入が続いて起こる〔(4.190)式[319]〕. その後, パ

(4.190)

ラジウムはメタラサイクル (metallacycle, 金属を含む環状化合物) を経て近くの芳香環へ移動する. パラジウム(IV)もパラジウム(II)も中間体として提案されている[320]. 第二

4.8 炭素-水素結合への挿入過程で生成するσ炭素-金属錯体

の環状メタル化と続く還元的脱離により多芳香環化合物を与える.アルキンもおそらくメタラサイクルを経て同様な反応を行う〔(4.191)式[321)]. 同様なメタラサイクルがベンゾシクロブテン〔(4.192)式[322)]やベンゾフラン〔(4.193)式[323)]誘導体の生成においても考えられている.

(4.191)

(4.192)

(4.193)

芳香族炭素-水素結合の活性化はノルボルネン存在下で大変うまく進む[324)]. 反応機構にはおそらく芳香族ヨウ化物の酸化的付加とノルボルネンの挿入を含むものと思われる〔(4.194)式][325)]. 生成するσ-パラジウム錯体にはβ水素が存在しないので,パラジウムは近くの炭素-水素結合の一つに挿入しメタラサイクルをつくる.ハロゲン化アルキルまたはアリールの酸化的付加によりパラジウム(Ⅳ)錯体を与え,ついで還元的脱離

が起こる．この環状パラジウム化/酸化的付加/還元的脱離過程は，(示していないが) 他のオルト位があればそこでも起こる．そうでなければ，パラジウムはノルボルネンを

(4.194)

脱挿入しもともとヨウ素があった位置で結合したσ-アリールパラジウム錯体を与える．こうして生成した中間体は，通常のパラジウム触媒カップリング反応に用いられるさまざまな反応剤と反応できる（たとえばシアニド）[326]．最終のσ-パラジウム錯体中間体は，アルケンと〔(4.195)式〕[327]，アルキン[328]と，さらに有機ボロン酸[329]と反応し，それぞれ，Heck-, Sonogashira-, および Suzuki 型の生成物を与える．水素源としてイソプロピルボロン酸存在下芳香族ヨウ化物の反応で1,3-二置換芳香族化合物を与える〔(4.196)式〕[330]．

(4.195)

(4.196)

芳香族化合物の炭素−水素結合の活性化は，ロジウム，ルテニウム，およびイリジウム触媒を用いて広く展開されている[331]．連続してアルケンと一酸化炭素の挿入をする

ことができる〔(4.197)式〕[332]．およその反応機構として，窒素原子のルテニウムへの配位，酸化的付加（ルテナサイクル ruthenacycle の形成），一酸化炭素とエチレンの挿入，そして還元的脱離が起こるものと考えられている．メタラサイクル中間体への同様なアルケンの挿入は二環性化合物を，ときには高いエナンチオマー過剰率で与える〔(4.198)式〕[333]．メタラサイクル中間体を有機ホウ素化合物で捕捉すれば非対称置換ケトンが得られる〔(4.199)式〕[334]．

(4.197)

(4.198)

(4.199)

4.9 アルケンおよびアルキンの還元的カップリングで生成するσ炭素-金属錯体

遷移金属列の両端の低原子価金属（Ni, Ti, Zr）はアルケンやアルキンと反応して5員環メタラサイクル（metallacycle）を与える．この過程で不飽和基質は形式上還元的カッ

(4.200)

プリングし，金属は形式上酸化される〔(4.200)式〕．こうして生成するメタラサイクルは多くの興味ある有機化合物へ変換できる．

この反応を行う金属で最もよく研究されているのが，不安定で配位不飽和 d^2 Zr(II)錯体である"ジルコノセン"(zirconocene)Cp_2Zr である[335]．多くの方法で生成できるが，最も簡便には，Cp_2ZrCl_2 をブチルリチウムと反応させ，この不安定なジブチル錯体を反応基質存在下 -20 ℃ 以上に昇温させる（図 4.11）．この方法ではジルコニウム–ブテン

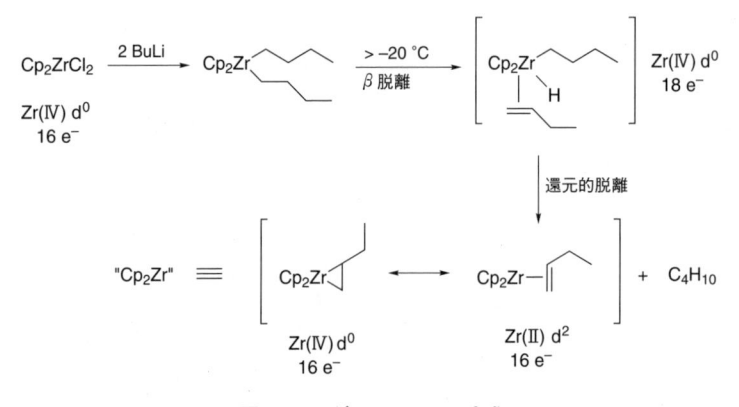

図 4.11 ジルコノセンの生成

錯体が生成し，これがアルケンやアルキンと反応して環化二量化に至る．ジルコニウム–ブテン錯体は Zr(II)–アルケン錯体とも Zr(IV)–メタラシクロプロパン錯体ともみなすことができる．これらは金属アルケン錯体の 2 種の極端な結合形式（共鳴形）であって，メタラシクロプロパンは金属から 2 電子をアルケンへ完全に供与した形である．ジルコニウム–ブテン錯体を表すのに，その反応性や PMe_3 錯体として安定に単離できることを考えると，メタラシクロプロパンの形がより正確であるものと思われる．"Cp_2Zr" 錯体が実際還元的にアルケンやアルキンを二量化すること〔(4.200)式〕（Zr(II)からアルケンへ $2e^-$ が移動）を考えると，ジルコニウム–ブテン錯体でも電子がアルケンへ移動することは驚くにあたらない．

アルケンの環化二量化で生成する 5 員環**ジルコナサイクル**（zirconacycle）は種々の興味ある生成物へと変換できる．プロトンで切断すればアルカンを，ヨウ素で切断すればニヨウ化物を，一酸化炭素と反応させプロトンで切断すればシクロペンタノールを，一酸化炭素とヨウ素で処理すればシクロペンタノンを与える〔(4.201)式〕[336]．アルキンの環化二量化はジルコナシクロペンタジエンを生成し，これは求電子的切断により，たとえば，多くの変わった不飽和複素環化合物を与える〔(4.202)式〕[337]．

4.9 還元的カップリングで生成するσ炭素-金属錯体

(4.201)

(4.202)

E = SO, S, PhP, Me$_2$Sn, Se, GeCl$_2$, PhAs, PhSb   50–80%

分子内エンインおよびジイン,ジエン環化も可能で,つづく切断の方法に応じて単環性または二環性化合物を与える〔(4.203)式〕[338].多くの官能基があっても反応は進行し,また反応は高い立体選択性を示す〔(4.204)式[339],(4.205)式[340],(4.206)式[341]〕.イソニトリルの挿入は,一酸化炭素の挿入と等電子的であり等構造的であることに留意すること〔(4.205)式〕.

(4.203)

高収率
多くの例

(4.204)

(4.205)

リチオ化した塩化アリル(および相当するカルベノイド)のようなアニオンで切断すると，η^1-アルキル-η^3-アリルジルコニウム錯体が生成し，これがイミニウムイオン，アルデヒド，アセタール，および TMS シアニドなどと多くの有用な反応を行う[342]．たとえば，アルデヒドとの反応がアセトキシオドントシスメノール (acetoxyodontoschismenol) の合成に用いられた〔(4.207)式〕[343]．

エナールから誘導されるイミン〔(4.208)式〕[344] やヒドラゾン[345] はジルコノセンと反応し，加水分解によりアミノ化された生成物を与える．

相当する低原子価チタン錯体も同様な"還元的二量化"を行い，エンインやジエンをメタラシクロペンテンやメタラシクロペンタンへ変換し，これらは求電子剤で容易に開

裂し興味ある化合物となる[346),347)]〔(4.209)式[348)],(4.210)式[349)]〕.

$$(4.210)$$

CpTiMe$_2$Clおよび関連するチタン(IV)錯体は,一時的にイミドチタン種を形成し,これがアルキンと環化付加し,有用な求電子的切断を行うメタラサイクルを与える〔(4.211)式〕[350)].この反応はチタンに関して触媒的であり,時には全合成にも利用されている〔(4.212)式〕[351)].

$$(4.211)$$

$$(4.212)$$

Cp$_2$Zr(Me)Clをリチウムアミドと反応させると不安定なジルコニウム-イミン錯体が,おそらくCl$^-$置換,β水素脱離,還元的脱離の一連の反応を経て生成する〔(4.213)式〕.これにアルケンとアルキンが挿入すると5員環のアザジルコナサイクルとなり,種々の求電子的反応剤を用いて切断できる[352)].

チタン(IV)メタラシクロプロパン〔または,別の視点で,チタン(II)アルケン〕錯体はエステルまたは第三級アミドと反応しヒドロキシまたはアミノ置換シクロプロパンを与える("Kulinkovich-de Meijere反応")[353)].反応では触媒量のチタンテトライソプロポキシドと過剰量の,ふつうはエチルマグネシウムクロリドまたはシクロヘキシルマグネシウムクロリドなどのGrignard反応剤と反応しチタナシクロプロパンが生成する〔(4.

$$\text{Cp}_2\text{ZrClMe} \xrightarrow{\text{PhCH}_2(\text{TMS})\text{N-Li}} \text{Cp}_2\text{Zr}\begin{smallmatrix}\text{Me}\\ \text{N-TMS}\\ \text{H}\\ \text{Ph}\\ \text{H}\end{smallmatrix} \xrightarrow{\beta\text{脱離}} \text{Cp}_2\text{Zr-H} \xrightarrow{\text{還元的脱離}}$$

(4.213)

214)式〕. チタナシクロプロパンは1,2-ジ求核剤として作用しエステルを2回アルキル化する〔(4.215)式〕. 2当量のGrignard反応剤が触媒を再生すると同時にマグネシウムシクロプロポキシドを生成する. 単純化のために2個のイソプロポキシドが全メカニズムを通じて示してある. エステル由来のアルコキシド（R'O⁻）が触媒と結合していることも十分ありそうなことである.

(4.214)

(4.215)

この反応は多くの合成反応に利用されており, 1例を〔(4.216)式〕[354)]に示す. Grignard反応剤から生成したチタナシクロプロパンはより置換の多いアルケンと交換で

4.9 還元的カップリングで生成するσ炭素–金属錯体　　　　　　　　　　151

きるので，これを用いれば置換シクロプロパンへの道が開けることになる〔(4.217)式〕[355]．この反応は分子内反応としてもうまくいく〔(4.218)式〕[356]．

(4.216)

(4.217)

(4.218)

他の関連する過程では，ジルコノセンジクロリドはアルケンと Grignard 反応剤とから新しい Grignard 反応剤を生成する反応の触媒として働く．分子内反応が最もわかりやすい〔(4.219)式〕[357]．触媒量の Cp_2ZrCl_2 存在下 1,6-および 1,7-ジエンと塩化ブチルマ

(4.219)

グネシウムで環化したビス Grignard 反応剤が得られ，これはさらに官能基化へと供される．この反応は図 4.11 と同様に始まると思われる．ただし，この環化は立体選択的ではなくシスおよびトランスの両方が生成する．ジルコノセンジクロリドとブチル

Grignard 反応剤とから活性なジルコナシクロプロパン/ジルコノセン-ブテン錯体を生じる (a). これはジエンと反応しジルコナシクロペンタンになる (b). ここまでくるとこのジルコナシクロペンタンは Grignard 反応剤で切断され，ビス Grignard 反応剤となり $Cp_2Zr(Bu)_2$ を再生する.

モノアルケンでは，Cp_2ZrCl_2 触媒による EtMgCl のアルケンへの付加が進行し，ホモログ化された Grignard 反応剤が生成する〔(4.220)式〕[358]．このプロセスはジアルケン

(4.220)

の場合と同様であるが，相異点はここでは Grignard 反応剤がもう一つの"アルケン"を提供し，さらに切断によりビス Grignard 反応剤ではなくモノ Grignard 反応剤を生成することである．置換基の多い側の炭素－ジルコニウム結合が切断されていることは注目される．

合成化学的に最も興味深いのは，アリルアルコールおよびアリルエーテルとの反応であろう〔(4.221)式〕[359]．これをみると，アリル酸素が立体選択性も位置選択性も決めて

(4.221)

いて，反応に際しジルコニウムと錯体をつくっている．アリルアルコールの場合，ジル

4.9 還元的カップリングで生成するσ炭素-金属錯体

コニウム反応剤は OH 基と**同じ**面から反応し，アリルエーテルの場合**反対**の面から反応しているので，1 当量の Grignard 反応剤を使って脱プロトンし生成するアルコキシドが Zr と錯体をつくるが OCH$_3$ は錯体をつくらないといえる．反応剤は立体障害に対し敏感である〔(4.222)式〕．アリルメチルエーテルと，かなり大きい *t*-ブチルジメチルシリルエーテルとのどちらの位置で反応するかについては，立体的に込んでいないメチルエーテルの方で起こる．

$$(4.222)$$

光学活性をもつジルコノセンを用いることにより，このアルケンのエチルマグネシウム化を不斉プロセスとすることができる[360)]．最も合成化学的に有用な反応は，酸素や窒素の複素環が開環し，光学活性をもつ，官能基をもつ末端アルケンを生成する反応である〔(4.223)式〕．この反応の推定機構は (4.224)式に示したとおりであり，すでに述

$$(4.223)$$

べたものと同様の過程を含んでいる．

不斉配位子と基質の環の原子との間の立体反発を最小にするように基質のアルケンが配位することにより，不斉が誘導されるものと考えられている．最終の有機マグネシウム錯体で β 位にヘテロ原子が存在するので，β 脱離を容易にして末端アルケンが生成する．アリルアルコールで配向されるカルボマグネシウム化とジヒドロフランのジアステレオ選択的開環の両方を見事に活用した例を，フルビビシン (fluvivicine) の全合成で示す〔(4.225)式〕[361)]．

不斉ジルコニウム触媒は環状エーテルを非常に効率よく識別できるので，ラセミ体のジヒドロフランとジヒドロピランの速度論的分割に用いることができる[362)]．ジヒドロピランの一方のエナンチオマーが，他方よりかなり速く開環し消費されることを利用している．反応性の低い他方のエナンチオマーは，未反応のまま良好なエナンチオマー過

有 利 　　　　　　　　不 利　　　　　　　　　　　(4.224)

剰率で回収される〔(4.226)式〕[363)]．ジヒドロフランは両方とも反応するが，分離可能な異なる生成物（位置異性体）を与える．

他の型の合成化学的に有用な，アルケンやアルキンの還元的カップリングは，後周期遷移金属元素，Ni(0) d^{10} 錯体によってもたらされる[364)]．この場合，メタラサイクルは安定ではなく観測されないが，生成物から推定されている．ホスフィンを添加しない系では，単純な還元的カップリングが起こった後 β 脱離/還元的脱離と続いてジエンをそこそこの収率で与える．トリブチルホスフィンを加えると，イソニトリル〔(4.205)式参照〕の挿入が起こって，二環性イミンを与え，この環状イミンは加水分解によりケトンを与える〔(4.227)式〕．ジインは同様の環化をし，シクロペンタジエノンのイミンとなる．

4.9 還元的カップリングで生成するσ炭素-金属錯体　　155

(4.225)

(4.226)

Ar = 2,4-ジメチルフェニル

(4.227)

より合成的に有用な反応は，エノン-エノン，アルキン-エノン〔(4.228)式〕[365]，アルキン-アルデヒド，アルキン-イミン，1,3-ジエン-アルデヒド〔(4.229)式〕[366]，1,2-ジエン-アルデヒド，およびアルキン-エポキシドのニッケル触媒による還元的環化により5

員環を形成する反応であろう[367]．たとえば，アルキン-エノン環化は5員環のニッケラサイクルを与える環化メタル化で反応は始まると思われる〔(4.228)式〕．この5員環錯体は7員環メタラサイクルと平衡にある．これらのメタラサイクルは種々の有機金属反応剤と反応する．エポキシドとの反応では，まずエポキシドのニッケル(0)への酸化的付加が起こり，ついでアルキンが挿入するものと考えられている〔(4.230)式〕[368]．

(4.228)

(4.229)

(4.230)

4.9 還元的カップリングで生成するσ炭素–金属錯体

パラジウムや白金もエンインを環化異性化する．しかしこの環化異性の機構は"ヒドロメタル化"機構ともかぶっていてはっきりはしていない．一般的な機構を (4.231)式に示す．パラジウムおよび白金触媒による反応を (4.232)式[369] および (4.233)式[370] に示す．白金(IV)というふつうでない中間体が提案されている．

$$(4.231)$$

$$(4.232)$$

$$(4.233)$$

ルテニウム(I)は分子内および分子間のエンーインカップリングの触媒となる．反応機構は，ルテナシクロペンテン中間体の生成，つづいて β 脱離と還元的脱離へと進むのであろう〔(4.234)式〕[371]．この型の反応は広く合成化学的に応用されている〔(4.235)式[372] および (4.236)式[373]〕．

$$(4.234)$$

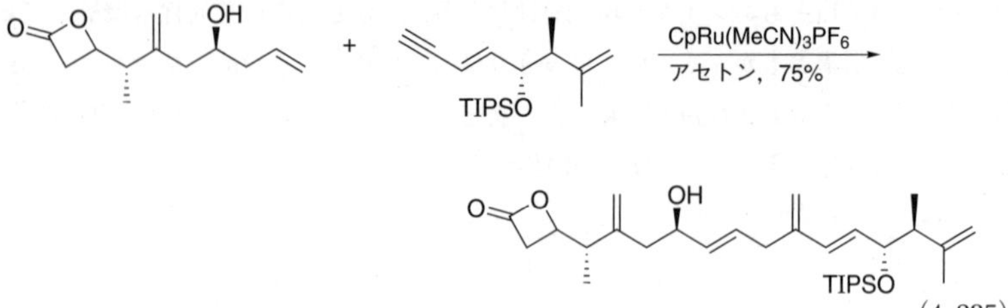

(4.235)

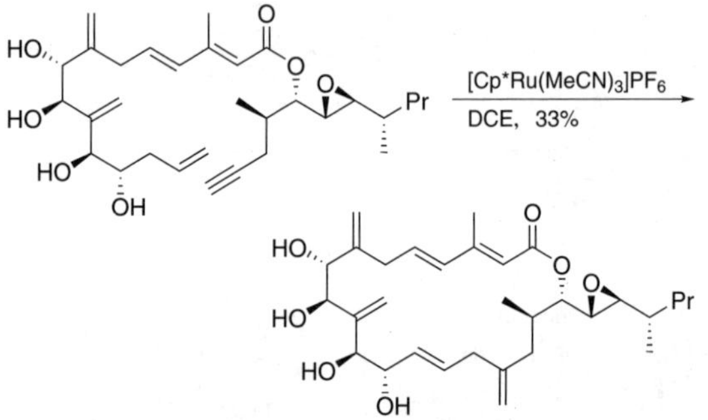

(4.236)

ロジウムおよびルテニウム錯体が，シクロプロピルアルケンやシクロプロピルイミンとアルキンまたは 1,2−ジエンとから 7 員環化合物を生成するシクロメタル化反応の触媒となる．なかでも興味深いのはビシクロ[5.3.0]系を生成する分子内反応である．二つの反応機構が提案されている〔(4.237)式〕．計算による理論的研究からはロジウム触

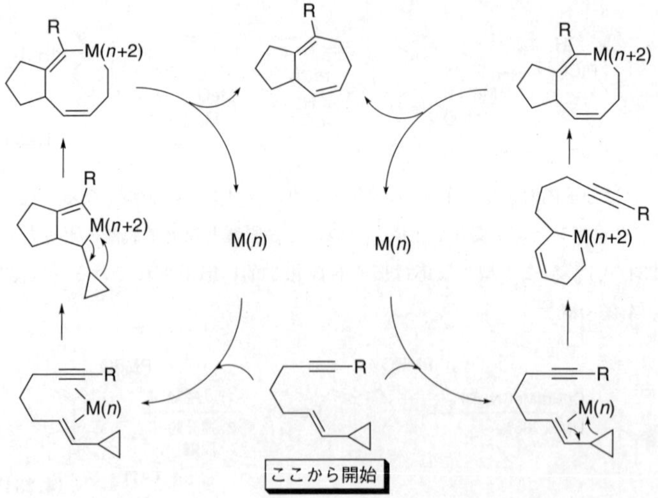

(4.237)

媒反応はメタラシクロヘキセンを経由することが示唆される[374]. 一方実験の結果はルテニウムの場合にはメタラシクロペンテンを生成することが示されている[375]. この型の一つの反応例を (4.238)式[376]に示す.

$$\text{(4.238)}$$

他にも密接に関連する不飽和化合物の後周期遷移金属を用いた環化反応で，上述とは異なりカルベノイドまたは η^3-アリル金属中間体を経由する反応が多く知られている．これらはそれぞれ第6章，第8章，第9章で述べる．

文　献

1. Kharasch, M.S.; Tawney, P.O. *J. Am. Chem. Soc.* **1941**, *63*, 2308.
2. 初期の総説: a) Posner, G. H. *Org. React.* **1972**, *19*, 1. b) **1979**, *22*, 253. c) *An Introduction to Synthesis Using Organocopper Reagents*; Wiley: New York, 1980.
3. 総説: a) Lipshutz, B. H.; Sengupta, S. *Org. React.* **1992**, *41*, 135. b) Lipshutz, B. H. Transition Metal Alkyl Complexes from RLi and CuX. In *Comprehensive Organometallic Chemistry II*; Abel, E. W., Stone, F. G. A., Wilkinson, G., Eds.; Pergamon: Oxford, U.K., 1995; Vol. 12, pp 59–130. c) Lipshutz, B. H. Organocopper Reagents and Procedures. In *Organometallics in Synthesis. A Manual II*; Schlosser, M., Ed.; Wiley: Chichester, U.K., 1998.
4. サリチルハラミド (salicylhalamide) の核心部の合成で: George, G. I.; Ahn, Y. M.; Blackman, B.; Farokhi, F.; Flaherty, P. T.; Mossman, C. J.; Roy, S.; Yang, K. *Chem. Commun.* **2001**, 255.
5. McMurry, J. E.; Scott, W. J. *Tetrahedron Lett.* **1980**, *21*, 4313.
6. ジンコポリン (zincoporin) の合成で: Komatsu, K.; Tanino, K.; Miyashita, M. *Angew. Chem. Int. Ed.* **2004**, *43*, 4341.
7. McMurry, J. E.; Scott, W. J. *Tetrahedron Lett.* **1980**, *21*, 4313.
8. Feringa, B. L.; Naasz, R.; Imbos, R.; Arnold, L. A. In *Modern Organocopper Chemistry*; Krause, N., Ed.; Wiley-VCH: New York, 2002.
9. (+)-ソラナスコン (solanascone) の合成で: Srikrishna, A. Ramasastry, S. S. V. *Tetrahedron Lett.* **2005**, *46*, 7373.
10. 総説: a) Taylor, J. K. *Synthesis* **1985**, 365. b) Suzuki, M; Yanagisawa, A.; Noyori, R. *J. Am. Chem. Soc.* **1988**, *110*, 4718.
11. (+)-トリシクロクラブロン (tricycloclavulone) の合成で: Ito, H.; Hasegawa, M.; Takenaka, Y.; Kobayashi, T.; Iguchi, K. *J. Am. Chem. Soc.* **2004**, *126*, 4520.
12. Posner, G. H.; Whitten, C. E.; Sterling, J. J. *J. Am. Chem. Soc.* **1973**, *95*, 7788.
13. Lindstedt, E.-L.; Nilsson, M.; Olsson, T. *J. Organomet. Chem.* **1987**, *334*, 255.
14. (+)-ザンパノリド (zampanolide) の合成で: Smith, A. B., III; Safonov, I. G.; Corbett, R. M. *J. Am. Chem. Soc.* **2002**, *124*, 11102.
15. a) Bertz, S. H.; Dabbagh, G.; Villacorta, G. M. *J. Am. Chem. Soc.* **1982**, *104*, 5824. b) Bertz, S. H.; Dabbagh, G. *J. Org. Chem.* **1984**, *49*, 1119.
16. Martin, S. F.; Fishpaugh, J. R.; Power, J. M.; Giolando, D. M.; Jones, R. A.; Nunn, C. M.; Cowley, A. H. *J. Am. Chem. Soc.* **1988**, *110*, 7226.
17. Bertz, S. H.; Eriksson, M.; Miao, G.; Snyder, J. P. *J. Am. Chem. Soc.* **1996**, *118*, 10906.
18. リッシオカルピン (ricciocarpin) A と B の合成で: Held, C.; Fröhlich, R.; Metz, P. *Angew. Chem. Int. Ed.* **2001**, *40*, 1058.

19. 総 説: a) Lipshutz, B. H.; Wilhelm, R. S.; Kozlowski, T. J. *Tetrahedron* **1984**, *40*, 5005. b) Lipshutz, B. H. *Syn. Lett.* **1990**, 119. 別の見解: c) Bertz, S. H. *J. Am. Chem. Soc.* **1990**, *112*, 4031. d) Snyder, J. P.; Tipsword, G. E.; Spangler, D. P. *J. Am. Chem. Soc.* **1992**, *114*, 1507. 最近の（しかし最後とは限らぬ）言葉: e) Huang, H.; Alvarez, K.; Lui, Q.; Barnhart, T. M.; Snyder, J. P.; Penner-Hahn, J. E. *J. Am. Chem. Soc.* **1996**, *118*, 8808. f) Bertz, S. H.; Miao, G.; Eriksson, M. *Chem. Commun.* **1996**, 815. g) Boche, G.; Bosold, F.; Marsch, M.; Harms, K. *Angew. Chem. Int. Ed.* **1998**, *37*, 1684.
20. Bertz, S. H.; Nilsson, K.; Davidsson, Ö.; Snyder, J. P. *Angew. Chem. Int. Ed.* **1998**, *37*, 314.
21. a) Lipshutz, B. H.; Siegmann, K.; Garcia, E. *J. Am. Chem. Soc.* **1991**, *113*, 8161. b) 総説: Lipshutz, B. H.; Siegmann, K.; Garcia, E. *Tetrahedron* **1992**, *48*, 2579. c) Lipshutz, B. H.; Siegmann, K.; Garcia, E.; Kayser, P. *J. Am. Chem. Soc.* **1993**, *115*, 9276.
22. カルホスチン (calphostin) の合成で: Coleman, R. S.; Grant, E. B. *J. Am. Chem. Soc.* **1995**, *117*, 10889.
23. ジベンゾシクロオクタジエン配位子の合成で: Coleman, R. S.; Gurrala, S. R.; Mitra, S.; Raao, A. *J. Org. Chem.* **2005**, *70*, 8932.
24. Maruyama, K.; Yamamoto, Y. *J. Am. Chem. Soc.* **1977**, *99*, 8068.
25. Yamamoto, Y.; Maruyama, K. *J. Am. Chem. Soc.* **1978**, *100*, 3241.
26. Ghribi, A.; Alexakis, A.; Normant, J. F. *Tetrahedron Lett.* **1984**, *25*, 3075.
27. a) 総 説: Alexakis, A.; Mangeney, P.; Ghribi, A.; Marek, I.; Sedrani, R.; Guir, C.; Normant, J. F. *Pure Appl. Chem.* **1988**, *60*, 49. b) California red scale フェロモンの合成で: Mangeney, P.; Alexakis, A.; Normant, J. F. *Tetrahedron Lett.* **1987**, *28*, 2363.
28. Ghribi, A.; Alexakis, A.; Normant, J. F. *Tetrahedron Lett.* **1984**, *25*, 3083.
29. Smith, A. B., III; Jerris, P. J. *J. Org. Chem.* **1982**, *47*, 1845.
30. a) Eis, M. J.; Ganem, B. *Tetrahedron Lett.* **1985**, *26*, 1153. b) Tian, X.; Hudlicky, T.; Konigsberger, K. *J. Am. Chem. Soc.* **1995**, *117*, 3643.
31. 総 説: a) Lopez, F.; Minnaard, A. J.; Feringa, B. L. *Acc. Chem. Res.* **2007**, *40*, 179. b) Rossiter, B. E.; Swingle, N. M. *Chem. Rev.* **1992**, *92*, 771. c) Oppolzer, W.; Kingma, A. J. *Helv. Chim. Acta* **1989**, *72*, 1337. d) Oppolzer, W. *Tetrahedron* **1987**, *43*, 1969, 4057.
32. a) Bergdahl, M.; Nilsson, M.; Olsson, T. *J. Organomet. Chem.* **1990**, *391*, C19. b) Bergdahl, M.; Nilsson, M.; Olsson, T.; Stern, K. *Tetrahedron* **1991**, *47*, 9691. c) Eriksson, M.; Johansson, A.; Nilsson, M.; Olsson, T. *J. Am. Chem. Soc.* **1996**, *118*, 10904. d) Urbom, E.; Knühl, G.; Helmchen, G. *Tetrahedron* **1996**, *52*, 971.
33. southern corn rootworm フェロモンの合成で: Oppolzer, W.; Dudfield, P.; Stevenson, T.; Godel, T.; *Helv. Chim. Acta.* **1985**, *68*, 212.
34. 4,6,8,10,16,18-ヘキサメチルドコサンの合成で: Herber, C.; Breit, B. *Angew. Chem. Int. Ed.* **2005**, *44*, 5267.
35. a) (*R*)-および(*S*)-ムスコン (muscone) の合成で: Tanaka, K.; Matsui, J.; Suzuki, H.; Watanabe, A. *J. Chem. Soc., Perkin Trans. 1* **1992**, 1193. b) 総 説: Rossiter, B. E.; Swingle, N. M. *Chem. Rev.* **1992**, *92*, 771.
36. Alexakis, A.; Vastra, J.; Burton, J.; Benhaim, C.; Mangeney, P. *Tetrahedron Lett.* **1998**, *39*, 7869 および引用文献.
37. 総 説: a) Alexakis, A.; Benhaim, C. *Eur. J. Org. Chem.* **2002**, 3221. b) Feringa, B. L. *Acc. Chem. Res.* **2000**, *33*, 346.
38. エロゴルギアエン (erogorgiaene) の合成で: Cesati, R. R., III; de Armas, J.; Hoveyda, A. H. *J. Am. Chem. Soc.* **2004**, *126*, 96.
39. 総 説: a) Krause, N.; Hoffman-Röder, A. *Synthesis* **2001**, 171. b) Alexakis, A.; Benhaim, C. *Eur. J. Org. Chem.* **2002**, 3221.
40. 総 説: Siemsen, P.; Livingston, R. C.; Diedrich, F. *Angew. Chem. Int. Ed.* **2000**, *39*, 2632.
41. Alami, M.; Ferri, F. *Tetrahedron Lett.* **1996**, *37*, 2763.
42. (*R*)-ストロンギロジオール (strongylodiol) の合成で: B. Kirkham, J. E. D.; Courtney, T. D. L.; Lee, V.; Baldwin, J. E. *Tetrahedron* **2005**, *61*, 7219.
43. Glaser, C. *Ber. Dtsch. Chem. Ges.* **1869**, *2*, 422.
44. Rieke, R. D.; Stack, D. E.; Dawson, B. T.; Wu, T.-C. *J. Org. Chem.* **1993**, *58*, 2483.

45. Stack, D. E.; Klein, W. R.; Rieke, R. D. *Tetrahedron Lett.* **1993**, *34*, 3063.
46. Ekert, G. W.; Pfennig, D. R.; Suchan, S. D.; Donovan, T. A., Jr.; Aouad, E.; Tehrani, S. F.; Gunnersen, J. N.; Dong, L. *J. Org. Chem.* **1995**, *60*, 2361.
47. Ebert, G. W.; Juda, W. L.; Kosakowski, R. H.; Ma, B.; Dong, L.; Cummings, K. E.; Phelps, M. V. B.; Mostafa, A. E.; Luo, Jianyuan. *J. Org. Chem.* **2005**, *70*, 4314.
48. 総説: a) Knochel, P. Zinc and Cadmium. In *Comprehensive Organometallic Chemistry II*; Abel, E. W., Stone, F. G. A., Wilkinson, G., Eds.; Pergamon: Oxford, U.K., 1995; Vol. 11, pp 159–183. b) Knochel, P. *Synlett* **1995**, 393. c) Knochel, P.; Singer, R. *Chem. Rev.* **1993**, *93*, 2117.
49. Soorukram, D.; Knochel, P. *Org. Lett.* **2004**, *6*, 2409.
50. Lipshutz, B. H.; Wood, M. R.; Tirado, R. *J. Am. Chem. Soc.* **1995**, *117*, 6126.
51. (−)-プロスタグランジン (prostaglandin) E_1 メチルエステルの合成で: Arnold, L. A.; Naasz, R.; Minnaard, A. J.; Feringa, B. L. *J. Org. Chem.* **2002**, *67*, 7244.
52. Crimmins, M. T.; Nantermet, P. G.; Trotter, B. W.; Vallin, I. M.; Watson, P. S.; McKerlie, L. A.; Reinhold, T. L.; Cheung, A. W.-H.; Stetson, K. A.; Dedopoulow, D.; Gray, J. L. *J. Org. Chem.* **1993**, *58*, 1038. 参考となった研究: Nakamura, E.; Aoki, S.; Sekiya, K.; Oshino, H.; Kuwajima, I. *J. Am. Chem. Soc.* **1987**, *109*, 8056.
53. Crimmins, M. J.; Jung, D. K.; Grail, J. L. *J. Am. Chem. Soc.* **1993**, *115*, 3146.
54. a) Linderman, R. J.; Griedel, B. D. *J. Org. Chem.* **1990**, *55*, 5428. b) Linderman, R. J.; McKenzie, J. R. *J. Organomet. Chem.* **1989**, *361*, 31. c) Linderman, R. J.; Godfrey, A. J. *J. Am. Chem. Soc.* **1988**, *110*, 6249.
55. Mohapatra, S.; Bandyopadhyay, A.; Barma, D. K.; Capdevila, J. H.; Falck, J. R. *Org. Lett.* **2003**, *5*, 4759.
56. 11,12,15(S)-トリヒドロキシイコサ-5(Z),8(Z),13(E)-トリエン酸の合成で: Falck, J. R.; Barma, D.; Mohapatra, S.; Bandyopadhyay, A.; Reddy, K. M.; Qi, J.; Campbell, W. *Bioorg. Med. Chem. Lett.* **2004**, *14*, 4987.
57. a) Alexakis, A.; Commercon, A.; Coulentianos, C.; Normant, J. F. *Pure Appl. Chem.* **1983**, *55*, 1759. b) Normant, J .F.; Alexakis, A. *Synthesis* **1981**, 841. c) Gardette, M.; Alexakis, A.; Normant, J. F. *Tetrahedron* **1985**, *41*, 5887.
58. Krebs, O.; Taylor, R. J. K. *Org. Lett.* **2005**, *7*, 1063.
59. ガンビエル酸 (gambieric acid) の F-J 部分の合成で: Clark, J. S.; Kimber, M. C.; Robertson, J. McErlean, C. S. P.; Wilson, C. *Angew. Chem. Int. Ed.* **2005**, *44*, 6157.
60. Rao, S.A.; Knochel, P. *J. Am. Chem. Soc.* **1991**, *113*, 5735.
61. 総説: a) Aubert, C.; Buisine, O.; Malacria, M. *Chem. Rev.* **2002**, *102*, 813. b) Trost, B. M.; Krische, M. J. *Synlett* **1998**, 1. c) Trost, B. M. *Acc. Chem. Res.* **1990**, *23*, 34.
62. Bray, K. L.; Charmant, J. P. H.; Fairlamb, I. J. S.; Lloyd-Jones, G. C. *Chem.−Eur. J.* **2001**, *7*, 4205.
63. Amatore, C.; Jutand, A.; Meyer, G.; Carelli, I.; Chiaretto, I. *Eur. J. Inorg. Chem.* **2000**, 1855.
64. ピクロトキサン (picrotoxane) の合成で: Trost, B. M.; Krische, M. J. *J. Am. Chem Soc.* **1996**, *118*, 233.
65. (−)-4a,5−ジヒドロストレプタゾリン (dihydrostreptazolin) の合成で: Yamada, H.; Aoyagi, S.; Kibayashi, C. *Tetrahedron Lett.* **1996**, *37*, 8787.
66. Yamada, H.; Aoyagi, S.; Kibayashi, C. *Tetrahedron Lett.* **1997**, *38*, 3027.
67. 一例として: Holzapfel, C. W.; Marcus, L. *Tetrahedron Lett.* **1997**, *38*, 8585.
68. a) Trost, B. M.; Shi, Y. *J. Am. Chem. Soc.* **1991**, *113*, 701. フルペーパー: b) Trost, B. M.; Tanoury, G. J.; Lautens, M.; Chan, C.; MacPherson, D. T. *J. Am. Chem. Soc.* **1994**, *116*, 4255. c) Trost, B. M.; Romero, D. L.; Rise, F. *J. Am. Chem. Soc.* **1994**, *116*, 4268.
69. 総説: Tietze, L. F.; Ila, H.; Bell, H. P. *Chem. Rev.* **2004**, *104*, 3453.
70. Hatano, M.; Mikami, K. *J. Am. Chem. Soc.* **2003**, *125*, 4704.
71. Oh, C. H.; Jung, S. H.; Rhim, C. Y. *Tetrahedron Lett.* **2001**, *42*, 8669.
72. (+)-ストレパゾリン (strepazoline) の合成で: Trost, B. M.; Chung, C. K.; Pinkerton, A. B. *Angew. Chem. Int. Ed.* **2004**, *43*, 4327.
73. Trost, B. M.; Shi, Y. *J. Am. Chem. Soc.* **1992**, *114*, 791.

74. Mori, M.; Kozawa, Y.; Nishida, M.; Kanamaru, M.; Onozuka, K.; Takimoto, M. *Org. Lett.* **2000**, *2*, 3435.
75. 総説: RajanBabu, T. V. *Chem. Rev.* **2003**, *103*, 2845.
76. (−)-クルクメン (curcumene) の合成で: Zhang, A.; RajanBabu, T. V. *Org. Lett.* **2004**, *6*, 3159.
77. a) Zhang, A.; RajanBabu, T. V. *J. Am. Chem. Soc.* **2006**, *128*, 5620. b) Shi, W.-J.; Zhang, Q.; Xie, J.-H.; Zhu, S.-F.; Hou, G.-H.; Zhou, Q.-L. *J. Am. Chem. Soc.* **2006**, *128*, 2780.
78. アンブルチシン (ambruticin) の C10−C18 骨格の合成で: He, Z.; Yi, C. S.; Donaldson, W. A. *Synlett* **2004**, 1312.
79. 総説: a) Hartwig, J. F. *Pure Appl. Chem.* **2004**, *76*, 507. b) Roesky, P. W.; Mueller, T. E. *Angew. Chem. Int. Ed.* **2003**, *42*, 2708. c) Pohlki, F.; Doye, S. *Chem. Soc. Rev.* **2003**, *32*, 104.
80. パラジウム触媒: Johns, A. M.; Utsunomiya, M.; Incarvito, C. D.; Hartwig, J. F. *J. Am. Chem. Soc.* **2006**, *128*, 1828. ニッケル触媒: Pawlas, J.; Nakao, Y.; Kawatsura, M.; Hartwig, J. F. *J. Am. Chem. Soc.* **2002**, *124*, 3669.
81. Loots, M. J.; Schwartz, J. *Tetrahedron Lett.* **1978**, *19*, 4381 and *J. Am. Chem. Soc.* **1977**, *99*, 8045.
82. Oi, S.; Sato, T.; Inoue, Y. *Tetrahedron Lett.* **2004**, *45*, 5051.
83. 不斉 Michael アクセプターを用いた関連反応で: Kakuuchi, A.; Taguchi, T.; Hanzawa, Y. *Tetrahedron* **2004**, *60*, 1293.
84. a) ミソプロストール (misoprostol) の合成で: Babiak, K. A.; Behling, J. R.; Dygos, J. H.; McLaughlin, K. T.; Ng, J. S.; Kalish, V. J.; Kramer, S. W.; Shone, R. L. *J. Am. Chem. Soc.* **1990**, *112*, 7441. 以下も見よ: b) Lipshutz, B. H.; Ellsworth, E. L. *J. Am. Chem. Soc.* **1990**, *112*, 7440. c) Dygos, J. H.; Adamek, J. P.; Babiak, K. A.; Behling, J. R.; Medich, J. R.; Ng, J. S.; Wieczoerek, J. J. *J. Org. Chem.* **1991**, *56*, 2549. d) Lipshutz, B. H.; Keil, R. *J. Am. Chem. Soc.* **1992**, *114*, 7919.
85. a) Lipshutz, B. H.; Wood, M. R. *J. Am. Chem. Soc.* **1993**, *115*, 12625. b) Lipshutz, B. H.; Wood, M. R. *J. Am. Chem. Soc.* **1994**, *116*, 11689.
86. El-Batta, A.; Hage, T. R.; Plotkin, S.; Bergdahl, M. *Org. Lett.* **2004**, *6*, 107.
87. a) Van Horn, D. E.; Negishi, E.-I. *J. Am. Chem. Soc.* **1978**, *100*, 2252. b) Lipshutz, B. H.; Dimock, S. H. *J. Org. Chem.* **1991**, *56*, 5761.
88. Wipf, P.; Xu, W. J.; Smitrovich, J. H.; Lehman, R.; Venanzi, L. M. *Tetrahedron* **1994**, *50*, 1935.
89. 総説: Leong, W. W.; Larock, R. C., Transition Metal Alkyl Complexes: Main Group Transmetallation/Insertion Chemistry. In *Comprehensive Organometallic Chemistry II*; Abel, E. W., Stone, F. G. A., Wilkinson, G., Eds.; Pergamon: Oxford, U.K., 1995; Vol. 12, pp 131−160.
90. Morris, I. K.; Snow, K. M.; Smith, N. W.; Smith, K. M. *J. Org. Chem.* **1990**, *55*, 1231.
91. Takemoto, Y.; Kuraoka, S.; Ohra, T.; Yonetoku, Y.; Iwata, C. *Tetrahedron* **1997**, *53*, 603.
92. a) Ruth, J. L.; Bergstrom, D. E. *J. Org. Chem.* **1978**, *43*, 2870. b) Bergstrom, D. E.; Inoue, H.; Reddy, P. A. *J. Org. Chem.* **1982**, *47*, 2174 c) Hacksell, U.; Daves, G. D., Jr. *J. Org. Chem.* **1983**, *48*, 2870.
93. Somei, M.; Kawasaki, T. *Chem. Pharm. Bull.* **1989**, *37*, 3426.
94. Outten, R. A.; Daves, G. D., Jr. *J. Org. Chem.* **1987**, *52*, 5064.
95. Cambie, R. C.; Metzler, M. R.; Rutledge, P. S.; Woodgate, P. D. *J. Organomet. Chem.* **1992**, *429*, 59.
96. 総説: Hayashi, T.; Yamasaki. K. *Chem. Rev.* **2003**, *103*, 2829.
97. Furman, B.; Dziedzic, M. *Tetrahedron Lett.* **2003**, *44*, 8249.
98. 総説: Farina, V. Transition Metal Alkyl Complexes: Oxidative Additions and Transmetallations. In *Comprehensive Organometallic Chemistry II*; Abel, E. W., Stone, F. G. A., Wilkinson, G., Eds.; Pergamon: Oxford, U.K., 1995; Vol. 12, pp 161−240.
99. 総説: Frisch, A. C.; Beller, M. *Angew. Chem. Int. Ed.* **2005**, *44*, 674.
100. Jutand, A.; Mosleh, A. *Organometallics* **1995**, *14*, 1810.
101. Jutand, A.; Negri, S. *Organometallics* **2003**, *22*, 4229.
102. Herrmann, W.A.; Brossmer, C.; Reisinger, C-P.; Priermeier, T.; Beller, M.; Fischer,

H. *Angew. Chem., Int. Ed. Engl.* **1995**, *34*, 1844.
103. 議論と文献: Kozuch, S.; Amatore, C.; Jutand, A.; Shaik, S. *Organometallics* **2005**, *24*, 2319.
104. a) ホスフィン/Pd(dba)$_2$から生成する触媒の反応活性の順位は, Pd(dba)$_2$ + 2Ph$_3$P > 1 DIOP >1 dppt >1 BINAP >である. ジホスフィンを2当量加えると触媒は不活性となる: Amatore, C.; Broeka, G.; Jutand, A.; Khalil, F. *J. Am. Chem. Soc.* **1997**, *119*, 5176. b) 総 説: Amatore, C.; Jutand, A. *Coord. Chem. Rev.* **1998**, *178-180*, 511.
105. Amatore, C.; Carre, E.; Jutand, A.; M'Barke, M. A. *Organometallics* **1995**, *14*, 1818.
106. 総 説: a) Shinokubo, H.; Oshima, K. *Eur. J. Org. Chem.* **2004**, 2081. b) Tietze, L. F.; Ila, H.; Bell, H. P. *Chem. Rev.* **2004**, *104*, 3453.
107. Tamao, K.; Sumitani, K.; Kiso, Y.; Zembayashi, M.; Fujioka, H.; Kodama, S-I.; Nakajima, I.; Minato, A.; Kumada, M. *Bull. Chem. Soc. Jpn.* **1976**, *49*, 1958.
108. Frisch, A. C.; Rataboul, F.; Zapf, A.; Beller, M. *J. Organomet. Chem.* **2003**, *687*, 403.
109. 総 説: Kalinin, V. N. *Synthesis* **1992**, 413.
110. (−)-タキソール (taxol) の合成で: Kusama, H.; Hara, R.; Kawahara, S.; Nishimori, T.; Kashima, H.; Nakamura, N.; Morihara, K.; Kuwajima, I. *J. Am. Chem. Soc.* **2000**, *122*, 3811.
111. クリプトタンシノン (cryptotanshinone) の合成で: Jiang, Y.-Y.; Li, Q.; Lu, W.; Cai, J.-C. *Tetrahedron Lett.* **2003**, *44*, 2073.
112. Saluzzo, C.; Breuzard, J.; Pellet-Rostaing, S.; Vallet, M.; Le Guyader, F.; Lemaire, M. *J. Organomet. Chem.* **2002**, *643-644*, 98.
113. a) Hayashi, T.; Konishi, M.; Ito, H.; Kumada, M. *J. Am. Chem. Soc.* **1982**, *104*, 4962. b) Hayashi, T.; Konishi, M.; Fukushima, M.; Kanehira, K.; Hioki, T.; Kumada, M. *J. Org. Chem.* **1983**, *48*, 2195. c) 総 説: Sawamura, M.; Ito, Y. *Chem. Rev.* **1992**, *92*, 857.
114. a) Hayashi, T.; Niizuma, S.; Kamikawa, T.; Suzuki, N.; Uozumi, Y. *J. Am. Chem. Soc.* **1995**, *117*, 9101. b) Kamikawa, T.; Nozumi, Y.; Hayashi, T. *Tetrahedron Lett.* **1996**, *37*, 3161. c) Kamikawa, T.; Hayashi, T. *Synlett* **1997**, 163.
115. a) Dankwardt, J. W. *Angew. Chem. Int. Ed.* **2004**, *43*, 2428. b) Kocienski, P. J.; Pritchard, M.; Wadman, S. N.; Whitby, R. J.; Yeates, C. L. *J. Chem. Soc., Perkin Trans. 1* **1992**, 3419.
116. ジヒドロリポセファリン (dihydrorhipocephalin) の合成で: Commeiras, L.; Valls, R.; Santelli. M.; Parrain, J.-L. *Synlett* **2003**, 1719.
117. クリプトタキエン (cryptotackiene) の合成で: Sundaram, G. S. M.; Venkatesh, C.; Kumar, U. K. S.; Ila, H.; Junjappa, H. *J. Org. Chem.* **2004**, *69*, 5760.
118. 総 説: a) Fürstner, A.; Martin, R. *Chem. Lett.* **2005**, *34*, 624. b) Blom, C.; Legros, J.; Paih, J. L.; Zani, L. *Chem. Rev.* **2004**, *104*, 6217. c) Shinokubo, H.; Oshima, K. *Eur. J. Org. Chem.* **2004**, 2081.
119. 第一級, 第二級臭化アルキルとGrignard反応剤の鉄触媒によるカップリング: Dongol, C. G.; Koh, S.; Sau, M.; Chai, C. L. L. *Adv. Synth. Catal.* **2007**, *349*, 1015.
120. Tsuji, T.; Yorimitsu, H.; Oshima, K. *Angew. Chem. Int. Ed.* **2002**, *41*, 4137.
121. FTY720の合成で: Seidel, C.; Laurich, D.; Fürstner, A. *J. Org. Chem.* **2004**, *69*, 3950.
122. スピロベチバン (spirovetivane) の合成で: Maulide, N.; Vanherck, J.-C.; Marko, I. E. *Eur. J. Org. Chem.* **2004**, 3962.
123. Bedford, R. B.; Betham, M.; Bruce, D. W.; Danopoulos, A. A.; Frost, R. M.; Hird, M. *J. Org. Chem.* **2006**, *71*, 1104 および引用文献.
124. スペクチナビリン (spectinabilin) の合成で: Jacobsen, M. F.; Moses, J. E.; Adlington, R. M.; Baldwin, J. E. *Org. Lett.* **2005**, *7*, 2473.
125. a) Kobayashi, M.; Negishi, E.-I. *J. Org. Chem.* **1980**, *45*, 5223. b) Negishi, E.-I.; Owczarczyk, Z. *Tetrahedron Lett.* **1991**, *32*, 6683.
126. (−)-ジスコデルモリド (discodermolide) の合成で: Smith, A. B., III; Qiu, Y.; Jones, D. R.; Kobayashi, K. *J. Am. Chem. Soc.* **1995**, *117*, 12011.
127. a) Organ, M. G.; Avola, S.; Dubovyk, I.; Hadei, N.; Kantchev, E. A. B.; O'Brien, C. J.; Valente, C. *Chem.−Eur. J.* **2006**, *12*, 4749. b) Zhou, J.; Fu, G. C. *J. Am. Chem. Soc.* **2003**, *125*, 12527.
128. プミロトキシン (pumilotoxin) の合成で: Aoyagi, S.; Hirashima, S.; Saito, K.;

Kibayashi, C. *J. Org. Chem.* **2002**, *67*, 5517.
129. ピンナトキシン (pinnatoxin) の合成で: Pelc, M. J.; Zakarian, A. *Org. Lett.* **2005**, *7*, 1629.
130. ブプレウリノール (bupleurynol) の合成で: Ghasemi, H.; Antunes, L. M.; Organ, M. G. *Org. Lett.* **2004**, *6*, 2913.
131. 総 説: a) Negishi, E.-i. *J. Chem. Soc., Dalton Trans.* **2005**, 827. b) Wipf, P.; Nunes, R. L. *Tetrahedron* **2004**, *60*, 1269.
132. a) 総 説: Negishi, E.-i. *Acc. Chem. Res.* **1982**, *15*, 340. b) Negishi, E.-i.; Okukado, N.; King, A. O.; Van Horn, D. E.; Spiegel, B. I. *J. Am. Chem. Soc.* **1978**, *100*, 2254.
133. (−)-モツポリン (motuporin) の合成で: Hu, T.; Panek, J. S. *J. Am. Chem. Soc.* **2002**, *124*, 11368.
134. ビタミン K の合成で: Huo, S.; Negishi, E.-i. *Org. Lett.* **2001**, *3*, 3253.
135. Suzuki カップリングでトランスメタル化が保持で進行するという反応機構の研究:
 a) Ridgeway, B. H.; Woerpel, K. D. *J. Org. Chem.* **1998**, *63*, 458. b) Matos, K.; Soderquist, J. A. *J. Org. Chem.* **1998**, *63*, 461.
136. 総 説: a) Suzuki, A. *Chem. Commun.* **2005**, 4759. b) Bellina, F.; Carpita, A.; Rossi, R. *Synthesis* **2004**, 2419. c) Kotha, S.; Lahiri, K.; Kashinath, D. *Tetrahedron* **2002**, *58*, 9633. d) Chemler, S. R.; Trauner, D.; Danishefsky, S. J. *Angew. Chem. Int. Ed.* **2001**, *40*, 4544. e) Miyaura, N.; Suzuki, A. *Chem. Rev.* **1995**, *95*, 2457.
137. ギムノシン (gymnocin) の合成で: A. Tsukano, C.; Ebine, M.; Sasaki, M. *J. Am. Chem. Soc.* **2005**, *127*, 4326.
138. パリトキシン (palytoxin) の部分合成で: Uenishi, J.-i.; Bean, J. M.; Armstrong, R. W.; Kishi, Y. *J. Am. Chem. Soc.* **1987**, *109*, 4756.
139. Humphrey, J. M.; Aggen, J. B.; Chamberlin, A. R. *J. Am. Chem. Soc.* **1996**, *118*, 11759.
140. Shen, W. *Tetrahedron Lett.* **1997**, *38*, 5575.
141. Wright, S. W.; Hageman, D. L.; McClure, L. D. *J. Org. Chem.* **1994**, *59*, 6095.
142. Saito, B.; Fu, G. C. *J. Am. Chem. Soc.* **2007**, *129*, 9602.
143. ビアリールの合成での利用の総説: Stanforth, S. P. *Tetrahedron* **1998**, *54*, 263.
144. ジアゾナミド (diazonamide) の合成で: A. Nicolaou, K. C.; Rao, P. B.; Hao, J.; Reddy, M. V.; Rassias, G.; Huang, X.; Chen, D. Y.-K.; Snyder, S. A. *Angew. Chem. Int. Ed.* **2003**, *42*, 1753.
145. ミケラミン (michellamine) B の合成で: a) Hobbs, P. D.; Upender, V.; Liu, J.; Pollart, D. J.; Thomas, P. W.; Dawson, M. I. *Chem. Commun.* **1996**, 923. b) Hobbs, P. D.; Upender, V.; Dawson, M. I. *Synlett* **1997**, 965.
146. OSU 6162 の合成で: Lipton, M. F.; Mauragis, M. A.; Maloney, M. T.; Veley, M. F.; VanderBor, D. W.; Newby, J. J.; Appell, R. B.; Daugs, E. D. *Org. Process Res. Dev.* **2003**, *7*, 385.
147. 総 説: a) Snieckus, V. *Chem. Rev.* **1990**, *90*, 879. b) Snieckus, V. *Pure Appl. Chem.* **1994**, *66*, 2155.
148. ヒッパジン (hippadine) の合成で: Hartung, C. G.; Fecher, A.; Chapell, B.; Snieckus, V. *Org. Lett.* **2003**, *5*, 1889.
149. a) ロサルタン (losartan) の合成で: Larsen, R. D.; King, A. O.; Chen, C. Y.; Corley, E. G.; Foster, B. S.; Roberts, F. E.; Yang, C.; Lieberman, D. R.; Reamer, R. A.; Tschaen, D. M.; Verhoeven, T. R.; Reider, P. J.; Lo, Y. S.; Rossano, L. T.; Brooks, A. S.; Meloni, D.; Moore, J. R.; Arnett, J. F. *J. Org. Chem.* **1994**, *59*, 6391. b) この過程の反応機構の研究: Smith, G. B.; Dezeny, G. C.; Hughes, D. L.; King, A. O.; Verhoeven, T. R. *J. Org. Chem.* **1994**, *59*, 8151.
150. Yin, J.; Buchwald, S. L. *J. Am. Chem. Soc.* **2000**, *122*, 12051.
151. コルペンスアミン (korupensamine) の合成で: A. Watanabe, T.; Shakadou, M.; Uemura, M. *Synlett* **2000**, 1141.
152. アンフィジノリド (amphidinolide) B の合成で: Gopalarathnam, A.; Nelson, S. G. *Org. Lett.* **2006**, *8*, 7.
153. (−)-カリスタチン (callystatin) A の合成で: Diaz, L. C.; Meira, P. R. R. *J. Org. Chem.* **2005**, *70*, 4762.
154. TMC-95A 類縁体の合成で: Kaiser, M.; Siciliano, C.; Assfalg-Machleidt, I.; Groll,

M.; Milbradt, A. G.; Moroder, L. *Org. Lett.* **2003**, *5*, 3435.
155. アポプトリジノン (apoptolidinone) の合成で: Wu, B.; Liu, Q.; Sulikowski, G. A. *Angew. Chem. Int. Ed.* **2004**, *43*, 6673.
156. a) Puentener, K.; Scalone, M. Eur. Pat. App. 2000 EP 1,057,831 A2, 2000 (b) Molander, G. A.; Ito, T. *Org. Lett.* **2001**, *3*, 393. c) Molander, G. A.; Rivero, M. R. *Org. Lett.* **2002**, *4*, 107. d) Molander, G. A.; Bernardi, C. *J. Org. Chem.* **2002**, *67*, 8424. e) Darses, S.; Genet, J.-P. *Eur. J. Org. Chem.* **2003**, 4313.
157. オキサミジン (oxamidine) II の合成で: Molander, G. A.; Dehmel, F. *J. Am. Chem. Soc.* **2004**, *126*, 10313.
158. Stille 反応の歴史: Kosugi, M.; Fugami, K. *J. Organomet. Chem.* **2002**, *653*, 50.
159. 総 説: Farina, V.; Krishnamurthy, V.; Scott, W. J. *Org. React.* **1997**, *50*, 1.
160. Stille 反応の機構の総説: Espinet, P.; Echavarren, A. M. *Angew. Chem. Int. Ed.* **2004**, *43*, 4704.
161. Hoshino, M.; Degenkolb, P.; Curran, D. P. *J. Org. Chem.* **1997**, *62*, 8341.
162. Kende, A. S.; Roth, B.; Sanfillipo, P. J.; Blacklock, T. J. *J. Am. Chem. Soc.* **1982**, *104*, 5808.
163. Farina, V.; Krishnan, B. *J. Am. Chem. Soc.* **1991**, *113*, 9585.
164. a) Liebeskind, L. S.; Fengl, R. W. *J. Org. Chem.* **1990**, *55*, 5359. b) Farina, V.; Kapadia, S.; Krishnan, B.; Wang, C.; Liebeskind, L. S. *J. Org. Chem.* **1994**, *59*, 5905.
165. サルコ酸メチル (methyl sarcoate) の合成で: Ichige, T.; Kamimura, S.; Mayumi, K.; Sakamoto, Y.; Terashita, S.; Ohteki, E.; Kanoh, N.; Nakata, M. *Tetrahedron Lett.* **2005**, *46*, 1263.
166. a) Labadie, J. W.; Teuting, D.; Stille, J. K. *J. Org. Chem.* **1983**, *48*, 4634. b) Labadie, J. W.; Stille, J. K. *J. Am. Chem. Soc.* **1983**, *109*, 669.
167. Stille, J. K.; Simpson, J. H. *J. Am. Chem. Soc.* **1987**, *109*, 2138.
168. カリペルトシド (callipeltoside) A の合成で: Trost, B. M.; Gunzner, J. L.; Dirat, O.; Rhee, Y. H. *J. Am. Chem. Soc.* **2002**, *124*, 10396.
169. Stille, J. K.; Groh, B. L. *J. Am. Chem. Soc.* **1987**, *109*, 813.
170. (−)-ラパマイシン (rapamycin) の合成で: Smith, A. B., III; Condon, S. M.; McCauley, J. A.; Leazer, J. L., Jr.; Leahy, J. W.; Maleczka, R. E., Jr. *J. Am. Chem. Soc.* **1997**, *119*, 962.
171. (+)-マイコトリエノール (mycotrienol) の合成で: Panek, J. S.; Masse, C. E. *J. Org. Chem.* **1997**, *62*, 8290.
172. リゾキシン (rhizoxin) D の合成で: D. Mitchell, I. S.; Pattenden, G.; Stonehouse, J. *Org. Biomolec. Chem.* **2005**, *3*, 4412.
173. クロロペプチン (chloropeptin) I の合成で: Deng, H.; Jung, J.-K.; Liu, T.; Kuntz, K. W.; Snapper, M. L.; Hoveyda, A. H. *J. Am. Chem. Soc.* **2003**, *125*, 9032.
174. Shair, M. D.; Yoon, T.; Danishefsky, S. J. *J. Org. Chem.* **1994**, *59*, 3755.
175. a) エノールトリフラートについての総説: Scott, W. J.; McMurray, J. E. *Acc. Chem. Res.* **1988**, *21*, 47. b) Echavarren, A. M.; Stille, J. K. *J. Am. Chem. Soc.* **1987**, *109*, 5478.
176. Roth, G. P.; Fuller, C. E. *J. Org. Chem.* **1991**, *56*, 3493.
177. Nicolaou, K. C.; Shi, G.-Q.; Gunzner, J. L.; Gärtner, P.; Yang, Z. *J. Am. Chem. Soc.* **1997**, *119*, 5467.
178. (−)-アウスタリド (austalide) B の合成で: Paquette, L. A.; Wang, T.-Z.; Sivik, M. R. *J. Am. Chem. Soc.* **1994**, *116*, 11323.
179. Nicolaou, K. C.; Sato, M.; Miller, N. D.; Gunzner, J. L.; Renaud, J.; Untersteller, E. *Angew. Chem., Int. Ed. Engl.* **1996**, *39*, 889.
180. Farina, V.; Krishnan, B.; Marshall, D. R.; Roth, G. P. *J. Org. Chem.* **1993**, *59*, 5434.
181. Kosugi, M.; Shimizu, Y.; Migita, T. *Chem. Lett.* **1977**, 1423.
182. Ragan, J. A.; Raggon, J. W.; Hill, P. D.; Jones, B. P.; McDermott, R. E.; Munchhof, M. J.; Marx, M. A.; Casavant, J. M.; Cooper, B. A.; Doty, J. L.; Lu, Y. *Org. Process Res. Dev.* **2003**, *7*, 676.
183. (−)-モツポリン (motuporin) の合成で: Panek, J. S.; Hu, T. *J. Org. Chem.* **1997**, *62*, 4912.
184. Azarian, D.; Dua, S. S.; Eaborn, C.; Walton, D. R. M. *J. Organomet. Chem.* **1976**, *117*,

C55.
185. (−)-ノズリスポリン酸 (nodulisporic acid) の7員環骨格の合成で: D. Smith, A. B., III; Davulcu, A. H.; Kürti, L. *Org. Lett.* **2006**, *8*, 1669.
186. a) Gallagher, W. P.; Terstiege, I.; Maleczka, R. E., Jr. *J. Am. Chem. Soc.* **2001**, *123*, 3194. b) Gallagher, W. P.; Maleczka, R. E., Jr. *J. Org. Chem.* **2005**, *70*, 841.
187. a) Tang, H.; Menzel, K.; Fu, G. C. *Angew. Chem. Int. Ed.* **2003**, *42*, 5079. b) Menzel, K.; Fu, Gregory C. *J. Am. Chem. Soc.* **2003**, *125*, 3718.
188. (+)-ヒンバシン (himbacin) の合成で: Hofman, S.; Gao, L.-J.; Van Dingenen, H.; Hosten N. G. C.; Van Haver, D.; De Clercq, P. J.; Milanesio, M. Viterbo, D. *Eur. J. Org. Chem.* **2001**, 2851.
189. Allred, G. D.; Liebeskind, L. S. *J. Am. Chem. Soc.* **1996**, *118*, 2748.
190. アポプトリジン (apoptolidin) の合成で: Wehlan, H.; Dauber, M.; Fernaud, M.-T. M.; Schuppan, J.; Mahrwald, R.; Ziemer, B.; Garcia, M.-E. J.; Koert, U. *Angew. Chem. Int. Ed.* **2004**, *43*, 4597.
191. Powell, D. A.; Maki, T.; Fu, G. C. *J. Am. Chem. Soc.* **2005**, *127*, 510.
192. Belema, M.; Nguyen, V. N.; Zusi, F. C. *Tetrahedron Lett.* **2004**, *45*, 1693.
193. Hiyama, T. *Syn. Lett.* **1991**, 845.
194. Hagiwara, E.; Gowda, K.-i.; Hatanaka, Y.; Hiyama, T. *Tetrahedron Lett.* **1997**, *38*, 439.
195. Denmark, S. E.; Choi, J. Y. *J. Am. Chem. Soc.* **1999**, *121*, 5821.
196. 総 説: a) Handy, C. J.; Manoso, A. S.; McElroy, W. T.; Seganish, W. M.; DeShong, P. *Tetrahedron* **2005**, *61*, 12201. b) Denmark, S. E.; Sweis, R. F. *Acc. Chem. Res.* **2002**, *35*, 835. c) Denmark, S. E.; Sweis, R. F. *Chem. Pharm. Bull.* **2002**, *50*, 1531. (d) Hiyama, T.; Shirakawa, E. *Top. Curr. Chem.* **2002**, *219*, 61. 歴史的背景の総説: e) Hiyama, T. *J. Organomet. Chem.* **2002**, *653*, 58.
197. Tamao, K.; Kobayashi, K.; Ito, Y. *Tetrahedron Lett.* **1989**, *30*, 6051.
198. Lee, H. M.; Nolan, S. P. *Org. Lett.* **2000**, *2*, 2053.
199. (+)-ブラシレニン (brasilenyne) の合成で: Denmark, S. E.; Yang, S.-M. *J. Am. Chem. Soc.* **2002**, *124*, 15196.
200. 総 説: a) Negishi, E.-i.; Anastasia, L. *Chem. Rev.* **2003**, *103*, 1979. b) Chinchilla, R. Najera, C. *Chem. Rev.* **2007**, *107*, 874.
201. a) これら化合物の全合成: Magnus, P.; Carter, P.; Elliot, J.; Lewis, R.; Harling, J.; Pitterns, T.; Batwa, W. E.; Fort, S. *J. Am. Chem. Soc.* **1992**, *114*, 2544. b) 総 説: Maier, M. E. *Synlett* **1995**, 13.
202. a) Wender, P. A.; Beckham, S.; O'Leary, J.-G. *Synthesis* **1995**, 1279. b) Nishikawa, T.; Yoshikai, M.; Kawai, T.; Unno, R.; Jomori, T.; Isobe, M. *Tetrahedron* **1995**, *51*, 9339.
203. Jacobi, P. A.; Guo, J. *Tetrahedron Lett.* **1995**, *36*, 2717.
204. カリペルトシドアグリコン (callipeltoside aglycon) の合成で: Nagata, H.; Miyazawa, N.; Ogasawara, K. *Org. Lett.* **2001**, *3*, 1737.
205. C-1027 の合成過程で: Inoue, M.; Sasaki, T.; Hatano, S.; Hirama, M. *Angew. Chem. Int. Ed.* **2004**, *43*, 6500.
206. a) De la Rosa, M. A.; Velardi, E.; Grizman, A. *Synth. Comm.* **1990**, *20*, 2059. b) Bleicher, L.; Cosford, N. P. P. *Synlett* **1995**, 1115.
207. Urgaonkar, S.; Verkade, J. G. *J. Org. Chem.* **2004**, *69*, 5752.
208. 銅のない系の機構の議論: Tiugerti, A.; Negri, S.; Jutand, A. *Chem.−Eur. J.* **2007**, *13*, 666.
209. Bumagin, N.; Sukholminova, L. I.; Luzckova, E. V.; Tolstaya, T. P.; Beletskaya, I. P. *Tetrahedron Lett.* **1996**, *37*, 897.
210. Powell, N. A.; Rychnovsky, S. D. *Tetrahedron Lett.* **1996**, *37*, 7901.
211. Eckhardt, M.; Fu, G. C. *J. Am. Chem. Soc.* **2003**, *125*, 13642.
212. Altenhoff, G.; Würtz, S.; Glorius, F. *Tetrahedron Lett.* **2006**, *47*, 2925.
213. ビピンナチン (bipinnatin) の合成で: J. Roethle, P. A.; Trauner, D. *Org. Lett.* **2006**, *8*, 345.
214. Mulzer, J.; Strecker, A. R.; Kattner, L. *Tetrahedron Lett.* **2004**, *45*, 8867.
215. ブリアレリン (briarellin)E と F の合成で: Corminboef, O.; Overman, L. E.; Penning-

ton, L. D. *J. Am. Chem. Soc.* **2003**, *125*, 6650.
216. シガトキシン (ciguatoxin) の FGHI 環の合成で: Takizawa, A.; Fujiwara, K.; Doi, E.; Murai, A.; Kawai, H.; Suzuki, T. *Tetrahedron Lett.* **2006**, *47*, 747.
217. Inoue, M.; Nakada, M. *Org. Lett.* **2004**, *6*, 2977.
218. Inoue, M.; Nakada, M. *Angew. Chem. Int. Ed.* **2006**, *45*, 252.
219. Xia, G.; Yamamoto, H. *J. Am. Chem. Soc.* **2006**, *128*, 2554.
220. Kosugi, M.; Kamezawa, M.; Migita, T. *Chem. Lett.* **1983**, 927.
221. a) Wolfe, J. P.; Wagaw, S.; Buchwald, S. L. *J. Am. Chem. Soc.* **1996**, *118*, 7215. b) Wolfe, J. P.; Buchwald, S. L. *J. Org. Chem.* **1996**, *61*, 1133. c) トリフラート: Wolfe, J. P.; Buchwald, S. L. *J. Org. Chem.* **1997**, *62*, 1264. d) Driver, M. J.; Hartwig, J. F. *J. Am. Chem. Soc.* **1996**, *118*, 7217. e) Louis, J.; Driver, M. S.; Hamann, B. C.; Hartwig, J. F. *J. Org. Chem.* **1997**, *62*, 1268. f) Hartwig, J. F. *Synlett* **1997**, 329. g) Wolfe, J. P.; Buchwald, S. L. *J. Org. Chem.* **1997**, *62*, 6066. h) Wolfe, J. P.; Wagaw, S.; Marcoux, J.-F.; Buchwald, S. L. *Acc. Chem. Res.*, **1998**, *31*, 805.
222. Åhman, J; Buchwald, S. L. *Tetrahedron Lett.* **1997**, *38*, 6363.
223. a) Reddy, N. P.; Tanaka, M. *Tetrahedron Lett.* **1997**, *38*, 4807. b) Beller, M.; Riermeier, T. H.; Reisinger, C.-P.; Hermann, W. A. *Tetrahedron Lett.* **1997**, *38*, 2073.
224. Wolfe, J. P.; Buchwald, S. L. *J. Am. Chem. Soc.* **1997**, *119*, 6054.
225. Stover, J. S.; Rizzo, C. J. *Org. Lett.* **2004**, *6*, 4985.
226. スピカマイシン (spicamycin) の合成で: Suzuki, T.; Tanaka, S.; Yamada, I.; Koashi, Y.; K. Yamada, N. Chida, *Org. Lett.* **2000**, *2*, 1137.
227. フミキナゾリン (fumiquinazoline) の合成で: Snider, B. B.; Zheng, H. *J. Org. Chem.* **2003**, *68*, 545.
228. 総説: Barluenga, J.; Valdes, C. *Chem. Commun.* **2005**, 4891.
229. 総説: Beletskaya, I. P.; Cheprakov, A. V. *Coord. Chem. Rev.* **2004**, *248*, 2337.
230. Shekar, S.; Ryberg, P.; Hartwig, J. F.; Mathew, J. S.; Blackmond, D. G.; Streiter, E. R.; Buchwald, S. L. *J. Am. Chem. Soc.* **2006**, *128*, 3584.
231. a) Shen, Q.; Hartwig, J. F. *J. Org. Chem.* **2006**, *128*, 10028. b) Surry, D. S.; Buchwald, S. L. *J. Am. Chem. Soc.* **2007**, *129*, 10354.
232. a) Anderson, K. W.; Ikawa, T.; Tundel, R. E.; Buchwald, S. L. *J. Am. Chem. Soc.* **2006**, *128*, 10694. b) $K_3PO_4 \cdot H_2O$ を使用する反応: Chen, G.; Chan, A. S. C.; Kwong, F. Y. *Tetrahedron Lett.* **2007**, *48*, 473.
233. U86192A の合成で: Chae, J.; Buchwald, S. L. *J. Org. Chem.* **2004**, *69*, 3336.
234. チュアングキシンマイシン (chuangxinmycin) の合成で: Kato, K.; Ono, M.; Akita, H. *Tetrahedron* **2001**, *57*, 10055.
235. サルパジン (sarpagine) アルカロイドの合成で: Zhou, H.; Liao, X.; Yin, W.; Cook, J. M. *J. Org. Chem.* **2006**, *71*, 251.
236. ケリリン (cherylline) の合成で: Honda, T.; Namiki, H.; Satoh, F. *Org. Lett.* **2001**, *3*, 631.
237. アザジラクチン (azadirachtin) の合成過程で: Nicolaou, K. C.; Sasmal, P. K.; Koftis, T. V.; Converso, A.; Loizidou, E.; Kaiser, F.; Roecker, A. J.; Dellios, C. C.; Sun, X.-W.; Petrovic, G. *Angew. Chem. Int. Ed.* **2005**, *44*, 3447.
238. FR182877 の合成過程で: Clark, P. A.; Grist, M.; Ebden, M. *Tetrahedron Lett.* **2004**, *45*, 927.
239. Four, P.; Guibe, F. *J. Org. Chem.* **1981**, *46*, 4439.
240. Zhang, H. X.; Guibe, F.; Balavoine, G. *J. Org. Chem.* **1990**, *55*, 1857.
241. ナフレジン (nafuredin) γ の合成で: Nagamitsu, T.; Takano, D.; Shiomi, K.; Ui, H.; Yamaguchi, Y.; Masuma, R.; Harigaya, Y.; Kuwajima, I.; Omura, S. *Tetrahedron Lett.* **2003**, *44*, 6441.
242. a) Roth, G. P.; Thomas, J. A. *Tetrahedron Lett.* **1992**, *33*, 1959. b) Cacchi, S.; Ciattini, P. G.; Moreta, E.; Ortar, G. *Tetrahedron* **1986**, *27*, 3931. c) Dolle, R. E.; Schmidt, S. J.; Kruse, L. I. *J. Chem. Soc., Chem. Commun.* **1987**, 904.
243. ウェルウィチンドリノン (welwitindolinone) A イソニトリルの合成で: Reisman, S. E.; Ready, J. M.; Hasuoka, A.; Smith, C. J.; Wood, J. L. *J. Am. Chem. Soc.* **2006**, *128*, 1448.

244. McGuire, M. A.; Sorenson, E.; Owings, F. W.; Resnick, T. M.; Fox, M.; Baine, N. H. *J. Org. Chem.* **1994**, *59*, 6683.
245. Tilley, J. W.; Coffen, D. L.; Schaer, B. H.; Lind, J. *J. Org. Chem.* **1987**, *52*, 2469.
246. a) Cowell, A.; Stille, J. K. *J. Am. Chem. Soc.* **1980**, *102*, 4193. b) Martin, L. D.; Stille, J. K. *J. Org. Chem.* **1982**, *47*, 3630.
247. (+)-マノアリド (manoalide) の合成で: Pommier, A.; Stepanenko, V.; Jarowicki, K.; Kocienski, P. J. *J. Org., Chem.* **2003**, *68*, 4008.
248. Mori, M.; Chiba, K.; Ban, Y. *J. Org. Chem.* **1978**, *43*, 1684.
249. FR900482 の合成過程で: Trost, B. M.; Amerkis, M. K. *Org. Lett.* **2004**, *6*, 1745.
250. a) Mori, M.; Chiba, K.; Okita, M.; Ban, Y. *J. Chem. Soc., Chem. Commun.* **1979**, 698. b) *Tetrahedron* **1985**, *41*, 387.
251. Kotsuki, H.; Datta, P. K.; Suenaga, H. *Synthesis* **1996**, 470.
252. Baillargeon, V. P.; Stille, J. K. *J. Am. Chem. Soc.* **1986**, *108*, 452.
253. ノズリスポリン酸 (nodulisporic acid) の合成で: Smith, A. B., III; Cho, Y. S.; Ishiyama, H. *Org. Lett.* **2001**, *3*, 3971.
254. ラピジレクチン (lapidilectine) B の合成で: Pearson, W. H.; Lee, I. Y.; Stoy, P. *J. Org. Chem.* **2004**, *69*, 9109.
255. Jackson, R. F. W.; Turner, D.; Block, M. H. *J. Chem. Soc., Perkin Trans. 1* **1997**, 865.
256. フォマチン (phomatin) 骨格の合成で: Houghton, T. J.; Choi, S.; Rawal, V. H. *Org. Lett.* **2001**, *3*, 3615.
257. この反応は独立に発見されている: a) Mizoroki, T.; Mori, K.; Ozaki, A. *Bull. Chem. Soc. Jpn.* **1971**, *44*, 581. b) Heck, R. F.; Nolley, J. P., Jr. *J. Org. Chem.* **1972**, *37*, 2320.
258. 総説: a) Heck, R. F. *Org. React.* **1982**, *27*, 345. b) Heck, R. F. *Palladium Reagents in Organic Synthesis*; Academic Press: London, U.K., 1985. c) Söderberg, B. C. Transition Metal Alkyl Complexes: Oxidative Addition and Insertion. In *Comprehensive Organometallic Chemistry II*; Abel, E. W., Stone, F. G. A., Wilkinson, G., Eds.; Pergamon: Oxford, U.K., 1995; Vol. 12, pp 241-297. d) Overman, L. E. *Pure Appl. Chem.* **1994**, *66*, 1423. e) de Meijere, E.; Meyer, F. E. *Angew. Chem., Int. Ed. Engl.* **1994**, *33*, 2379. f) Cabri, W.; Candiani, I. *Acc. Chem. Res.* **1995**, *28*, 2.
259. 総説: Knowles. J. P.; Whiting, A. *Org. Biomolec. Chem.* **2007**, *5*, 31.
260. McCrindle, R.; Ferguson, G.; Arsenault, G. J.; McAlees, A. J.; Stephenson, D. K. *J. Chem. Res., Synop.* **1984**, 360.
261. Andersson, C. M.; Karabelas, K.; Hallberg, A.; Andersson, C. *J. Org. Chem.* **1985**, *50*, 3891.
262. a) Jeffery, T. *Tetrahedron Lett.* **1985**, *26*, 2667. b) Larock, R. C.; Baker, B. E. *Tetrahedron Lett.* **1988**, *29*, 905. c) Jeffery, T. *J. Chem. Soc., Chem. Comm.* **1984**, 1287. (d) Jeffery, T. *Synthesis* **1987**, 70.
263. Amatore, C.; Azzabi, M.; Jutand, A. *J. Am. Chem. Soc.* **1991**, *113*, 8375.
264. a) Jeffery, T. *Tetrahedron* **1996**, *52*, 10113. b) Casalnuovo, W. L.; Calabrese, J. C. *J. Am. Chem. Soc.* **1990**, *112*, 4324. c) Genet, J. P.; Blast, E.; Savignac, M. *Synlett* **1992**, 1715. d) Jeffery, T. *Tetrahedron Lett.* **1994**, *35*, 3501. e) Dibowski, H.; Schmidchen, F. P. *Tetrahedron* **1995**, *51*, 2325.
265. Herrmann, W. A.; Brossmer, C.; Reisinger, C.-P.; Riermeier, T. H.; Ofele, K.; Beller, M. *Chem.-Eur. J.* **1997**, *3*, 1357.
266. a) Spencer, A. *J. Organomet. Chem.* **1983**, *258*, 101; **1984**, *265*, 323; **1984**, *270*, 115. 以下も見よ: b) Ohff, M.; Ohff, A.; van der Boom, M. E.; Milstein, D. *J. Am. Chem. Soc.* **1997**, *119*, 11687.
267. a) Daves, G. D., Jr.; Hallberg, A. *Chem. Rev.* **1989**, *89*, 1433. b) Daves, G. D. *Acc. Chem. Res.* **1990**, *23*, 201.
268. a) Cabri, W.; Candiani, I.; Bedeschi, A.; Penco, S. *J. Org. Chem.* **1992**, *57*, 1481. b) Cabri, W.; Candiani, I.; Bedeschi, A.; Santi, R. *J. Org. Chem.* **1992**, *57*, 3558.
269. ラトジャドン (ratjadone) の合成で: Bhatt, U.; Christmann, M.; Qitschalle, M.; Claus, E.; Kalesse, M. *J. Org. Chem.* **2001**, *66*, 1885.
270. Tietze, L. F.; Nöbel, T.; Speacha, M. *Angew. Chem., Int. Ed. Engl.* **1996**, *35*, 2259.

271. ナブメトン (nabumeton) の合成で: Aslam, M.; Elango, V.; Davenport, K. G. *Synthesis* **1989**, 869.
272. 総 説: Link, J. T. *Org React.* **2002**, *60*, 157.
273. Okita, T.; Isobe, M. *Tetrahedron* **1994**, *50*, 11143.
274. a) Rigby, J. H.; Hughes, R. J.; Heeg, M. J. *J. Am. Chem. Soc.* **1995**, *117*, 7834. b) Bombrun, A.; Sageot, O. *Tetrahedron Lett.* **1997**, *38*, 1057.
275. Overman, L. E.; Abelman, M. M.; Kucera, D. J.; Tran, V. D.; Ricca, D. J. *Pure Appl. Chem.* **1992**, *64*, 813.
276. Hiroshige, M.; Hauske, J. R.; Zhou, R. *J. Am. Chem. Soc.* **1995**, *117*, 11590.
277. a) タキソール (taxol) の合成で: Masters, J. J.; Link, J. T.; Snyder, L. B.; Young, W. B.; Danishefsky, S. J. *Angew. Chem., Int. Ed. Engl.* **1995**, *34*, 1723. b) Young, W. B.; Masters, J. J.; Danishefsky, S. J. *J. Am. Chem. Soc.* **1995**, *117*, 5228.
278. エクテイナスシジン (ecteinascidin) 743 の合成で: Endo, A.; Yanagisawa, A.; Abe, M.; Tohma, S.; Kan, T.; Fukuyama, T. *J. Am. Chem. Soc.* **2002**, *124*, 6552.
279. ジアゾナミド (diazonamide) A 誘導体の合成で: Li, J.; Chen, X.; Burgett, A. W. G.; Harran, P. G. *Angew. Chem. Int. Ed.* **2001**, *40*, 2682.
280. クリポウェリン (cripowellin) A と B の合成で: Enders, D.; Lenzen, A.; Backes, M.; Janeck, C.; Catlin, K.; Lannou, M.-I.; Runsik, J.; Raabe, G. *J. Org. Chem.* **2005**, *70*, 10538.
281. Firmansjah, L.; Fu, G. C. *J. Am. Chem. Soc.* **2007**, *129*, 11340.
282. 総 説: a) Shibasaki, M.; Boden, C. D. J.; Kojima, A. *Tetrahedron* **1997**, *53*, 7371. b) Dounay, A. B.; Overman, L. E. *Chem Rev.* **2003**, *103*, 2945.
283. (−)-エプタゾシン (eptazocine) の合成で: Takemoto, T.; Sodeoka, M.; Sasai, H.; Shibasaki, M. *J. Am. Chem. Soc.* **1993**, *115*, 8477.
284. (+)-ベルノレピン (vernolepin) の合成で: Ohrai, K.; Kondo, K.; Sodeoka, M.; Shibasaki, M. *J. Am. Chem. Soc.* **1994**, *116*, 11737.
285. a) Loiseleur, O.; Meier, P.; Pfaltz, A. *Angew. Chem., Int. Ed. Engl.* **1996**, *35*, 200. b) Loiseleur, O.; Hayashi, M.; Sames, N.; Pfaltz, A. *Synthesis* **1997**, 1338. See also c) Trabesinger, G.; Albinati, A.; Feiken, N.; Kunz, R. W.; Pregosin, P. S.; Tschoerner, M. *J. Am. Chem. Soc.* **1997**, *119*, 6315.
286. (−)-クアドリゲミン (quadrigemin) C の合成で: C. Lebsack, A. D.; Link, J. T.; Overman, L. E.; Stearns, B. A. *J. Am. Chem. Soc.* **2002**, *124*, 9008.
287. McClure, M. S.; Glover, B.; McSorley, E.; Millar, A.; Ostenhout, M. H.; Roschagar, F. *Org. Lett.* **2001**, *3*, 1677.
288. 総 説: a) Seregin, I. V.; Gevorgyan, V. *Chem. Soc. Rev.* **2007**, *36*, 1173. b) Campeau, L.-S.; Fagnou, K. *Chem. Commun.* **2006**, 1253. c) Echavarren, A. M.; Gomez-Lor, B.; Gonzales, J. J.; de Frutos, O. *Synlett* **2003**, 585.
289. Garcia-Cuadrado, D.; Braga, A. A. C.; Maseras, F.; Echavarren, A. M. *J. Am. Chem. Soc.* **2006**, *128*, 1066.
290. Mota, A. J.; Didieu, A.; Bour, C.; Suffert, J. *J. Am. Chem. Soc.* **2005**, *127*, 7171.
291. Campeau, L.-C.; Parisien, M.; Jean, A.; Fagnou, K. *J. Am. Chem. Soc.* **2006**, *128*, 581.
292. Lafrance, M.; Fagnou, K. *J. Am. Chem. Soc.* **2006**, *128*, 16496.
293. グラフィスラクトン (graphislactone) B の合成で: Abe, H.; Nishioka, K.; Takeda, S.; Arai, M.; Takeuchi, Y.; Harayama, T. *Tetrahedron Lett.* **2005**, *46*, 3197.
294. (−)-フロドシン (frodosin) の合成で: Hughes, C. C.; Trauner, D. *Angew. Chem. Int. Ed.* **2002**, *41*, 1569.
295. 総 説: a) Heumann, A.; Reglier, M. *Tetrahedron* **1996**, *52*, 9289. b) Grigg, R.; Sridharan, V. Transition Metal Alkyl Complexes: Multiple Insertion Cascades, In *Comprehensive Organometallic Chemistry II*; Abel, E.W., Stone, F. G. A., Wilkinson, G., Eds.. Pergamon: Oxford, U.K., 1995; Vol. 12, pp 299-321.
296. (+)-ホルボール (phorbol) の合成で: Lee, K.; Cha, J. K. *J. Am. Chem. Soc.* **2001**, *123*, 5590.
297. Negishi, E.-i.; Sawada, H.; Tour, J. M.; Wei, Y. *J. Org. Chem.* **1988**, *53*, 913.
298. 総 説: Catellani, M. *Synlett* **2003**, 298.
299. a) Coperet, C.; Ma, S.; Negishi, E.-i. *Angew. Chem., Int. Ed. Engl.* **1996**, *35*, 2125. この点

についてのフルペーパーは以下に：b) Coperet, C.; Ma, S.; Sugihara, T.; Negishi, E.-i. *Tetrahedron* **1996**, *52*, 11529. c) Negishi, E.-i.; Ma, S.; Amanfu, J.; Coperet, C.; Miller, J. A.; Tour, J. M. *J. Am. Chem. Soc.* **1996**, *118*, 5919.
300. (+)-キセストキノン (xestoquinone) の合成で：Maddaford, S. P.; Andersen, N. G.; Cristofoli, W. A.; Keays, B. A. *J. Am. Chem. Soc.* **1996**, *118*, 10766.
301. 総説：a) de Meijere, A; von Zezschwitz, P.; Braese, S. *Acc. Chem. Res.* **2005**, *38*, 413. b) Poli, G.; Giambastiani, G.; Heumann, A. *Tetrahedron* **2000**, *56*, 5959. c) Malacria, M. *Chem. Rev.* **1996**, *96*, 289. d) Ojima, I.; Tzamarioudalsi, M.; Li, Z.; Donovan, R.J. *Chem. Rev.* **1996**, *96*, 635. e) Negishi, E.-i.; Coperet, C.; Ma, S.; Liou, S.-Y.; Liu, F. *Chem. Rev.* **1996**, *96*, 365.
302. Zhang, Y.; Wu, G. Z.; Agnel, G.; Negishi, E.-i. *J. Am. Chem. Soc.* **1990**, *112*, 8590.
303. Meyer, F. E.; Parsons, P. J.; de Meijere, A. *J. Org. Chem.* **1991**, *56*, 6487.
304. Grigg, R.; Logananthan, V.; Sridharan, V. *Tetrahedron Lett.* **1996**, *37*, 3399.
305. Oda, H.; Kobayashi, T.; Kosugi, M.; Migita, T. *Tetrahedron* **1995**, *51*, 695.
306. ハレナキノール (halenaquinol) の合成で：Kojima, A.; Takemoto, T.; Sodeoka, M.; Shibasaki, M. *J. Org. Chem.* **1996**, *61*, 4876.
307. a) 12-メトキシ置換サルパジン (sarpagine) アルカロイドの合成で：Zhou, H.; Liao, X.; Yin, W.; Ma, J.; Cook, J. M. *J. Org. Chem.* **2006**, *71*, 251. 以下も見よ：b) Larock, R. C.; Yum, E. K. *J. Am. Chem. Soc.* **1991**, *113*, 6689. c) Park, S. S.; Chgoi, J.-K.; Yum, E. K. *Tetrahedron Lett.* **1998**, *39*, 627.
308. 総説：a) Dupont, J.; Consorti, C. S.; Spencer, J. *Chem. Rev.* **2005**, *105*, 2527. b) Ryabov, A. D. *Synthesis* **1985**, 233. c) Omae, I. *Chem. Rev.* **1979**, *79*, 287. d) Pfeffer, M.; Dehand, P. *Coord. Chem. Rev.* **1976**, *18*, 327.
309. C-H 活性化の総説：a) Ritleng, V.; Sirlin, C.; Pfeffer, M. *Chem. Rev.* **2002**, *102*, 1731. b) Dyker, G. *Angew. Chem. Int. Ed.* **1999**, *38*, 1699. (c) Jun, C. H.; Moon, C. W.; Lee, D.-Y. *Chem.-Eur. J.* **2002**, *8*, 2423.
310. Brisdon, B. J.; Nair, P.; Dyke, S. F. *Tetrahedron* **1981**, *37*, 173.
311. Horino, H.; Inoue, N. *J. Org. Chem.* **1981**, *46*, 4416.
312. アフィジコリン (aphidicolin) の合成で：Justicia, J.; Oltra, J. E.; Cuerva, J. M. *J. Org. Chem.* **2005**, *70*, 8265.
313. Dangel, B. D.; Godula, K.; Youn, S. W.; Sezen, B.; Sames, D. *J. Am. Chem. Soc.* **2002**, *124*, 11856.
314. Orito, K.; Miyazawa, M.; Nakamura, T.; Horibata, A.; Ushito, H.; Nagasaki, H.; Yuguchi, M.; Yamashita, S.; Yamazaki, T.; Tokuda, M. *J. Org. Chem.* **2006**, *71*, 5951.
315. Wan, X.; Ma, Z.; Li, B.; Zhang, K.; Cao, S.; Zhang, S.; Shi, Z. *J. Am. Chem. Soc.* **2006**, *128*, 7416.
316. Giri, R.; Maugel, N.; Li, J.-J.; Wang, D.-H.; Breazzano, S. P.; Saunders, L. B.; Yu, J.-Q. *J. Am. Chem. Soc.* **2007**, *129*, 3510.
317. Kong, A.; Han, X.; Lu, X. *Org. Lett.* **2006**, *8*, 1339.
318. アウスタミド (austamide) の合成で：Baran, P. J.; Corey, E. J. *J. Am. Chem. Soc.* **2002**, *124*, 7904.
319. Huang, Q.; Fazio, A.; Dai, G.; Campo, M. A. Larock, R. C. *J. Am. Chem. Soc.* **2004**, *126*, 7460.
320. 機構の議論：Kesharwani, T.; Larock, R. C. *Tetrahedron* **2008**, *64*, 6090.
321. Kawasaki, S.; Satoh, T.; Miura, M.; Nomura, M. *J. Org. Chem.* **2003**, *68*, 6836.
322. Bertrand, M. B.; Wolfe, J. P. *Org. Lett.* **2007**, *9*, 3073.
323. Lafrance, M.; Gorelsky, S. I.; Fagnou, K. *J. Am. Chem. Soc.* **2007**, *129*, 14570.
324. Catellani, M.; Frignani, F.; Rangoni, A. *Angew. Chem., Int. Ed. Engl.* **1997**, *36*, 119.
325. 機構の研究：Rudolph, A.; Rackelmann, N.; Lautens, M. *Angew. Chem. Int. Ed.* **2007**, *46*, 1485.
326. a) Mariampillai, B.; Aliot, J.; Li, M.; Lautens, M. *J. Am. Chem. Soc.* **2007**, *129*, 15372. b) Mariampillai, B.; Alberico, D.; Bidau, V.; Lautens, M. *J. Am. Chem. Soc.* **2006**, *128*, 14436.
327. 例として a) Ferraccioli, R.; Giannini, C.; Molteni, G. *Tetrahedron:Asymmetry* **2007**, *18*, 1475. b) Alberico, D.; Rudolph, A.; Lautens, M. *J. Org. Chem.* **2006**, *72*, 775. c) Martins,

A.; Alberico, D.; Lautens, M. *Org. Lett.* **2006**, *8*, 4827 および引用文献.
328. Motti, E.; Rossetti, M.; Bocelli, G.; Catellani, M. *J. Organomet. Chem.* **2004**, *689*, 3741.
329. Catellani, M.; Motti, E.; Minardi, M. *Chem. Commun.* **2000**, 157.
330. Wilhelm, T.; Lautens, M. *Org. Lett.* **2005**, *7*, 4053.
331. 総説: Ritleng, V.; Sirlin, C.; Pfeffer, M. *Chem. Rev.* **2002**, *102*, 1731.
332. a) Asaumi, T.; Matsuo, T.; Fukuyama, T.; Ie, Y.; Kakiuchi, F.; Chatani, N. *J. Org. Chem.* **2004**, *69*, 4433. b) Ie, Y.; Chatani, N.; Ogo, T.; Marshall, D. R.; Fukuyama, T.; Kakiuchi, F.; Murai, S. *J. Org. Chem.* **2000**, *65*, 1475.
333. Thalji, R. K.; Ellman, J. A.; Bergman, R. G. *J. Am. Chem. Soc.* **2004**, *126*, 7192.
334. Kakiuchi, F.; Kan, S.; Igi, K.; Chatani, N.; Murai, S. *J. Am. Chem. Soc.* **2003**, *125*, 1698.
335. 総説: a) Broene, R. D. Reductive Dimerization of Alkenes and Alkynes. In *Comprehensive Organometallic Chemistry II*; Abel, E. W., Stone, F. G. A., Wilkinson, G., Eds.; Pergamon: Oxford, U.K., 1995; Vol. 12, pp 326-347. b) Hanzawa, Y.; Ito, H.; Taguchi, T. *Synlett* **1995**, 299. c) Negishi, E.-i.; Takahashi, T. *Acc. Chem. Res.* **1994**, *27*, 124.
336. Swanson, D. R.; Rousset, C. J.; Negishi, E.-i.; Takahashi, T.; Seki, T.; Saburi, M.; Uchida, Y. *J. Org. Chem.* **1989**, *54*, 3521.
337. a) Fagan, P. J.; Nugent, W. A. *J. Am. Chem. Soc.* **1988**, *110*, 2310. 以下も見よ: b) Hara, R.; Nishihara, Y.; Landre, P. D.; Takahashi, T. *Tetrahedron Lett.* **1997**, *38*, 447.
338. a) Nugent, W. A.; Taber, D. F. *J. Am. Chem. Soc.* **1989**, *111*, 6435. b) Negishi, E.-i.; Holmes, S. J.; Tour, J. M.; Miller, J. A.; Cederbaum, F. E.; Swanson, D. R.; Takahashi, T. *J. Am. Chem. Soc.* **1989**, *111*, 3336. c) Negishi, E.-i.; Miller, S. R. *J. Org. Chem.* **1989**, *54*, 6014.
339. ホルボール (phorbol) の合成で: Wender, P. A.; Rice, K. D.; Schnute, M. E. *J. Am. Chem. Soc.* **1997**, *119*, 7897.
340. エピ-β-ブルネセン (bulnesene) の合成で: Negishi, E.-i.; Ma, S.; Sugihara, T.; Noda, Y. *J. Org. Chem.* **1997**, *62*, 1922.
341. (-)-デンドロビン (dendrobine) の合成で: Uesaka, N.; Saitoh, F.; Mori, M.; Shibasaki, M.; Okumura, K.; Date, T. *J. Org. Chem.* **1994**, *59*, 5633.
342. a) Luker, T.; Whitby, R. J. *Tetrahedron Lett.* **1995**, *36*, 4109. b) Probert, G. D.; Whitby, R. J.; Coote, S. J. *Tetrahedron Lett.* **1995**, *36*, 4113. c) Gordon, C. J.; Whitby, R. J. *Synlett* **1995**, 77. d) 塩化プロパルギルの挿入に関連して: Gordon, G. J.; Whitby, R. J. *Chem. Commun.* **1997**, 1045.
343. Baldwin, I. R.; Whitby, R. J. *Chem. Commun.* **2003**, 2786.
344. Makabe, M.; Sato, Y.; Mori, M. *J. Org. Chem.* **2004**, *69*, 6238.
345. Jensen, M.; Livinghouse, T. *J. Am. Chem. Soc.* **1989**, *111*, 4495.
346. a) Urabe, H.; Suzuki, K.; Sato, F. *J. Am. Chem. Soc.* **1997**, *119*, 10014. 以下も見よ: b) Urabe, H.; Takeda, T.; Hideura, D.; Sato, F. *J. Am. Chem. Soc.* **1997**, *119*, 11295. c) Garcia, A. M.; Maseareñas, J. L.; Castedo, L.; Mouriño, A. *J. Org. Chem.* **1997**, *62*, 6353.
347. 総説: Sato, F.; Urabe, H.; Okamoto, S. *Chem. Rev.* **2000**, *100*, 2835.
348. α,25-ヒドロキシビタミン D_3 の合成で: Hanazawa, T.; Koyama, A.; Wada, T.; Morishige, E.; Okamoto, S.; Sato, F. *Org. Lett.* **2003**, *5*, 523.
349. Gao, Y.; Harada, K. Sato, F. *Chem. Commun.* **1996**, 533.
350. Fairfax, D.; Stein, M.; Livinghouse, T.; Jensen, M. *Organometallics* **1997**, *16*, 1523.
351. (+)-ラウダノシン (laudanosine) と(-)-キシロピン (xylopine) の合成で: Muhajedin, D. Doye, S. *Eur. J. Org. Chem.* **2005**, 2689.
352. a) Buchwald, S. L.; Watson, B. T.; Wannamaker, M. W.; Dewan, J. C. *J. Am. Chem. Soc.* **1989**, *111*, 4486. b) Coles, N.; Whitby, R. J.; Blagg, J. *Syn. Lett.* **1992**, 143.
353. 総説: Kulinkovich, O. G.; de Meijere, A. *Chem. Rev.* **2000**, *100*, 2789.
354. β-アラネオセン (araneosene) の合成で: Kingsbury, J. S.; Corey, E. J. *J. Am. Chem. Soc.* **2005**, *127*, 13813.
355. Lee, J.; Kim, H.; Cha, J. K. *J. Am. Chem. Soc.* **1996**, *118*, 4198.
356. Lee, J.; Cha, J. K. *J. Org. Chem.* **1997**, *62*, 1584.
357. Knight, K. S.; Waymouth, R. M. *J. Am. Chem. Soc.* **1991**, *113*, 6268.
358. Takahashi, T.; Seki, T.; Nitto, Y.; Saburi, M.; Rousset, C. J.; Negishi, E.-i. *J. Am.*

Chem. Soc. **1991**, *113*, 6266.
359. a) Hoveyda, A. H.; Xu, Z. *J. Am. Chem. Soc.* **1991**, *113*, 5079. b) Hoveyda, A. H.; Xu, Z.; Morken, J. P.; Houri, A. F. *J. Am. Chem. Soc.* **1991**, *113*, 8950. c) Hoveyda, A. H.; Morken, J. P.; Houri, A. F.; Xu, Z. *J. Am. Chem. Soc.* **1992**, *114*, 6692.
360. 総 説: Hoveyda, A. H.; Morken, J. P. *Angew. Chem., Int. Ed. Engl.* **1996**, *35*, 1262.
361. Xu, Z.; Johannes, C. W.; Houri, A. F.; La, D. S.; Cogan, D. A.; Hofichina, G. E.; Hoveyda, A. H. *J. Am. Chem. Soc.* **1997**, *119*, 10302.
362. Visser, M. S.; Heron, N. M.; Didiuk, M. T.; Segal, J. F.; Hoveyda, A. H. *J. Am. Chem. Soc.* **1996**, *118*, 4291 および引用文献.
363. Visser, M. S.; Heron, N. M.; Didiuk, M. T.; Sagal, J. F.; Hoveyda, A. H. *J. Am. Chem. Soc.* **1996**, *118*, 4291.
364. 総 説: Tamao, K.; Kobayashi, K.; Ito, Y. *Syn. Lett.* **1992**, 539.
365. イソドモ酸 (isodomoic acid) G の合成で: Ni, Y.; Amarasinghe, K. K. D.; Ksebati, B.; Montgomery, J. *Org. Lett.* **2003**, *5*, 3771.
366. プロスタグランジン (prostaglandin) $PGF_{2\alpha}$ の合成で: Sato, Y.; Takimoto, M.; Mori, M. *Chem. Pharm. Bull.* **2000**, *48*, 1753.
367. 総 説: Montgomery, J. *Angew. Chem. Int. Ed.* **2004**, *43*, 3890.
368. Molinaro, C.; Jamison, T. F. *J. Am. Chem. Soc.* **2003**, *125*, 8076.
369. 7-O-メチルデヒドロピングイセノール (7-O-methyldehydropinguisenol) の合成で: Harada, K.; Tonoi, Y.; Kato, H.; Fukuyama, Y. *Tetrahedron Lett.* **2002**, *43*, 3829.
370. Cadran, N.; Cariou, K.; Herve, G.; Aubert, C.; Fensterbank, L.; Malacria, M.; Marco-Contelles, J. *J. Am. Chem. Soc.* **2004**, *126*, 3408.
371. Trost, B. M.; Toste, F. D. *J. Am. Chem. Soc.* **2002**, *124*, 5025.
372. アンフィジノリド (amphidinolide) P の合成で: Trost, B. M.; Papillon, J. N. P.; Nussbaumer, T. *J. Am. Chem. Soc.* **2005**, *127*, 17921.
373. アンフィジノリド (amphidinolide) A の合成で: Trost, B. M.; Harrington, P. E.; Chisholm, J. D.; Wrobelski, S. T. *J. Am. Chem. Soc.* **2005**, *127*, 13589.
374. Yu, Z.-X. Wender, P. A. Houk, K. N. *J. Am. Chem. Soc.* **2004**, *26*, 9154.
375. Trost, B. M.; Shen, H. C.; Horne, D. B.; Toste, F. D.; Steimetz, B. G.; Koradin, C. *Chem.—Eur. J.* **2005**, *11*, 2577.
376. (+)-ジクタムノール (dictamnol) の合成で: Wender, P. A.; Fuji, M.; Husfeld, C. O.; Love, J. A. *Org. Lett.* **1999**, *1*, 137.

5

遷移金属カルボニル錯体の合成化学的応用[1]

5.1 はじめに

　一酸化炭素は実際上ほとんどすべての遷移金属に配位し，多種多様の構造をした錯体が非常に数多く知られている．しかし，金属カルボニル錯体であって，一酸化炭素配位子が非関与配位子（spectator ligand）以上の役割を果たしている錯体で，合成化学的に最も有用な反応を行うのは，図 5.1に示した均質（homoleptic，すべての配位子が"CO"

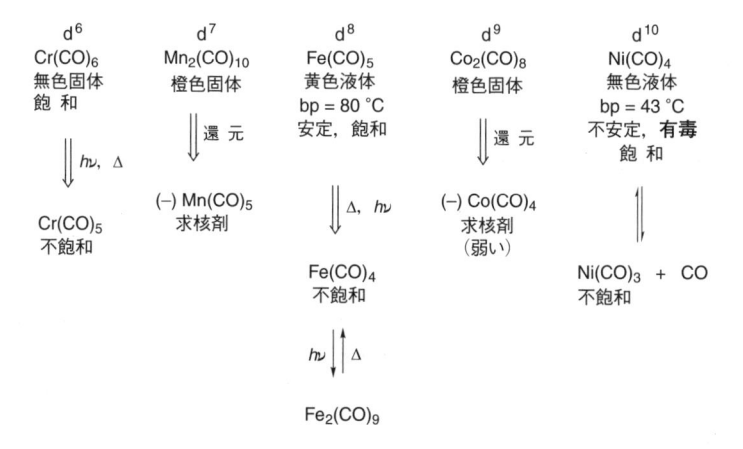

d^6	d^7	d^8	d^9	d^{10}
$Cr(CO)_6$	$Mn_2(CO)_{10}$	$Fe(CO)_5$	$Co_2(CO)_8$	$Ni(CO)_4$
無色固体	橙色固体	黄色液体	橙色固体	無色液体
飽和		bp = 80 ℃		bp = 43 ℃
		安定, 飽和		不安定, **有毒**
				飽和
⇓ $h\nu, \Delta$	⇓ 還元	⇓ $\Delta, h\nu$	⇓ 還元	⇕
$Cr(CO)_5$	(-) $Mn(CO)_5$	$Fe(CO)_4$	(-) $Co(CO)_4$	$Ni(CO)_3$ + CO
不飽和	求核剤	不飽和	求核剤（弱い）	不飽和
		⇕ $h\nu \mid \Delta$		
		$Fe_2(CO)_9$		

図 5.1　均質金属カルボニル

の）カルボニル錯体である．一酸化炭素配位子は，π アクセプター（受容性）配位子として最も優れたものの部類に属し，金属の低酸化数を安定化し，金属上の電子密度の高い場合も軽減安定化する．多くの電気的に中性の M(0) カルボニル錯体は，非常に低い形式的酸化数（−Ⅰから−Ⅲ）まで還元することができて，生成したアニオンは強力な求核

剤である．金属－炭素 σ 結合へ一酸化炭素の転位挿入が容易なので，金属カルボニルは有機化合物への一酸化炭素導入の反応剤や触媒として有用であり，さらにこの反応は可逆であるので**脱カルボニル**（decarbonylation）に用いられることもある．金属カルボニルの一般的な反応を図 5.2 に示す．以下の各節で個々の例について述べる．

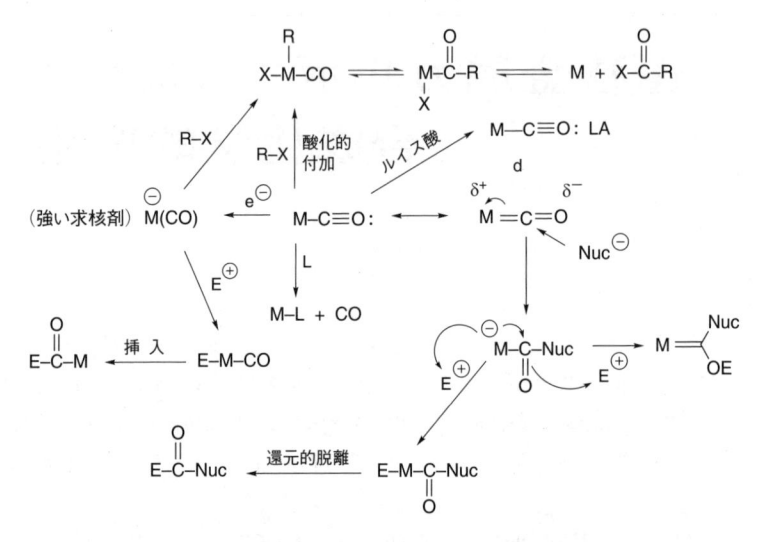

図 5.2　金属カルボニルの反応

5.2　鉄カルボニルによるカップリング反応

ペンタカルボニル鉄を用いる有用な合成化学的手法が多く開発されている．しかし，この錯体は配位飽和であって反応性が低く，反応開始にあたっては，一つの CO が脱離する必要がある．したがって，$Fe(CO)_5$ を用いる反応はしばしば加熱，超音波，あるいは光分解により配位不飽和の $Fe(CO)_4$ 中間体を発生させる必要がある．$Fe(CO)_4$ 種は，$Fe(CO)_5$ を酢酸中で光照射して得られる金橙色の二量体である $Fe_2(CO)_9$ からずっと穏和な条件下で発生させることもできる．すなわち，$Fe_2(CO)_9$（の懸濁溶液）を穏やかに加熱するだけで $Fe(CO)_4$ を発生でき，この方法は熱や光に不安定な出発物質や生成物を含む反応に適している．

α,α'-二置換 α,α'-ジブロモケトン[2] またはビススルホニルケトン[3] と $Fe(CO)_4$ との反応は Fe(II) オキシアリルカチオンを与え〔(5.1)式〕，多様で合成化学的に有用な [3+4] 環化付加による 7 員環の合成法となる〔(5.2)式〕．鉄オキシアリルカチオンの生成は，ふつうその場反応により，ブロモケトンが電子豊富な Fe(0) 種へ酸化的付加（求核攻撃）

5.2 鉄カルボニルによるカップリング反応

しFe(II)C-エノラートに至る．これがO-エノラートに転位し臭化物イオンを放出すれば反応性の高いオキシアリルカチオンとなる．芳香族複素5員環を含む多種のジエンが環化付加しビシクロ化合物を与える〔(5.3)式〕．

$$(5.1)$$

$$(5.2)$$

$$X = CH_2, O, NAc \qquad (5.3)$$

ブロモケトンにはα位に置換基があって，生成する錯体中の正電荷を安定化する必要があり，無置換のジブロモアセトンは反応しない．しかし，テトラブロモアセトンでは反応が起こるので，反応後還元的に脱臭素すれば，無置換アセトンユニットを導入できることになる〔(5.4)式〕[4]．この方法を用いてトロパンアルカロイドが合成された[5]．

$$(5.4)$$

シクロヘプタトリエノンはアルケン部分ではなくカルボニル部分で付加環化するが，こ

れは最初に酸素を攻撃したとき非常に安定なカチオン中間体が生成するためと考えられる〔(5.5)式〕[6].

$$(5.5)$$

鉄オキシアリルカチオン錯体は，スチレンやエナミンのような電子豊富アルケンとも付加環化しシクロペンタノンを与える〔(5.6)式〕[7]．N-トシルエナミンのようなさして求核性の高くないアルケンともきれいに反応する〔(5.7)式〕[8].

$$(5.6)$$

Y = Ph, NR$_2$

$$(5.7)$$

5.3 カルボニル化反応[9]

遷移金属カルボニルのとりわけよく知られている反応は，生成物にカルボニル基を導入する反応である．ヒドロホルミル化（オキソ法）や，ヒドロカルボキシ化や，Monsanto法酢酸プロセスなど非常に多くの工業的プロセスが，金属－炭素結合へのCOの挿入のしやすさを基盤として成り立っている．カルボニル化（carbonylation）反応はさらにファインケミカルズの合成にも有用である.

$$(5.8)$$

5.3 カルボニル化反応

ハロゲン化アリルは極性溶媒中ではニッケルカルボニルによってカップリングするが，非極性溶媒中メタノールが存在すると β,γ-不飽和エステルへと変換される〔(5.8)式〕．この反応条件下では，強い極性溶媒中のハロゲン化アリルのカップリングよりもCO挿入/メタノール分解が速い[10]．

ハロゲン化アルケニルとアリールはメタノール中塩基存在下ニッケルカルボニルと反応し，エステルを与える〔(5.9)式〕[11]．反応機構は明らかではないが，酸化的付加/挿入/求核的切断過程で説明できる．分子内反応も開発されており〔(5.10)式〕[12]，さらに何度もCOが挿入する例もある〔(5.11)式〕[13]．

$$(5.9)$$

$$(5.10)$$

$$(5.11)$$

鉄カルボニルは，アリルエポキシドから反応条件に応じて β-ラクトンや δ-ラクトンを生成する風変わりな環化カルボニル化反応に有効である[14]．このプロセスはやや複雑

で，$Fe(CO)_5$ から熱または超音波または光の照射により $Fe(CO)_4$ を生成させるか，穏やかな条件下で $Fe_2(CO)_9$ から発生させた $Fe(CO)_4$ と，アルケニルエポキシドとの反応で始まる〔(5.12)式〕．鉄テトラカルボニルは良い求核剤であり，アルケニルエポキシドを S_N2' 的に攻撃（酸化的付加）して，カチオン性 σ-アルキル鉄(II)カルボニル錯体を与える〔式(5.12)経路 (a)〕．カチオン性金属カルボニル錯体はカルボニル部分で求核攻撃を

$$(5.12)$$

受けやすく，この場合"鉄ラクトン"錯体を与える〔経路 (b)〕．このものは，η^3-アリル錯体として表す方が適切であり，安定で単離できる．この錯体をセリウム(IV)で酸化すれば，5員環 η^1-アリル錯体から"酸化で誘発される還元的脱離"が起こり β-ラクトンを与える〔経路 (c)〕．これとは対照的に，η^3-アリル錯体を高温高圧の CO で処理分解すると δ-ラクトンが生成する (d)．この過程は形式的には **7員環**の η^1-アリル錯体からの還元的脱離である．

 η^3-アリル鉄トリカルボニルラクトン構造は，かさ高く安定な基であり，金属からかなり離れた位置での反応であっても立体化学的結果に影響を及ぼす．実際，アルドール反応やヒドリド還元などにおいて高い立体選択性が達成されている．この方法は種々の天然物の全合成に用いられている[15]〔(5.13)式[16] および (5.14)式[17]〕．(5.13)式で得られる異性体は簡単に分離することができ，主生成物だけが次の脱錯体化過程に用いられる．高い一酸化炭素圧力のもとで反応を行うと δ-ラクトンが得られ，この反応もマリンゴリド（malyngolide）のような天然物の全合成に用いられている〔(5.15)式〕[18]．

5.3 カルボニル化反応

(5.13)

(5.14)

(5.15)

これら η^3-アリル鉄ラクトン錯体は β-ラクタムの合成にも使える. ルイス酸の共存下, アミンはアリル錯体を S_N2' 的に攻撃し転位した η^3-アリル鉄ラクタム錯体を与え

る.この錯体の酸化によりβ-ラクタムが得られる〔(5.16)式〕[19].同じ η^3-アリル鉄ラクタム錯体をアミノアルコールから直接得ることができるので,ラクトン錯体のラクタム錯体への変換過程はアミノアルコールを経由しているものと考えられる.

(5.16)

アルケニル置換のアジリジン〔(5.17)式〕[20]およびシクロプロパン〔(5.18)式〕[21]について同様な反応が進む.後者の例で,η^3-アリル鉄トリカルボニルは自動的にCOの挿入と還元的脱離を行い6員環を生成する.

(5.17)

(5.18)

上述のカルボニル化では,最初の段階はアルケンの $Fe(CO)_4$ への配位であり,つづいて基質に対するゼロ価金属の求核攻撃(S_N2 的酸化的付加,第2章参照)である.アニ

オン性金属カルボニル錯体はまださらに強い求核剤であって，多くの合成化学的に有用なカルボニル化反応を可能にする．

おそらく合成化学的に最もよく研究され最も広く展開されているアニオン性金属カルボニル種は，テトラカルボニル鉄(−II)酸二ナトリウム $Na_2Fe(CO)_4$，いわゆる **Collman 反応剤**[22] である．この d^{10} Fe (−II) 錯体は，市販の鉄ペンタカルボニルをナトリウムベンゾフェノンケチルでジオキサン中還流下還元して容易に得られる（この錯体そのものも市販品がある）．

$Na_2Fe(CO)_4$ は，非常に求核性が高く，またこの系で CO 挿入が容易であるという特性によって合成化学的に有用である．図 5.3 にこの化学をまとめて示す．有機ハロゲン化

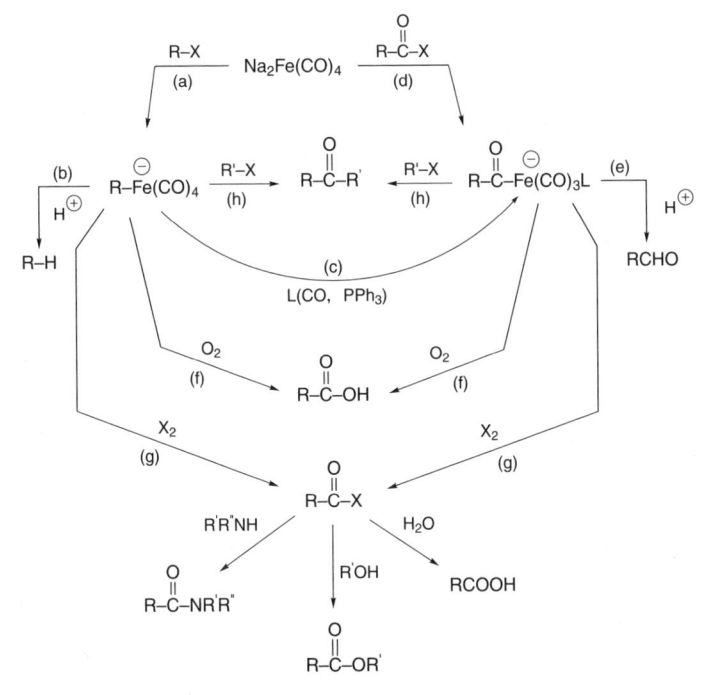

図 5.3　$Na_2Fe(CO)_4$ の反応

物やトシラートは $Na_2Fe(CO)_4$ と，典型的な S_N2 型の反応速度（二次），立体化学（すなわち反転），反応性の順（すなわち，$CH_3 > RCH_2 > R'RCH$; $RI > RBr > ROTs > RCl$; ビニルとアリールは不活性）をもって反応し，配位飽和アニオン性 d^8 アルキル鉄(0)錯体を与える〔図 5.3 の過程 (a)〕．これら錯体はプロトンにより切断され対応する炭化水素を与えるが，全過程はハロゲン化物の還元に相当する〔過程 (b)〕．一酸化炭素が過剰に存

在するかトリフェニルホスフィンを加えると, 転位挿入が起こりアシル錯体となる〔過程 (c)〕. なお, アシル錯体は $Na_2Fe(CO)_4$ と酸ハロゲン化物との直接反応からも生成する〔過程 (d)〕. このアシル錯体は酢酸と反応してアルデヒドを与える. これはハロゲン化アルキルやハロゲン化アシルを高収率でアルデヒドへ変換する方法となる〔過程 (e)〕. アシルまたはアルキル鉄(0)錯体を酸素〔過程 (f)〕またはハロゲン〔過程 (g)〕で酸化的に切断するとカルボン酸誘導体となる. 最後に, アシル鉄(0)錯体自体はまだ十分求核性を保持しており, ヨウ化アルキルと反応し非対称ケトンをきわめてよい収率で与える〔過程 (h)〕. 興味あることに, アルキル鉄(0)錯体もヨウ化アルキルと同じように反応し, 途中 CO 挿入が起こりやはり非対称ケトンを生成する〔過程 (h)〕. 以上まとめると, これらの反応は, ハロゲン化アルキルや酸ハロゲン化物から, アルカン, アルデヒド, ケトン, カルボン酸誘導体などへの合成経路となる.

Collman 反応剤はハロゲン化物に特異的に反応する. 分子内のどこかにエステル, ケトン, ニトリル, アルケンなど官能基があっても影響されない. 混合ハロゲン化物 (クロロ-ブロモ化合物など) では活性な方のハロゲン化物だけが反応する. $Na_2Fe(CO)_4$ の主たる反応の限界は, 錯体の塩基性が高いこと (pK_b は OH^- に近い) であり第三級や第二級のハロゲン化物では競争的に脱離反応が進む. さらに, ハロゲン原子から δ 位にアルキル基があるようなハロゲン化アリルは, 安定な 1,3-ジエン鉄錯体になってしまうので, 目的反応は進行しない. 最後に, 転位挿入はふつう転位基 R の隣にハロゲンやアルコキシ基のような電子求引基があると進行しないので, 挿入を経るような合成反応は単純な第一級や第二級の基質に限定される.

ここに述べた化学は実験的に非常に詳細に研究されており, したがって反応機構も詳しくわかっている. アルキル鉄(0)錯体とアシル鉄(0)錯体の両方とも, 空気中安定な結晶性の $[(Ph_3P)_2N]^+$ 塩として単離され, 元素分析, 赤外吸収スペクトル, 核磁気共鳴スペクトルなどで構造が確定している. 単離したこれらの塩は図 5.3 に示す個々の反応を再現できる. 詳細な速度論的研究によると, イオン対形成効果が $Na_2Fe(CO)_4$ の反応性を支配しており, 溶媒 THF を N-メチルピロリドンに代えたとき 2×10^4 倍の加速がみられることから, イオン対形成効果 (接触イオン対 $[NaFe(CO)_4]^-$ が速度論上の活性種である溶媒分離イオン対 $[Na^+:S:Fe(CO)_4]^-$ へ変わる) が $Na_2Fe(CO)_4$ の反応性を支配していることがわかる. 反応速度式, 基質の反応性の順, 炭素上の立体化学, 反応の活性化パラメーター (特に大きな負の活性化エントロピー) はすべて S_N2 型の酸化的付加を支持しており, 1電子移動機構は全く含まれていない. 転位挿入過程はやはりイオン対形成の影響を受け, 接触イオン対の形成は挿入を速くする 〔$Li^+ > Na^+ >$ $(Na-crown^+) > (Ph_3P)_2N^+$〕. 挿入反応は, $NaRFe(CO)_4$ と加える配位子に関しそれぞれ一次, 合計二次であり, 配位子を Ph_3P (最も遅い) から Me_3P (最も速い) に変えたとき

5.3 カルボニル化反応

速度差は約 20 倍である[23]．

これらの反応[24]の一つの興味深い例は，有機ハロゲン化物，$Na_2Fe(CO)_4$，およびエチレンからのエチルケトンの生成であろう〔(5.19)式〕．反応は，アシル鉄(0)錯体を通り，エチレンの金属－アシル結合への挿入と，それにつづく速い転位で α-メタロケトンを生成するものと考えられ，この α-メタロケトンは近傍に電子不足アシル基が存在するので，もはやこれ以上エチレンは挿入できない．分子内でこの反応が起これば環状ケトンの合成となるが〔(5.20)式〕[25]，位置選択性が悪いこともある〔(5.21)式〕[26]．

$$(5.19)$$

$$(5.20)$$

$$(5.21)$$

有機リチウム反応剤と毒性で高揮発性のニッケルカルボニルとからその場反応で調製されるアニオン性アシルニッケル錯体は，ハロゲン化アリルのアシル化や，共役エノンの 1,4-アシル化や，キノンへの 1,2-付加など多くの合成化学的に有用な反応を行う〔(5.22)式〕[27]．反応剤が有毒なのでこれを使う勇気をもち合わせている人は少ないが，有用な応用例が一つ報告されている〔(5.23)式〕[28]．

(5.22)

(5.23)

　同じ反応は，ニッケルカルボニルの代わりに，オレンジ色で空気中で安定で揮発性がなくもっと取扱いやすい固体 $Co(PPh_3)(CO)_2(NO)$ 錯体[29] を用いても達成できる．〔この錯体はニッケル(0) で d^{10} 錯体である $Ni(CO)_4$ と等電子的である．すなわち，ニトロシル配位子は形式的にはカチオンなので，上記錯体はコバルト$(-I)$ で d^{10} 錯体とみなせる．〕有機リチウム反応剤と $Cr(CO)_6$ から生成するアシル錯体も電子不足アルケンの 1,4-アシル化を行う[30]．

5.4　脱カルボニル[31]，ヒドロホルミル化，およびヒドロアシル化

　本章では，金属アルキル基や金属アリール基が隣接する配位子 CO へ転位し σ-アシル錯体を与え，それが解離して有機カルボニル化合物を与える"転位挿入"によって，有機基質にカルボニル基を導入する方法を主として取上げてきた．この逆反応で，有機カルボニル化合物（特にアルデヒドと酸ハロゲン化物）が脱カルボニルすることも可能であり，しばしばたいへん有用な有機合成手法となっている．多くの遷移金属錯体が脱カルボニルに有効であるが，とりわけ有効な錯体は，$(Ph_3P)_3RhCl$，**Wilkinson 触媒**（ウィルキンソン）である．この錯体は，アルキル，アリール，アルケニルアルデヒドと穏和な条件下で反応し，相当する炭化水素と非常に安定な $(Ph_3P)_2Rh(Cl)CO$ を与える〔(5.24)式〕．化学量論量

5.4 脱カルボニル, ヒドロホルミル化, およびヒドロアシル化

の脱カルボニル反応では,溶液の色が,深紅色の $(Ph_3P)_3RhCl$ から明るい黄色の $(Ph_3P)_2Rh(Cl)CO$ へと変化するので,反応の進行状況を容易に知ることができる. *trans*-アルキルシンナムアルデヒドが脱カルボニルするとき,アルケンの立体化学は保持されシス置換スチレンを与える[32]. もっと注目されるのは,キラルアルデヒドはキラル炭化水素へ変換することができ,立体選択性は高く立体保持である[33]〔(5.25)式〕[34].

$$R\text{-CHO} + RhCl(PPh_3)_3 \xrightarrow[-PPh_3]{20-100\ °C} R\text{-H} + RhCl(CO)(PPh_3)_2 \quad (5.24)$$

$$\text{(化合物)} \xrightarrow[\text{加熱, 63\%}]{RhCl(PPh_3)_3,\ PhCN} \text{(生成物)} \quad (5.25)$$

この脱カルボニルの機構を (5.26) 式に示す. 第一段階はアルデヒドのロジウム錯体への酸化的付加である. 次は,カルボニル挿入の逆反応であり (脱挿入), アルキル基がカルボニル基から金属へ転位する. 転位挿入が可逆過程であることはよく知られており, 反応条件しだいでどちらの方向にも進む. 加えて,別の系でこの種の可逆過程が転位するアルキル基の立体保持で進むことが示されており, したがってキラルアルデヒドの脱カルボニルも立体保持で進む. 最後にアルカン ($R-H$) の還元的脱離が起こり $RhCl(CO)L_2$ を生成する. この最後の過程は不可逆的で (アルカンは $RhCl(CO)L_2$ に酸化的付加しない), 反応はとことんまで進む. $RhCl(CO)L_2$ は $RhClL_3$ よりも酸化的付加の反応性が低い〔CO は π アクセプター (受容) 性で金属の電子密度を下げる〕ので, このような穏和な条件下ではアルデヒドとは反応せず, したがってここに述べた脱カルボニルは化学量論的反応である.

$$RhClL_3 \xrightarrow[\text{付加}]{RCHO\ \text{酸化的}} [\text{錯体 M(III), d}^6, \text{飽和}] \rightleftharpoons [\text{錯体}] \xrightarrow[\text{Rで立体保持}]{\text{脱挿入}} [\text{錯体}] \xrightarrow{\text{還元的脱離}} L + RhCl(CO)L_2 + R\text{-H}$$

M(I), d^8 不飽和

(5.26)

反応温度が高い場合 (多くの例では <200 °C), $RhClL_3$ も $RhCl(CO)L_2$ も脱カルボニルの触媒となる. おそらくこの激しい条件下でならアルデヒドが $RhCl(CO)L_2$ に酸化的付

加可能となるためであろう．基質に β 水素が存在すればこの温度では β 脱離が主となりアルケンを生成する．非常に複雑な構造のアルデヒドが何の問題もなく脱カルボニルされる[35]〔(5.27)式[36], (5.28)式[37], (5.29)式[38]〕．ジフェニルホスホリルアジド存在下で Wilkinson 触媒[39], $Rh(dppp)_2BF_4$[40], または $Rh(CO)(triphos)SbF_6$[41] を用いると，より低い温度での脱カルボニルが起こる．

$$(5.27)$$

$$(5.28)$$

$$(5.29)$$

酸塩化物も $RhCl(PPh_3)_3$ と反応し脱カルボニルするが，この反応はアルデヒドの場合よりいくつかの点で複雑である．酸塩化物の反応で β 水素がない基質の場合は単純であって，反応はうまく進み塩化アルキルを与える．アルデヒドと対照的に，はじめの酸化的付加体はきわめて安定で，単離され完全に構造が明らかにされている場合がいくつかある．この付加体を加熱すると，アルデヒドの脱カルボニルと全く同様な反応機構で脱カルボニルが起こる．しかし酸ハロゲン化物の脱カルボニルはアルデヒドの場合といくつかの点で異なる．光学活性な酸塩化物の $RhCl(PPh_3)_3$ による脱カルボニルはラセミ体の塩化アルキルを与える．高い立体保持率であったアルデヒドの脱カルボニルとは全く異なる．

β 水素をもつ酸ハロゲン化物は $RhCl(PPh_3)_3$ により脱カルボニルし，生成した σ-アルキル中間体から還元的脱離ではなく β 水素脱離が起こって，おもにアルケンを与える

5.4 脱カルボニル,ヒドロホルミル化,およびヒドロアシル化

〔(5.30)式〕.分枝酸塩化物からはいくつかの方向にβ脱離が進み生成物として混合物が得られ,そのなかで置換基の数の最大のアルケンが主生成物となる.

$$R\text{-CH}_2\text{-C(O)-Cl} + Rh(I)ClL_3 \rightleftharpoons R\text{-CH}_2\text{-C(O)-}Rh(III)Cl_2L_n \rightleftharpoons$$

$$\longrightarrow Rh(III)Cl_2H(CO)L_n + R\text{-CH=CH}_2 \longrightarrow HCl + Rh(I)Cl(CO)L_2 \tag{5.30}$$

古い文献に書かれていることとは異なり,芳香族酸塩化物やα,β-不飽和酸塩化物は脱カルボニルして対応する不飽和塩化物を与えるというようなことはなく,安定なアリール金属錯体や第四級ホスホニウム塩を生成する[42].

場合によってはアシル金属錯体は脱カルボニルよりもアルケンやアルキンの挿入を行う〔(5.31)式[43],(5.32)式[44]〕.キラルな触媒を用いると不斉誘導が行える.このヒドロ

Bu-C≡C-CH₂-CH(CH₃)-CH₂-CHO $\xrightarrow[\text{DCM, 84\%}]{Rh(cod)_2BF_4,\ binap}$ (挿入) $\xrightarrow{}$ (還元的脱離) (5.31)

CH₂=C(CH₃)-CH₂-CH₂-CHO $\xrightarrow[\text{室温,アセトン,95\%, >94\% ee}]{Rh(S,S\text{-Me-duphos})(MeCOMe)PF_6}$ 3-メチルシクロペンタノン (5.32)

アシル化は脱カルボニルと競合するためほとんどは分子内反応に限られる.シクロプロピル-エナールやジエナールの分子内アシル化で7および8員環を与える反応は興味深く有用な応用である〔(5.33)式[45],(5.34)式[46]〕.(5.34)式の反応で,エチレンが存在すれば生成物の収率が向上するが,その役割は不明である.

過剰の一酸化炭素があれば(高圧下など),アルケンはアシル錯体を経てアルデヒドへ変換できる(ヒドロホルミル化)[47].ロジウム,コバルト,および白金のような多くの遷移金属がヒドロホルミル化の触媒となる.反応機構は詳細に調べられており,すでに述べた脱カルボニルとほぼ同じ(しかし逆向き)である〔(5.35)式〕[48].Wilkinson触媒がよく用いられ水素と一酸化炭素の混合ガスの存在下では飽和の錯体$RhH(CO)_2L_2$が生

成する．CO 配位子がはずれ，アルケンが配位し新たな飽和錯体が生成する．転位挿入，CO 配位，転位挿入，そしてアシル錯体が還元的に切断すれば生成物を与え，触媒を再生する．

$$(5.33)$$

$$(5.34)$$

$$(5.35)$$

　この反応についての多くの論文や本などの出版物があり，単純なアルデヒドを工業的に生産する重要な方法があるという点とは対照的に，この反応はより複雑な分子の全合成には驚くほどに少ししか利用されていない．二，三の例を (5.36)式[49]，(5.37)式[50]，および (5.38)式[51] 式に示す．キラル配位子を用いて不斉ヒドロホルミル化も行える．

(5.36)

(5.37)

(5.38)

5.5　金属アシルエノラート[52]

　上に述べた金属アシル錯体の多くは非常に安定で単離でき容易に取扱える．たとえば，CpFe(CO)(PPh$_3$)(COCH$_3$) は有用な合成用反応剤となっている．この錯体にはいくつかの興味ある特性がある．1) 合成しやすく取扱いやすい．2) 鉄中心でキラルであり分割できる．3) アシル基の α 位のプロトンは酸性で，相当する金属アシルエノラートが，種々の求電子剤と反応できる〔(5.39)式〕．この錯体は鉄中心でキラルであり一方の面がトリフェニルホスフィンで覆われているので，鉄アシルエノラートの反応が非常に高い立体選択性で進行する〔(5.40)式〕．生成物の絶対配置は，カルボニル配位子と O$^-$

がアンチ形である E-エノラートに対し，アルキル化が込み合いのない面で起こった結果のものである．生成物である錯体を酸化的に切断すれば高収率，高 ee でカルボン酸誘導体が得られる[53]．

(5.39)

(5.40)

この反応は光学活性化合物の合成に広く用いられており，二つの例を (5.41)式[54] と (5.42)式[55] に示す．α,β-不飽和鉄アシル錯体もまた期待どおりジアステレオ選択性の高い反応をする．共役付加に続くエノラート捕捉〔(5.43)式〕[56),57] や γ-脱プロトン-α-アルキル化〔(5.44)式〕[58] など高度な立体制御を楽しめる．鉄アシル錯体のビニル類縁体も，全合成への応用例は未だないが，多様なアルキル化反応を行うことができる〔(5.45)式〕[59]．

5.5 金属アシルエノラート

(5.41)

(5.42)

(5.43)

(5.44)

(5.45)

他の金属アシルエノラート錯体としては特にモリブデンやタングステンの錯体が合成され, その反応挙動が調べられている〔例, (5.46)式〕[60]. しかしこれらの研究は有機金属化学と反応機構に焦点をあてており, これら錯体が複雑な有機分子の合成に役立つかは今後の課題である.

(5.46)

5.6 橋かけアシル錯体

トリ鉄ドデカカルボニルをチオールと反応させ，ついで共役酸ハロゲン化物を加えるとジ鉄橋かけアシル錯体が生成する〔(5.47)式〕[61]．これらの錯体は非常に穏和な条件下ジエンと高いエキソ選択性で Diels-Alder 反応を行う．橋かけアシル錯体を酸化的に分解すればチオエステルが得られる[62]．鉄に配位することにより Diels-Alder 反応でエノンの活性は増大している．というのは，クロトン酸メチルと同じジエンとの反応は高温で低選択性でしか進まないからである．

(5.47)

対照的に，これら橋かけアシル錯体に対しニトロン類はエンド選択的な 1,3-双極付加を行う[63]．橋かけアシル種の生成にキラルなチオールを用いれば，そこそこの不斉誘導が達成できる〔(5.48)式〕[64]．

文　献

(5.48)

文　献

1. 総　説：Bates, R. W. Transition Metal Carbonyl Compounds. In *Comprehensive Organometallic Chemistry II*; Abel, E. W., Stone, F. G. A., Wilkinson, G., Eds.; Plenum: Oxford, U.K., 1995; Vol. 12, pp 349–386.
2. a) 総　説：Noyori, R. *Acc. Chem. Res.* **1979**, *12*, 61.
3. Hardinger, S. A.; Bayne, C.; Kantorowski, E.; McClellan, R.; Larres, L.; Nuesse, M.-A. *J. Org. Chem.* **1995**, *60*, 1104.
4. Noyori, R.; Sato, T.; Hayakawa, Y. *J. Am. Chem. Soc.* **1978**, *100*, 2561.
5. Hayakawa, Y.; Baba, Y.; Makino, S.; Noyori, R. *J. Am. Chem. Soc.* **1978**, *100*, 1786.
6. Ishizu, T.; Mori, M.; Kanematsu, K. *J. Org. Chem.* **1981**, *46*, 526.
7. Hayakawa, Y.; Yokoyama, K.; Noyori, R. *J. Am. Chem. Soc.* **1978**, *100*, 1791; 1799.
8. Hegedus, L. S.; Holden, M. *J. Org. Chem.* **1985**, *50*, 3920.
9. Colquhoun, H. M.; Thompson, D. J.; Twigg, M. V. *Carbonylation*; Plenum: New York, 1991.
10. 反応機構の理論的研究：Bottoni, A.; Miscione, G. P.; Novoa, J. J.; Prat-Resina, X. *J. Am. Chem. Soc.* **2003**, *125*, 10412.
11. 6β-ヒドロキシシキミ酸 (6β-hydroxyshikimic acid) の合成で：Blacker, A. J.; Booth, R. J.; Davies, G. M.; Sutherland, J. K. *J. Chem. Soc., Perkin Trans 1* **1995**, 2861.
12. a) Semmelhack, M. F.; Brickner, S. J. *J. Org. Chem.* **1981**, *46*, 1723. b) Llebaria, A.; Delgado, A.; Camps, F.; Moreto, J. M. *Organometallics* **1993**, *12*, 2825.
13. Llebaria, A.; Camps, F.; Moreto, J. N. *Tetrahedron* **1993**, *49*, 1283.
14. 総　説：Ley, S. V.; Cox, L. R.; Meek, G. *Chem. Rev.* **1996**, *96*, 423.
15. Bates, R. W.; Fernandez-Moro, R.; Ley, S. V. *Tetrahedron Lett.* **1991**, *32*, 2651.
16. コレステロール阻害剤1233Aの合成で：Bates, R. W.; Fernandez-Megia, E.; Ley, S. V.; Rück-Braun, K. Tilbrook, D. M. G. *J. Chem. Soc., Perkin Trans. 1* **1999**, 1917.
17. (−)-グロスポロン (gloesporone) の合成で：Ley, S. V.; Cleator, E.; Harter, J.; Hollowood, C. J. *Org. Biomolec. Chem.* **2003**, *1*, 3263.
18. Horton, A. M.; Ley, S. V. *J. Organomet. Chem.* **1985**, *285*, C17.
19. a) Annis, G. D.; Hebblethwaite, E. M.; Hodgson, S. T.; Hollingshead, D. M.; Ley, S. V. *J. Chem. Soc., Perkin Trans. 1* **1983**, 2851. b) Horton, A. M.; Hollinshead, D. M.; Ley, S. V. *Tetrahedron* **1984**, *40*, 1737.
20. Ley, S. V.; Middleton, B. *Chem. Commun.* **1998**, 1995.
21. (−)-デロバノン (delobanone) の合成で：Taber, D. F.; Bui, G.; Chen, B. *J. Org. Chem.* **2001**, *66*, 3423.
22. Collman, J. P. *Acc. Chem. Res.* **1975**, *8*, 342.
23. Collman, J. P.; Finke, R. G.; Cawse, J. N.; Brauman, J. I. *J. Am. Chem. Soc.* **1977**, *99*, 2515; *J. Am. Chem. Soc.* **1978**, *100*, 4766.
24. Cooke, M. P., Jr.; Parlman, R. M. *J. Am. Chem. Soc.* **1975**, *97*, 6863.
25. Merour, J. Y.; Roustan, J. L.; Charrier, C.; Collin, J.; Benaim, J. *J. Organomet. Chem.* **1973**, *51*, C24.
26. アフィジコリン (aphidicoline) の合成で：a) McMurry, J. E.; Andrus, A.; Ksander, G. M.; Musser, J. H.; Johnson, M. A. *J. Am. Chem. Soc.* **1979**, *101*, 1330. b) *Tetrahedron* **1981**,

27 Supplement, 319.
27. a) Corey, E. J.; Hegedus, L. S. *J. Am. Chem. Soc.* **1969**, *91*, 4926. b) さらに： Hermanson, J. R.; Gunther, M. L.; Belletire, J. L.; Pinhas, A. R. *J. Org. Chem.* **1995**, *60*, 1900.
28. ナナオマイシン (nanaomycin) やデオキシフレノリシン (deoxyfrenolicin) の合成で： Semmelhack, M. F.; Keller, L.; Sato, T.; Spiess, E. J.; Wulff, W. *J. Org. Chem.* **1985**, *50*, 5566.
29. Hegedus, L. S.; Perry, R. J. *J. Org. Chem.* **1985**, *50*, 4955.
30. Söderberg, B. C.; York, D. C.; Harriston, E. A.; Caprara, H. J.; Flurry, A. H. *Organometallics* **1995**, *14*, 3712.
31. 総　説： Tsuji, J. De*Carbonylation* Reactions Using Transition Metal Compounds. In *Organic Syntheses via Metal Carbonyls*; Wender, I., Pino, P., Eds.; Wiley: New York, 1977; Vol. 2, pp 595-654.
32. Tsuji, J.; Ohno, K. *Tetrahedron Lett.* **1967**, 2173.
33. a) Walborsky, H. M.; Allen, L. E. *Tetrahedron Lett.* **1970**, 823. b) Walborsky, H. M.; Allen, L. E. *J. Am. Chem. Soc.* **1971**, *93*, 5465.
34. 7-デオキシパンクラスタチン (7-deoxypancrastatin) の合成で： Zhang, H.; Padwa, A. *Tetrahedron Lett.* **2006**, *47*, 3905.
35. Jung, M. E.; Rayle, H. L. *J. Org. Chem.* **1997**, *62*, 4601.
36. Iley, D. E.; Fraser-Reid, B. *J. Am. Chem. Soc.* **1975**, *97*, 2563.
37. ゴミシン (gomisin) の合成で： J. Tanaka, M.; Ohshima, T.; Mitsuhashi, H.; Maruno, M.; Wakamatsu, T. *Tetrahedron* **1995**, *51*, 11693.
38. 3-デメトキシエリスラチジノン (3-demethoxyerythratidinone) の合成で： Allin, S. M.; Streetley, G. B.; Slater, M.; James, S. L. *Tetrahedron Lett.* **2004**, *45*, 5493.
39. O'Connor, J. M.; Ma, J. *J. Org. Chem.* **1992**, *57*, 5075.
40. Banwell, M. G.; Coster, M. J.; Karunarate, O. P.; Smith, J. A. *J. Chem. Soc., Perkin Trans. 1* **2002**, 1622.
41. Beck, C. M.; Rathmill, S. E.; Park, Y. J.; Chen, J.; Crabtree, R. H. *Organometallics* **1999**, *18*, 5311.
42. a) Kampmeier, J. A.; Rodehorst, R. M.; Philip, J. B., Jr. *J. Am. Chem. Soc.* **1981**, *103*, 1847. b) Kampmeier, J. A.; Mahalingam, S. *Organometallics* **1984**, *3*, 489. c) Kampmeier, J. A.; Harris, S. H.; Rodehorst, R. M. *J. Am. Chem. Soc.* **1981**, *103*, 1478.
43. Takeishi, K.; Sugishima, K.; Sasaki, K.; Tanaka, K. *Chem. Eur. J.* **2004**, *10*, 5681.
44. a) Barnhart, R. W.; Wang, X.; Noheda, P.; Bergens, S. H.; Whelan, J.; Bosnich, B. *J. Am. Chem. Soc.* **1994**, *116*, 1821. b) Barnhart, R. W.; McMorran, D. A.; Bosnich, B. *Chem. Commun.* **1997**, 589.
45. Oonishi, Y.; Taniuchi, A.; Mori, M.; Sato, Y. *Tetrahedron Lett.* **2006**, *47*, 5617.
46. Aloise, A. D.; Layton, M. E.; Shair, M. D. *J. Am. Chem. Soc.* **2000**, *122*, 12610.
47. 総　説： Ojima, I.; Tsai, C.-Y.; Tzamarioudaki, M.; Bonafoux, D. *Org. React.* **2000**, *56*, 1.
48. 最近の総説： Kamer, P. C. J.; van Rooy, A.; Schoemaker, G. C.; van Leeuwen, P. W. N. M. *Coord. Chem. Rev.* **2004**, *248*, 2409.
49. レパジフォルミン (lepadiformine) の合成で： Sun, P.; Weinreb, S. M. *Org. Lett.* **2001**, *3*, 3507.
50. ブリオスタチン (bryostatin) の合成で： Keck, G. E.; Truong, A. P. *Org. Lett.* **2005**, *7*, 2149.
51. (＋)-アンブルチシン (ambriticin) の合成で： Liu, P.; Jacobsen, E. N. *J. Am. Chem. Soc.* **2001**, *123*, 10772.
52. 総　説： a) Davies, S. G. *Pure Appl. Chem.* **1988**, *60*, 13. b) Blacksburn, B. K.; Davies, S. G.; Sutton, K. H.; Whittaker, M. *Chem. Soc. Rev.* **1988**, *17*, 147.
53. 総　説： Davies, S. G.; Bashiardes, G.; Beckett, R. P.; Coote, S. J.; Dordor-Hedgecock, I. M.; Goodfellow, C. L.; Gravatt, G. L.; McNally, J. P.; Whittaker, M. *Philos. Trans. R. Soc. London, Ser. A* **1988**, *326*, 619.
54. (*S*,*S*)-カプトプリル (captopril) の合成で： Bashiardes, G.; Davies, S. G. *Tetrahedron Lett.* **1987**, *28*, 5563.
55. Davies, S. G.; Kellie, H. M.; Polywka, R. *Tetrahedron: Asymmetry* **1994**, *5*, 2563.

56. Davies, S. G.; Dordor-Hedgecock, I. M.; Easton, R. J. C.; Preston, S. C.; Sutton, K. H.; Walker, J. C. *Bull Soc. Chim. Fr.* **1987**, 608.
57. Davies, S. G.; Dupont, J.; Easton, R. J. C.; Ichihara, O.; McKenna, J. M.; Smith, A. D.; de Sousa, J. A. A. *J. Organomet. Chem.* **2004**, *689*, 4184.
58. Davies, S. G.; Easton, R. J. C.; Gonzalez, A.; Preston, S. C.; Sutton, K. H.; Walker, J. C. *Tetrahedron* **1986**, *42*, 3987.
59. Mattson, M. N.; Helquist, P. *Organometallics* **1992**, *11*, 4.
60. Rusik, C. A.; Collins, M. A.; Gamble, A. S.; Tonker, T. L.; Templeton, J. L. *J. Am. Chem. Soc.* **1989**, *111*, 2550.
61. Seyferth, D.; Archer, C. M.; Ruschke, D. P.; Cowle, M.; Hilts, R. W. *Organometallics* **1991**, *10*, 3363 およびその中の文献.
62. Gilbertson, S. R.; Zhao, X.; Dawson, D. P.; Marshall, K. L. *J. Am. Chem. Soc.* **1993**, *115*, 8517.
63. Gilbertson, S. R.; Dawson, D. P.; Lopez, O. D.; Marshall, K. L. *J. Am. Chem. Soc.* **1995**, *117*, 4431.
64. Gilbertson, S. R.; Lopez, O. D. *J. Am. Chem. Soc.* **1997**, *119*, 3399.

6

遷移金属カルベン錯体の合成化学的応用

6.1 はじめに

　カルベン錯体とは，形式的に金属-炭素二重結合をもつ錯体で，すべての遷移金属元素について知られているが，有機合成の有用な反応剤として開発されている金属元素は比較的少ない．カルベン錯体には二つの極端な結合様式があって，一方は**求電子的**でヘテロ原子によって安定化された"Fischer"カルベンで，もう一方は，**求核的**でメチレンかアルキリデンをもつ"Schrock"カルベンである．この二つの場合の中間に"Grubbs"（および変形"Schrock"）カルベンというのがあり，これらは特にアルケンやアルキンのメタセシス反応に有用である．これらには構造上や反応性に類似した特徴があるものの，異なる点も多く分離して述べることにする．

6.2 ヘテロ原子で安定化された求電子的"Fischer"カルベン錯体[1]

　有機合成に利用する目的で最もよく研究が展開されているカルベン錯体は，6族金属Cr, Mo, Wの求電子的Fischerカルベン錯体である．これら錯体は，空気中で安定な結晶である金属ヘキサカルボニルと一連の有機リチウム反応剤との反応で容易に合成できる〔(6.1)式〕．等価な6個のCOの一つが攻撃を受け，安定なアニオン性リチウムアシル"アート"錯体を与える．負電荷は残り5個のπアクセプター性で電子求引性のCO配位子に広く分散される．これらの"アート"錯体はふつうテトラメチルアンモニウム塩として単離することができ，大スケールでの合成が可能で何カ月も分解することなく保存できる．メチルトリフラートやトリメチルオキソニウム塩〔メチルMeerwein反応剤〕や，あるいは相間移動触媒条件下でのハロゲン化アルキル[2]や，硫黄イリド[3]，あるいは硫酸ジメチル[4]のようなハードなアルキル化剤との反応では，酸素でのアルキル化が起こりアルコキシカルベン錯体を高収率で与える．

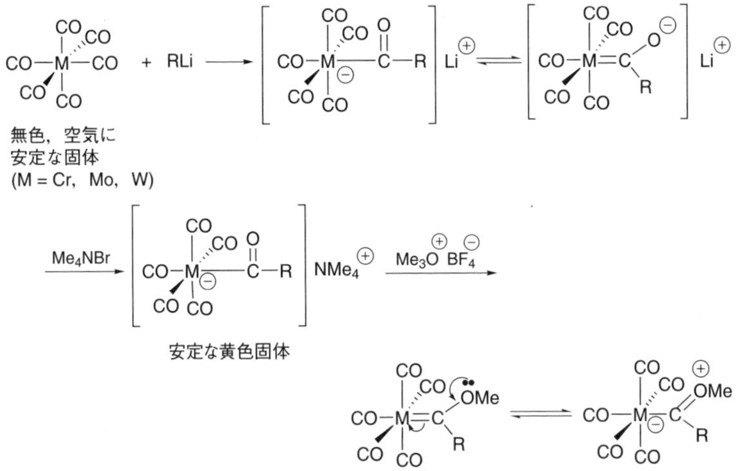

6.2 ヘテロ原子で安定化された求電子的"Fischer"カルベン錯体

(反応式 6.1)

無色,空気に安定な固体
(M = Cr, Mo, W)

安定な黄色固体

カルベン錯体の生成には有機リチウム化合物を用いる合成法が最も一般的であるが,その他の方法であってもアニオン性アシル錯体を生成できるならどのような方法でもよい．クロムヘキサカルボニル錯体は,ナトリウムナフタレニドやカリウム/グラファイトなどにより容易に還元される．これらを酸ハロゲン化物と反応させアニオン性アシル錯体を得て,つづいて O-アルキル化を行えばカルベン錯体が得られる[5]．分子内 O-アルキル化により環状アルコキシカルベン錯体が得られ[6],アミドを反応させ TMSCl を用いて酸素を脱離させればアミノカルベン錯体が生成する[7] (図 6.1).

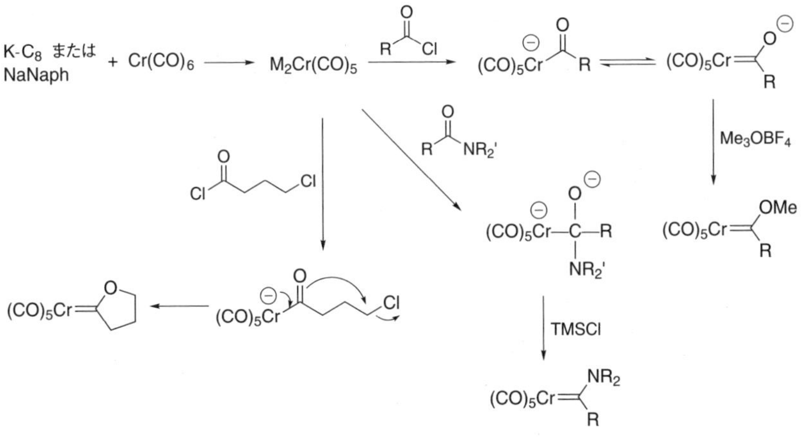

図 6.1　$M_2Cr(CO)_5$ からのクロムカルベン錯体の合成

一般性にやや劣るが,活性な Cr(CO)$_5$ 中間体と官能基をもつ有機亜鉛反応剤との反応〔(6.2)式〕[8]) や,活性 Cr(CO)$_5$ と 4-および 5-ヒドロキシ-1-アルキン[9]) との反応〔(6.3)式[10]),(6.4)式[11])〕などによってもカルベン錯体を生成させることが可能である.

$$Zn[(CH_2)_4Br]_2 + Cr(CO)_5(THF) \longrightarrow (CO)_5Cr(CH_2)_4Br^{\ominus}$$

$$\xrightarrow{CO 挿入} (CO)_5Cr^{\ominus}\text{-CO-(CH}_2)_3\text{-Br} \xrightarrow[40\%]{Me_3OBF_4} (CO)_5Cr=C(OMe)(CH_2)_3Br \quad (6.2)$$

$$Cr(CO)_6 \xrightarrow[THF]{h\nu} (CO)_5Cr(THF) \xrightarrow{54\%} (CO)_5Cr= \text{(furan-dioxolane)}$$

経由 (6.3)

$$Cr(CO)_5(THF) + HC\equiv C\text{-}CH(OH)Ph \xrightarrow[h\nu, 40\%]{MeOH} (CO)_5Cr=C(OMe)\text{-}CH=CH\text{-}Ph$$

経由

$$(CO)_5Cr \cdots \text{Ph(OH)C-C}\equiv CH \longrightarrow (CO)_5Cr=CH\text{-}CH(OH)Ph \xrightarrow{-H_2O} (CO)_5Cr=C=C=CHPh \xrightarrow{MeO-H} \quad (6.4)$$

これらの 6 族カルベン錯体は黄ないし赤色の結晶で,再結晶やシリカゲルクロマトグラフィーで容易に精製できる.固体状態では空気中でも全く安定で取扱いが容易である.溶液中では,とりわけ光が当たっているといくぶん空気に不安定なので,反応は不活性気体中で行うのが望ましい.安定化の因子としてヘテロ原子は必要で(ジフェニルカルベン錯体は生成できるが-20 ℃以上で分解する),ヘテロ原子上の孤立電子対が強

6.2 ヘテロ原子で安定化された求電子的"Fischer"カルベン錯体

い電子求引性原子団である金属ペンタカルボニル部分に広く分散することにより,この安定性がもたらされる.この電子分散は,ヘテロ原子とカルベン炭素との結合まわりの回転が制限されている(58〜105 kJ/mol)ことからも明らかであり,また,^{53}Cr NMR 化学シフト値からもうかがわれる[12].電子の分散のためには,孤立電子対の軌道がカルベン炭素の p 軌道と共平面内にある必要がある.クロムペンタカルボニル部分がカルベン炭素に CO の"壁"を設けているので,カルベン炭素にα分枝があると立体的な込み合いが発生し,これが効果的な重なりを妨げカルベン錯体の安定性を減じる(図6.2).実用的には,有機合成に有用な分枝型カルベン錯体を合成するのが困難であることの一因である.

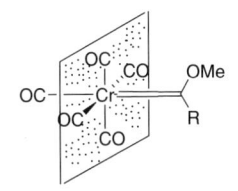

図 6.2　6族カルベン錯体の"COの壁"

求電子的カルベン錯体の化学は多彩であり,これら錯体にはいくつかの反応点がある.Fischer カルベン錯体は配位飽和の金属(0) d^6 錯体で,解離過程で配位子交換(CO の放出)を行う〔(6.5)式〕.この CO の解離は反応基質の配位とその後の反応のための前提

$$(CO)_5Cr\!=\!\!\underset{R}{\overset{OMe}{\diagup}} \;\underset{}{\overset{熱または光}{\rightleftarrows}}\; (CO)_4Cr\!=\!\!\underset{R}{\overset{OMe}{\diagup}} \;+\; CO \;\overset{L}{\longrightarrow}\; (CO)_4Cr\!=\!\!\underset{\underset{L}{|}R}{\overset{OMe}{\diagup}} \quad (6.5)$$

M(0), d^6, $18e^-$, 飽和　　　　M(0), d^6, $16e^-$, 不飽和

条件であり,この交換過程がほとんどの合成化学的に有用な反応のかなめである.熱によっても〔CO 交換の半減期 $t_{1/2}$ = 5 分(140 ℃)〕,光によっても可能で,ほとんどのカルベンの有機反応がどちらかの活性化様式を含んでいる.

CO 配位子が強い電子求引性をもつので,金属とカルベン炭素との結合はカルベン炭素が求電子的になる方向に分極しており,広い範囲の立体的に大きくない求核剤の攻撃を受けるのがふつうである〔(6.6)式〕.ほとんどの場合,生成する四面体中間体は不安

$$(CO)_5Cr^{\delta-}\!=\!\!\underset{R}{\overset{OMe}{\underset{\delta+}{\diagup}}} \;\overset{Nuc^{\ominus}}{\longrightarrow}\; (CO)_5\overset{\ominus}{Cr}\!-\!\underset{\underset{Nuc}{|}}{\overset{R}{\underset{|}{C}}}\!-\!OMe \;\longrightarrow\; (CO)_5Cr\!=\!\!\underset{R}{\overset{Nuc}{\diagup}} \;+\; MeO^{\ominus}$$

Nuc = R'O, NH_3, RNH_2
小さな R_2NH, RSH

(6.6)

定で，アルコキシ基が放出され新たなカルベン錯体が生成する．この方法は，酸素以外のヘテロ原子をもつ Fischer カルベン錯体の最もよい合成法の一つであり，この過程は有機酸エステルの"エステル交換反応"と実によく似ている．実際，多くの反応において，アルコキシカルベン錯体と有機酸エステルとの間の類似性には目をみはるものがある．この反応はアルコキシドでは効率がよくない．よい解決策として，テトラメチルアンモニウムアート錯体と酸塩化物との反応で活性な（しかし不安定な）アシルオキシ錯体を調製する方法がある．これら錯体は酸無水物の類縁体であり，種々の求核剤と反応し新しいカルベン錯体を生成する〔(6.7)式〕[13]．

$$(CO)_5Cr=C(ONMe_4)(R) \xrightarrow[-78\ °C]{CH_3COCl} (CO)_5Cr=C(OAc)(R) \xrightarrow[-HOAc]{NucH} (CO)_5Cr=C(Nuc)(R) \quad (6.7)$$

Fischer アルコキシカルベンのカルベン炭素へのケトンエノラートやヒドリド[14]の求核攻撃により，複雑な有機分子への変換が可能な新しい不安定な錯体が得られる．三つの例を (6.8)式[15]，(6.9)式[16]，および (6.10)式[17] に示す．最後の例では $Cr(CO)_6$ から一酸化炭素分子が三つも生成物中に取込まれる点が興味深い．

(6.8)

(6.9)

6.2 ヘテロ原子で安定化された求電子的"Fischer"カルベン錯体

(式 6.10 の反応スキーム:ヒドリド源)

$$(6.10)$$

カルベン炭素のα位のプロトンは酸性度が高く,種々の塩基により引抜かれて金属カルボニル部分まで分散して安定化した"エノラート"アニオンを生じる〔(6.11)式〕[18]. アルコキシ置換カルベンのメチル基プロトンの pK_a 値は THF 中約 12 である[19]. 6 族カルベンの pK_a 値は $MeS<MeO<Me_2N$ の順に増大するが,これはこの順に π ドナーとしての強さが増大することを反映しており,一方遷移金属の違いにはあまり影響されない. これらのアニオンの求核性は弱いが,ルイス酸触媒の存在下エポキシド[20]やアルデヒド〔(6.12)式〕[21]と反応し同族体のカルベン錯体を与える.

$$(6.11)$$

$$(6.12)$$

カルベン部分を最終的に有機化合物へ導入できる点で,これらの反応は重要である. アニオンを活性ハロゲン化物でアルキル化する反応は,しばしば複雑な結果になってしまう. トリフラートを用いるか,またはアクセプター配位子である CO の一つをドナー配位子ホスフィンで置き換えるかにより改善される[22]. ホスフィンで置き換えると,ク

ロム部分のアクセプター性は弱まり α プロトンの酸性度を弱め、アニオンの反応性を増大させる．同様に、アミノカルベン錯体はアルコキシカルベンよりも反応性の高い α アニオンを生成し（アミドとエステルの α プロトンの酸性度を、N が O より強いドナーであることをもとに比較せよ）、これらはもっと容易に α-アルキル化される（後述）．アミノカルベン錯体の α アニオンもアルデヒドをアルキル化し〔(6.13)式[23)]〕，共役エノンへ 1,4-付加する〔(6.14)式〕[24)]．光学活性なアミノ化合物を用いると，高いエナンチオ選択性が達成できる[25)]．

$$(6.13)$$

$$(6.14)$$

カルベン錯体から不可逆的にプロトンを引抜ける強い塩基がしばしば必要となる．ピリジンのような弱い塩基は，可逆的に α プロトンを引抜いたあと金属上を再プロトン化し，つづく還元的脱離によりアルコキシカルベン錯体をエノールエーテルに分解させる〔(6.15)式〕．

$$(6.15)$$

6.2 ヘテロ原子で安定化された求電子的"Fischer"カルベン錯体

このプロセスは当初困った問題であると思われていたが,アルコキシカルベン錯体から複雑な構造のエノールエーテルの合成にはきわめて有効である[26]. アルキノールからの環状アルコキシカルベンの合成法〔(6.3)式〕と組合わせれば,環状エノールエーテルの効率のよい合成法となる〔(6.16)式[27], (6.17)式[28]〕. この反応はアルキニルアミンにも適用することができ〔(6.18)式〕[29],そこそこ触媒的に進行させる[30]ことも可能である〔(6.19)式〕[31].

$$ (6.16) $$

$$ (6.17) $$

$$ (6.18) $$

n = 1, 58%
n = 2, 20%

$$ (6.19) $$

PMP = p-メトキシフェニル

σ-アルキンタングステン錯体は,ルイス酸の存在下アルデヒドと反応してカチオン性カルベン錯体を与える. この反応は,カチオン性アルケニリデン錯体の形成,つづいてアルコールの分子内付加,そしてプロトンの働きによる炭素-酸素結合の切断を含むと考えられる〔(6.20)式〕[32]. 不飽和ラクトンを与えるような空気酸化による容易な分解に加えて,これらカルベンは Grignard 反応剤やヒドリド反応剤の1,1-付加を行い,また環のエキソアルケンのジアゾメタンによるシクロプロパン化を行う. 環状カルベン錯体は,さらに,塩基で処理して1-σ-タングステン-1,3-ジエン錯体へと誘導することもできる[33]. 室温でニトリルと容易に[4+2]環化付加を行い,酸化的分解により縮環したピリジン誘導体が得られる〔(6.21)式〕[34].

[反応式 (6.20)]

[反応式 (6.21)]

α,β-不飽和カルベン錯体は，アルドール縮合〔(6.12)式〕によってあるいはアルケニルリチウム反応剤から生成され，α,β-不飽和エステルと共通の多くの反応を行うことができ，反応性はまさっている．たとえば，Diels-Alder 反応ではカルベン錯体がエステルより 2×10^4 倍速いので，カルベン錯体を反応に用いるのは大変容易である〔(6.22)式〕[35]．

[反応式 (6.22)]

これはやはり，$M(CO)_5$ 部分の電子求引性によるものである[36]．分子内反応は容易で〔(6.23)式〕[37]，カルベン部分をジエンの成分として用いることさえでき〔(6.24)式〕[38]，さらに多くの場合立体選択性は高い〔(6.25)式〕[39]．アルキニルカルベン錯体も Diels-

6.2 ヘテロ原子で安定化された求電子的"Fischer"カルベン錯体

Alder 環化付加を容易に行い，ヘテロ原子ジエンを用いると高度に官能基化された錯体を与える〔(6.26)式〕[40]．キラルなアミノ基をもつアルキニルカルベン錯体ではジアステレオ選択的な反応が起こる〔(6.27)式〕[41]．

$$n = 1 \quad E体\ 60\%\ 94:6 \\ \quad\quad\ Z体\ 97\%\ 44:55$$

$$n = 2 \quad E体\ 87\%\ 93:7 \\ \quad\quad\ Z体\ 86\%\ 78:22$$

(6.23)

(6.24)

72%
エキソ体：エンド体 > 25:1

(6.25)

84%

(6.26)

57%, 66% de

(6.27)

不飽和カルベン錯体は，たとえばニトロン[42]やジアゾアルケン[43]との1,3-双極付加も行う．キラルカルベン錯体を用いてジアステレオ選択的な反応を行うことができる〔(6.28)式〕[44]．電子豊富アルケンは[2+2]環化付加を行い〔(6.29)式〕[45]，この反応を

芳香環融着（benzannulation）と組合わせて一酸化炭素の挿入を経てベンゾシクロブテンを得ることができる〔(6.30)式〕[38].

$$(6.28)$$

$$(6.29)$$

$$(6.30)$$

共役カルベン錯体への Michael 付加も容易である[46]. 実際, α,β-不飽和カルベン錯体のアルコキシ基をアミンで交換するとき, アミンの Michael 付加が主たる競争反応となる.

Michael 付加は, カルベン錯体を有機合成に用いるための非常に有用な手法である. 安定化エノラートは容易に付加し, 生成するカルベンアニオンはさらなる求核攻撃に対し不活性なので, 新たに導入されたカルボニル基をさらに官能基化できる〔(6.31)式〕[47].

単離されない

$$(6.31)$$

ds：ジアステレオ選択性

6.2 ヘテロ原子で安定化された求電子的"Fischer"カルベン錯体

キラルなカルベン錯体を不斉 Michael 付加に用いることができる〔(6.32)式〕[48]. Cr(CO)$_5$ 部分の電子求引能力は大きくフラン環を Michael アクセプターとして使えるほどである〔(6.33)式〕[49].

(6.32)

(6.33)

β-ジカルボニルエノラートはアルキニルカルベンへ Michael 型の付加をしたあと,エノラート酸素でアルコキシ基が置換される.この錯体とエナミンとを反応させ,結果と

(6.34)

してユニークな環化が達成される〔(6.34)式〕[50]．炭素求核剤に加えて，硫黄，酸素，および窒素求核剤もアルキニルカルベン錯体と反応し β 置換アルケニル錯体を与える．

合成反応を施した後，カルベン部分は多くの方法で有機化合物へと変換できる．これらカルベン錯体を，CAN (セリウムアンモニウムニトラート)，DMSO，第三級アミンオキシド，あるいはジメチルジオキシランで酸化するか〔(6.35)式〕[51),52)]，カルベンエノラートのテトラメチルアンモニウム塩を求核剤存在下同様に酸化すれば[53)]，カルボン酸誘導体が得られる．しかし，これら金属－炭素二重結合を単に酸化するよりも実際はもっとよい用途があり，それが活用されてきた．炭素－金属二重結合がアルケンやアルキンと反応し多官能基生成物を与えるような多くの環融着（環付加，環生成ともいう，annulation）反応が開発されている[54)]．

$$(CO)_5Cr\text{-}C(OEt)\text{-}C\equiv C\text{-}Ph \xrightarrow[90\%]{\triangle O \triangle} O=C(OEt)\text{-}C\equiv C\text{-}Ph \qquad (6.35)$$

6族カルベン錯体の有機反応への利用の初期の研究に，求電子的アルケンのシクロプロパン化がある〔(6.36)式〕[55)]．反応は，単にカルベン錯体とアルケンとを混合し，ときには高温を要するが，加熱するだけである．中程度ないし高収率でシクロプロパンが得られる．1,2-二置換アルケンでは，アルケンの立体化学は生成物中でも保持されるが，カルベン由来の炭素の立体化学は保持されず立体異性体の混合物が得られる．ジエンは，置換基数が多くなければモノシクロプロパン化される〔(6.37)式〕[56)]．1,3-ジエンカルボン酸エステルでは，エステル基から遠い方 (γ, δ) の二重結合だけがシクロプロパン化される[57)]．多くの場合シクロプロパン化生成物に加えて，ビニル C−H に挿入した化合物に相当する生成物が多少なりとも副生する〔(6.38)式〕[58)]．

$$(CO)_5Cr=C(OMe)(Ph) + CH_2=CHZ \xrightarrow{\Delta} \text{Ph, MeO, Z シクロプロパン} \qquad (6.36)$$

50–90%

Z = CO₂Me, CONMe₂, CN, P(O)(OMe)₂, SO₂Ph

$$(CO)_5Mo=C(OMe)(Bu) + Et\text{-CH=CH-CH=CH}_2 \xrightarrow[100\ ^\circ C,\ 76\%]{THF} Et\text{-CH=CH-}C(Bu)(OMe)\text{シクロプロパン} \qquad (6.37)$$

注意：右のジエンは反応しない

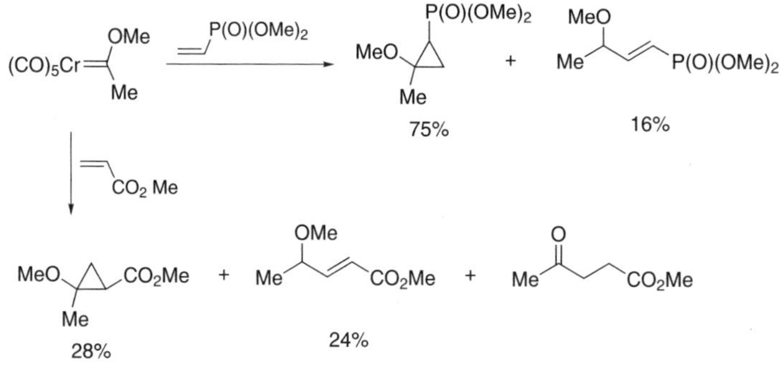

6.2 ヘテロ原子で安定化された求電子的"Fischer"カルベン錯体

$$(CO)_5Cr=C(OMe)(Me) \xrightarrow{\text{CH}_2=\text{CHP(O)(OMe)}_2} \text{MeO,Me-cyclopropane-P(O)(OMe)}_2 (75\%) + \text{MeO-CH(Me)-CH=CH-P(O)(OMe)}_2 (16\%)$$

$$\downarrow \text{CH}_2=\text{CHCO}_2\text{Me}$$

$$\text{MeO,Me-cyclopropane-CO}_2\text{Me} (28\%) + \text{MeO-CH(Me)-CH=CH-CO}_2\text{Me} (24\%) + \text{Me-C(O)-CH}_2\text{CH}_2\text{-CO}_2\text{Me} \quad (6.38)$$

シクロプロパンは遊離の有機カルベンとアルケンとの反応で期待される生成物であるが，遷移金属カルベン錯体によるシクロプロパン化反応では遊離の有機カルベンは含まれていないという多くの証拠がある．おおむね，図 6.3 に示した経路が妥当であろう．

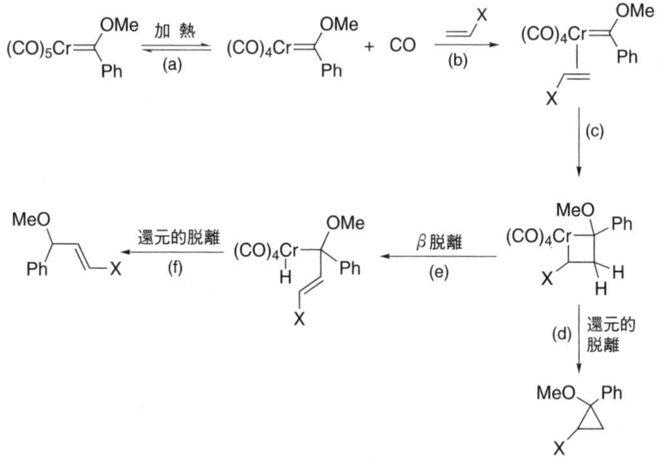

図 6.3 シクロプロパン化の反応機構

シクロプロパン化は CO 圧により抑制されるので，空の配位座を生成させるために CO の解離が重要だとわかる．図 6.3 では，(b) アルケンの配位，(c) 金属－炭素二重結合への形式上 [2+2] 環化付加によりメタラシクロブタンを与える．この環化付加の位置選択性に応じて，アルケンの置換基は金属に対し α または β のいずれにでもなりうる．還元的脱離 (d) はシクロプロパンを与える．観測された "C–H" 挿入型の副生成物はメタラシクロブタンからの β 水素脱離 (e) を経て，還元的脱離 (f) で金属ヒドリドから生成する．

メタラシクロブタン中間体の存在の証拠は，電子豊富アルケンのシクロプロパン化の試みのときに得られている．通常の反応条件でもシクロプロパン化は進行せず，代わりに**メタセシス**（metathesis，アルケン基交換）が起こりアルケンが得られた〔(6.39)式〕．アルケンメタセシスはカルベン錯体のよく知られた反応で，多くの用途がある（6.5節参照）．反応は環化付加/逆環化付加過程で進むとされている．

$$(6.39)$$

電子豊富アルケンのメタセシスはヘテロ原子で安定化されたカルベン錯体を生成し，電子不足アルケンは不安定カルベン錯体を生成するので，メタセシスは電子豊富基質にとって有利な過程である．電子豊富アルケンのシクロプロパン化は，テトラメチルアンモニウム（接触イオン対をつくるリチウムではなくて）"アート"錯体のその場 $O-$アシル化で生成する不安定なアシルオキシカルベン錯体を用いて行うか〔(6.40)式〕[59]，高圧（>100 atm）COによりメタセシスを抑制して行う．

$$(6.40)$$

電子不足および電子豊富アルケンとは対照的に，単純な脂肪族アルケンは（わずかの例外[60]を除いては）どんな反応条件下でもクロムアルコキシカルベンによって分子間シクロプロパン化を受けない．しかし，一般的に分子内反応はかなり有利であって，アリールアルケノキシカルベン錯体は，不活性なアルケンのシクロプロパン化をきわめて容易に行うことができる（後述）．

構造の複雑なアルコキシ基をもつカルベン錯体は，必要なアルキルトリフラートやオキソニウム塩の合成が困難なため，標準的な方法（図6.1）で直接合成することはできない．さらに，これらをアルコキシ-アルコキシ交換でつくることはできない．その理由は，アルコキシ-アミン交換とは異なり，この交換は非常に遅く，効率が悪く，副反応を伴うことなどである．しかし，アンモニウムアシラート錯体と酸ハロゲン化物とのその場反応で得られるアシルオキシカルベン錯体は，構造が複雑なアルコールでもきれいに反応し，アルコキシカルベン錯体をきわめてよい収率で与える〔(6.41)式〕[61]．

6.2 ヘテロ原子で安定化された求電子的"Fischer"カルベン錯体

$$Cr(CO)_6 + RLi \longrightarrow \left[(CO)_5Cr\underset{R}{\overset{O^-}{=}}\right] Li^+ \xrightarrow{Me_4NBr} \left[(CO)_5Cr\underset{R}{\overset{O^-}{=}}\right] NMe_4^+$$

（O-アシル化を受けない）

$$\xrightarrow[\text{遅い，}-40\,°C]{t\text{-BuCOCl}} (CO)_5Cr\underset{R}{=}\overset{O}{\underset{}{\overset{}{-}}}O\text{-}t\text{-Bu} \xrightarrow[R'OH]{-20\,°C,\,速い} (CO)_5Cr\underset{R}{=}OR' + t\text{-BuCO}_2H$$

"非対称酸無水物"

(6.41)

ホモアリルアルコールを用い（アリール）（アシルオキシ）カルベンを交換反応で合成しても，このカルベン錯体は単離できない．その代わり，分子内シクロプロパン化が，一酸化炭素加圧下でさえいくぶん進行する〔(6.42)式〕[62]．分子内シクロプロパン化/Cope 転位を〔(6.43)式〕[63] に示す．

(6.42)

(6.43)

これは一般的な現象で，多種類のシクロプロパン化されたテトラヒドロフラン，ピランやピロリジンがこの反応経路で得られる．この反応性の増大はエントロピー項支配であり，もしそのアルケンが酸素原子から3炭素以上離れていれば，錯体が分解するほどの厳しい反応条件でもシクロプロパン化は起こらない．しかし，遠い位置のアルケンにでも，適切な立体配座によりアルケン部分がカルベンの近くにくることができれば，シクロプロパン化は進行する[64]〔(6.44)式〕[65]．

(6.44)

アルキンはアルケンより容易にカルベン錯体に付加する．エンイン類とクロムカルベン錯体とを反応させると，アルキン環化付加/電子環状反応での開環/アルケン環化付加/還元的脱離を経て，二環性化合物をよい収率で与える〔(6.45)式〕[66]．この方法の多くの変形が試みられており，アルケンをカルベンに連結した場合[67]〔(6.46)式〕[68]，アルキンをカルベンに連結した場合〔(6.47)式〕[69]，アルケンとアルキンの両者をカルベンに連結した場合[70]，1,3-ジエンにアルキンを連結した場合〔(6.48)式〕[71] などが知られている．これらすべての反応例ではたった1回の反応で一挙に分子の複雑度が高まっている．アルキンの環化付加/メタセシス反応の中間体をカルボニル基で捕捉することができる〔(6.49)式〕[72]．

(6.45)

(6.46)

(6.47)

6.2 ヘテロ原子で安定化された求電子的"Fischer"カルベン錯体

(6.48)

(6.49)

　一酸化炭素が生成物中に取込まれる型の多数の合成化学的に有用で多岐にわたる Fischer カルベン錯体の反応が開発されている．合成化学的に魅力的な応用例は **Dötz 芳香環融着**（benzannulation）**反応**であって，アルケニルおよびアリールアルコキシカル

ベン錯体とアルキンとの熱反応でヒドロキノン誘導体を生成する．一般形を〔(6.50)式〕[73)]に示す．全体として複雑な変換であるが，反応機構はよく理解されており，有機

$$(6.50)$$

R_L = 大きな置換基；R_S = 小さな置換基

金属化学の標準的な多くの段階を含む．ここでもまた，反応は一つの CO を熱的に放出し，空の配位座を生成することで開始する．アルキンが配位し環化付加しメタラシクロブテンを与え，CO が挿入しメタラシクロペンテノンになる．このメタラサイクルは分解して金属配位した η^6-アルケニルケテンを与える．アルケニルケテンの存在には確かな証拠がある（ある場合には X 線回折，また立体的にかさ高いアルキンからの場合は単離されている[74)]）．このアルケニルケテンが環化しエノール化すればヒドロキノン誘導体の $Cr(CO)_3$ 錯体（示していない，第 10 章参照）となる．配位子を得るには空気や光により酸化的にクロムを除去する．金属や溶媒やとりわけヘテロ原子しだいでは，CO 挿入の代わりに電子環状 (electrocyclic) 開環反応が起こり，ヒドロキノンの代わりにイン

6.2 ヘテロ原子で安定化された求電子的"Fischer"カルベン錯体

デンが生成する．特にアミノカルベン錯体[75]でこのことがよく起こる．

6族カルベン錯体は安定で取扱いやすく，多様な変換にもち込めるので，官能基が多く構造が込み入った錯体が比較的合成しやすいこととあいまって，これら錯体の有機合成における利用は魅力的である．Dötz 反応はキノン誘導体の合成に広く用いられている．代表例を (6.51)式[76]，(6.52)式[77]，(6.53)式[78] および (6.54)式[79] に示す．得られたヒドロキノンモノアルキルエーテルは CAN を用いて容易にキノンへ酸化できる．

(6.51)

(6.52)

(6.53)

(6.54)

シクロプロパン化の場合のように，異なる反応をうまく階層別に配置すれば，一連の反応系統1個で多くの結合を形成できる．このような例を (6.55)式[80]に示すが，Diels-Alder 環化付加，アルキンメタセシス，ついで Dötz 反応のすべてがワンポット反応（同一容器内反応）として進行する．

クロムカルベン錯体に光照射すれば，金属－炭素二重結合にCOが挿入してケテン類似の反応性をもつ中間体が生成することが見いだされ（後述）[81]，これに基づきDötz型ベンゼン環融着法に代わるきわめて巧妙な別法が考案された〔(6.56)式〕[82]．シスジエニルカルベン錯体を合成すれば，Dötz反応の鍵中間体であるアルケニルケテン中間体が光によるCO挿入により生成し，効率のよいベンゼン環融着が達成される．熱や光によるイソニトリルの金属－炭素二重結合への挿入によって，同様なアルケニルケテンイミン中間体が生成し，これらも容易に環化する〔(6.57)式〕[83]．これらのプロセスの両者を見事に応用した例を(6.58)式[84]，(6.59)式[85]に示す．

6.2 ヘテロ原子で安定化された求電子的"Fischer"カルベン錯体

(6.56)

(6.57)

(6.58)

(6.59)

Dötz 反応は，カルベン錯体上のヘテロ原子の性質にも強く影響される．アルコキシカルベン錯体はヒドロキノン誘導体を与えるが，アミノカルベン錯体ではCOの挿入は起こらず[86]，代わりにインダン誘導体を与える〔(6.50)式〕[87]．この反応を分子内で行うときわめてジアステレオ選択性は高い〔(6.60)式〕[88]．Diels-Alder 環化付加反応と組合わせて，効率よく複雑な分子を合成できる〔(6.61)式〕[89]．

(6.60)

[反応式 (6.61)]

以上のように，Dötz 反応は多くの段階から成り立っており，各段階から他の生成物を与えるような他の経路へ移行できる．反応が反応条件と出発物質の構造に左右されやすいので，この反応の発展過程におけるおもな課題は単一生成物を与える反応条件の開発であった．たとえば，ケテン中間体は側鎖上のアルコール〔(6.62)式〕[90]や，アミンや，カルボニル〔(6.63)式〕[91]などの求核剤により捕捉される．

[反応式 (6.62)]

シクロプロピルカルベンを典型的な Dötz 反応の反応条件で行うと，全く予想外の生成物を得る〔(6.64)式〕[92]．反応機構はよくわかっていないが，メタラシクロペンテノンの段階まではふつう通り進み〔(6.64)式の (b)〕．この段階で，あたかもアルケンのように"sp^2"的シクロプロピル基の挿入が起こり（種々の遷移金属によりシクロプロピル基は容易に開裂する），メタラシクロオクタジエノンを与える (c)．このものが再挿入して二環性化合物となり (d, わかりやすいように2段階で示した)，ついで分解しシクロペンタジエノンとアルケンになる (e)．ジエノンは水の存在下低原子価クロム種により還

6.2 ヘテロ原子で安定化された求電子的"Fischer"カルベン錯体

元される.分子内反応でも同様なことが進行する[93].金属をクロムからより大きなモリブデンおよびタングステンに変えると,メタラシクロオクタジエノンからの直接還元的脱離により7員環が生成する〔(6.65)式,(6.66)式〕[94].(かなり厳しい反応条件下では,1,5-ヒドリド移動により最も安定な生成物を与えるように,二重結合の異性化が起こる.)

(6.63)

(6.64)

(6.65)

$$\text{(CO)}_5\text{W}=\text{C(cyclopropyl)}\text{O(CH}_2\text{)}_3\text{C≡CPh} \xrightarrow[140\,°\text{C}]{\text{THF, 65\%}} \text{(bicyclic product with Ph, C=O, O)} \quad (6.66)$$

6族 Fischer カルベンと類似の鉄カルベン錯体が，Fischer の合成経路〔(6.1)式〕か，または，Collman 反応剤 $Na_2Fe(CO)_4$ を用いるかにより容易に得られる〔(6.67)式〕．アルケンとの熱反応でシクロプロペン生成物は得られず，C−H 挿入生成物が得られた〔(6.68)式〕[95]．アルキンとの反応では，鉄アルコキシカルベンは6族類縁体とは全く異なる反応をし，2個の CO の挿入によりピロンの平衡混合物を与える〔(6.69)式〕[96].

$$\text{Fe(CO)}_4{}^{2\ominus} + \text{RCOCl} \searrow \atop \text{Fe(CO)}_5 + \text{RLi} \nearrow \quad \text{(CO)}_4\text{Fe}-\overset{\text{O}^\ominus}{\text{C}}-\text{R} \xrightarrow[\text{HMPA}]{\text{EtOSO}_2\text{F}} \text{(CO)}_4\text{Fe}=\text{C}(\text{OEt})(\text{R}) \quad (6.67)$$

$$\text{(CO)}_4\text{Fe}=\text{C(OEt)(Ph)} + \text{CH}_2=\text{CHOEt} \xrightarrow{\text{加熱}} \text{(CO)}_n\text{Fe}[\text{C(OEt)(Ph)}][\text{CH(OEt)}(\text{H})] \xrightarrow{76\%} \text{PhC(OEt)=CHOEt} \quad (6.68)$$

$$\text{(CO)}_4\text{Fe}=\text{C(OEt)(Ph)} + \text{HC≡CH} \longrightarrow \text{(CO)}_n\text{Fe}\text{-metallacycle} \xrightarrow{\text{CO}} \text{(CO)}_n\text{Fe-cyclopentenone(OEt, Ph)}$$

$$\xrightarrow{\text{CO}} \text{(CO)}_n\text{Fe intermediate} \longrightarrow \text{(CO)}_n\text{Fe}^{\oplus} \text{ intermediate} \xrightarrow{\text{EtO}^\ominus} \text{(CO)}_n\text{Fe intermediate}$$

$$\longrightarrow \text{Fe(CO)}_3\text{-pyranone isomers} \quad (6.69)$$

(X 線回折で構造決定)

熱的反応に加えて，クロムヘテロ原子カルベン錯体は多彩な光化学反応をし，合成化学的に有用なプロセスが多数知られている．これらの錯体はすべて着色しており 350〜450 nm の範囲に吸収をもつ．この可視光吸収は，金属から配位子への許容性の電

6.2 ヘテロ原子で安定化された求電子的"Fischer"カルベン錯体

荷移動（metal-to-ligand charge transfer, MLCT）吸収帯と帰属されている[97]．錯体の分子軌道相関から，HOMO（最高被占軌道）は主として金属d軌道から成り，LUMO（最低空軌道）は主としてカルベン炭素p軌道から成る．すなわち，光吸収はd中心のHOMOからp中心のLUMOへの電子の移動であるから，MLCTをひき起こす光分解は**形式的**に，可逆な，金属の1電子酸化をもたらす[98]．金属－炭素結合へ一酸化炭素の挿入を起こさせる最もよい方法の一つが金属の酸化であって（第2章，第4章），実際クロムカルベン錯体を可視光照射すると金属－炭素二重結合へのCOの挿入が起こり，金属配位ケテン錯体と表すのが最もふさわしいメタラシクロプロパノンを生成する〔(6.70)式〕[99]．

$$(CO)_4Cr\!=\!\!\underset{R}{\overset{X}{\rule{0pt}{0pt}}}\;\underset{CO}{\rule{0pt}{0pt}}\;\overset{h\nu}{\rightleftharpoons}\;(CO)_4Cr\!\underset{O}{\overset{X\;\;R}{\triangle}}\;=\;(CO)_4Cr\!-\!\underset{\underset{O}{\|}}{\overset{X\;\;R}{C}} \qquad (6.70)$$

ふつうは，遷移金属錯体の励起状態は分子間反応を行うには短寿命すぎるので，この場合は，基底状態の錯体であることはほぼ確かであり，捕捉されなければCOの逆挿入が起こりカルベン錯体を再生する．したがって，ケテンと反応する反応剤が存在しない系で長時間光照射しても，多くのカルベン錯体は変化なく回収される．しかし捕捉剤が存在すれば，光照射により2～3時間で錯体は消費される．光反応の研究が数例あるが，ケテンが生成するという**スペクトル的**証拠は得られていない．Fischer カルベン錯体の光反応はケテン様の反応性を示している．

合成化学的には[100]これはたいへん有用な点で，通常の方法では生成困難な珍しい，電子密度の高いアルコキシ，アミノ，またはチオケテンの生成が，非常に穏和な条件下（可視光，どのような溶媒でも使用可，パイレックス反応容器，他の反応剤不要）で可能となる．このケテンは金属に結合しており低温度で発生するので，二量化や生成物へのケテン1分子以上の取込みなどのふつうのケテンの副反応がみられない．しかし，このケテン錯体はほとんどのケテンのふつうの反応を行うので合成的に有用である．

ケテンとイミンを反応させβ-ラクタムを得る反応〔**Staudinger 反応**〕はこの重要な抗生物質類の合成のために広く研究されている．ほとんどの生理活性β-ラクタムは光学活性体で，またラクタムカルボニル基のα位にアミノ基をもっている．クロムカルベン錯体を用いてこれらを合成しようとすると，カルベン炭素に水素の存在する光学活性錯体が必要となる．このような錯体は，アニオン性金属ホルミル錯体が強い還元剤でありヒドリドを求電子剤に移動させてしまうので，通常の Fischer 型合成法では得られない．必要な光学活性なアミノカルベン錯体は，$K_2Cr(CO)_5$を適当なアミドと反応させ，ついで TMSCl を加えて酸素除去を容易にするという別経路で効率よく合成される（図 6.1）[101]．

この光学活性なアミノカルベン錯体は多種類のイミンと良好に反応し，きわめて高収率，良好なジアステレオ選択性で光学活性 β-ラクタムを与える〔(6.71)式〕[102]. α 位の絶対配置は，窒素上の光学活性修飾基がその絶対配置をこの位置へ移す（$R \rightarrow R, S \rightarrow S$）ことにより決まり，2個の新しいキラル中心の間の相対的な（シス-トランス）立体化学はイミンで決定する[103]. 反応を中程度のCO圧（3～6 atm）で行えばクロムヘキサカルボニルが回収され再使用できる．光学活性修飾基は，アセトニドを加水分解しついでアミノアルコールを還元的（H_2, Pd/C）または酸化的（IO_4^-）に切断すれば，容易に取除くことができる．別法として，オキサゾリジンをオキサゾリジノンへ変換し，さらにこれをカリウムヘキサメチルジシラジドと求電子剤を用いて立体選択的にアルキル化することもできる[104]. これらの反応は，(+)-1-カルバセファロチンの合成に用いられた〔(6.72)式〕[105].

(6.71)

(6.72)

イミダゾリン類については，ふつうはケテンやエステルエノラートとの反応による β-ラクタムの合成はうまくいかないので，上記 β-ラクタム形成を試すには特に興味のもてる化合物である．実際，クロムカルベン錯体に光照射すると，新しい型の β-ラクタ

6.2 ヘテロ原子で安定化された求電子的"Fischer"カルベン錯体

ムであるアザペナムがよい効率で得られる〔(6.73)式〕[106),107]. この例のように, クロムカルベン錯体の光化学反応と通常のケテン反応が, 細部で異なる場合がいくつか知られている.

$$(CO)_5Cr=C(OMe)Me + \text{imidazoline(Cbz, Me, CO}_2\text{Me)} \xrightarrow[\text{2) H}_2\text{ Pd/C}]{\text{1) }h\nu} \text{β-lactam product} \qquad (6.73)$$

70%, dr > 99%
dr: ジアステレオマー比

ケテンも容易にアルケンと〔2+2〕環化付加しシクロブタノンを与える. このとき高い立体選択性で立体障害のより大きなシクロブタノンを与える("被虐的立体誘導"[108]). クロムアルコキシカルベン錯体を種々のアルケン存在下光照射すると高収率でシクロブタノンを生成し, その立体選択性は通常の方法で発生させたケテンを用いた場合とほぼ同程度である〔(6.74)式〕[109]. 当然ながら, 反応は電子豊富アルケンに限られ, 電子不足アルケンはことごとくうまく反応しない. また, 反応はアルコキシカルベン錯体や, アミノカルベン錯体であってケテンの求核性を減少させるように窒素上にアリール基をもつものに限られる[110]. 分子内反応もうまく起こり, 多様な二環性化合物の合成法となる. 従来みられなかったような環化付加さえも起こり, きわめて高収率で生成物を与える〔(6.75)式〕[111]. 光学活性なアルケンを用いると高いジアステレオ選択性がみられる〔(6.76)式〕[112]. 生成する光学活性なシクロブタノンは, Baeyer–Villiger 酸化/脱離をすれば合成化学的に有用な中間体であるブテノリドを与える[113].

$$(CO)_5Cr=C(OEt)Bu + \text{cyclohexadiene} \xrightarrow[\text{96\%, 14:1 dr}]{h\nu, \text{Et}_2O, CO} \text{bicyclic ketone} + Cr(CO)_6 \qquad (6.74)$$

$$(CO)_5Cr=C(OEt)(CH_2\text{-cycloheptatrienyl}) \xrightarrow[\text{95\%}]{h\nu, CO} (CO)_nCr=C(OEt)\cdots \rightarrow \text{tricyclic product} \qquad (6.75)$$

$$(CO)_5Cr=C(OMe)C_8H_{17} + \text{N-vinyl oxazolidinone(Ph)} \xrightarrow[\text{84\%}]{h\nu, CO} \text{cyclobutanone} \xrightarrow[\text{2) TBAF, 83\%}]{\text{1) }m\text{-CPBA}} \text{butenolide} \qquad (6.76)$$

アルデヒドとルイス酸[114] または塩基[115] 存在下でアルコキシクロムカルベンを光照射

すると β-ラクトンが得られる．分子内反応の方がふつうは効果的である〔(6.77)式〕．一般的にケテンの反応性は不十分で，ふつうは触媒を必要とする．

$$(6.77)$$

ケテンはアルコールやアミンと反応してカルボン酸誘導体を与える．同様に，クロムカルベン錯体をアルコールの存在下光分解すると，エステルをきわめて高い収率で与える．アミドから調製したアミノカルベン錯体（図6.1）を用いると，アミドから α-アミノ酸誘導体を合成する非常に直接的な方法となる．これらの変換は従来の方法では容易には達成できないものである[116]．β-ラクタムをはじめラクタム類もこの型の反応を行い，環状のアミノ酸を生成する．

光学活性 α-アミノ酸はきわめて重要な種類の化合物で，ペプチドやタンパク質の構成単位として生物学的に中心的役割を果たしていることに加えて，新しい医薬品を開発していく際にも重要な役割を果たしてきた．光学活性なアミノカルベン錯体を合成し，その α 炭素の高い反応性を利用すれば，多種の天然型 (S) と非天然型 (R) のアミノ酸が合成できる〔(6.78)式〕[117]．アルデヒドを求電子剤に用いて，ホモセリンが効率よく合成できる[118]．

$$(6.78)$$

6.2 ヘテロ原子で安定化された求電子的"Fischer"カルベン錯体

アルコールの代わりに光学活性な α-アミノ酸エステルを用いると，ペプチド結合の形成とカルベン錯体由来のアミノ酸部分に新しいキラル中心の形成とが1段階で起こるというプロセスでジペプチドの合成が可能となる〔(6.79)式〕[119]．すなわち，可視光をいわばカップリング用反応剤とし，ペプチドに直接天然型（あるいは非天然型）アミノ酸部を導入することができる．この場合"二重のジアステレオ選択"がマッチした組である (R,S,S)-ジペプチドで認められ，(S,R,S)-ジペプチドはミスマッチの組ということになる．立体障害の大きい α,α-ジアルキル-および N-アルキル-α,α-ジアルキルアミノ酸エステルも，ポリスチレン担持[120]および可溶 PEG（ポリエチレングリコール）担持[121]アミノ酸部分と同様に，収率よくカップリングする[122]．

$$(6.79)$$

最後に，6族 Fischer カルベン錯体の他の金属へのトランスメタル化が，光を用いても熱によっても行える〔(6.80)式[123]〕[124]．さらに興味深いことに，パラジウム[125]や銅[126]錯体はアルコキシクロムカルベンのスムーズな二量化の触媒となる〔(6.81)式〕．まず

$$(6.80)$$

$$(6.81)$$

クロムからパラジウム（または銅）へのトランスメタル化が起こる，という機構が提案されている．α,β-不飽和アルコキシクロムカルベンとアルキン[127]またはアレン[128]との反応で，ロジウムやニッケル触媒が存在すれば5員環をつくる〔(6.82)式〕．アレンの付加の位置選択性は用いる触媒によって調節できる．これらすべての反応はカルベン配位子のトランスメタル化を経るものと思われる．

R = 4-MeOC$_6$H$_4$–
C$_{10}$H$_8$ = ナフタレン

6.3 非安定化求電子的カルベン錯体[129]

　カルベン炭素原子上にヘテロ原子がない6族カルベン錯体は不安定で生成しにくい．したがって，(アルケンのシクロプロパン化反応には有効であるが[130]) 合成化学への利用はあまり行われていない．シクロプロパン化反応剤として特に興味深いのは，アルコキシカルベンとジヒドロピリジンから生成するヒドリドカルベンである．このヒドリドカルベンは不安定でピリジンイリドを生成する．イリドとアルケンを加熱すると，おそらくヒドリドカルベンを経由しシクロプロパン化された生成物を与える〔(6.83)式〕[131]．分子内シクロプロパン化反応例を (6.84) 式に示す．

6.3 非安定化求電子的カルベン錯体

$$(6.84)$$

6族カルベンとは対照的に，安定で合成しやすい多くの鉄カルボニル錯体は，安定化を受けていない求電子的カルベン錯体の前駆体となる．前駆体となる錯体をアルケン存在下，適当な反応剤で処理するとシクロプロパン化が起こる．これらのカルベン前駆体の中で最も便利なのはメチルチオメチル錯体であって，$CpFe(CO)_2Na$ を CH_3SCH_2Cl と反応させて大量合成ができる[132]．S-メチル化し過剰の電子豊富アルケン共存下加熱すると，不安定なカチオン性カルベン錯体が生成し，ついでアルケンのシクロプロパン化が進む．対応するメトキシメチル錯体も同様な反応を行う〔(6.85)式〕．最も汎用的なアプローチは，高い求核性をもつ $CpFe(CO)_2Na$ とアルデヒド[133]やケタール[134]との反応で目的とする α-オキソ鉄錯体を生成させる方法であろう．これらをアルキル化反応剤やシリル化反応剤と反応させると，α 脱離が起こりカチオン性カルベン錯体となる〔(6.86)式〕．

$$(6.85)$$

$$(6.86)$$

このシクロプロパン化法は適用範囲が狭い．あまり官能基が多くなく電子豊富なアルケンのみが反応し，"CH_2"，"$CHCH_3$"，"$C(CH_3)_2$"，"$CHPh$"，"CHC_3H_5" などのわずかなカルベンしか反応できない．置換基をもつカルベン錯体からはシスとトランスの二置換シクロプロパン混合物が得られる．

一酸化炭素の一つをホスフィンで置き換えると，鉄カルベン錯体前駆体は鉄原子上で

キラルとなり分割できる．光学活性ホスフィンを用いればさらに不斉要素を加えることができ，鉄上でもリン上でもキラルとなる．これらの光学活性カルベン錯体は，きわめてよいエナンチオ選択性でアルケンをシクロプロパン化するが，シス/トランス選択性がそれほどよくない〔(6.87)式〕．この不斉シクロプロパン化の機構は詳しく研究されている[135]．不斉金属錯体により生成物中に不斉が誘導されるので，"遊離"のカルベンが含まれることはありえない．普通の予想には反して，メタラシクロブタンも含まれていない．詳しい立体化学的研究と標識研究により (6.88)式に示す機構が確立されている．その機構は，アルケンが求電子的カルベン錯体を攻撃してγ炭素に求電子中心を生成する過程を含んでいる．もしこの炭素に電子供与基があれば，この中間体は$\beta-\gamma$結合のまわりで回転するだけの寿命をもち，もとのアルケンの立体化学が失われる．このγ-カチオン性炭素中心は，Fe-C結合によって逆側から攻撃を受け反転する．この機構に合致した形で，鉄カルベン中間体は，ポリエンのカチオン性環化〔(6.89)式〕[136]や，カルベン的なC-H挿入を行う〔(6.90)式〕[137]．

6.4 非安定化求電子的カルベン中間体を経由する
　　ジアゾ化合物の金属触媒による分解

　遷移金属は有機ジアゾ化合物の重要な多数の反応を触媒的に進行させるが，なかでもアルケンのシクロプロパン化が合成化学的に最も重要なものの一つである〔(6.91)式〕[138]．非常に多種類の遷移金属錯体が有効な触媒となり，とりわけ銅(I)トリフラート，パラジウム(II)塩，酢酸ロジウム(II)，および$Rh_6(CO)_{16}$が最もよく用いられる．おもな副反応がジアゾ化合物自身の分解なので，比較的安定な$α$-ジアゾカルボニル化合物を用いたとき反応は最も効果的である．アルケンとしては，電子豊富なエノールエーテルから電子不足の$α,β$-不飽和エステルまで，ジアゾ化合物によるシクロプロパン化が可能である．しかし，電子求引基をもつアルケンは他のアルケンの場合とは異なる機構で反応するようである．$β$位に置換基がある場合，反応性は極端に悪くなる．アルケンの反応性の順序は，電子豊富＞"中性"≫電子不足とシス＞トランスである．アルケンの立体配置は保持されるが，ジアゾ基側の立体選択性はほとんどない．ジエン，アルキン，および芳香環もシクロプロパン化される．機構の詳細な研究によれば，このシクロプロパン化には，ジアゾ化合物への金属触媒の求電子的付加で形成される金属カルベン錯体が含まれている[139]．

$$\diagup\!\!\!\diagup X \;+\; N_2CHCO_2Et \;\xrightarrow{ML_n}\; \underset{X}{\triangle}^{EtO_2C} \tag{6.91}$$

$ML_n = Rh_2(OAc)_4,\; CuCl\text{–}P(O\text{-}i\text{-}Pr)_3,\; Rh_6(CO)_{16},\; PdCl_2(PhCN)_2$
$X = BrCH_2,\; ClCH_2,\; PhO,\; Bu,\; OAc,\; OEt,\; OBu,\; i\text{-}Pr,\; t\text{-}Bu,\; CH_2=CPh$
$CH_2=CMe,\; CH_2=C\text{-}t\text{-}Bu,\; CH=CHOMe,\; CH=CHCl,\; CH=CHPh,\; CH=CHMe$

　合成化学的側面からは，酢酸ロジウム(II)が，市販品として入手でき，取扱いやすく，反応が速く効率がよいなどの利点があり，最もよく使われる触媒である．多くの官能基があっても反応するので，構造的に込み入ったシクロプロパンをつくることもできる〔たとえば(6.92)式〕[140]．分子内反応は非常に効率がよく，多環系が生成する〔(6.93)式[141]，(6.94)式[142]〕．光学活性な配位子存在下でロジウム(II)や銅(I)または銅(II)錯体を用いると高い効率で不斉誘導が起こる〔(6.95)式[143]～[145]〕．ポリエンの場合には触媒の選択が位置選択性に影響を及ぼす〔(6.96)式[146]〕．

230   6. 遷移金属カルベン錯体の合成化学的応用

(6.92)

R = Me, H, OSiR$_3$
R^1 = Me, H
R^2 = H, OAc, OMe, OSiR$_3$
R^3 = H, OAc

(6.93)

(6.94)

(6.95)

(6.96)

6.4 ジアゾ化合物の金属触媒による分解

芳香環もジアゾ化合物を用いるシクロプロパン化反応を行い,複雑な有機分子の合成に利用されている〔(6.97)式[147),(6.98)式[148)〕.

(6.97)

(6.98)

基質の適当な位置に別の不飽和基が存在すれば,メタセシス"連鎖的"環化が起こる〔(6.99)式〕[149).これは,クロムカルベン錯体の相当する反応に似ている〔(6.45)式〜(6.49)式〕.このようなメタセシス由来の生成物は他のカルベノイド種からは生成しそうにないので,上記反応はこれらシクロプロパン化反応に金属カルベン中間体が介在するというさらなる証拠を与える.

(6.99)

既述のように，非常に多くの種類の遷移金属がジアゾ化合物によるアルケンのシクロプロパン化の触媒となる．多くの不斉配位子が開発されている[150), 151)]．これらのうち，ふつう Cu(II) や Ru(II)[152)] とともによく用いられる代表的な配位子を図6.4に示す．

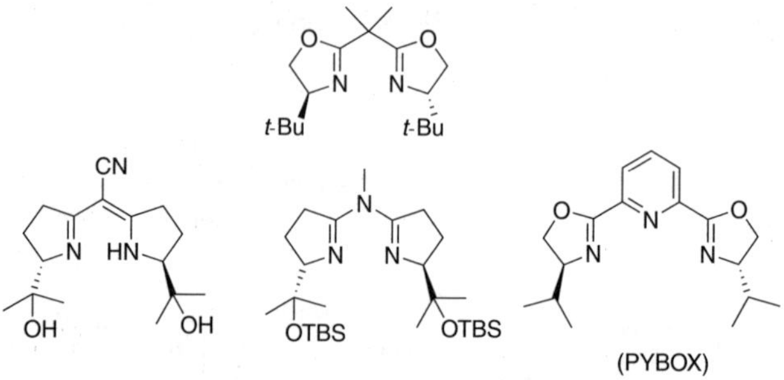

図 6.4 不斉シクロプロパン化に用いられる不斉配位子

ジアゾアルカンの金属触媒による分解でアルケンをシクロプロパン化する反応は，安定なカルベン錯体の類似の反応と多くの共通点があり，二つの系は反応機構的にも明らかに関連している．しかし，金属カルベン錯体にはみられない二つの反応——すなわち，X-Hへの挿入とイリドの生成——がジアゾアルカンの金属触媒による分解では観測され，両方とも合成化学的に有用である．

ロジウム(II)は，ジアゾアルカンのC-H, O-H, N-H, S-HおよびSi-H結合への挿入の触媒となる．この過程は遊離のカルベンを含んでいるとは考えにくい[153)]．金属カルベン錯体の関与する反応機構の詳細は解明されていないが，金属に配位したカルベンの炭素原子がX-H結合を求電子的に攻撃するものと考えられている．一般的には第二級＞第一級≈第三級の順にC-Hの反応性がよいが，それも触媒しだいである[154)]．求電子攻撃ということから推察されるように，電子求引基はC-H結合を不活性化し電子供与基は活性化する．分子内挿入反応は5員環を形成しやすく，ロジウム上にフッ素化

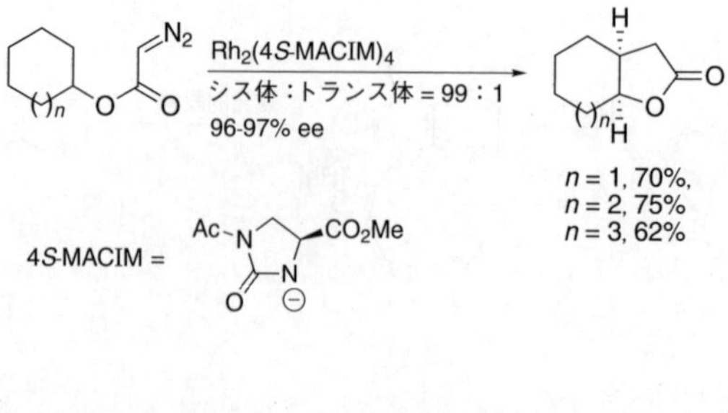

(6.100)

$n = 1, 70\%$,
$n = 2, 75\%$
$n = 3, 62\%$

されたカルボン酸配位子があれば芳香族 C−H 結合への挿入を容易にする[155]. 不斉金属錯体触媒を用いて非常に高い不斉誘導が行われている〔(6.100)式[156], (6.101)式[157]〕. このことは結合形成の際, 金属にカルベン種がきちんとついていることを示している.

(6.101)

他の合成的に有用な C−H 挿入を (6.102)式[158] と (6.103)式[155] に示す. 全合成における例を (6.104)式[159] と (6.105)式[160] に示す. ロジウム(II)および銅塩は, N−H 〔(6.106)式〕[161] と O−H 〔(6.107)式〕[162], および Si−H[163] への挿入の触媒であり, 合成化学上有用である.

(6.102)

(6.103)

234   6. 遷移金属カルベン錯体の合成化学的応用

(6.104)

(6.105)

(6.106)

(6.107)

　最後に,遷移金属はジアゾ化合物のヘテロ原子上の孤立電子対への反応の触媒となり,これによりそれ自身非常に豊富な反応が知られているイリドを与える〔(6.108)式〕[164]. 生成するイリドの性質によって特有の反応性を示す. たとえば,硫黄イリドは容易に[2,3]転位を起こす〔(6.109)式〕[165]か Stevens 転位〔(6.110)式〕[166]を起こし,さらに窒素イリド[167]〔(6.111)式〕[168]および酸素イリド[169]〔(6.112)式〕[170]も同様に反応する.

(6.108)

6.4 ジアゾ化合物の金属触媒による分解

(6.109)

(6.110)

(6.111)

(6.112)

合成化学的見地から最も注目されるのは，金属触媒によるジアゾ化合物の分解で生成するカルボニルイリドの化学[171]である．その理由はカルボニルイリドについては双極（子）環化付加が広く知られているからである．この方法によれば，アスピドスペルマ（aspidosperma）アルカロイド環の1段階合成〔(6.113)式〕[172]に例示されるように，非常に複雑な環状化合物が直接しかも効率よく構築できる．メタセシス〔(6.74)式〕[171]と組合わせることにより，驚くような変換がワンポットで行える〔(6.114)式〕[173]．有機化合物の全合成での応用例二つを (6.115)式[174] と (6.116)式[175] に示す．

(6.113)

(6.114)

6.5 求電子的カルベン錯体のメタセシスプロセス[176]

アルケンメタセシスとは，金属カルベン錯体が環化付加/逆環化付加過程を経てメチレン基の交換を触媒的に行うプロセスである〔(6.117)式〕．

(6.117)

メタセシスは長い間工業的に重要であったが，触媒の活性が高すぎることと官能基共存の許容範囲が比較的狭いことから，合成化学的利用はごく限られたものであった．ところが，取扱いやすく官能基許容性の大きい触媒が開発されるに及んで，複雑な分子の合成に広く用いられるようになった．

多くの触媒が開発されているが，有機合成で最も多く用いられる触媒を，図 6.5 に示す．これらは，Schrock（シュロック）モリブデンメタセシス触媒 **1**[177] と Grubbs（グラブス）ルテニウム触媒 **2**（Grubbs I）[178] と **3**[179]，第 2 世代 Grubbs 触媒（Grubbs II）**4**[180]，リサイクル可能な Grubbs–Hoveyda 触媒 **5**[181] と **6**[182] である．これらには多くの共通点があり，反応の化学も似た部分が多い．しかし，一方が他方に明らかにまさる場合も少なくない．Grubbs–Hoveyda 触媒の方が一般的には調製と取扱いが容易で，一通りの極性の官能基があっても影響されず，空気と湿気に対しより安定である．Schrock 触媒はメタセシス活性により優れており，立体障害のあるアルケンにでも適用できる[183]．両者あいまって，アルケンという官能基を炭素－炭素結合形成の手がかりとするという有機合成の方法論に**画期的な**インパクトを与えた．

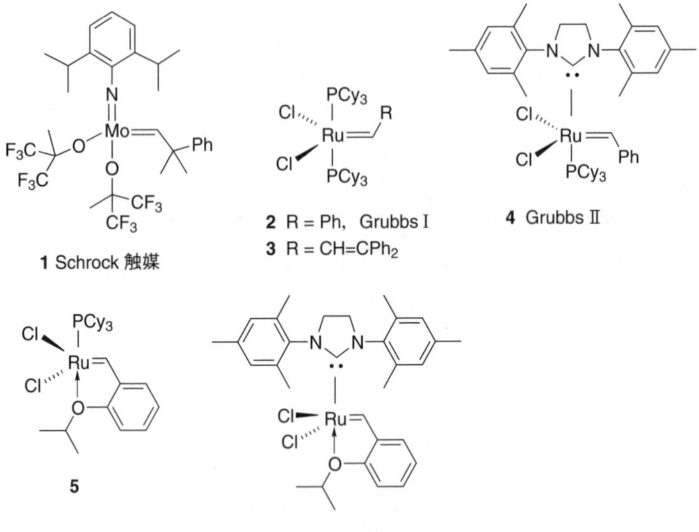

1 Schrock 触媒　**2** R = Ph，Grubbs I　**3** R = CH=CPh$_2$　**4** Grubbs II　**5**　**6**

図 6.5　よく用いられるメタセシス触媒

アルケンメタセシスの初期の応用の一つは高分子合成であり，当初これらの新しいメタセシス触媒は開環重合（ROMP： ring-opening metathesis polymerization）で高分子をつくるのに用いられていた〔(6.118)式〕[184]．この反応の官能基許容性は高度に官能基

6.5 求電子的カルベン錯体のメタセシスプロセス

化された高分子の合成を，ときには水溶液中の反応においても可能とした〔(6.119)式〕[185]．メタセシスは，機能材料合成への応用の面でも進んでいる〔(6.120)式〕[186]．

(6.118)

(6.119)

(6.120)

しかしなんといっても，**閉環メタセシス**（ring-closing metathesis, RCM）の応用が有機合成にもたらしたインパクトは多大である[187]．初めのうちは合成化学者は閉環メタセシスの有用性にあまり注意を払っていなくて，ほとんどの応用研究は触媒を開発した人々によって行われていたが，ひとたび認知されるとその応用は爆発的に増大した．現在，適用範囲には制限がないようにみえるほど広い範囲で，大環状化合物も含め種々の環員数の炭素環やヘテロ環化合物がRCMにより合成されている．同じく印象的なことはこの触媒系のもつ官能基許容性であって，文献をみると驚くような例が続々と出ている．複雑な有機分子の合成にRCMを適用した目覚しい成功例を(6.121)式[188]，(6.122)式[189]，(6.123)式[190]，(6.124)式[191]，および(6.125)式[192]に示す．

(6.121)

(6.122)

6.5 求電子的カルベン錯体のメタセシスプロセス

(6.123)

(6.124)

(6.125)

アルケン-アルケンのクロスメタセシス (cross methathesis, 交差メタセシスともいう) は, 特別に選択したアルケンのホモ二量化 (homodimerization, 共二量化ともいう) 以外

には役立たないが，または RCM 反応で起こるやっかいなこととしか今までは考えられいなかった．しかし，新しい触媒と官能基および立体選択性[193]を予想するモデルの開発により 2 種の異なるアルケンのクロスメタシスは今や複雑な有機分子の合成において使える方法論となっている〔(6.126)式[194] および (6.127)式[195]〕．

(6.126)

(6.127)

関連するアルケン-アルキンメタセシスは，1,3-ジエン系の合成に有用な反応である[196]．反応機構は用いる基質に依存し，小員環および中員環を生成する分子内反応の機構を (6.128)式に示す．反応機構は ^{13}C および D 標識研究の結果であり，まずエン部分，ついでイン部分のメタセシスが逐次起こるということが明らかとなった[197]．最近の理論計算もこの反応機構を支持しており，触媒サイクルにはルテナシクロブテンは含まれていないこもと示された[198]．もっと反応機構の議論を複雑にする結果であるが，エチレンを添加すると反応が加速され生成物の収率が向上することが観測されている〔(6.128)式〕[197]．このことは，反応が第二の触媒サイクルへ移行し，エチレンの環化付加と続く逆環化により触媒サイクルから生成物の放出が促進されるためと解釈される．

場合によっては，エキソおよびエンド形の環化が可能で2種の環サイズの異なる生成物を与える〔(6.129)〕[199]．もう少し複雑な反応機構が，基質によってはイン-つづいてエン-メカニズムを支持する生成物を与える場合に描かれている[200]．

(6.128)

(6.129)

アルキン-アルケンの大環状化は，またより複雑な機構の反応を示しており，そこではアルケニルアルキリデン-ルテニウム錯体によるエンド-エキソ選択性は反応末端を連結している鎖の長さに依存している〔(6.130)式〕[201]．エチレン存在下の大環状化はいっそう複雑な反応機構となる．この場合アルキン-エチレンメタセシスが分子内反応より速いのでトリエンを生成する．このトリエンは，メタセシス条件下で処理するとRCMによって環状生成物を与える〔(6.130)式〕．

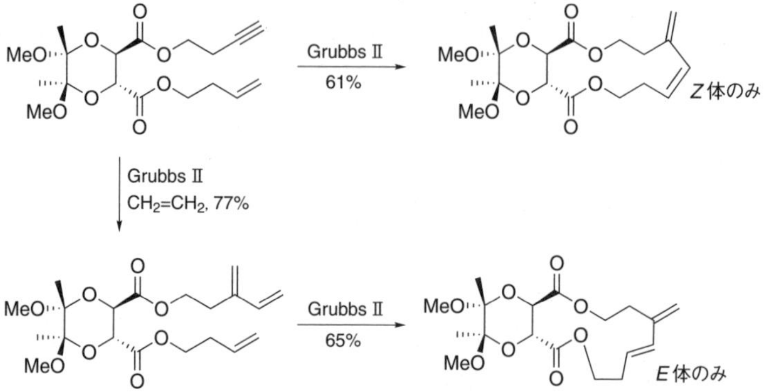

(6.130)

二つのアルキンの間でのメタセシス反応は機構的にはアルケン-アルケンメタセシスと類似しているが，RCM で用いられる標準的な触媒は関連するアルキン-アルキン変換反応の触媒とはならない[202]．アルキンのクロスメタセシスや閉環メタセシスは，フェノール類（たとえば 4-クロロフェノールや 2-フルオロフェノール）で活性化された $Mo(CO)_6$ や，カルビン錯体（carbyne complex，カルバイン錯体ともいう．形成的に金属-炭素三重結合をもつ錯体）$(t\text{-BuO})_3WCCMe_3$，およびジクロロメタンの添加で活性化された多くの $Mo[(t\text{-Bu})N(Ar)]_3$ 錯体（図 6.6）のような，モリブデンおよびタングステン

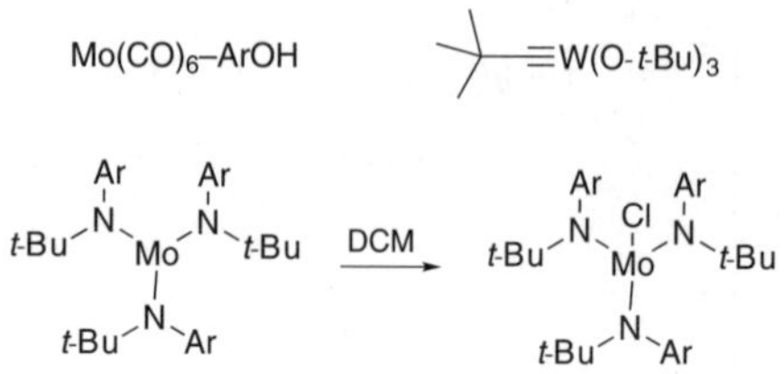

図 6.6 アルキン-アルキンメタセシス触媒

触媒を用いて達成される．ジクロロメタンを用いた場合の活性触媒は塩化物錯体である．アルキン-アルキンメタセシス反応は金属カルビン錯体[203]および連続する [2+2] 環化付加/[2+2] 逆環化を経る〔(6.131)式〕．

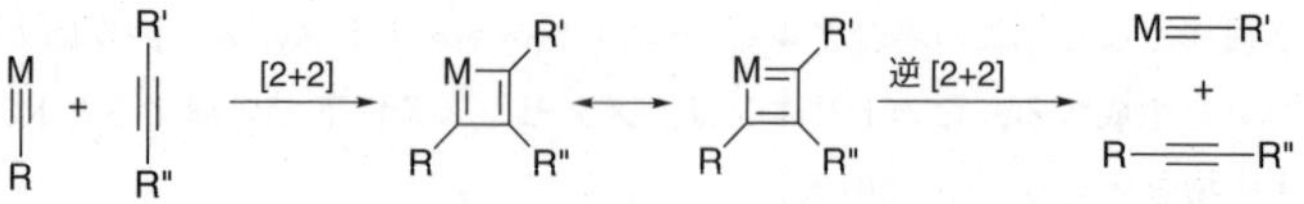

(6.131)

6.5 求電子的カルベン錯体のメタセシスプロセス

末端アルキンはよい反応基質ではなくしばしば触媒とは共存できない．この問題はメチル基置換アルキンを用いることでうまく解決でき，副生成物の2-ブチンも容易に除去できる．全合成にこの方法論を応用した分子間および分子内反応の例を (6.132)式[204] および (6.133)式[205] に示す．

$$\text{(6.132)}$$

$$\text{(6.133)}$$

究極のメタセシスともよべる反応は，精密にまた予想可能な形で多くの炭素-炭素結合をつくる連鎖的メタセシスであろう．連鎖的メタセシスのきれいな例として，開環クロスメタセシス (ring-opening cross metathesis, ROCM)〔(6.134)式〕[206]，開環閉環メタセシス (ring-opening ring-closing metathesis, RORCM)〔(6.135)式〕[207]，および関連するエン-イン-エン RORCM〔(6.136)式〕[208] を示す．

$$\text{(6.134)}$$

(6.135)

(6.136)

最近,不斉モリブデン[209]〔(6.137)式〕[210] およびルテニウム〔(6.138)式〕[211] 触媒を用いた不斉メタセシスが報告されている.

(6.137)

$$L_nRu=CHPh^* \quad \text{(6.138)}$$
77%, 92% ee

$L_nRu=CHPh^* =$ [Grubbs第二世代類似触媒: N-メシチル類似のN,N'-ビス(2,6-ジイソプロピルフェニル)イミダゾリジン配位子, Cl, Cl, PCy$_3$, =CHPh を持つRu錯体]

6.6 求核的"Schrock"カルベン錯体[212]

　求核的カルベン錯体は，求電子的カルベン錯体と全く反対の反応性と結合をもっている．求核的カルベン錯体はふつう遷移金属系列の最も左側の金属で形成され，高い酸化状態（ふつう d^0）で，アルキルやシクロペンタジエニルなどの強いドナー配位子をもち，アクセプター配位子をもたない．カルベン配位子はふつう単純に $=CH_2$ 基である．これらは，求電子的カルベン錯体とはたいへん異なっていて，この場合配位子は形式上4電子で2負電荷の配位子 $[H_2C::]^{2-}$ とみなされる．これら錯体は Wittig 反応剤と似た反応性をもち，しばしばイリドのように $M^+-CH_2^- \leftrightarrow M=CH_2$ と表される．しかし，求核的カルベン錯体もやはりメタラサイクルを与えるので，反応性を両者の観点からみることは合成化学的に有用である．

　最もよく研究された求核的カルベン錯体は"**Tebbe** 反応剤"であって，チタノセンジクロリドとトリメチルアルミニウムとの反応によりつくられる〔(6.139)式〕[213]．ピリジンが存在すればこの錯体は合成化学的に "$Cp_2Ti=CH_2$" と等価であり，カルボニル基をメチレンへ変換するのに非常に有効である〔(6.140)式〕[214]．反応はオキソメタラサイクルが生成し，これがアルケンと非常に安定なチタン(IV)オキソ種へ分解すると考えられている〔(6.141)式〕．

$$Cp_2TiCl_2 + AlMe_3 \longrightarrow Cp_2Ti\underset{Cl}{\overset{CH_2}{\diagdown\diagup}}Al\underset{Me}{\overset{Me}{\diagdown}} \xrightarrow{\text{ピリジン}} \text{"}Cp_2Ti=CH_2\text{"}$$

Tebbe 反応剤

(6.139)

$$\text{"}Cp_2Ti=CH_2\text{"} + \underset{R}{\overset{O}{\|}}{-}X \longrightarrow \underset{R}{\overset{CH_2}{\|}}{-}X \quad (6.140)$$

$X = R',\ H,\ OR',\ NR'_2$

$$\text{Cp}_2\text{Ti=CH}_2 + \underset{R}{\overset{X}{\text{O=}}} \longrightarrow \text{Cp}_2\text{Ti} \overset{O}{\underset{R}{\diagup}} X \xrightarrow[\text{OR, NR}_2]{X = H, R} \underset{R}{\overset{X}{\text{CH}_2=}} + [\text{Cp}_2\text{Ti=O}]_n$$

$$\xrightarrow{X = \text{Cl, OCOR}} \underset{O}{\overset{\text{Cp}_2\text{Ti}}{\diagdown}} \overset{X}{\underset{R}{\diagdown}}\quad (6.141)$$

この反応はアルデヒドとケトンでうまくいくばかりではなく,エステルをエノールエーテルに,さらにアミドをエナミンへ変換できる.酸ハロゲン化物や酸無水物では,やや異なり,チタンエノラートが生成する.Tebbe反応剤はケトンをエノール化させないので,Wittig反応剤ではメチレン化できない[215] 立体的に込み入ったエノール化しやすいケトンをメチレン化するのに特に有効であって,加えて,この反応剤ではカルボニル基のα位の不斉中心のラセミ化は起こらない.この反応剤は官能基許容性が非常に広い〔(6.142)式[216],および(6.143)式[217]〕.

(6.142)

(6.143)

カルボニル基をメチレン化する以外に,Tebbe反応剤はアルケンと反応してチタナサイクル(含チタン環状化合物)をつくる.これらは,多種類の反応剤で有用な分解反応を行うし〔(6.144)式〕,また環化付加/逆環化という変換[218]によりアレンを合成するのに使える〔(6.145)式〕.メチレン化とメタセシスとを組合わせると有用な合成法となる〔(6.146)式〕[219].

6.6 求核的"Schrock"カルベン錯体

(6.144)

(6.145)

アルケニル化

Cp$_2$Ti=CH$_2$
[2+2]

逆 [2+2]
− プロペン

[2+2]

逆 [2+2]

(6.146)

アルキリデンおよびアルケニリデンチタン錯体は，それぞれ $Cp_2Ti[P(OEt)_3]_2$ とジチオアセタールまたは1,1-ジクロロアルケンとを反応させて生成する．アルキリデンチタン錯体はアルケンと分子間反応をすればシクロプロパン化を起こし[220]，アルケンと分子内反応をすればメタセシスが起こる．さらに，アルデヒド，ケトン，エステル，およびカルバメートをアルケニル化する〔(6.147)式〕[221]．アルケニリデン錯体は，アルデヒドやケトンと反応すれば1,2-ジエンを与え，アルキンと反応すれば，1,3-ジエンを生成する〔(6.148)式〕[222]．

(6.147)

(6.148)

さらに容易に生成でき，しかも取扱いやすいメチレン化反応剤として，チタノセンジクロリドをメチルリチウムや MeMgX と反応させるだけで得られるジメチルチタノセン Cp_2TiMe_2（Petasis 反応剤）が知られている．この錯体を，ケトン，アルデヒド，またはエステルの存在下穏やかに加熱（約 60 ℃）するだけで，Tebbe 反応剤と同じような収率と選択性でメチレン化が進行する[223),224)]．このジアルキルチタン反応剤は Tebbe 反応剤より優れている．さらに，Tebbe 反応剤は単純メチレン基に限られるが，本反応剤ではベンジリデン（PhCH=）[225)] もトリメチルシリルメチレン（TMSCH=）[226)]，アルケニリデン〔CR_2=C=，(6.149)式〕[227),228)]，およびメチレンシクロプロパン[229),154)] も用いる

6.6 求核的"Schrock"カルベン錯体

ことができる．Cp_2TiMe_2 を用いた合成反応の例を〔(6.150)[230] および (6.151)[231] 式に示す．

$$\text{(6.149)}$$

$$\text{(6.150)}$$

$$\text{(6.151)}$$

メチレン化は四塩化チタン，亜鉛末，およびジブロモメタンまたはジクロロメタンを用いても行える〔(6.152)式〕[232]．鉛を少し加えると反応は促進される[233]．関連するジルコニウム反応剤，たとえばジクロロジルコノセンや四塩化ジルコニウム，亜鉛末，およびジクロロメタンからその場で調製した反応剤もまたアルデヒドやケトンをアルケニル化する〔(6.153)式〕[234]．これらのメチレン化反応剤の本当の構造はわかっていない．

$$\text{(6.152)}$$

$$\text{(6.153)}$$

二塩化クロムを化学量論量用いてヨードホルムとアルデヒドとを室温で反応させる (Takai (高井)–Utimoto (内本) アルケニル化) と E-ヨードアルケンが高収率で得られ，

E/Z 比も高い．他の 1,1-ニヨウ化アルカンも使えるが，生成物の収率は一般に低い．合成化学的に重要な反応は，$Bu_3SnCH=$ や $Me_3SiCH=$ 基を導入できる $Bu_3SnCHBr_2$ や $Me_3SiCHBr_2$ の反応である．この反応の機構やクロム錯体中間体の本当の性質は不明である．系中に化学量論量のサマリウムまたは二ヨウ化サマリウムが存在すれば，反応は触媒量のクロムを用いても進行する[235]．これら 1,1-二ハロゲン化物の反応のなかで重要なものは三ハロゲン化メタンと二塩化クロムとの反応であり，E-ハロゲン化アルケンが得られる[236]．全合成での例を (6.154)式[237] および (6.155)式[238] に示す．

$$\text{(6.154)}$$

$$\text{(6.155)}$$

最後に，金属に結合した（少なくとも形式的に）ニトレン (nitrene) 中間体が形成されるという類似の化学が報告され始めている[239]．ニトレン錯体は系中でアリール－またはアルキルスルホニルイミノフェニルヨージナン ($RSO_2N=IPh$) の反応により生成する．この反応剤は，アリール－またはアルキルスルホンアミドとジアセトキシヨウ化ベンゼンとの反応で容易につくられる．

ニトレン中間体はアルケンのアジリジン化を行う〔(6.156)式〕[240]．合成化学的により興味深いのは，最近開発された炭素－水素結合への挿入反応であろう．アリルおよびベンジル炭素－水素結合への挿入がとりわけ容易である．例として，不斉分子間挿入反応〔(6.157)式〕[241] および合成におけるニトレンの挿入の応用〔(6.158)式〕[242] を示す．

$$\text{(6.156)}$$

(6.157)

nttl =

(6.158)

文　献

1. 総説: a) Wu, Y.-T.; Kurahashi, T.; de Meijere, A. *J. Organomet. Chem.* **2005**, *690*, 5900. b) Barluenga, J.; Fernandez-Rodrigues, M. A.; Aguilar, E. *J. Organomet. Chem.* **2005**, *690*, 539. c) Barluenga, J.; Tomas, M. *Chem. Rev.* **2004**, *104*, 2259. d) *Transition Metal Carbene Complexes*; Seyferth, D., Ed.; Verlag Chemie: Weinheim, 1983.
2. Hoye, T. R.; Chen, K.; Vyuyan, J. R. *Organometallics* **1993**, *12*, 2806.
3. Matsuyama, H.; Nakamura, T.; Iyoda, M. *J. Org. Chem.* **2000**, *65*, 4796.
4. Bao, J.; Wulff, W. D.; Dominy, J. B.; Fumo, M. J.; Grant, E. B.; Rob, A. C.; Whitcomb, M. C.; Yeung, S.-M.; Ostrander, R. L.; Rheingold, A. L. *J. Am. Chem. Soc.* **1996**, *118*, 3392.
5. Semmelhack, M. F.; Lee, G. R. *Organometallics* **1987**, *6*, 1839.
6. Casey, C. P.; Brunswald, W. P. *J. Organomet. Chem.* **1976**, *118*, 309.
7. a) Hegedus, L. S.; Schwindt, M. A.; DeLombaert, S.; Imwinkelried, R. *J. Am. Chem. Soc.* **1990**, *112*, 2264. b) Schwindt, M. A.; Lejon, T.; Hegedus, L. S. *Organometallics* **1990**, *9*, 2814.
8. Stadtmüller, H.; Knochel, P. *Organometallics* **1995**, *14*, 3863.
9. a) Dötz, K.H.; Sturm, W.; Alt, H. G. *Organometallics* **1987**, *6*, 1424. b) Schmidt, B.; Kocienski, P.; Reid, G. *Tetrahedron* **1996**, *52*, 1617.
10. Weyerhausen, B.; Nieger, M.; Dötz, K. H. *Organometallics* **1998**, *17*, 1602.
11. Cosset, C.; Del Rio, I.; Le Bozec, H. *Organometallics* **1995**, *14*, 1938.
12. Hafner, A.; Hegedus, L. S.; deWeck, G.; Hawkins, B.; Dötz, K. H. *J. Am. Chem. Soc.* **1988**, *110*, 8413.
13. a) Conner, J. A.; Jones, E. M. *J. Chem. Soc., Chem. Commun.* **1971**, 570. b) Semmelhack, M. F.; Bozell, J. J. *Tetrahedron Lett.* **1982**, *23*, 2931. c) Hafner, A.; Hegedus, L. S.; deWeck, G.; Hawkins, B.: Dötz, K. H. *J. Am. Chem. Soc.* **1988**, 110, 8413.
14. Rudler, H.; Parlier, A.; Durand-Reville, T.; Martin-Vaca, B.; Audouin, M.; Garrier, E.; Certal, V, Vaissermann, J. *Tetrahedron* **2000**, *56*, 5001.
15. Barluenga, J.; Alonso, J.; Fananas, F. J. *J. Am. Chem. Soc.* **2003**, *125*, 2610.
16. Barluenga, J.; Perez-Sanches, I.; Rubio, E.; Florez, J. *Angew. Chem. Int. Ed.* **2003**, *42*, 5860.

17. Rudler, H.; Parlier, A.; Certal, V.; Lastennet, G.; Audouin, M.; Vaissermann, J. *Eur. J. Org. Chem.* **2004**, 2471.
18. a) Casey, C. P. Metal-Carbene Complexes in Organic Synthesis. In *Transition Metal Organometallics in Organic Synthesis*; Alper, H., Ed. Academic Press: New York, 1976; Vol. 1, pp 190–223. b) Bernasconi, C. F.; Sun, W. *J. Am. Chem. Soc.* **1993**, *115*, 12526. (c) Fischer カルベン錯体の物理有機化学面の総説: Bernasconi, C. F. *Chem. Soc. Rev.* **1997**, *26*, 299.
19. Bernasconi, C. F.; Ruddat, V. *J. Am. Chem. Soc.* **2002**, *124*, 14968.
20. Lattuada, L.; Licandro, E.; Maiorana, S.; Molinari, H.; Papagni, A. *Organometallics* **1991**, *10*, 807.
21. Aumann, R.; Heinen, H. *Chem. Ber.* **1987**, *120*, 537.
22. a) Xu, Y-C.; Wulff, W. D. *J. Org. Chem.* **1987**, *52*, 3263. b) Armin, S. R.; Sarkar, A. *Organometallics* **1995**, *14*, 547.
23. Powers, T. S.; Shi, Y.; Wilson, K. J.; Wulff, W. D. *J. Org. Chem.* **1994**, *59*, 6882.
24. a) Anderson, B. A.; Wulff, W. D.; Rahm, A. *J. Am. Chem. Soc.* **1993**, *115*, 4602. b) Baldoli, C.; Del Butero, P.; Licandro, E.; Maiorana, S.; Papagni, A.; Zannoti-Gerosa, A. *J. Organomet. Chem.* **1995**, *486*, 1995. c) Shi, Y.; Wulff, W. D.; Yap, G. P. A.; Rheingold, A. *Chem. Commun.* **1996**, 2600.
25. Fischer カルベン錯体を用いる不斉合成の総説: Wulff, W. D. *Organometallics* **1998**, *17*, 3116.
26. a) McDonald, F. E.; Connolly, C. B.; Gleason, M. M.; Towne, T. B.; Treiber, K. D. *J. Org. Chem.* **1993**, *58*, 6952. b) McDonald, F. E.; Schultz, C. C. *J. Am. Chem. Soc.* **1994**, *116*, 9363.
27. サリノマイシン (salinomycin) の合成で: Kocienski, P. J.; Brown, R. C. D.; Pommier, A.; Proctor, M. Schmidt, B. *J. Chem. Soc., Perkin Trans. 1* **1998**, 9.
28. McDonald, F. E.; Zhu, H. H.-Y. *Tetrahedron* **1997**, *53*, 11061.
29. McDonald, F. E.; Chatterjee, A .K. *Tetrahedron Lett.* **1997**, *38*, 7687.
30. McDonald, F. E.; Gleason, M. M. *J. Am. Chem. Soc.* **1996**, *118*, 6648.
31. バンコサミン (vancosamine) の合成で: Cutchins, W. W.; McDonald, F. E. *Org. Lett.* **2002**, *4*, 749.
32. Liang, K.-W.; Li, W.-T.; Peng, S.-M.; Wang, S.-L.; Liu, R.-S. *J. Am. Chem. Soc.* **1997**, *119*, 4404.
33. Huang, H.-L.; Liu, R.-S. *J. Org. Chem.* **2003**, *68*, 805.
34. Li, W.-T.; Lai, F.-C.; Lee, G.-H.; Peng, S.-M.; Liu, R.-S. *J. Am. Chem. Soc.* **1998**, *120*, 4520.
35. a) Wang, S. L. B.; Wulff, W. D. *J. Am. Chem. Soc.* **1990**, *112*, 4550. b) Wulff, W. D.; Bauta, W. E.; Kaesler, R. W.; Lankford, P. J.; Miller, R. A.; Murray, C. K.; Yang, D. C. *J. Am. Chem. Soc.* **1990**, *112*, 3642.
36. アルケニルカルベン錯体の反応性は無水マレイン酸と同程度との見積もり: Adam, H.; Albrecht, T.; Sauer, J. *Tetrahedron Lett.* **1994**, *35*, 557.
37. Wulff, W. D.; Power, T. S. *J. Org. Chem.* **1993**, *58*, 2381.
38. Barluenga, J.; Aznar, F.; Palomero, M. A. *J. Org. Chem.* **2003**, *68*, 537.
39. Anderson, B.; Wulff, W. D.; Power, T. S. *J. Am. Chem. Soc.* **1992**, *114*, 10784.
40. Barluenga, J.; Tomas, M.; Ballesteros, A.; Santamaria, J.; Suarez-Sobrino, A. *J. Org. Chem.* **1997**, *62*, 9229.
41. Rahm, A.; Rheingold, A. L.; Wulff, W. D. *Tetrahedron* **2000**, *56*, 4951.
42. Loft, M. S.; Mowlem, T. J.; Widdowson, D. A. *J. Chem. Soc., Perkin Trans. 1* **1995**, 97.
43. Chan, K. S.; Wulff, W. D. *J. Am. Chem. Soc.* **1986**, *108*, 5229.
44. Barluenga, J.; Fernandez-Mari, F.; Viado, A. L.; Aguilar, E.; Olano, B. *J. Chem. Soc., Perkin Trans. 1* **1997**, 2267.
45. Dötz, K. H.; Koch, A. W.; Weyershausen, B.; Hupfer, H.; Nieger, M. *Tetrahedron* **2000**, *56*, 4925.
46. α,β-不飽和 Fischer カルベン錯体への求核的付加の総説: Barluenga, J.; Florez, J. Fananas, F. J. *J. Organomet. Chem.* **2001**, *624*, 5.

47. a) Aoki, S.; Fujimura, T.; Nakamura, E. *J. Am. Chem. Soc.* **1992**, *114*, 2985. b) Nakamura, E.; Tanaka, K.; Fujimura, T.; Aoki, S.; Williard, P. G. *J. Am. Chem. Soc.* **1993**, *115*, 9015.
48. Ezquerra, J.; Pedregal, C.; Merino, I.; Florez, J.; Barluenga, J. *J. Org. Chem.* **1999**, *64*, 6554.
49. Barluenga, J.; Nandy, S. K.; Laxmi, Y. R. S.; Suarez, J. R.; Merino, I.; Florez, J.; Garcia-Granda, S.; Montejo-Bernardo, J. *Chem.—Eur. J.* **2003**, *9*, 5725.
50. Aumann, R.; Meyer, A. G.; Fröhlich, R. *J. Am. Chem. Soc.* **1996**, *118*, 10853.
51. Gibert, M.; Ferrer, M.; Lluch, M.; Sanchez-Baeze, F.; Messeguer, A. *J. Org. Chem.* **1999**, *64*, 1591.
52. Lluch, A. M.; Jordi, L.; Sanchez-Baeza, F.; Ricart, S.; Camps, F.; Messeguer, A.; Moreto, J. M. *Tetrahedron Lett.* **1992**, *33*, 3021.
53. Söderberg, B. C.; Bowden, B. A. *Organometallics* **1992**, *11*, 2220.
54. 総説: a) Herndon, J. W. *Tetrahedron* **2000**, *56*, 1257. b) Barluenga, J.; Fernandez-Rodrigues, M. A.; Aguilar, E. *J. Organomet. Chem.* **2005**, *690*, 539.
55. 総説: a) Dötz, K. H. *Angew. Chem., Int. Ed. Engl.* **1984**, *23*, 587. (b) Reissig, H.-U. *Organomet. in Synth.* **1989**, *2*, 311. その他の研究: c) Reissig, H.-U. *Organometallics* **1990**, *9*, 3133. d) Doyle, M. P. Transition Metal Carbene Complexes: Cyclopropanation. In *Comprehensive Organometallic Chemistry II*; Abel, E. W., Stone, F. G. A., Wilkinson, G., Eds.; Pergamon: Oxford, U.K., 1995; Vol. 12, pp 387-395.
56. Harvey, D. F.; Lund, K. P. *J. Am. Chem. Soc.* **1991**, *113*, 8916.
57. Buchert, M.; Hoffmann, M. Reissig, H.-U. *Chem. Ber.* **1995**, *128*, 605.
58. Wienand, A.; Reissig, H.-U. *Angew. Chem., Int. Ed. Engl.* **1990**, *29*, 1129.
59. Murray, C. K.; Yang, D. C.; Wulff, W. D. *J. Am. Chem. Soc.* **1990**, *112*, 5660.
60. a) Barluenga, J.; Fernandez-Acebes, A.; Trabanco, A. A.; Florez, J. *J. Am. Chem. Soc.* **1997**, *119*, 7591. b) Barluenga, J.; Lopez, S.; Trabanco, A. A.; Florez, J. *Chem. Eur. J.* **2001**, *7*, 4723.
61. Semmelhack, M. F.; Bozell, J. J. *Tetrahedron Lett.* **1982**, *23*, 2931.
62. Söderberg, B. C.; Hegedus, L. S. *Organometallics* **1990**, *9*, 3113.
63. Barluenga, J.; Aznar, F.; Guiterrez, I.; Martin, J. A. *Org. Lett.* **2002**, *4*, 2719.
64. Barluenga, J.; Montserrat, J. M.; Florez, J. *J. Chem. Soc., Chem. Commun.* **1993**, 1068.
65. Barluenga, J.; Dieguez, A.; Rodriguez, F.; Florez, J.; Fananas, J. *J. Am. Chem. Soc.* **2002**, *124*, 9056.
66. a) 総説: Harvey, D. F.; Sigano, D. M. *Chem. Rev.* **1996**, *96*, 271. b) Hoye, T. R.; Suriano, J. A. *Organometallics* **1992**, *11*, 2044; **1989**, *8*, 2670. c) Mori, M.; Watanuki, S. *J. Chem. Soc., Chem. Commun.* **1992**, 1082. d) Katz, T. J.; Yang, G. X. Q. *Tetrahedron Lett.* **1991**, *32*, 5895.
67. Alvarez, C.; Parlier, A.; Rudler, H.; Yefsah, R.; Daran, J. C.; Knobler, C. *Organometallics* **1989**, *8*, 2253.
68. カラブロン (carabrone) の合成で: Hoye, T. R.; Vyuyan, J. R. *J. Org. Chem.* **1995**, *60*, 4184.
69. a) Harvey, D. F.; Brown, M. F. *J. Am. Chem. Soc.* **1990**, *112*, 7806. b) *Tetrahedron Lett.* **1991**, *32*, 2871. c) *Tetrahedron Lett.* **1991**, *32*, 5223. d) *Tetrahedron Lett.* **1991**, *32*, 6311.
70. a) Harvey, D. F.; Brown, M. F. *J. Org. Chem.* **1992**, *57*, 5559. b) Harvey, D. F.; Lund, K. P.; Neil, D. A. *J. Am. Chem. Soc.* **1992**, *114*, 8424.
71. a) Harvey, D. F.; Lund, K. P. *J. Am. Chem. Soc.* **1991**, *113*, 5066. b) Harvey, D. F.; Grenzer, E. M. *J. Org. Chem.* **1996**, *61*, 159.
72. Ghorai, J. W. Herndon, Y.-F. Lam, *Org. Lett.* **2001**, *3*, 3535.
73. a) Dötz, K. H. *Angew. Chem., Int. Ed. Engl.* **1984**, *23*, 587. b) 総説: Wulff, W. D. Transition Metal Carbene Complexes: Alkyne and Vinyl Ketene Chemistry. In *Comprehensive Organometallic Chemistry II*; Abel, E. W., Stone, F. G. A., Wilkinson, G., Eds.; Pergamon: Oxford, U.K., 1995; Vol. 12, pp 469-548.
74. ビタミン K_1 の合成で: Dötz, K. H.; Mühlemeier, J. *Angew. Chem., Int. Ed. Engl.* **1982**, *21*, 929.
75. a) Wulff, W. D.; Bax, B. M.; Branwold, T. A.; Chan, K. S.; Gilbert, A. M.; Hsung, R. P.

Organometallics **1994**, *13*, 102. b) Wulff, W. D.; Gilbert, A. M.; Hsung, R. P.; Rahm, A. *J. Org. Chem.* **1995**, *60*, 4566.
76. Bauta, W. E.; Wulff, W. D.; Pavkovic, S. F.; Zaluzec, E. J. *J. Org. Chem.* **1989**, *54*, 3249.
77. Vorogushin, A. V.; Wulff, W. D.; Hansen, H.-J. *J. Am. Chem. Soc.* **2002**, *124*, 6512.
78. Gopalsamuthiram, V.; Wulff, W. D. *J. Am. Chem. Soc.* **2004**, *126*, 13936.
79. (−)-クルクキノン (curcuquinone) の合成で: Minatti, A.; Dötz, K. H. *J. Org. Chem.* **2005**, *70*, 3745.
80. Bao, J.; Wulff, W. D.; Dragisch, V.; Wenglowsky, S.; Ball, R. G. *J. Am. Chem. Soc.* **1994**, *116*, 7616.
81. Hegedus, L. S.; deWeck, G.; D'Andrea, S. *J. Am. Chem. Soc.* **1988**, *110*, 2122.
82. a) Merlic, C. A.; Xu, D. *J. Am. Chem. Soc.* **1991**, *113*, 7418. b) Merlic, C. A.; Xu, D.; Gladstone, B. G. *J. Org. Chem.* **1993**, *58*, 538.
83. Merlic, C. A.; Burns, E. E.; Xu, D.; Chen, S. Y. *J. Am. Chem. Soc.* **1992**, *114*, 8722.
84. Merlic, C. A.; McInnes, D. M.; You, Y. *Tetrahedron Lett.* **1997**, *38*, 6787.
85. カルバゾキノシン (carbazoquinocin) C の合成で: Rawat, M.; Wulff, W. D. *Org. Lett.* **2004**, *6*, 329.
86. アミノカルベンを用いたときの主生成物としてヒドロキノン誘導体が得られる場合がある. Wulff. W. D.; Gilbert, A. M.; Hsung, R. P.; Rahm, A. *J. Org. Chem.* **1995**, *60*, 4566.
87. a) Yamashita, A. *Tetrahedron Lett.* **1986**, *27*, 5915. アミノカルベン錯体の総説: b) Grotjahn, D. B.; Dötz, K. H. *Synlett* **1991**, 381. c) Schwindt, M. P.; Miller, J. R.; Hegedus, L. S. *J. Organomet. Chem.* **1991**, *413*, 143.
88. a) Dötz, K. H.; Schäfer, T. O.; Harms, K. *Synthesis* **1992**, 146. b) *Angew. Chem., Int. Ed. Engl.* **1990**, *29*, 176.
89. Barluenga, J.; Aznar, F.; Barluenga, S. *J. Chem. Soc., Chem. Commun.* **1995**, 1973.
90. Ishibashi, T.; Ochifuji, N.; Mori, M. *Tetrahedron Lett.* **1996**, *37*, 6165.
91. Brandvold, T. A.; Wulff, W. D. *J. Am. Chem. Soc.* **1999**, *112*, 1645.
92. a) Turner, S. U.; Senz, U.; Herndon, J. W.; McMullen, L. A. *J. Am. Chem. Soc.* **1992**, *114*, 8394. b) Hill, D. K.; Herndon, J. W. *Tetrahedron Lett.* **1996**, *37*, 1359. c) Herndon, J. W.; Patel, P. P. *Tetrahedron Lett.* **1997**, *38*, 59.
93. Herndon, J. W.; Matasi, J. J. *J. Org. Chem.* **1990**, *55*, 786.
94. Herndon, J. W.; Zora, M.; Patel, P. P. *Tetrahedron* **1993**, *49*, 5507.
95. Semmelhack, M. F.; Tamura, R. *J. Am. Chem. Soc.* **1983**, *105*, 4099; 6750.
96. Semmelhack, M. F.; Tamura, R.; Schnatter, W.; Springer, J. *J. Am. Chem. Soc.* **1984**, *106*, 5363.
97. Foley, H. C.; Strubinger, L .M.; Targos, T. S.; Geoffroy, G. L. *J. Am. Chem. Soc.* **1983**, *105*, 3064.
98. Geoffroy, G. L. *Adv. Organomet. Chem.* **1985**, *24*, 249.
99. a) Hegedus, L. S.; DeWeck, G.; D'Andrea, S. *J. Am. Chem. Soc.* **1988**, *110*, 2122. b) 金属ケテン錯体の総説: Geoffroy, G. L.; Bassner, S. L. *Adv. Organomet. Chem.* **1988**, *28*, 1.
100. 総説: Hegedus, L. S. *Tetrahedron* **1997**, *53*, 4105.
101. a) Imwinkelried, R.; Hegedus, L. S. *Organometallics* **1988**, *7*, 702. b) Schwindt, M. A.; Lejon, T.; Hegedus, L. S. *Organometallics* **1990**, *9*, 2814.
102. Hegedus, L. S.; Imwinkelried, R.; Alarid-Sargent, M.; Dvorak, D.; Satoh, Y. *J. Am. Chem. Soc.* **1990**, *112*, 1109.
103. これらの反応の立体選択性の議論: Hegedus, L. S.; Montgomery, J.; Narukawa, Y.; Snustad, D. C. *J. Am. Chem. Soc.* **1991**, *113*, 5784.
104. Colson, J.-P.; Hegedus, L. S. *J. Org. Chem.* **1993**, *58*, 5918.
105. Narukawa, Y.; Juneau, K. N.; Snustad, D. C.; Miller, D. B.; Hegedus, L. S. *J. Org. Chem.* **1992**, *57*, 5453.
106. a) Betschart, C.; Hegedus, L. S. *J. Am. Chem. Soc.* **1992**, *114*, 5010. b) Es-Sayed, M.; Heiner, T.; de Meijere, A. *Synlett* **1993**, 57.
107. Hsiao, Y.; Hegedus, L. S. *J. Org. Chem.* **1997**, *62*, 3586.
108. Valenti, E.; Pericas, M. A.; Moyano, A. *J. Org. Chem.* **1990**, *55*, 3582.
109. Söderberg, B. C.; Hegedus, L. S.; Sierra, M. A. *J. Am. Chem. Soc.* **1990**, *112*, 4364.

110. Söderberg, B. C.; Hegedus, L. S. *J. Org. Chem.* **1991**, *56*, 2209.
111. Aumann, R.; Krüger, C.; Goddard, R. *Chem. Ber.* **1992**, *125*, 1627.
112. テトラヒドロセルレニン (tetrahydrocerulenin) の合成で: Miller, M.; Hegedus, L. S. *J. Org. Chem.* **1993**, *58*, 6799.
113. a) Hegedus. L. S.; Bates, R. W.; Söderberg, B. C. *J. Am. Chem. Soc.* **1991**, *113*, 923. b) Reed, A. D.; Hegedus, L. S. *J. Org. Chem.* **1995**, *60*, 3787. c) Reed, A. D.; Hegedus, L. S. *Organometallics* **1997**, *16*, 2313.
114. Colson, J.-P.; Hegedus, L. S. *J. Org. Chem.* **1994**, *59*, 4972.
115. Merlic, C. A.; Doroh, B. C. *J. Org. Chem.* **2003**, *68*, 6056.
116. 総説: Hegedus, L. S. *Acc. Chem. Res.* **1995**, *28*, 299.
117. Hegedus, L. S.; Schwindt, M. A.; DeLombaert, S.; Imwinkelried, R. *J. Am. Chem. Soc.* **1990**, *112*, 2264.
118. Schmeck, C.; Hegedus, L. S. *J. Am. Chem. Soc.* **1994**, *116*, 9927.
119. Miller, J. R.; Pulley, S. R.; Hegedus, L. S.; DeLombaert, S. *J. Am. Chem. Soc.* **1992**, *114*, 5602.
120. a) Zhu, J.; Hegedus, L. S. *J. Org. Chem.* **1995**, *60*, 5831. b) Zhu, J.; Deur, C.; Hegedus, L. S. *J. Org. Chem.* **1997**, *62*, 7704.
121. Debuisson, C.; Fukumoto, Y.; Hegedus, L. S. *J. Am. Chem. Soc.* **1995**, *117*, 3697.
122. Pulley, S. R.; Hegedus, L. S. *J. Am. Chem. Soc.* **1993**, *115*, 9037.
123. Casey, C. P.; Anderson, R. L. *J. Chem. Soc., Chem. Commun.* **1975**, 895.
124. 総説: Gomez-Gallego, M.; Mancheno, M. J.; Sierra, M. A. *Acc. Chem. Res.* **2005**, *38*, 44.
125. Sierra, M. A.; del Amo, J. C.; Mancheno, M. J.; Gomez-Gallego, M. *J. Am. Chem. Soc.* **2001**, *123*, 851.
126. Barluenga, J.; Barrio, P.; Vicente, R.; Lopez, L. A.; Tomas, M. *J. Organomet. Chem.* **2004**, *689*, 3793.
127. Barluenga, J.; Vicente, R.; Lopez, L. A.; Rubio, E.; Tomas, M.; Alvarez-Rua, C. *J. Am. Chem. Soc.* **2006**, *126*, 470.
128. Barluenga, J.; Vicente, R.; Barrio, P.; Lopez, L. A.; Tomas, M. *J. Am. Chem. Soc.* **2004**, *126*, 5974.
129. 総説: Brookhart, M.; Studabaker, W. B. *Chem. Rev.* **1987**, *87*, 411.
130. Fischer, H.; Hoffmann, J. *Chem. Ber.* **1991**, *124*, 981.
131. Rudler, H.; Audouin, M.; Parlier, A.; Martin-Vaca, B.; Goumont, R.; Durand-Reville, T.; Vaissermann, *J. Am. Chem. Soc.* **1996**, *118*, 12045.
132. Mattson, M. N.; Bays, J. P.; Zakutansky, J.; Stolarski, V.; Helquist, P. *J. Org. Chem.* **1989**, *54*, 2467.
133. Vargas, R. M.; Theys, R. D.; Hossain, M. M. *J. Am. Chem. Soc.* **1992**, *114*, 777.
134. Theys, R. D.; Hossain, M. M. *Tetrahedron Lett.* **1992**, *33*, 3447.
135. a) Brookhart, M.; Liu, Y.; Goldman, E. W.; Timmers, D. A.; Williams, G. D. *J. Am. Chem. Soc.* **1991**, *113*, 927. b) Brookhart, M.; Liu, Y. *J. Am. Chem. Soc.* **1991**, *113*, 939.
136. Baker, C. T.; Mattson, M. N.; Helquist, P. *Tetrahedron Lett.* **1995**, *36*, 7015.
137. Ishii, S.; Helquist, P. *Synlett* **1997**, 508.
138. 総説: a) Maas, G. *Chem. Soc. Rev.* **2004**, *33*, 183. b) Davies, H. M. L.; Antoulinakis, E. G. *Org. React.* **2001**, *57*, 1. c) Adams, J.; Spero, D. M. *Tetrahedron* **1991**, *47*, 1765. d) Doyle, M. P. Transition Metal Carbene Complexes: Cyclopropanation. In *Comprehensive Organometallic Chemistry II*; Abel, E. W., Stone, F. G. A., Wilkinson, G., Eds.; Pergamon: Oxford, U. K., 1995; Vol. 12, pp 387–395. e) Singh, V. K.; Dattagupta, A.; Sebar, G. *Synthesis* **1997**, 137. f) Reissig, H.-U. *Angew. Chem. Int., Ed. Engl.* **1996**, *35*, 971.
139. a) Doyle, M. P.; Dorow, R. L.; Buhro, W. E.; Griffin, J. H.; Tamblyn, W. H.; Trudell, M. L. *Organometallics* **1984**, *3*, 44. b) Doyle, M. P.; Griffin, J. H.; Bagheri, V.; Dorow, R. L. *Organometallics* **1984**, *3*, 53.
140. a) Davies, H. M. L.; Clark, T. J.; Smith, H. D. *J. Org. Chem.* **1991**, *56*, 3817. b) Cantrell, W. R., Jr.; Davies, H. M. L. *J. Org. Chem.* **1991**, *56*, 723. c) Davies, H. M. L.; Clark, T. J.; Kinomer, G. F. *J. Org. Chem.* **1991**, *56*, 6440. d) Davies, H. M. L.; Hu, B. *Heterocycles* **1993**, *35*, 385.

141. 8-エピ-PGF$_{2\alpha}$の合成で: Taber, D. F.; Herr, R. J.; Gleave, D. M. *J. Org. Chem.* **1997**, *62*, 194.
142. ピングイセノール (pinguisenol) の合成で: A.; Vijaykumar, D. *J. Chem. Soc., Perkin Trans. 1* **2000**, 2583.
143. (+)-アンブルチシン (ambruticin)Sの合成で: Kirkland, T. A.; Colucci, J.; Geraci, L. S.; Marx, M. A.; Schneider, M.; Kaelin, D. E., Jr.; Martin, S. F. *J. Am. Chem. Soc.* **2001**, *123*, 12432.
144. 総説: a) Davies, H. M. L.; Beckwith, R. E. J. *Chem. Rev.* **2003**, *103*, 2861. b) Lebel, H.; Maroux, J.-F.; Molinaro, C.; Charette, A. B. *Chem. Rev.* **2003**, *103*, 977. c) Doyle, M. P.; McKervey, M. A. *Chem. Commun.* **1997**, 983. d) Doyle, M. P.; Forbes, D. C. *Chem. Rev.* **1998**, *98*, 911. e) Doyle, M. P.; Protopopova, M. N. *Tetrahedron* **1998**, *54*, 7979.
145. a) Doyle, M. P.; Austin, R. E.; Bailey, A. S.; Dwyer, M. P.; Dyatkin, A. B.; Kwan, M. Y.; Liras, S.; Oalmann, C. J. Pieters, R. J; Protopopova, M. N.; Raab, C. E.; Roos, G. H. P.; Zhou, Q.-L.; Martin, S. F. *J. Am. Chem. Soc.* **1995**, *117*, 5763. b) Doyle, M. P.; Dyatkin, A. B.; Kalinin, A. V.; Ruppar, D. A. *J. Am. Chem. Soc.* **1995**, *117*, 11021.
146. a) 総説: Padwa, A.; Austin, D. J. *Angew. Chem., Int. Ed. Engl.* **1994**, *33*, 1797. b) Rogers, D. H.; Yi, E. C.; Poulter, C. D. *J. Org. Chem.* **1995**, *60*, 941.
147. グアナカステペン (guanacastepene) の合成で: Hughes, C. C.; Kennedy-Smith, J. J.; Trauner, D. *Org. Lett.* **2003**, *5*, 4113.
148. ハリングトノリド (harringtonolide) の合成で: Zhang, H.; Appels, D. C.; Hockless, D. C. R.; Mander, L. N. *Tetrahedron Lett.* **1998**, *39*, 6577.
149. a) Padwa, A.; Austin, D. J.; Xu, S. L. *Tetrahedron Lett.* **1991**, *32*, 4103. b) Hoye, T.; Dinsmore, C. J. *Tetrahedron Lett.* **1991**, *32*, 3755. c) Hoye, T. R.; Dinsmore, C. J. *J. Am. Chem. Soc.* **1991**, *113*, 4343. d) Padwa, A.; Austin, D. J.; Xu, S. L. *J. Org. Chem.* **1992**, *57*, 1330.
150. Evans, D. H.; Woerpel, K. A.; Hinman, M. M.; Faul, M. M. *J. Am. Chem. Soc.* **1991**, *113*, 726. b) Evans, D. A.; Woerpel, K. A.; Scott. M. J. *Angew. Chem., Int. Ed. Engl.* **1992**, *31*, 430.
151. 総説: Pfaltz, A. *Acc. Chem. Res.* **1993**, *20*, 339.
152. Nishiyama, H.; Itoh, Y.; Matsumoto, H.; Park, S.-B.; Itoh, K. *J. Am. Chem. Soc.* **1994**, *116*, 2223.
153. 総説: a) Davies, H. M. L.; Nikolai, J. *Org. Biomolec. Chem.* **2005**, *3*, 4176. b) Davies, H. M. L.; Oystein, L. *Synthesis* **2004**, 2595. c) Doyle, M. P. Transition Metal Carbene Complexes: Diazodecomposition Ylide and Insertion Chemistry. In *Comprehensive Organometallic Chemistry II*; Abel, E. W., Stone, F. G. A., Wilkinson, G., Eds.; Pergamon: Oxford, U.K., 1995; Vol. 12, pp 421-468.
154. C−H挿入での配位子効果の総説: Padwa, A. *Angew. Chem., Int. Ed. Engl.* **1994**, *33*, 1797.
155. Miah, S.; Slawin, A. M. Z.; Moody, C. J.; Sheehan, S. M.; Marino, J. P., Jr.; Semones, M. A.; Padwa, A. *Tetrahedron* **1996**, *52*, 2489.
156. Doyle, M. P.; Dyatkin, A. B.; Roos, G. H. P.; Cañas, F.; Pierson, D. A.; van Barten, A.; Müller, P.; Polleux, P. *J. Am. Chem. Soc.* **1994**, *116*, 4507.
157. Davies, H. M. L.; Venkataramani, C.; Hansen, T.; Hopper, D. W. *J. Am. Chem. Soc.* **2003**, *125*, 6462.
158. Watanabe, N.; Ogawa, T.; Ohlake, Y.; Ikegami, S.; Hashimoto, S.-i. *Synlett* **1996**, 85.
159. 9-イソシアノネオブプケアナン (9-isocyanoneopupkeanane) の合成で: Srikrishna, A.; Satyanarayana, G. *Tetrahedron* **2005**, *61*, 8855.
160. ザラゴジン酸 (zaragozic acid) の主要部の合成で: Wardrop, D. J.; Velter, A. I.; Forslund, R. E. *Org. Lett.* **2001**, *3*, 2261.
161. Ruediger, E. H.; Solomon, C. *J. Org. Chem.* **1991**, *56*, 3183.
162. Bhandaru, S.; Fuchs, P. L. *Tetrahedron Lett.* **1995**, *36*, 8347.
163. Buck, R. T.; Coe, D. M.; Drysdale, M. J.; Ferris, L.; Haigh, D.; Moody, C. J.; Pearson, N. D.; Sanghera, J. B. *Tetrahedron: Asymmetry* **2003**, *14*, 791,
164. 総説: a) Hodgson, D. M.; Pierard, F. Y. T. M.; Stupple, P. A. *Chem. Soc. Rev.* **2001**, *30*,

50. b) Padwa, A.; Krumpe, K. E. *Tetrahedron* **1992**, *48*, 5385. c) Padwa, A.; Hornbuckle, S. F. *Chem. Rev.* **1991**, *91*, 263. d) Padwa, A. *Acc. Chem. Res.* **1991**, *24*, 22.
165. Kido, F.; Abiko, T.; Kato, M. *J. Chem. Soc., Perkin Trans. 1* **1995**, 2989.
166. Kametani, T.; Yakawa, H.; Honda, T. *J. Chem. Soc., Chem. Commun.* **1986**, 651.
167. West, F. G.; Naidu, B. N.; Tester, R. W. *J. Org. Chem.* **1994**, *59*, 6892.
168. エピルピニン (epilupinine) の合成で: Naidu, B. N.; West, F. G. *Tetrahedron* **1997**, *53*, 16565.
169. West, F. G.; Naidu, B. N. *J. Org. Chem.* **1994**, *59*, 6051.
170. ガンビエル酸 (gambieric acid) のA環の合成で: Clark, J. S.; Fessard, T. C.; Wilson, C. *Org. Lett.* **2004**, *6*, 1773.
171. 総説: a) Padwa, A. *J. Organomet. Chem.* **2005**, *690*, 5533. b) Padwa, A.; Weingarten, M. D. *Chem. Rev.* **1996**, *96*, 223.
172. Padwa, A.; Price, A. T. *J. Org. Chem.* **1998**, *63*, 556.
173. Padwa, A.; Kassir, J. M.; Semones, M. A.; Weingarten, M. D. *Tetrahedron Lett.* **1993**, *34*, 7853.
174. ポリガロイド (polygaloide) AとBの合成で: S.; Sugano, Y.; Kikuchi, F.; Hashimoto, S. *Angew. Chem. Int. Ed.* **2006**, *45*, 6532.
175. ザラゴジン酸 (zaragozic acid) Cの合成で: Nakamura, S.; Hirata, Y.; Kurosaki, T.; Anada, M.; Kataoka, O.; Kitagaki, S.; Hsahimoto, S. *Angew. Chem. Int. Ed.* **2003**, *42*, 5351.
176. 総説: a) Deshmukh, P. H.; Blechert, S. *J. Chem. Soc., Dalton Trans.* **2007**, 2479. b) Chattopadhyay, S. K.; Karmakar, S.; Biswas, T.; Majumdar, K. C.; Rahman, H.; Roy, B. *Tetrahedron* **2007**, *63*, 3919. c) Aitken, S. G.; Abell, A. D. *Aust. J. Chem.* **2005**, *58*, 3. d) Nicolaou, K. C.; Bulger, P. G.; Sarlah, D. *Angew. Chem. Int. Ed.* **2005**, *44*, 4490. e) Schuster, M.; Blechert, S. *Angew. Chem., Int. Ed. Engl.* **1997**, *36*, 2036.
177. 総説: a) Schrock, R. R.; Czekelius, C. *Adv. Synth. Catal.* **2007**, *349*, 55. b) Schrock, R. R. *Acc. Chem. Res.* **1990**, *23*, 158.
178. Belderrain, T. R.; Grubbs, R. H. *Organometallics* **1997**, *16*, 400.
179. Wilhelm, T. E.; Belderrain, T. R.; Brown, S. N.; Grubbs, R. H. *Organometallics* **1997**, *16*, 3867.
180. Scholl, M.; Ding, S.; Lee, C. W.; Grubbs, R. H. *Org. Lett.* **1999**, *1*, 953.
181. Kingsbury, J. S.; Harrity, J. P. A.; Bonitatebus, P. J., Jr.; Hoveyda, A. H. *J. Am. Chem. Soc.* **1999**, *121*, 791.
182. Garber, S. B.; Kingsbury, J. S.; Gray, B. L.; Hoveyda, A. H. *J. Am. Chem. Soc.* **2000**, *122*, 8168.
183. Kirkland, T. A.; Grubbs, R. H. *J. Org. Chem.* **1997**, *62*, 7311.
184. 総説: Moore, J. S. Transition Metals in Polymer Synthesis. Ring Opening Metathesis Polymerization and Other Transition Metal Polymerization Techniques. In *Comprehensive Organometallic Chemistry II*; Abel, E. W., Stone, F. G. A., Wilkinson, G., Eds.; Pergamon: Oxford, U.K., 1995; Vol. 12, pp 1209–1233.
185. Lynn, D. M.; Kanaoka, S.; Grubbs, R. H. *J. Am. Chem. Soc.* **1996**, *118*, 784.
186. Walba, D. M.; Keller, P.; Shao, R.; Clark, N. A.; Hillmeyer, M.; Grubbs, R. H. *J. Am. Chem. Soc.* **1996**, *118*, 2740.
187. 総説: Dieters, A.; Martin, S. F. *Chem. Rev.* **2004**, *104*, 2199.
188. (+)-SCH351448の合成で: Kang, E. J.; Cho, E. J.; Lee, Y. E.; Ji, M. K.; Shin, D. M.; Chung, Y. K.; Lee, E. *J. Am. Chem. Soc.* **2004**, *126*, 2680.
189. ホルボキサゾール (phorboxazole) Aマクロライドの合成で: Wang, B.; Forsyth, C. J. *Org. Lett.* **2006**, *8*, 5223.
190. ナカドマリン (nakadomarin) Aマクロライドの合成で: Nagata, T.; Nakagawa, M.; Nishida, A. *J. Am. Chem. Soc.* **2003**, *125*, 7484.
191. ガンビエロール (gambierol) の合成で: Kadota, I.; Takamura, H.; Sato, K.; Ohno, A.; Matsuda, K.; Yamamoto, Y. *J. Am. Chem. Soc.* **2003**, *125*, 46.
192. ウッドロシン (woodrosin) Iの合成で: Fürstner, A.; Jeanjean, F.; Razon, P. *Angew. Chem. Int. Ed.* **2002**, *41*, 2097.
193. 選択性の一般モデル: Chatterjee, A. K.; Choi, T.-L.; Sanders, D. P.; Grubbs, R. H. *J.*

Am. Chem. Soc. **2003**, *125*, 11360.
194. (＋)-*cis*-シルバチシン (sylvaticin) の合成で: Donohoe, T. J.; Harris, R. M.; Burrows, J.; Parker, J. *J. Am. Chem. Soc.* **2006**, *128*, 13704.
195. アポプトリジノン (apoptolidinone) の合成で: Crimmins, M. T.; Christie, H. S.; Chaudhary, K.; Long, A. *J. Am. Chem. Soc.* **2005**, *127*, 13810.
196. 総説: a) Diver, S. T. *Coord. Chem. Rev.* **2007**, *251*, 671. b) Mori, M. *Adv. Synth. Catal.* **2007**, *349*, 121. c) Villar, H.; Fring, M.; Bolm, C. *Chem. Soc. Rev.* **2007**, *36*, 55. d) Mori, M.; Hansen, E. L.; Lee, D. *Acc. Chem Res.* **2006**, *39*, 509. e) Diver, S. T.; Giessert, A. J. *Chem. Rev.* **2004**, *104*, 1317.
197. Lloyd-Jones, G. C.; Margue, R. G.; de Vries, J. G. *Angew. Chem. Int. Ed.* **2005**, *44*, 7442.
198. Lippstreu, J. J.; Straub, B. F. *J. Am. Chem. Soc.* **2005**, *127*, 7444.
199. Kitamura, T.; Sato, Y.; Mori, M. *Chem. Commun.* **2001**, 1258.
200. Dieltiens, Moonen, K.; Stevens, C. V. *Chem.—Eur. J.* **2007**, *13*, 203.
201. Hansen, E. C.; Lee, D. *J. Am. Chem. Soc.* **2004**, *126*, 15074.
202. 総説: a) Zhang, W.; Moore, J. S. *Adv. Synth. Catal.* **2007**, *349*, 93. b) Fürstner, A.; Davies, P. A. *Chem. Commun.* **2005**, 2307.
203. Wengrovius, J. H.; Sancho, J.; Schrock, R. R. *J. Am. Chem. Soc.* **1981**, *103*, 3932.
204. PGE$_2$ メチルエステルの合成で: Fürstner, A.; Mathes, C.; Grela, K. *Chem. Commun.* **2001**, 1057.
205. (＋)-シトレオフラン (citreofuran) の合成で: Fürstner, A.; Castanet, A.-S.; Radkowski, K.; Lehmann, C. W. *J. Org. Chem.* **2003**, *68*, 1521.
206. (＋)-シリンドラミド (cylindramide) A の合成で: Hart, A. C.; Phillips, A. J. *J. Am. Chem. Soc.* **2006**, *128*, 1094.
207. (＋)-アストロフィリン (astrophylline) の合成で: Schaudt, M.; Blechert, S. *J. Org. Chem.* **2003**, *68*, 2913.
208. (＋)-グアナカステペン (guanacastepene) の合成で: Boyer, F.-D.; Hanna, I.; Ricard, L. *Org. Lett.* **2004**, *6*, 1817.
209. a) Fujimura, O.; Grubbs, R. H. *J. Org. Chem.* **1998**, *63*, 825. b) Alexander, J. B.; La, D. S.; Cefalo, D. R.; Graf, D. D.; Hoveyda, A. H.; Schrock, R. R. *J. Am. Chem. Soc.* **1998**, *120*, 9720.
210. (＋)-アフリカノール (africanol) の合成で: Weatherhead, G. S.; Cortez, G. A.; Schrock, R. R.; Hoveyda, A. H. *Proc. Natl. Acad. Sci. U.S.A.* **2004**, *101*, 5805.
211. Funk, T. W.; Berlin, J. M.; Grubbs, R. H. *J. Am. Chem. Soc.* **2006**, *128*, 1840.
212. 総説: a) Hartley, R. C.; McKiernan, G. J. *J. Chem. Soc., Perkin Trans. 1* **2002**, 2763. b) Stille, J. R. Transition Metal Carbene Complexes. Tebbe's Reagent and Related Nucleophilic Alkylidenes. In *Comprehensive Organometallic Chemistry II*; Abel, E. W., Stone, F. G. A., Wilkinson, G., Eds.; Pergamon: Oxford, U.K., 1995; Vol. 12, pp 577–600.
213. Cannizzo, L. F.; Grubbs, R. H. *J. Org. Chem.* **1985**, *50*, 2386.
214. Cannizzo, L. F.; Grubbs, R. H. *J. Org. Chem.* **1985**, *50*, 2316.
215. Tebbe 反応剤と Ph$_3$PCH$_2$ との比較: Pine, S. H.; Shen, G. S.; Hoang, H. *Synthesis* **1991**, 165.
216. ザラゴジン酸 (zaragozic acid) A の合成で: Stoermer, D.; Caron, S.; Heathcock, C. H. *J. Org. Chem.* **1996**, *61*, 9115.
217. Borrelly, S.; Paquette, L. A. *J. Am. Chem. Soc.* **1996**, *118*, 727.
218. Buchwald, S. L.; Grubbs, R. H. *J. Am. Chem. Soc.* **1983**, *105*, 5490.
219. Nicolaou, K .C.; Postema, M. H. D.; Claiborne, C. F. *J. Am. Chem. Soc.* **1996**, *118*, 1565.
220. Takeda, T.; Arai, K.; Shimokawa, H.; Tsubouchi, A. *Tetrahedron Lett.* **2005**, *46*, 775.
221. Rahim M. A.; Sasaki, H.; Saito, J.; Fujiwara, T.; Takeda, T. *Chem. Commun.* **2001**, 625.
222. a) Shono, T.; Ito, K.; Tsubouchi, A.; Takeda, T. *Org. Biomolec. Chem.* **2005**, *3*, 2914. b) Shono, T.; Hayata, Y.; Tsubouchi, A. Takeda, T. *Tetrahedron Lett.* **2006**, *47*, 1257.
223. Petasis, N. A.; Bzowej, E. I. *J. Am. Chem. Soc.* **1990**, *112*, 6392.
224. DeShong, P.; Rybczynski, P. J. *J. Org. Chem.* **1991**, *56*, 3207.
225. Petasis, N. A.; Bzowej, E. I. *J. Org. Chem.* **1992**, *57*, 1327.
226. Petasis, N. A.; Akritopoulou, I. *Synlett* **1992**, 665.

227. (+)-アファナモール (aphanamol) 1 の合成で: Wender, P. A. Zhang, L. *Org. Lett.* **2000**, *2*, 2323.
228. Petasis, N. A.; Hu, Y.-H. *J. Org. Chem.* **1997**, *62*, 782.
229. Petasis, N. A.; Bzowej, E. I. *Tetrahedron Lett.* **1993**, *34*, 943.
230. ハリコンドリン (halichondrin) B の合成で: Lambert, W. T.; Hanson, G. H.; Benayoud, F.; Burke, S. D. *J. Org. Chem.* **2005**, *70*, 9382.
231. (−)-クラボソリド (clavosolide) A の合成で: Smith, A. B., III; Simov, V. *Org. Lett.* **2006**, *8*, 3315.
232. 6-エピ-サルソリリド (sarsolilide) A の合成で: Zhang, J.; Xu, X. *Tetrahedron Lett.* **2000**, *41*, 941.
233. Takai, K.; Kakiuchi, T.; Kataoka, Y.; Utimoto, K. *J. Org. Chem.* **1994**, *59*, 2668.
234. アンフィジノリド (amphidinolide) T1 の合成で: Colby, E. A.; O'Brien, K. C.; Jamison, T. F. *J. Am. Chem. Soc.* **2004**, *126*, 998.
235. Matsubara, S.; Horiuchi, M.; Takai, K.; Utimoto, K. *Chem. Lett.* **1995**, 259.
236. Takai, K.; Nitta, K.; Utimoto, K. *J. Am. Chem. Soc.* **1986**, *108*, 7408.
237. 20,21-ジエピカリペルトシド (diepicallipeltoside) A アグリコンの合成で: Trost, B. M.; Gunzer, J. L.; Dirat, O.; Rhee, Y. H. *J. Am. Chem. Soc.* **2002**, *124*, 10396.
238. ルタマイシン (rutamycin) B の合成で: White, J. D.; Hanselmann, R.; Jackson, R. W.; Porter, W. J.; Ohba, Y.; Tiller, T.; Wang, S. *J. Org. Chem.* **2001**, *66*, 5217.
239. 総説: Müller, P.; Fruit, C. *Chem. Rev.* **2003**, *103*, 2905.
240. アゲラスタチン (agelastatin) A の合成で: Trost, B. M.; Dong, G. *J. Am. Chem. Soc.* **2006**, *128*, 6054.
241. Liang, C.; Robert-Peillard, F.; Fruit, C.; Müller, P.; Dodd, R. H.; Dauban, P. *Angew. Chem. Int. Ed.* **2006**, *45*, 4641.
242. (−)-テトロドトキシン (tetrodotoxin) の合成で: Hinman, A.; Du Bois, J. *J. Am. Chem. Soc.* **2003**, *125*, 11510.

7

遷移金属アルケン，ジエン，ジエニル錯体の合成化学的応用

7.1 はじめに

複雑な有機化合物の合成のために最も有用な有機金属反応は，遷移金属アルケン，ジエン，ジエニル錯体への求核攻撃であろう[1]．錯体をつくることによってこれらの官能基の通常の反応性を逆転させる，すなわち求核体から求電子体へと変化させるにとどまらず，反応の結果，求核剤とアルケン炭素との新しい結合を形成させ，また，さらなる反応に供することのできる新しい金属－炭素結合を形成させる〔(7.1)式〕．これらの過程の基本的特徴は第2章で述べた．ここでは，これらの合成化学的利用について述べる．

$$ (7.1) $$

Nuc：求核剤

7.2 金属アルケン錯体[1]

a. パラジウム(II)錯体

パラジウム(II)のアルケン錯体は，有用な有機変換反応に用いられた最初の錯体の一

7.2 金属アルケン錯体

つであり，また最もよく研究されているものの一つである．これは，これら錯体は調製が容易で高い反応性をもつからである．塩化パラジウムが最もよく用いられる出発物質である．市販品として入手できる赤茶色で，塩素橋かけオリゴマーでほとんどの有機溶媒に不溶である（図7.1）．しかし，このオリゴマーは，LiClやNaClのような塩を加え

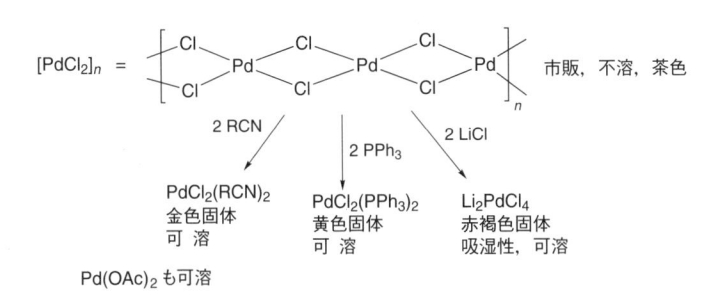

$[PdCl_2]_n$ = [構造式] 市販，不溶，茶色

↓ 2 RCN   ↓ 2 PPh$_3$ ↓ 2 LiCl

$PdCl_2(RCN)_2$ 金色固体 可溶

$PdCl_2(PPh_3)_2$ 黄色固体 可溶

Li_2PdCl_4 赤褐色固体 吸湿性，可溶

$Pd(OAc)_2$ も可溶

図 7.1 パラジウム(II)供給源

ると容易にばらばらになって，かなり溶解性がありまた吸湿性の単量体であるパラダート M_2PdCl_4 となる．アセトニトリルやベンゾニトリルのようなニトリル類と反応して，空気に安定で取扱いやすい，よく溶ける固体を与え，これがPd(II)塩の最も便利な形として用いられる．可溶性のパラジウム(II)塩をアルケンと反応させると，アルケンが金属へ素早く不可逆的に配位する〔図7.2，過程(a)〕．

エチレンと末端モノアルケンが最も強く配位し，ついでシスアルケン，トランスアルケンの順である．これらのアルケン錯体は単離することもできるが，ふつうは系中で生成させそのまま用いる（図7.2）．錯体になるとアルケンは，塩基性で10^{36}倍もの幅があるCl^-からPh^-に至る広範囲の求核剤のどれに対しても反応するようになる．攻撃は金属の反対の面から起こり（トランス攻撃），最も込み合っている炭素上で炭素－求核剤結合が，また他方で炭素－金属結合が生成する〔過程(b)〕．これは，金属－炭素σ結合へのアルケンの挿入のときとは逆の位置選択性と立体選択性である．この位置選択性は，アルケンで正電荷を最も安定化できる位置への求核攻撃の結果であり，ある意味では，強い求電子種であるパラジウム(II)がアルケンに対しあたかも高価で選択性の高いプロトンのようにふるまうとみなせる．

新しく生成するσ-アルキルパラジウム(II)錯体については基礎から応用まで幅広い研究が行われている．これを-20℃以上に温度を上げるとβ水素脱離が起こり〔過程(c)〕，アルケンが生成するが，これは形式上水素原子を求核置換した生成物に相当する．σ-アルキルパラジウム(II)錯体は，ヒドリドによっても常圧の水素によっても容易に還元され，これは形式上求核付加がアルケンへ起こった場合に相当する〔過程(d)〕．一酸

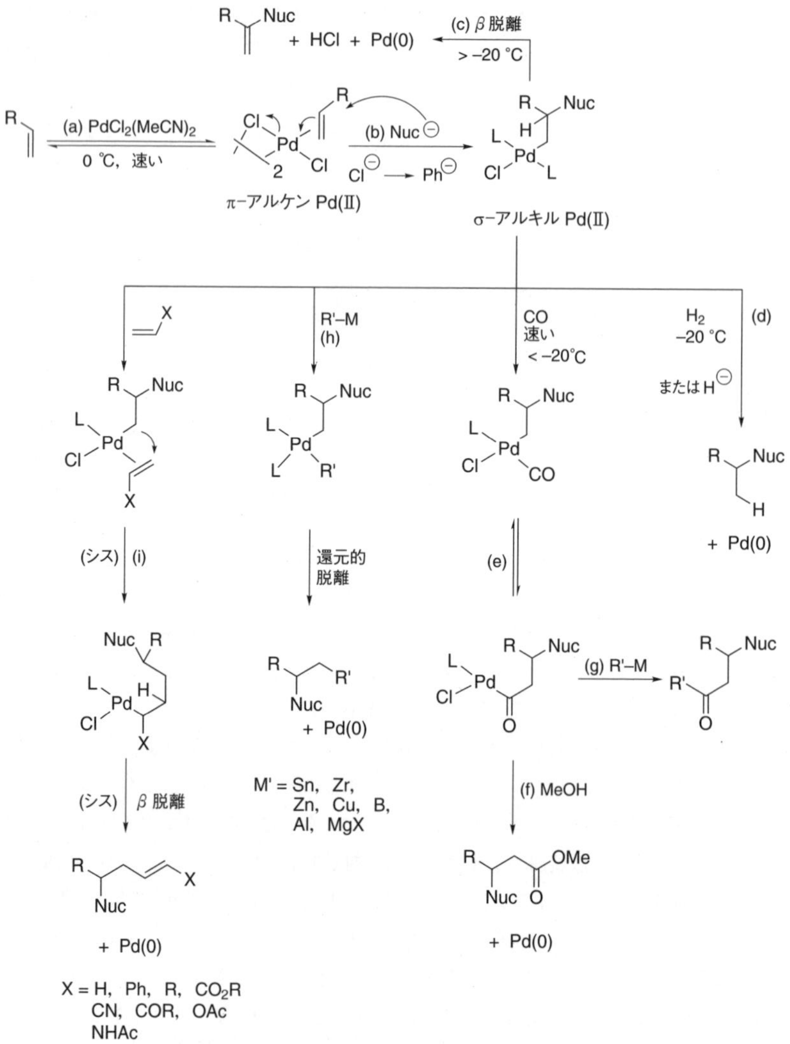

図 7.2 パラジウム(II)アルケン錯体の反応

化炭素の挿入は低温でも速く，β脱離よりも速い．すなわち，反応混合物溶液を単に常圧の一酸化炭素にさらすだけでσ-アシル錯体が生成する〔過程 (e)〕．このアシル錯体をメタノールと反応させるとエステルが生成し〔過程 (f)〕，有機典型金属化合物と反応させると**カルボニル化カップリング**が起こりケトンを与える〔過程 (g)〕．最初に生成したσ-アルキルパラジウム(II)錯体自身も多種の有機典型金属化合物と反応しトランス

メタル化を起こし，結果として**求核付加/アルキル化**が進む〔過程 (h)〕.

原理的には，金属－炭素 σ 結合があればアルケンは挿入してよいのだが，実際は β 脱離が速いので β 水素が存在する場合挿入は起こらない．しかし例外的に，アルケンの求核攻撃で生成する σ-アルキルパラジウム(II)錯体へアルケンが挿入する場合もあり，**求核付加/アルケン化**というプロセスになる．上記すべてのプロセスで，アルケンを活性化するのには Pd(II) が必要であるが，生成物は還元的脱離によるパラジウム(0)である．したがって，触媒反応とするには，出発物質や生成物存在下でも Pd(0) を Pd(II) へ酸化して戻すための方策が必要である．このため，古典的な $O_2/CuCl_2$ 酸化還元系から，比較的最近のベンゾキノンやキノン/再酸化剤など，多くの系が開発された．再酸化剤の選択は，ふつうその酸化方法に対する生成物の安定性を考慮して決められる.

パラジウム(II)アルケン錯体は，とりわけ水，アルコール[2]，カルボン酸塩などの酸素求核剤 (oxygen nucleophile) とよく反応するので，このプロセスに基づく有用な合成法は非常に多く知られている．これらの最も初期から知られている反応の一つが**Wacker プロセス**[3]（ワッカー）で，パラジウム(II)触媒によるエチレンの"酸化"でアセトアルデヒドが得られ，その鍵過程は金属に配位したエチレンへの水の求核攻撃である．この工業的プロセス自体はファインケミカルズ合成というわけではないが，この方法によって末端アルケンをメチルケトンへ効率的に変換することができる[4]．古典的にはこの反応の機構は，配位/アンチ-ヒドロキシパラジウム化/β 水素脱離の過程を順次進むとされていた．しかし実際はもう少し複雑で，基質や添加物に依存する〔(7.2)式〕．求核攻撃の

$$(7.2)$$

過程では，塩化物イオン濃度が低いときは水のシン付加が起こり，塩化物イオン濃度が高いときにはアンチ付加が起こるものと考えられている[5]．β 水素脱離が生成物を与える過程として触媒サイクルで描かれることが多いが，1,2-水素移動の経路も提案されている．後者は，同位体標識実験の結果，停止段階で主となる過程であることが示されている[6]．この反応は末端アルケンが内部アルケンより強く配位できるので，末端アルケ

ン選択的である. 内部アルケンが基質のどこかに存在しても反応に関与しない〔(7.3)式〕[7].

$$\text{(7.3)}$$

分子内の離れた位置に存在する多種の官能基は,パラジウム(II)に対し強く配位する基(例,アミン)以外は反応に影響しない〔(7.4)式[8],(7.5)式[9]〕. パラジウムの再酸化には,生成物であるアルコールなどとは反応しない $O_2/CuCl_2$ 反応剤を用いる. 適用可能な基質を広げることについて,酸素を唯一の酸化剤として用い溶媒として DMA(ジメチルアセトアミド)を用いるとかなり改善できることが最近報告された[10].

$$\text{(7.4)}$$

$$\text{(7.5)}$$

これらすべての場合,求核攻撃は期待どおり第二級の位置で起こる. しかし,パラジウムに配位して5員環または6員環のパラダサイクリック中間体を与えるような近接官能基が基質にあれば,求核攻撃は末端位で起こるようになる〔(7.6)式[11],(7.7)式[12]〕. まれな場合であるが,近接配向基は内部アルケンを活性化し Wacker 酸化すら起こるようになる〔(7.8)式[13],(7.9)式[14]〕.

$$\text{(7.6)}$$

7.2 金属アルケン錯体

(7.7)

しかし

(7.7)

(7.8)

(7.9)

配位子による補助がない場合，これらの反応は，内部アルケンに対しては，たとえ反応したとしてもゆっくりでしかないので有用ではない．α,β-不飽和ケトンやエステルはやや特別な反応条件を用いればきれいにβ-ケト化合物になる〔(7.10)式〕[15]．

(7.10)

パラジウム(II)錯体存在下アルコールもアルケンにきれいに付加するが，この分子間反応は合成化学的にあまり用途がない．最近の分子間**ジアルコキシ化**の例を(7.11)式[16]に示す．芳香環にアルコールが存在していることが必要で，この OH を H や OMe で置き換えると単に Wacker 型の生成物を与えてしまう．

(7.11)

これに対し，その分子内反応は含酸素複素環の合成経路としてたいへん有用である[17]．

第一級アルコールの場合には，通常受入れられているアンチ付加機構ではなくシン-アルコキシパラジウム化で進むことが示されている[18]．フェノール類は，塩化物イオンが存在しなければおもにシン-アルコキシ化される[19]．対照的に，カルボキシラートはもっぱらアンチ-カルボキシパラジウム化される．分子内反応では，内部アルケンはもちろん，三置換アルケンさえ反応し，その位置選択性は置換様式よりも環の大きさにより支配されることが多い〔(7.12)式[20] および (7.13)式[21]〕．キラル配位子が存在すれば，不斉が誘起される〔(7.14)式[22]〕．

$$\text{(7.12)}$$

$$\text{(7.13)}$$

$$\text{(7.14)}$$

これらの Pd(II) 触媒系では，β 脱離過程で"HPdX"が生成し速やかに HX を（還元的脱離で）失いパラジウム(0)を生成するので（図7.2），再酸化が必要になる．もしヒドリド以外の Cl^- や OH^- などの基が脱離できるなら，続くパラジウム(0)（と Cl_2 や HOCl）を生じるような還元的脱離は起こらなくて，$PdCl_2$ や Pd(OH)Cl などは直接触媒サイクルへ再参加するので，酸化剤は必要ではない〔(7.15)式[23]〕[24]．CO の Pd-C 結合への挿入は β 脱離よりも容易なので，アルケンを効率よくアルコキシカルボニル化することができる〔(7.16)式[25]〕．

$$ \text{(7.15)} $$

$$ \text{(7.16)} $$

もし β 脱離が不可能であれば，アルケンでさえ挿入できる〔(7.17)式[26]〕がこれはまれな場合である[27]．特別な反応条件下では，アルケンは β 水素をもつ σ-アルキルパラジウム(II)錯体であっても挿入反応を行うことができる．このような反応の例を式 (7.18)式[28]に示す．まずパラジウム(II)の助けを受けてアルコールが配位エノールエーテ

$$ \text{(7.17)} $$

ルを攻撃し，σ-アルキルパラジウム(II)錯体が生成する．この錯体は β 脱離に必要な β 水素をもっている．しかし，β 脱離はシン共平面を必要とするが，もし近傍のアルケンがパラジウムに配位するならこの共平面性を達成するための回転が抑制される．同時に，この配位したアルケンは金属－炭素 σ 結合へ挿入可能となり，実際これにより二環性化合物が生成する．この挿入過程はシン過程であり，生成した σ-アルキルパラジウム(II)錯体は，環が固定されているのでどの β 水素ともシン共平面をとることができない．このような特別な環境下では**分子間**アルケン挿入が起こり，二環性生成物を高収率

270   7. 遷移金属アルケン,ジエン,ジエニル錯体の合成化学的応用

$$(7.18)$$

で与える.この反応では,ワンポットプロセスで,炭素－酸素結合一つと炭素－炭素結合二つが形成される.複雑な化合物がこのような多重挿入反応により合成できる〔(7.19)式〕[29].

$$(7.19)$$

パラジウムの助けによるアルケンへの攻撃を行うものとして,カルボン酸アニオンは有効な求核剤である[30].分子内反応は容易であり〔(7.20)式〕[31],また分子内反応ではよくあることだが三置換アルケンでさえ反応する[32].

$$(7.20)$$

アミンはパラジウムに配位したアルケンを攻撃するが,アミンも生成物であるエナミンもパラジウムへ強く配位し触媒毒として働くので,単純不活性アルケンの触媒的分子間アミノ化は実現していない.しかし最近活発な研究が行われている.単純アルケンの化学量論的アミノ化はよい収率で進行するが,3当量のアミンが必要であり,生成するσ-アルキルパラジウム(II)錯体を還元して遊離のアミンとする必要がある[33].分子内アミノ化の詳しい研究によれば,いくつかの困難な点が明らかとなっている〔(7.21)式〕[34].シクロペンチルアミノアルケンと塩化パラジウム(II)との反応では,安定でキレート配位したアミノアルケン錯体が生成する.したがって,Pd(II)へのアミンの強い配位が実

7.2 金属アルケン錯体

際,触媒反応の妨げになっていることがわかる. N-アシル化によりアミンのその塩基性と配位能力は劇的に低下する. このアセトアミド誘導体はもはや,パラジウム(II)へ配位したまま離れないということはなくなり,アルケンの分子内アミノ化が起こるようになる. ところが,生成する σ-アルキルパラジウム(II)錯体がアミド基の酸素からのキレーションを受けて安定化してしまい,β脱離が進まなくなり触媒反応が成り立たなくなる. そこで,窒素上に強い電子求引基であるスルホニル基をもたせると,出発物質も生成物も触媒反応が止まるほど強くはパラジウム(II)に配位しないので,効率よく環化反応が進む〔(7.22)式〕.

(7.21)

(7.22)

最近になって,カルボキサミド,カルバマート,またはスルホンアミドを求核剤としてアルケンを触媒的に**分子間アミノ化**する方法が開発された[35]. 一例を (7.23)式に示す[36]. はじめに生成する σ 錯体が $PhI(OAc)_2$ で捕捉されたり〔(7.24)式〕[37],側鎖のアルケンに挿入したりする〔(7.25)式〕[38].

(7.23)

(7.24)

$$\text{(7.25)}$$

芳香族アミンは脂肪族アミンよりも 10^6 倍ほど塩基性が小さいので, N-アシル化やスルホニル化をしなくてもアルケンの分子内環化は効率よく進む. また, これら N-置換体も良好に反応する〔(7.26)式[39] および (7.27)式[40]〕. 種々の置換インドールがこの方法で合成できる. アルキル[41] およびアリールアミン（第4章を見よ）[42]を用いた分子間のパラジウム触媒によるアミノ化が開発されている.

$$\text{(7.26)}$$
R = H, 86%
R = Ac, 71%

$$\text{(7.27)}$$

脂肪族や芳香族の, アルケンをもつトシルアミドを非常に穏和な条件で環化でき, 一般性もある触媒系が最近開発された[43]. 系は DMSO 中の酢酸パラジウムから成り, 再酸化剤は酸素を用いる. ほとんどの場合, 位置選択性はこれまでの系と同様であるが〔(7.28)式〕, o-アリル-N-トシルアニリンはジヒドロキノリンを与え（すなわち, アルケ

$$\text{(7.28)}$$

ンの置換基の少ない端を攻撃）, インドールは与えない. 空気を再酸化剤として用いることができる〔(7.29)式〕[44]. アミノ化されるアルケンがアリル位に脱離基をもつ場合, 酸素求核剤の場合のように, 再酸化は必要なく触媒的環化が良好に進む〔(7.30)式[45]〕[46].

7.2 金属アルケン錯体

$$(7.29)$$

$$(7.30)$$

アルケンのアミノ化で得られる σ-アルキルパラジウム(II)錯体は，一酸化炭素で容易に捕捉できる[47]〔(7.31)式[48]，(7.32)式[49]〕．反応条件が適切ならアルケンでさえも挿入

$$(7.31)$$

$$(7.32)$$

することができるが，最もうまくいく場合でも β 脱離が競争的に起こる〔(7.33)式〕[50]．(7.33)式中の基質には触媒が配位できる（実際配位する）場所が九つもあるが，このうち一つしか環化に至らない．触媒が，他の場所に非可逆的に配位してしまうのでなければ，触媒反応は成り立つ．

$$(7.33)$$

274　　7. 遷移金属アルケン, ジエン, ジエニル錯体の合成化学的応用

　炭素求核剤（carbon nucleophile）を用いるにあたっては，また異なった問題がある．カルボアニオンは安定化されたものでも容易に酸化されるので，パラジウム(II)塩は多くの他の遷移金属塩と同様にカルボアニオンを酸化的二量化してしまい，アルケンへ攻撃できなくする．たとえこのことが克服できても，まだ触媒反応を達成することはできない．というのも，系中の触媒量のPd(0)をPd(II)へ再酸化できる酸化剤であって，同時に系中に多量に存在するカルボアニオン求核剤を酸化しない酸化剤を用いる必要が生じるからである．アルケンの安定化カルボアニオンによる化学量論的なアルキル化は，厳密な反応条件下で達成された〔(7.34)式〕[51]．まず0℃でアルケン錯体を調製し，こ

$$(7.34)$$

れを−78℃に冷却し2当量のトリエチルアミンを加え，アルケン−アミン錯体をつくる．配位したアミンは，カルボアニオンを金属から遠くへつまりアルケンの方へ押しやり，したがって金属中心での電子移動を伴う酸化還元を起こらなくし，アルケンのアルキル化を促進する．一般則に従い攻撃はアルケンの置換基の多い炭素上に起こり，σ−アルキルパラジウム(II)錯体が生成し，つづいて還元反応，β脱離反応，またはCO挿入反応などが起こる．生成したPd(0)は回収され別途再酸化される．Pd(0)の再酸化をアルキル化と同時に行うことはできないので，このプロセスはパラジウムについて化学量論的であり，有機合成面での価値は限られている．

　例外的に，他の古典的な方法では合成困難な化合物の効率的合成に役立つことがある．このような場合が，(+)-チエナマイシンの中間体の合成にみられる〔(7.35)式〕[52]．ここでは，光学活性なエン−カルバマートのアルキル化/アシル化がワンポットで進行し，ケトジエステルが70％の化学収率で得られ，窒素のα位のキラル中心の完全な立体制御が達成される．この例では，パラジウムは，二つのC−Cと一つのO−C結合をつく

り，さらに新しいキラル中心をつくるのに役立っている．このアルケンのパラジウム(II)によるアルキル化をスズ反応剤とのカルボニル化カップリングと組合わせると，さらに複雑な構造が効率よくつくられる〔(7.36)式[53]〕．この場合，パラジウム(II)は，アルケンの立体選択的アルキル化，つづく金属−炭素σ結合へのCOの挿入，さらにスズからパラジウムへのトランスメタル化，最後に還元的脱離という一連の反応を起こさせている．ここでは，三つのC−C結合と一つのキラル中心がワンポット反応で効率よくつくられている．

(7.35)

(7.36)

酢酸パラジウム(II)はアルケンへのシリルエノールエーテルによる分子内アルキル化を起こさせることもできる〔(7.37)式[54][55]〕．シリルエノールエーテル自体はPd(II)により酸化されて二量化することはなさそうなので，この反応を触媒的に進行させること

(7.37)

(7.38)

ができる．この触媒プロセス化を，ジメチルスルホキシド中で酸素を酸化剤として用いて[56]実現できた〔(7.38)式〕[57]．

メチルケトン以外のケトン（またはアルデヒド）から合成されたシリルエノールエーテルの反応は，一般に異なる方向へ進む．この場合パラジウム(II)は α,β-不飽和ケトンを与える酸化反応の触媒となる（"Saegusa(三枝)酸化"）[58]．反応機構の詳細は不明だが，おそらく，オキソ－η^3－アリル錯体の形成と続く β 水素脱離を含むものと考えられる〔(7.39)式〕．当初は触媒サイクルを完結させるためにベンゾキノンが再酸化剤として用

$$(7.39)$$

いられたが，パラジウム(II)の触媒としてのターンオーバー数はわずか数回程度であった．この欠点があるにもかかわらず，反応は種々の官能基が共存していてもかまわないので有機合成上有用な方法であった〔(7.40)式〕[59]．ジメチルスルホキシド中で酸化剤として酸素を用いると[60] かなり結果は良くなる〔(7.41)式〕[61]．

$$(7.40)$$

$$(7.41)$$

エノラートと違って，エノールはパラジウム(II)によって酸化されないので，これらの求核剤は分子間[62] および分子内付加をアルケンに対し行うことができる[63]．エノールとアルケン部の間の連結鎖の長さに応じて，シクロアルカンまたはシクロアルケンが生成する〔(7.42)式〕[64]．前者の場合，触媒は反応において再生するので再酸化剤は不要である．この反応でなぜ β 脱離生成物が得られないのかは不明である．連結鎖が長くなると，パラジウム(0)をパラジウム(II)へと酸化するために塩化銅が用いられる〔(7.43)式〕．

7.2 金属アルケン錯体

$$(7.42)$$

$$(7.43)$$

芳香環もまたパラジウムによって活性化されアルケンへ付加させることができる．まずパラジウムが炭素－水素結合へ挿入し，つづいてアルケン挿入とβ脱離が起こるという反応機構で進むものと考えられている〔(7.44)式〕[65]．この反応では配位子としてニコチン酸エチルを用いている．分子内反応は縮環したヘテロ環の合成に大変有用な方法であり，例として（+）-ドラグマシジン（dragmacidin）Fの合成を示す〔(7.45)式〕[66]．

$$(7.44)$$

$$(7.45)$$

パラジウムではβ脱離が最も起こりやすい最終過程であって，(7.42)式に示したようなヒドロアルキル化はむしろ例外的である．対照的に，+1から+3の酸化状態のさまざまな遷移金属がアルケンのヒドロ官能基化の触媒となる．すなわち，金[67]，白金[68),69)]，

ルテニウム, ロジウム, およびイリジウムが, ヒドロアミノ化, ヒドロアルコキシ化, ヒドロアルキル化, ヒドロアリール化[70], およびヒドロアルケニル化の触媒となる. これらの反応に考えられる反応機構は 2 種に大別できる. すなわち, アルケン配位と続く求核攻撃, および炭素−水素結合挿入とつづくアルケン挿入〔(7.44)式を参照〕とである. 酸化還元が含まれていないという点で, 反応機構はパラジウム触媒反応とは異なっている. 生成する σ−金属中間体は, β 水素脱離ではなく, プロトンによる分解を受ける〔(7.46)式〕[71]. これらヒドロ官能基化の真の機構は未だ解明が進んでいない. 最近の研究では, 触媒から生成する金属を含まない TfOH のようなルイス酸が, 場合によっては真の触媒種として働いているらしいことが示されている[72].

$$(7.46)$$

後周期遷移金属*を触媒とするアルケンのヒドロアリール化は最近発展が著しい. 特にヘテロ芳香族化合物の反応が有用である〔(7.47)式〕[73]. キラル配位子を用いて不斉反応を行える〔(7.48)式〕[74].

$$(7.47)$$

$$(7.48)$$

---

* (訳注) 4, 5 族 (Ti, V, Zr) など周期表の左の方の遷移金属を**前周期遷移金属** (early transition metal), 9, 10 族 (Co, Rh, Ir, Ni, Pd, Pt) など周期表の右の方の遷移金属を**後周期遷移金属** (late transition metal) とよぶ. ただし, これらにはあまり厳密な定義はなされておらず, ときにより 6, 7 族 (Cr, Mo, W, Mn) の金属を前周期に, 8 族 (Fe, Ru, Os) を後周期に入れたりもする.

7.2 金属アルケン錯体

炭素求核剤を分子間で不活性なアルケンへ付加させることは困難だが魅力的なテーマである．触媒として金（IとIII）[75]，銀(I)〔(7.49)式〕[76]，および白金(II)[77]を用いる系が最近報告され飽和生成物の収率も高い．

$$\text{(7.49)}$$

アレンを同じ触媒を用いてヒドロ官能基化できる．反応機構はおそらく，アレンの配位，求核攻撃でσ-アリル錯体の形成，そして最後にプロトン化分解を経るのであろう[78]．分子内反応ではアレン末端への付加がふつうは起こる〔(7.50)式[79]および(7.51)式[80]〕．パラジウム触媒の場合，求核剤はアレンの中心炭素へ付加しη^3-アリル錯体を生成し，これはさらに先へと反応が進む（第9章参照）．大変おもしろい反応選択性が金錯体の酸化次数を変えることでみられる[81]．金(III)錯体では，[1,2]臭素移動が起こり3-ブロモフランが生成する．反応機構としては，金属がカルボニル基の酸素に配位，ブロモニウムイオンの形成，そして求核的開環を行うものと考えられる〔(7.52)式〕．対照的に，金(I)錯体では異性体である2-ブロモフランを生成する〔(7.53)式〕．反応機構は，金配位アレンへの求核付加，σ-金錯体の生成，金カルベン錯体への異性化，そして最後に[1,2]水素移動を経るものと考えられる．同様なアルキンの金や白金錯体による活性化は第8章で述べる．

$$\text{(7.50)}$$

$$\text{(7.51)}$$

$$\text{(7.52)}$$

$$(7.53)$$

β 脱離による反応の終了という通常のパターンとは異なる反応として，白金触媒存在下の1,6-および1,7-ジエンの環化異性化反応を示す．白金錯体を用いた場合，σ-白金錯体は分解してビシクロ[3.1.0] およびビシクロ[4.1.0]生成物を与える〔(7.54)式〕[82]．

$$(7.54)$$

パラジウム(II)錯体は，さまざまなアリル系の転位を促進する．このプロセスでは，パラジウム(II)配位アルケンへの分子内求核攻撃を鍵過程として含んでいる〔(7.55)式〕[83]．酢酸アリルは穏和な条件下で，骨格転位や他の副生成物の生成などの心配なく

$$(7.55)$$

きれいに転位する．光学活性な酢酸アリルからの転位はキラリティーの完全な転写を伴う〔(7.56)式[84] および (7.57)式[85]〕．新しく生成した絶対配置を見れば，パラジウムの配位がアセテートと反対側のアルケンの面で起こり，ついで金属の反対側からアルケンへの攻撃が起こったということがわかる．これらは (7.55)式に示した反応機構からも

推定できる.

$$\text{(7.56)}$$

$$\text{(7.57)}$$

パラジウム(II)錯体は **Cope 転位**(コープ)の触媒として働き,非常に穏和な条件下で 1,5-ジエンが熱反応よりも 10^{10} 倍も速く転位する〔(7.58)式〕[86]. これらの触媒反応にはいくつかの制約がある. 発生しつつある正電荷の安定化をはかるため, C-2 には置換基が必要である. また,C-5 には水素しかないようにし,Pd(II)への配位がうまくいくようにする. すでに述べたが三置換アルケンは Pd(II)へはほとんど配位しない. また,同一炭素に 2 個置換基をもつアルケンでは,この置換された位置に攻撃が起こる. したがって,このような系での Pd(II)触媒による Cope 転位は進行しにくい. ここでも,キラルな基質を用いた場合,完全なキラリティーの転写が認められる[87]. パラジウム(II)錯体は,オキシ Cope 転位も触媒的に起こさせる〔(7.59)式〕[88].

$$\text{(7.58)}$$

$$\text{(7.59)}$$

他の多くのアリル系でもこのようなパラジウム(II)触媒によるアリル転位が起こる. トリクロロメチルイミデートはきれいに転位し,キラリティーも完全に移行する (Overman 転位)(オーバーマン)〔(7.60)式[89]〕[90),91]. O-アリルイミデート[92]およびアリルオキシイミノジアザホスホリジン〔(7.61)式〕[93]は同様に転位し,キラル配位子が存在すれば中程度 (50〜60%)の不斉誘導がみられる[94]. O-アリルオキシムは転位し,1,3-双極子に用いる

ことができるニトロンを与える〔(7.62)式〕[95].

(7.60)

(7.61)

(7.62)

パラジウムは，1-アルケニル-1-シクロブタノールの5員環への環拡大の触媒となる[96]．反応はアルケンへのパラジウムの配位で始まり，環ひずみ解放による環拡大が起こる〔(7.63)式〕[97]．

(7.63)

b. 鉄(Ⅱ)錯体

カチオン性アルケン鉄(Ⅱ)錯体は，安定な $CpFe(CO)_2(isobutene)^+$ 錯体とのアルケン交換で容易に生成する．このイソブテン錯体は安定な黄金色固体で，Fp^-〔Fp: シクロ

7.2 金属アルケン錯体

ペンタジニエルジカルボニル鉄，$CpFe(CO)_2$〕とメタリルブロミドを反応させた後 HBF_4 で γ 位をプロトン化して得られる〔第 2 章参照，(7.64)式〕[98].

$$\text{Cp(CO)}_2\text{Fe-Fe(CO)}_2\text{Cp} \xrightarrow{Na/Hg} 2\ CpFe(CO)_2^{\ominus} \xrightarrow{\text{メタリルブロミド}} Cp(CO)_2Fe\diagdown$$

$$\xrightarrow{HBF_4} \left[Cp(CO)_2Fe-\diagdown\right]^{\oplus} BF_4^{\ominus} \equiv \left[Fp-\diagdown\right]^{\oplus} BF_4^{\ominus} \quad (7.64)$$

安定，黄金色固体

配位によりアルケンは求核攻撃を受けやすくなり，反応性や，位置および立体選択性などの特徴のほとんどは，§7.2aに述べた中性アルケンパラジウム(II)錯体と類似している．しかし，パラジウムの場合と異なって，生成する σ-アルキル鉄(II)錯体は非常に安定で，鉄を取除くのに通常酸化などの化学的処理を必要とする．さらに複雑な点であるが，Fp-アルキル錯体の酸化的分解では一般に金属-炭素 σ 結合への CO 挿入が起こり，カルボニル化生成物が得られる〔(7.65)式〕．これらの理由により，パラジウムに比べて鉄アルケン錯体は合成反応に利用されることが少ない．しかし，鉄に配位した電子豊富アルケンの反応性はユニークであり，合成化学上も有用である．

$$\left[Fp-\diagdown\right]^{\oplus} BF_4^{\ominus} + \diagdown R \longrightarrow \left[Fp-\diagup^R\right]^{\oplus} BF_4^{\ominus} \xrightarrow{Nuc}$$

$$Fp\diagdown\substack{R\\Nuc} \xrightarrow[\text{MeOH}]{\text{酸化}} Fe\diagdown\substack{Nuc\\O\ R} \longrightarrow MeO\diagdown\substack{Nuc\\O\ R} \quad (7.65)$$

安定　　　　　　　　　　　　　　　Nuc：求核剤

ジメトキシエチレンが Fp カチオンに配位すると，求核剤に対し非常に反応しやすくなり，メトキシ基が二つとも置換されうるので，この錯体をビニリデンジカチオン ($CH^+=CH^+$) 等価体と考えることができる[99]．光学活性な 2,3-ブタンジオールと反応させると高収率で Fp^+-ジオキセン錯体を生成する〔(7.66)式〕．この光学活性なジオキセンはヨウ素で容易にはずせるので，全体の経路は，他の手法では入手しにくい光学活性化合物の合成に道を開くことになる．さらに興味あることに，ケトンエノラートはジオキセン錯体の金属と反対の面から攻撃し，高いジアステレオ選択性で安定な Fp-アルキル錯体を与える．カルボニル基を L-セレクトリド (selectride) で還元し金属を酸化的に除去すると，高収率高ジアステレオ選択性で三環性フランが得られる．この場合の鉄

の酸化は，COの挿入をひき起こさず，単に鉄を良い脱離基の役目に変えている〔(7.66)式〕[100].

$$(7.66)$$

カチオン性鉄アルケン錯体の反応で少し変わっている反応として，電子不足アルケンと η^1-アリル Fp 錯体との反応にみられる "[3+2]" 環化付加がある〔(7.67)式〕[101]．この反応では η^1-アリル-Fp 錯体は求核的にこの求電子的アルケンを攻撃し，安定なエノラートとカチオン性 Fp-アルケン錯体を与える．このエノラートはカチオン性アルケン錯体を攻撃し，閉環とともに Fp-アルキル錯体を生成する．酸化的に鉄を除くと CO 挿入が起こり，多官能基性のシクロペンタン環を与える．

$$(7.67)$$

カチオン性鉄アルケン錯体が求核剤に対し活性であるのと同じ理由によって，これらは求電子剤に対し不活性であり，アルケンが Fp^+ の配位を受けることにより各種の求電子反応に対する保護が可能となる．配位はアルキンよりもアルケンで，またより少ない

置換基数のアルケンで優先して起こるので，選択的な保護が可能となる〔(7.68)式，(7.69)式，(7.70)式〕[102]．反応後ヨウ化物イオンで処理すればアルケンを遊離させることができる．

(7.68)

(7.69)

(7.70)

7.3 金属ジエン錯体

a. 1,3-ジエン保護基としての $Fe(CO)_3$ [103]

$Fe_2(CO)_9$ をジエンと加熱すると共役ジエンの鉄カルボニル錯体となる〔(7.71)式〕．非共役ジエンも $Fe_2(CO)_9$ や $Fe(CO)_5$ の存在下しばしば転位して共役ジエン錯体となる．これらジエンの鉄トリカルボニル錯体は非常に安定で，Diels-Alder 反応はせず，金属がはずれることなく Friedel-Crafts アシル化を受ける〔(7.72)式〕[104]．強い求核剤と反応させることはできるが（§7.3b 参照），ジエン部の錯体化は多くの場合ジエンの保護に用いられる．

(7.71)

(7.72)

たとえば，ジエナールは非常に反応しやすく重合しやすいので，そのアルデヒド部分での反応は困難で効率も悪い．しかし $Fe_2(CO)_9$ と反応させると安定なジエン錯体となり，そのアルデヒド部分は通常の反応をすることができる．反応終了後鉄を酸化的に除去すれば，遊離の有機化合物が得られる．とりわけ注目されるのは，広い範囲の反応に鉄トリカルボニル部分が耐えることである．すなわち，Wittig 反応，アルドール反応，Pd/C-H_2 還元，Grignard 反応剤や有機亜鉛反応剤の付加，Swern 酸化，さらに四酸化オスミウムによるアルケンのシスヒドロキシ化にさえも耐える〔(7.73)式〕[105]．このジヒドロキシ化は鉄トリカルボニル基と反対側の面で起こる．この錯体化は，ジアゾ化合物を用いるシクロプロパン化反応でジエンを保護するのにも用いられる[106]．

$$(7.73)$$

鉄はこれらジエン錯体の一方の面だけに位置するので，置換ジエン錯体は本来キラルであり，分割可能であり，鉄の存在は重要な立体的影響をもたらす〔(7.74)式[107]，(7.75)式[108]，(7.76)式[109]〕．

$$(7.74)$$

7.3 金属ジエン錯体

$$(7.75)$$

$$(7.76)$$

ジエンを鉄トリカルボニル錯体にすることが，立体制御を行うためだけではなく，アリル位を活性化したり安定化するのに利用できる〔(7.77)式[110]，(7.78)式[111]〕．この立

$$(7.77)$$

$$(7.78)$$

体制御の手法は，ルイス酸を用いた鉄トリカルボニル基の 1,2 転位にも適用できる〔(7.79)式〕[112]．塩基を用いて，トリエンのジエン鉄トリカルボニル錯体の金属を 1,3 転位させ熱力学的により安定なジエン錯体へと異性化させることができる〔(7.80)式およ

び(7.81)式]¹¹³. この転位はポリエン系の同じ"面"で起こる. 反応機構は明らかではない.

$$(7.79)$$

$$(7.80)$$

$$(7.81)$$

隣接したカチオンは鉄トリカルボニル基によって安定化される. このことをカチオン性環化による複雑な分子の合成に利用できる〔(7.82)式]¹¹⁴⁾.

$$(7.82)$$

鉄トリカルボニル基はふつう酸化的脱錯体反応により除くことができ, たとえば, CAN, $FeCl_3$, $CuCl_2$, アミンオキシド, 過酸化水素, あるいは $Pb(OAc)_4$ を用いればジエ

ンは無傷で回収できる．対照的に，Raney ニッケル(ラネー)は鉄トリカルボニル基を除くだけでなくジエンをアルカンにまで還元する〔(7.83)式〕[115]．この還元的脱錯体反応はシクロヘプタトリエン錯体では起こらず単に錯体化されていないアルケン部分だけが還元される[116]．

$$\text{(7.83)}$$

シクロヘプタ-3,5-ジエノン錯体では，きれいにシス立体選択的にジアルキル化が進む〔(7.84)式〕[117]．この場合，鉄部分はエノラートの異性化を防ぎ，アルキル化が金属

$$\text{(7.84)}$$

の反対の面で起こるように方向づける．生成した α,α'-ジメチルケトンの還元は立体選択的に進行するが，側面にあるメチル基のために攻撃は金属の側の面から起こる．同様に，シクロヘプタ-2,4,6-トリエン-1-オールの三つの共役二重結合のうちの二つは鉄に配位錯体化でき，錯体化していない二重結合は高い立体選択性で酸化やヒドロホウ素化を行うことができる〔(7.85)式〕[118]．トロパノン（tropanone）鉄トリカルボニル錯体へ

$$\text{(7.85)}$$

の求核付加も立体選択的で，金属の反対側から求核剤が付加する〔(7.86)式〕[119]．不飽和側鎖をもつシクロヘキサジエン錯体は熱または光により鉄ジエン部の転位を伴うスピロ環融着反応を行う．この反応の1例と推定反応機構を(7.87)式[120]に示す．同様なシ

(7.86)

(7.87)

(7.88)

クロヘキサジエン錯体の側鎖にジエンがある場合には第二の環化も起こる〔(7.88)式〕[121].

同様な活性化と配向の効果が，ジエンをモリブデン(II)で錯体化したときにもみられる〔(7.89)式〕[122]．この反応では，カチオン性ジエン錯体がアリル位のプロトン引抜きを受けて中性の η^3-アリルモリブデン錯体となる．このように，ジエンの一方の二重結合を保護することにより，他の二重結合を官能基化することができる．シクロヘプタジエンも同様な反応をすることができる．

7.3 金属ジエン錯体

$$(7.89)$$

最後に,鉄と錯体化することにより,芳香族化合物の通常利用できない互変異性体を安定化することができ,非常に変わった合成化学的変換を行うことが可能となる〔(7.90)式[123)~125)],(7.91)式[126)]〕.

$$(7.90)$$

$$(7.91)$$

ジエン錯体は 1,4-ジハロ-2-ブテンと $Fe_2(CO)_9$ との反応でも生成する.この反応のなかでも特に有用な例は,ジクロロシクロブテンからの(η^4-シクロブタジエン)鉄トリカルボニルの合成[127)]である〔(7.92)式〕.この反応は,非常に不安定な有機分子が適当な遷移金属と錯体をつくることにより安定化できることを例証している.遊離のシクロブタジエンは,短寿命でしか存在できずすぐに二量化してしまう.しかし,(η^4-シクロ

292   7. 遷移金属アルケン,ジエン,ジエニル錯体の合成化学的応用

ブタジエン)鉄トリカルボニルは非常に安定な錯体である.

$$\text{(シクロブテンジクロリド)} + Fe_2(CO)_9 \xrightarrow{40\%} \text{(シクロブタジエン)Fe(CO)_3} \quad (7.92)$$

　錯体中のシクロブタジエンは,Friedel–Crafts アシル化,ホルミル化,クロロメチル化,およびアミノメチル化などの種々の求電子置換反応を受ける.アシル化されたシクロブタジエン鉄トリカルボニル錯体のケト基は分解することなくヒドリドで還元される[128].一方,セリウム(Ⅳ),トリメチルアミンオキシド,ピリジン N-オキシドなどで錯体を酸化すると,シクロブタジエンが解離しこれを合成反応に用いることができる.アルケンのある連結鎖があれば,遊離のシクロブタジエンは [2+2] 環化付加反応を行い,有機合成で利用可能なビシクロ[2.2.0]環を与える.メタセシス反応(第6章)と組合わせると,この方法はシクロオクタジエン環系への手っとり早い道筋となる〔(7.93)式〕[129].アルキン置換錯体は,一酸化炭素存在下 CAN で脱錯体化すると Pauson–Khand 反応(第8章)類似の [2+2+1] 環化付加を行う〔(7.94)式〕[130].

$$(7.93)$$

$$(7.94)$$

b. 金属ジエン錯体への求核攻撃[131]

　ジエンが電子不足金属種に配位すると，ジエンは求電子攻撃を受けにくくなり，さらに本来もっていない反応性である求核剤の攻撃を受ける性質が生じてくる．中性の(η^4-1,3-ジエン)鉄トリカルボニル錯体は，非常に強い求核剤とは反応しジエン部の末端炭素でも内部炭素でも攻撃を受ける．速度論的にはη^3-アリル鉄錯体を生成する末端炭素への攻撃が優先する．しかしこれは可逆的過程であって，熱力学的には内部炭素を攻撃しη^1-アルキル-η^2-アルケン鉄錯体の生成が優先する〔(7.95)式〕[132]．当然，攻撃は金属の反対側の面から起こる．"熱力学的"鉄錯体をプロトンで分解すればアルキル化された生成物が得られ，一酸化炭素と反応させれば鉄－炭素σ結合への挿入が起こる．このσ-アシル錯体をプロトン分解すればトランスアルデヒドが得られ，他方，配位子の存在下で求電子剤を作用させるとアシル化が起こる[133]．

(7.95)

　非環状ジエンではもう少し事は複雑である．錯体中のブタジエン自身はきれいに相当するシクロペンタノンへ変換され，その経路〔(7.96)式〕は，求核攻撃 (a)，CO 挿入 (b)，つづくアルケン挿入 (c) を含んでいる[134]．しかし，ジエン上の置換基の存在がこ

(7.96)

のようなアルケン挿入過程を抑制するので，置換基が増えるにつれて"正常"分解生成物（すなわち，アルデヒド）が増加する〔(7.97)式の (c)〕．このアルケン挿入につづく鉄のカルボニル基 α 位への転位は，$Fe(CO)_4^{2-}$ から生成する鉄錯体へのエチレンの挿入でも先例がある．σ-アルキル鉄錯体は種々の求電子剤と反応し，その結果全プロセスはジエンの 1,2-二官能基化とみなすことができる〔(7.98)式〕[135]．

$$(7.97)$$

$$(7.98)$$

金属部分をより求電子的にすることで，金属ジエン錯体の求核剤に対する反応性を向上させることができる．この手法としてよく行われるのは，中性金属部分を $CpMo(CO)_2^+$ などのカチオン性のものに置き換えることである．数段階必要とするものの，これらの錯体は比較的容易に合成できる〔(7.99)式〕[136]．

$$(7.99)$$

これらの錯体は非常に広い範囲の求核剤と反応し，中性 η^3-アリルモリブデン錯体を生成するような末端位攻撃のみが起こる．この錯体からヒドリドを引抜くとカチオン性ジエン錯体が再生し，これは再び金属と反対の面で求核攻撃を受けて，全体としてジエ

ンのシス-二官能基化が達成される〔(7.100)式〕[137]. シクロヘプタ-1,3-ジエンも同様な一連の反応を行う.

$$(7.100)$$

本反応のおもな限界は,生成した η^3-アリル錯体からモリブデンを除去するための効率のよい方法が今のところ見つかっていない点にある. 中性 η^3-アリルモリブデンカルボニル錯体をカチオン性ニトロシル錯体に変えて(中性 CO を NO^+ で置き換える),その η^3-アリル錯体へ求核剤を反応させるという方法〔(7.101)式〕[138],活性 MnO_2 で酸化

$$(7.101)$$

的カップリングと芳香族化をする方法〔(7.102)式〕[139],または,η^3-アリルモリブデン錯体をヨードニウムトリフルオロアセテートで酸化する方法〔(7.103)式〕[140]がある程度成功している. 合成化学的に特に興味深いのは,この方法論を複素環ジエンに適用する

$$(7.102)$$

ことである[141]〔(7.104)式[142] および (7.105)式[143]〕.

(7.103)

(7.104)

pent：ペンチル

(7.105)

c. カチオン性金属ジエニル錯体への求核攻撃[144]

カチオン性ジエニル鉄錯体は，有機合成に最も多用されている錯体の一つである．広範囲の求核剤に対して一般に反応性がよく，鉄の存在のため立体および位置制御が高いレベルで達成される．シクロヘキサジエニル錯体が最もよく研究されている．その理由の一部は，芳香族化合物の Birch 還元により幅広い置換シクロヘキサジエンが容易に合成されることにある．シクロヘキサジエニル鉄錯体は，共役または非共役ジエンを $Fe_2(CO)_9$ と反応させて得られる〔(7.106)式〕．生成した中性ジエン錯体をトリチルカチオンと反応させる（ヒドリド引抜き）と，空気や湿分に対してかなり安定なカチオン性シクロヘキサジエニル鉄錯体が得られる．非常に広い範囲の求核剤が，この錯体のジエ

7.3 金属ジエン錯体

ン部の末端で金属と反対の面から反応し,再び中性のジエン錯体を与える.トリチルカチオンでジエン錯体の置換基のない位置からヒドリドを引抜き,ついで生成したジエニル錯体を再び金属と反対の面から求核剤と反応させると,シス-1,2-二置換シクロヘキサジエンが生成する.有機化合物を遊離させるのはアミンオキシドを用いて鉄を除去すればよい〔(7.106)式〕.

$$(7.106)$$

置換基をもつ錯体は合成可能であり,高い位置選択性で反応する.4-メチルアニソールから誘導されるジエン錯体はメトキシ基の α 位の水素が引抜かれ,ジエニル錯体の単一の位置異性体を与える.求核攻撃はもっぱらジエン部の**メチル**置換末端で起こり,強い電子供与性メトキシ基で電子的に不活性になっている他の末端では起こらない.鉄を酸化的に除き加水分解すれば4,4-二置換シクロヘキセノンが得られる〔(7.107)式[145], (7.108)式[146]〕[147].

$$(7.107)$$

カチオン性ジエニル鉄錯体は強力な求電子剤であって，電子豊富な芳香環に対して芳香族求電子置換さえ起こすことができる[148)～150)]．カルバゾールアルカロイドの合成によく用いられる〔(7.109)式[151)]，(7.110)式[152)]〕[153)]．

鉄トリカルボニル部分は η^5-ジエニル錯体の一方の面だけを占有するので，非対称に置換された錯体は本質的にキラルであり分割できる〔(7.111)式〕[154)]．求核剤の付加は立体選択的であるので，これらの錯体は不斉合成に用いることができる．官能基が錯体

7.3 金属ジエン錯体

化の位置を決めることがあり,(7.112)式[155]に示した微生物的酸化由来の光学活性なジオールの反応がその一例である.キラルジアミンを用いるとジエンと$Fe(CO)_5$との反応で効果的に不斉錯体化を行うことができる〔(7.113)式〕[156].

$$\text{(7.112)}$$

$$\text{(7.113)}$$

上述の反応はシクロヘキサジエン類に限ったことではない.シクロヘプタジエンでも,同様な反応活性や位置および立体選択性が発揮される[157]〔(7.114)式〕[158].シクロ

$$\text{(7.114)}$$

オクタテトラエン鉄トリカルボニルまたはジカルボニルトリフェニルホスフィン錯体はプロトン化によりおもしろいシクロプロパンをもつカチオン錯体を与える〔(7.115)式〕[159].求核剤の付加は鉄上の非関与配位子 (spectator ligand) により異なる位置選択性を示す.これらとは対照的に,非環状のη^5-ジエニル錯体はあまり研究されていなくて,有機合成に用いられることもほとんどない.これらは合成が困難であり,しばしば相当する環状化合物ほどの位置選択性を示さない.しかし,いったん生成すれば一般に求核

剤に対する反応性はよい〔(7.116)式[160],(7.117)式[161]〕[162]. 位置選択性は求核剤の性質とジエン鎖上の置換基に依存する. エステル置換基をもつペンタジエニル錯体は, 安定化炭素求核剤, Grignard 反応剤, および有機リチウム反応剤と反応し, エステル置換位置の β 位に付加が起こる[163]. 対照的に銅アート反応剤は末端に付加する〔(7.118)式〕[164]. 酸化的脱錯体をすると分子内付加が起こりシクロプロパン環をもつ生成物が得られる.

(7.115)

(7.116)

(7.117)   Pent：ペンチル

(7.118)

d. 金属触媒による環化付加反応[165]

通常の熱あるいは光反応の条件下では起こらない多くの型の $[n+m+\cdots]$ **環化付加** (cycloaddition) 反応が,適当な遷移金属触媒が存在すれば進行する.これらは,[2+2], [3+2], ホモ Diels-Alder 反応, [4+2], [5+2], [4+4], [6+2], [6+4]環化付加などであり,これ以外の型も多い.これらの金属触媒による環化付加のほとんどは協奏的過程で進むのではなく,金属-炭素 σ 結合種を経るということはほぼ確実であり,ちょうど第 4 章で述べた低原子価ジルコニウムの反応のように,反応の第 1 段階は金属が酸化される"還元的カップリング"としてみるのがわかりやすい.機構的研究は少なく,ここで示す機構も仮定に基づいている.ここでは,合成化学的に興味ある例だけをとりあげる.なお,アルキン-アルケン-一酸化炭素の [2+2+1] 環化付加でシクロペンテノンを与える反応(すなわち Pauson-Khand 反応)および関連するカルボニル化付加環化は第 8 章で述べる.

ニッケルやルテニウム触媒存在下アルケンやアルキンから,ノルボルネンのような高ひずみアルケンを与える [2+2] 環化付加は以前から知られていたが,この反応によって比較的単純な化合物しか合成されていなかった.しかし,もっと複雑な系がパラジウム触媒によるアルケンとアルキンとの分子内[2+2]環化付加によって合成されるようになった〔(7.119)式〕[166].反応は,パラジウムが普通ではない(かといって不可能ではない)+4 酸化状態となっているメタラシクロペンテンを経由しているのはほぼ間違いない.この特殊な反応に用いることのできる基質は限られたものである.アレン-インは,

$E^F = CO_2CH_2CF_2CF_2CF_3$

(7.119)

パラジウムを含む種々の遷移金属を触媒とする[2+2]環化付加反応を行う〔(7.120)式〕[167].

$$(7.120)$$

オキシアリル鉄を経る[3+2]環化付加は第5章で述べた．またトリメチレンメタン錯体を経由する[3+2]環化付加反応は第9章で述べる．このどちらにも属さないおもしろい反応を(7.121)式に示す．この反応は，(7.119)式のようにパラダシクロペンテンの形成で始まり，つづいて開環しビニルカルベンパラジウム錯体となり，その後[3+2]環化付加（もしパラジウムも数えるなら[4+2]環化付加）と還元的脱離で完了する[168].

$E^F = CO_2C_2H_2F_2$

$E = CO_2Me$

還元的脱離

$$(7.121)$$

金属触媒によるアルキンの[2+2+2]環化三量化は第8章で述べる．ここでは，ホモDiels-Alder [2+2+2]環化付加を示す〔(7.122)式〕．ニッケル(0)錯体[169]とコバルト(0)錯体[170]がこの反応に触媒活性を示し，コバルト系で不斉ジホスフィン配位子を用いると高いエナンチオ選択性が実現できる[171].

$$(7.122)$$

標準的な Diels-Alder [4+2]環化付加は長年研究されてきて，合成化学者の主要な武

器の一つになっている．しかしこの反応はふつう性質の互いに**異なる**ジエンと求ジエン体との間で特に有用である．**似たような性質**のジエンと求ジエン体との反応はふつう困難であるが，種々の低原子価の金属錯体が効果的な触媒となる．この反応もまた，メタラサイクル中間体を経由するものと考えられる〔(7.123)式〕．

$$\text{diene–M}(n)\text{–alkene} \longrightarrow \text{metallacycle-M}(n+2) \xrightarrow{\text{還元的脱離}} \text{cyclohexene} + M(n) \quad (7.123)$$

ニッケル(0)錯体〔(7.124)式〕[172]やロジウム(I)錯体[173]〔(7.125)式〕[174]がこの反応に有効であり，ここでもキラル配位子が存在すればそれに応じた不斉誘導が達成される〔(7.126)式〕[175]．アレンは [4+2] 環化付加反応でジエンに対し求ジエン体として働くことができる．アレンのどの二重結合が反応するかの選択性は触媒の選択で決まる〔(7.127)式〕[176]．これは無触媒反応ではきわめて実現しにくい技である．同じ基質を熱による [4+2] 環化付加を行うと生成物は複雑な混合物になってしまう．単に触媒を変えるだけで，ある反応の反応選択性を変えるという力強い能力を，[4+2] または [2+2+1] 生成物のどちらでも合成できる例で (7.128)式に示す[177]．

$$\text{(7.124)}$$

Ni(cod)$_2$, P[OCH(CF$_3$)$_2$]$_3$, THF, 88%

$$\text{(7.125)}$$

[Rh(PPh$_3$)$_3$]SbF$_6$, P[OCH(CF$_3$)$_2$]$_3$, 85%, dr = >80:1

$$\text{(7.126)}$$

[RhCl(cod)]$_2$, L*, 76%, 87% ee

$$\text{(7.127)}$$

[RhCl(cod)]$_2$, THF, P(OR)$_3$, 90%   Ni(cod)$_2$, P(OR)$_3$, THF, 97%   2:1

OR = 2-phenylphenoxy

[反応式 (7.128)]

ニッケル(0)触媒による〔4+4〕環化付加反応は，金属触媒によるブタジエンの環化オリゴマー化の研究の初期から知られていたが，最近になって複雑な有機合成へ応用された[178]．反応機構はやはり，2個の錯体化されたジエンの"還元的"二量化とつづく還元的脱離を含んでいる〔(7.129)式[179]〕．この反応の分子内反応への適用はとりわけ有用であることが示された〔(7.130)式[180]〕[181),182]．〔4+2+2〕環化付加によるシクロオクタン誘導体が合成できる〔(7.131)式[183]，(7.132)式[184]，および(7.133)式[185]〕．

[反応式 (7.129), (7.130), (7.131)]

7.3 金属ジエン錯体

$$(7.132)$$

$$(7.133)$$

ロジウムとルテニウム[186]錯体は，アルケニルシクロプロパンとアルキンまたはアレンとから複雑な有機分子を合成する環化付加反応の触媒となる．二つの機構が提案されていて，シクロプロパン環の切断のタイミングの違いにより，σ, η^3-錯体〔(7.134)式の過程 (a)〕を形成するか，またはメタラシクロペンテン〔過程 (b)〕を形成するかのいずれかである．理論計算によれば σ, η^3-錯体の形成がエネルギー的に有利である[187]．

$$(7.134)$$

縮合環状化合物を与える非常に容易な分子内反応が報告されている．シクロプロパン環の開裂の興味深い位置の逆転が適切な触媒を選ぶことにより達成される〔(7.135)式〕[188]．

(7.135)

キラル配位子を用いて非常に高い不斉誘導（最大99% ee）が達成できる[189]．アルキン-アルケニルシクロプロパン環化とアレン-アルケニルシクロプロパン環化の例を，それぞれ(7.136)式[190]および(7.137)式[191]に示す．シクロプロピルイミンとアルキンからジヒドロアゼピン（dihydroazepine）を与える類似の分子内反応を(7.138)式[192]に示す．

(7.136)

(7.137)

(7.138)

メタラシクロオクタン中間体へ一酸化炭素が挿入し，つづいて還元的脱離するとシクロオクタノン誘導体となる〔(7.139)式[193]〕．生成物は加水分解後処理により分子内アルドール縮合を起こす．ひずみのある環を環化付加に用いるのはシクロプロパンに限定される訳ではない．[6+2]環化付加がアルケニルシクロブタノンやアレニルシクロブタノンでも起こり8員環を与える反応が開発されている〔(7.140)式[194]と(7.141)式[195]〕．

7.3 金属ジエン錯体

(7.139)

(7.140)

(7.141)

トリエンクロム(0)錯体は，熱あるいは光により種々の高次環化付加を行う[196]．クロムシクロヘプタトリエン錯体へのアルケンやアルキンの分子間および分子内[6+2]環化付加が良好に進行し〔(7.142)式[197]，(7.143)式[198]，(7.144)式[199]，(7.145)式[200]〕，分子間[6+4]環化付加[201]〔(7.146)式[202]〕，分子内[6+4]環化付加〔(7.147)式[203]〕もまた同様に進行する．

適当な条件下この [6+2] および [6+4]環化付加はクロム錯体によっても触媒反応となる〔(7.148)式〕[204),205)]．これらの反応もまた協奏的とは考えにくく，メタラサイクル中間体を経由するのであろう（図7.3）．コバルトもシクロヘプタトリエンとアルキンとの [6+2]環化付加の触媒となる[206)]．クロムトリカルボニルヘプタトリエンの驚くような多成分反応が可能で非常に複雑な多環化合物を生成する〔(7.149)式[207)]および(7.150)

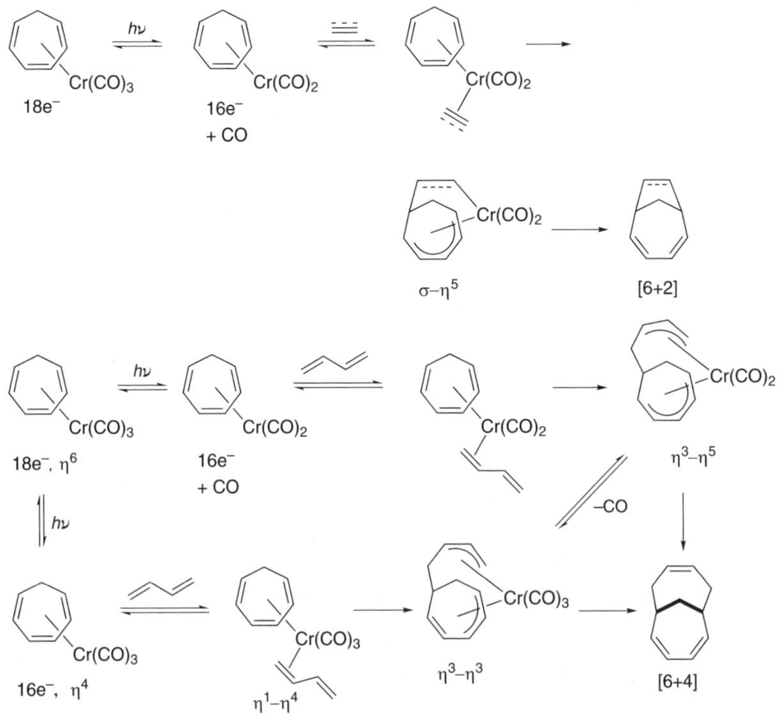

7.3 金属ジエン錯体

図 7.3 高次環化付加の機構

式[208)]．最後に，クロムトリカルボニルシクロヘプタトリエン錯体はアジリンと [6+3] 環化付加を行う〔(7.151)式][209)．

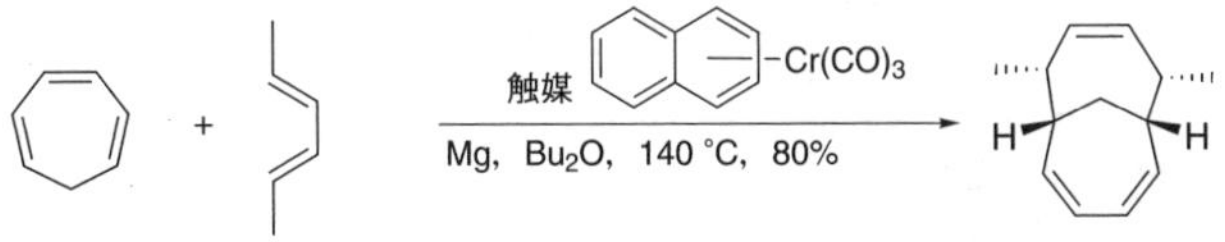

$$(7.148)$$

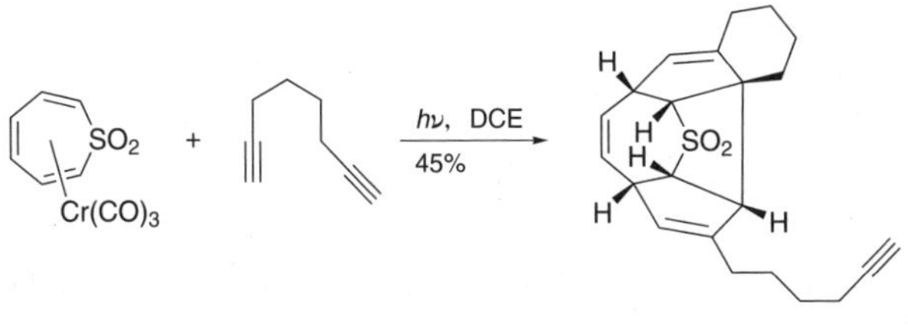

$$(7.149)$$

(7.150)

(7.151)

文　献

1. 総説: a) McDaniel, K. F. Transition Metal Alkene, Diene, and Dienyl Complexes: Nucleophilic Attack on Alkene Complexes. In *Comprehensive Organometallic Chemistry II*; Abel, E. W., Stone, F. G. A., Wilkinson, G., Eds.; Pergamon: Oxford, U.K., 1995; Vol. 12, pp 601-622. b) Hegedus, L. S. Palladium in Organic Synthesis. In *Organometallics in Synthesis; a Manual*, 2nd ed.; Schlosser, M., Ed.; Wiley: Chichester, U.K., 1998.
2. 総説: Muzart, J. *Tetrahedron* **2005**, *61*, 5955.
3. 総説: Takacs, J. M.; Jiang, X.-t. *Curr. Org. Chem.* **2003**, *7*, 36.
4. Tsuji, J. *Synthesis* **1984**, 369.
5. Hayashi, T.; Yamasaki, K.; Mimura, M.; Uozumi, Y. *J. Am. Chem. Soc.* **2004**, *126*, 3036.
6. Cornell, C. N.; Sigman, M. S. *J. Am. Chem. Soc.* **2005**, *127*, 2796.
7. デ-AB-コレスタ-8(14),22-ジエン-9-オンの合成で: Takahashi, T.; Ueno, H.; Miyazawa, M. Tsuji, J. *Tetrahedron Lett.* **1985**, *26*, 4463.
8. β-エレメン (elemene) の合成で: Kim, D.; Lee, J.; Chang, J.; Kim, S. *Tetrahedron* **2001**, *57*, 1247.
9. タウトマイシン (tautomycin) の合成で: Oikawa, M.; Ueno, T.; Oikawa, H.; Ichihara, A. *J. Org. Chem.* **1995**, *60*, 5048.
10. Mitsudome, T.; Umetani, T.; Nosaka, N.; Mori, K.; Mizugaki, T.; Ebitani, K.; Kaneda, K. *Angew. Chem. Int. Ed.* **2006**, *45*, 481.
11. *trans*-(+)-ラウレジオール (laurediol) の合成で: Gadikota, R. R.; Keller, A. I.; Callam, C. S.; Lowary, T. L. *Tetrahedron: Asymmetry* **2003**, *14*, 737.
12. Pellisier, H.; Michellys, P.-Y.; Santelli, M. *Tetrahedron* **1997**, *53*, 7577.
13. レウスカンドロリド (leuscandrolide) A の合成で: Fettes, A.; Carreira, E. M. *Angew. Chem. Int. Ed.* **2002**, *41*, 4098.
14. カリステギン (calystegine) アルカロイドの合成で: Skaanderup, P. R.; Madsen, R. *J. Org. Chem.* **2003**, *68*, 2115.
15. Tsuji, J. Nagashima, H.; Hori, K. *Chem. Lett.* **1980**, 257.
16. Schultz, M. J.; Sigman, M. S. *J. Am. Chem. Soc.* **2006**, *128*, 1460.
17. 総説: a) Muzart, J. *Tetrahedron* **2005**, *61*, 5955. b) Hosokawa, T.; Murahashi, S-i. *Acc. Chem. Res.* **1990**, *23*, 49.
18. Trend, R. M.; Ramtohul, Y. K.; Stolz, B. M. *J. Am. Chem. Soc.* **2005**, *127*, 17778.
19. Hayashi, T.; Yamasaki, K.; Mimura M.; Uozumi, Y. *J. Am. Chem. Soc.* **2004**, *126*, 3036.
20. テトロノマイシン (tetronomycin) の合成過程で: Semmelhack, M. F.; Epa, W. R.; Cheung, A. W.-H.; Gu, Y.; Kim, C.; Zhang, C.; Lew, W. *J. Am. Chem. Soc.* **1994**, *116*, 7455.

21. ガルスベリン (garsubellin) の合成過程で: A. Usuda, H.; Kanai, M.; Shibasaki, M. *Org. Lett.* **2002**, *4*, 859.
22. Uozumi, Y.; Kato, K.; Hayashi, T. *J. Am. Chem. Soc.* **1997**, *119*, 5063.
23. Uenichi, J.; Ohmi, M. Ueda, A. *Tetrahedron:Asymmetry* **2005**, *16*, 1299.
24. a) Tenagha, A.; Kammerer, F. *Synlett* **1996**, 576. b) 以下も見よ: Saito, S.; Hara, T.; Takahashi, N.; Hirai, M.; Moriwake, T. *Synlett* **1992**, 237.
25. (+)-ゴニオタレスジオール (goniothalesdiol) の合成で: Babjak, M.; Kapitan, P.; Gracza, T. *Tetrahedron* **2005**, *61*, 2471.
26. ビタミンEの合成で: Tietze, L. F.; Sommer, K. M.; Zinngrebe, J.; Stecker, F. *Angew. Chem. Int. Ed.* **2005**, *44*, 257.
27. Semmelhack, M. F.; Epa, W. R. *Tetrahedron Lett.* **1993**, *34*, 7205.
28. Larock, R. C.; Lee, N. H. *J. Am. Chem. Soc.* **1991**, *113*, 7815.
29. Koh, J. H.; Mascarenhas, C.; Gagne, M. R. *Tetrahedron* **2004**, *60*, 7405.
30. ニチジン (nitidine) の合成で: Minami, T.; Nishimoto, A.; Hanaoka, M. *Tetrahedron Lett.* **1995**, *36*, 9505.
31. エントEI-1941-2の合成で: Shoji, M.; Uno, T.; Hayashi, Y. *Org. Lett.* **2004**, *6*, 4535.
32. Korte, D. E.; Hegedus, L. S.; Wirth, R. K. *J. Org. Chem.* **1977**, *42*, 1329.
33. a) Åkermark, B.; Bäckvall, J.-E.; Hegedus, L. S.; Zetterberg, K.; Siirala-Hansen, K.; Sjöberg, K. *J. Organomet. Chem.* **1974**, *72*, 127. b) Åkermark, B.; Åkermark, G.; Hegedus, L. S.; Zetterberg, K. *J. Am. Chem. Soc.* **1981**, *103*, 3037.
34. Hegedus, L. S.; McKearin, J. M. *J. Am. Chem. Soc.* **1982**, *104*, 2444.
35. 総説: Kotov, V.; Scarborough, C. C.; Stahl, S. S. *Inorg. Chem.* **2007**, *46*, 1910.
36. a) Brice, J. L.; Harang, J. E.; Timokhin, V. I; Anastasi, N. R.; Stahl, S. S. *J. Am. Chem. Soc.* **2005**, *127*, 2868. 以下も見よ: b) Rogers, M. M; Kotov, V.; Chatwichien, J.; Stahl, S. S. *Org. Lett.* **2007**, *9*, 4331. c) Timokhin, V. I.; Stahl, S. S. *J. Am. Chem. Soc.* **2005**, *127*, 17888.
37. a) Liu, G.; Stahl, S. S. *J. Am. Chem. Soc.* **2006**, *128*, 7179. b) 密接に関連する分子内アミノ化/アセトキシ化: Alexanian, E. J.; Lee, C.; Sorensen, E. J. *J. Am. Chem. Soc.* **2005**, *127*, 7690.
38. Scarborough, C. C.; Stahl, S. S. *Org. Lett.* **2006**, *8*, 3251.
39. 総説: Hegedus, L. S. *Angew. Chem., Int. Ed. Engl.* **1988**, *27*, 1113.
40. (−)-インドラクタム (indolactam) V類縁体の合成で: Irie, K.; Isaka, T.; Iwata, Y.; Yanai, Y.; Nakamura, Y.; Korzumi, F.; Ohigashi, H.; Wender, P.; Satomi, Y.; Nishmo, H. *J. Am. Chem. Soc.* **1996**, *118*, 10733.
41. Utsunomiya, M.; Hartwig, J. F. *J. Am. Chem. Soc.* **2003**, *125*, 14286.
42. Johns, A. M.; Utsunomiya, M.; Incarvito, C. D.; Hartwig, J. F. *J. Am. Chem. Soc.* **2006**, *128*, 1828.
43. a) Rönn, M.; Bäckvall, J.-E.; Andersson, P. G. *Tetrahedron Lett.* **1995**, *36*, 7749. b) Larock, R. C.; Hightower, L. A.; Hasvold, L. A.; Peterson, K. P. *J. Org. Chem.* **1996**, *61*, 3584.
44. Beccalli, E. M.; Broggini, G.; Paladino, G.; Penoni, A.; Zoni, C. *J. Org. Chem.* **2004**, *69*, 5627.
45. 1-デオキシマンノジリマイシン (deoxymannojirimycin) の合成で: Yokoyama, H.; Otaya, K.; Kobayashi, H.; Miyazawa, M.; Yamaguchi, S.; Hirai, Y. *Org. Lett.* **2000**, *2*, 2427.
46. Hirai, Y.; Watanabe, J.; Nozaki, T.; Yokoyama, H.; Yamaguchi, S. *J. Org. Chem.* **1997**, *62*, 776.
47. 総説: Tamaru, Y.; Kimura, M. *Synlett* **1997**, 749.
48. Harayama, H.; Abe, A.; Sakado, T.; Kimura, M.; Fugami, K.; Tanaka, S.; Tamaru, Y. *J. Org. Chem.* **1997**, *62*, 2113.
49. Hummer, W.; Dubois, E.; Graczca, T.; Jager, V. *Synthesis* **1997**, 634.
50. Weider, P. R.; Hegedus, L. S.; Asada, H.; D'Andrea, S. V. *J. Org. Chem.* **1985**, *50*, 4276.
51. a) Hegedus, L. S.; Williams, R. E.; McGuire, M. A.; Hayashi, T. *J. Am. Chem. Soc.* **1980**, *102*, 4973. b) Hegedus, L. S.; Darlington, W. H. *J. Am. Chem. Soc.* **1980**, *102*, 4980.
52. Montgomery, J.; Wieber, G. M.; Hegedus, L. S. *J. Am. Chem. Soc.* **1990**, *112*, 6255.

53. (+)-ネガマイシン (negamycin) の合成で: a) Masters, J. J.; Hegedus, L. S.; Tamariz, J. *J. Org. Chem.* **1991**, *56*, 5666. b) Masters, J. J.; Hegedus, L. S. *J. Org. Chem.* **1993**, *58*, 4547. c) Laidig, G.; Hegedus, L. S. *Synthesis* **1995**, 527.
54. a) Kende, A. S.; Roth, B.; Sanfilippo, P. J. Blacklock, T. J. *J. Am. Chem. Soc.* **1982**, *104*, 5808. b) Kende, A. S.; Roth, B.; Sanfilippo, P. J.; *J. Am. Chem. Soc.* **1982**, *104*, 1784.
55. Toyota, M.; Nishikawa, Y.; Motoki, K.; Yoshida, N.; Fukumoto, K. *Tetrahedron* **1993**, *49*, 11189.
56. Toyota, M.; Wada, T.; Fukumoto, K.; Ihara, M. *J. Am. Chem. Soc.* **1998**, *120*, 4916.
57. セロフェンド酸 (serofendic acids) A と B の合成で: Toyota, M.; Asano, T.; Ihara, M. *Org. Lett.* **2005**, *7*, 3929.
58. Ito, Y.; Hirao, T.; Saegusa, T. *J. Org. Chem.* **1978**, *43*, 1011.
59. ギムノシン (gymnocin) A の合成で: Tsukano, C.; Ebine, M.; Sasaki, M. *J. Am. Chem. Soc.* **2005**, *127*, 4326.
60. Larock, R. C.; Hightower, T. R. *Tetrahedron Lett.* **1995**, *36*, 2423.
61. (+)-ランソノリド (lansonolide) A の合成で: Yoshimura, T.; Yakushiji, F.; Kondo, S.; Wu, X.; Shindo, M.; Shishido, K. *Org. Lett.* **2006**, *8*, 475.
62. Wang, X.; Widenhoefer, R. A. *Chem. Commun.* **2004**, 660.
63. Pei, T.; Widenhoefer, R. A. *J. Am. Chem. Soc.* **2001**, *123*, 11290.
64. Pei, T.; Wang, X.; Widenhoefer, R. A. *J. Am. Chem. Soc.* **2003**, *125*, 648.
65. Zhang H.; Ferreira, E. M.; Stolz, B. M. *Angew. Chem. Int. Ed.* **2004**, *43*, 6144.
66. Garg, N. K.; Caspi, D. D.; Stolz, B. M. *J. Am. Chem. Soc.* **2004**, *126*, 9552.
67. 総説: Widenhoefer, R. A.; Han, X. *Eur. J. Org. Chem.* **2006**, 4555.
68. Liu, C.; Widenhoefer, R. A. *Tetrahedron Lett.* **2005**, *46*, 285.
69. 総説: Chianese, A. R.; Lee, S. J.; Gagne, M. R. *Angew. Chem. Int. Ed.* **2007**, *46*, 4042.
70. 総説: Ritleng, V.; Sirlin, C.; Pfeffer, M. *Chem. Rev.* **2002**, *102*, 1731.
71. Qian, H.; Han, X.; Widenhoefer, R. A. *J. Am. Chem. Soc.* **2004**, *126*, 9536.
72. a) Li, Z.; Zhang, J.; Brouwer, C.; Yang, C.-G.; Reich, N. W.; He, C. *Org. Lett.* **2006**, *8*, 4175. b) Rosenfeld, D. C.; Shekhar, S.; Takemiya, A.; Utsunomiya, M.; Hartwig, J. F. *Org. Lett.* **2006**, *8*, 4179.
73. バシコリン (vasicoline) の合成で: Wiedmann, S. H.; Ellmann, J. A.; Bergman, R. G. *J. Org. Chem.* **2006**, *71*, 1969.
74. Han, X.; Widenhoefer, R. A. *Org. Lett.* **2006**, *8*, 3801.
75. Yao, X.; Li, C.-J. *J. Am. Chem. Soc.* **2004**, *126*, 6884.
76. Yao, X.; Li, C.-J. *J. Org. Chem.* **2006**, *70*, 5752.
77. Zhang, Z.; Wang, X.; Widenhoefer, R. A. *Chem. Commun.* **2006**, 3717.
78. 分子内白金触媒反応の機構の研究: Soriano, E.; Marco-Contelles, J. *Organometallics* **2006**, *25*, 4542.
79. Liu, Z.; Wasmuth, A. S.; Nelson, S. G. *J. Am. Chem. Soc.* **2006**, *128*, 10352.
80. Zhang, Z.; Liu, C.; Kinder, R. E.; Han, X.; Qian, H.; Widenhoefer, R. A. *J. Am. Chem. Soc.* **2006**, *128*, 9066.
81. Sromek, A. W.; Rubina, M.; Gevorgyan, V. *J. Am. Chem. Soc.* **2005**, *127*, 10500.
82. *cis*-ツジャン (thujane) の合成で: Feducia, J. A.; Campbell, A. N.; Doherty, M. Q.; Gagne, M. R. *J. Am. Chem. Soc.* **2006**, *128*, 13290.
83. 総説: Overman, L. E. *Angew. Chem., Int. Ed. Engl.* **1984**, *23*, 579.
84. a) Saito, S.; Kuroda, A.; Matsunaga, H.; Ikeda, S. *Tetrahedron* **1996**, *52*, 13919. 初期の例: b) Grieco, P. A.; Takigawa, T.; Bongers, S. L.; Tanaka, H. *J. Am. Chem. Soc.* **1980**, *102*, 7587. c) Grieco, P. A.; Tuthill, P. A.; Sham, H. L. *J. Org. Chem.* **1981**, *46*, 5005.
85. Panek, J. S.; Yang, K. M.; Solomon, J. S. *J. Org. Chem.* **1993**, *58*, 1003.
86. Overman, L. E.; Knoll, F. M. *J. Am. Chem. Soc.* **1980**, *102*, 865.
87. Overman, L. E.; Jacobsen, E. J. *J. Am. Chem. Soc.* **1982**, *104*, 7225.
88. Bluthe, N.; Malacria, M.; Gore, J. *Tetrahedron Lett.* **1983**, *24*, 1157.
89. Jamieson, A. G.; Sutherland, A.; Willis, C. L. *Org. Biomolec. Chem.* **2004**, *2*, 808.
90. Metz, P.; Mues, C.; Schoop, A. *Tetrahedron* **1992**, *48*, 1071.
91. 総説: Overman, L. E.; Carpenter, N. E. *Org. React.* **2005**, *66*, 1.

92. Overman, L. E.; Zipp, G. G. *J. Org. Chem.* **1997**, *62*, 2288.
93. Lee, E. E.; Batey, R. A. *J. Am. Chem. Soc.* **2005**, *127*, 14887.
94. a) Calter, M.; Hollis, T. K.; Overman, L. E.; Ziller, J.; Zipp, G. G. *J. Org. Chem.* **1997**, *62*, 1449. b) Hollis, T. K.; Overman, L. E. *Tetrahedron Lett.* **1997**, *38*, 8837.
95. Grigg, R.; Markandu, J. *Tetrahedron Lett.* **1991**, *32*, 279.
96. a) Nemoto, H.; Nagamochi, M.; Fukumoto, K. *J. Chem. Soc., Perkin Trans. 1* **1993**, 2329. b) (+)-エキレニン (equilenin) の合成で: Yoshida, M.; Mohamed, A.-H. I.; Nemoto, H.; Ihara, M. *J. Chem. Soc., Perkin Trans. 1* **2000**, 2629.
97. Hegedus, L. S.; Ranslow, P. B. *Synthesis* **2000**, 953.
98. Cutler, A.; Ehntholt, D.; Lennon, P.; Nicholas, K.; Marten, D. F.; Madhavarao, M.; Raghu, S.; Rosan, A.; Rosenblum, M. *J. Am. Chem. Soc.* **1975**, *97*, 3149.
99. Marsi, M.; Rosenblum, M. *J. Am. Chem. Soc.* **1984**, *106*, 7264.
100. Rosenblum, M.; Foxman, B. M.; Turnbull, M. M. *Heterocycles* **1987**, *25*, 419.
101. 総説: Welker, M. E. *Chem. Rev.* **1992**, *92*, 97.
102. a) Boyle, P. F.; Nicholas, K. M. *J. Org. Chem.* **1975**, *40*, 2682. b) Nicholas, K. M. *J. Am. Chem. Soc.* **1975**, *97*, 3254.
103. 総説: Donaldson, W. A. Transition Metal Alkene Diene and Dienyl Complexes: Complexation of Dienes for Protection. In *Comprehensive Organometallic Chemistry II*; Abel, E. W., Stone, F. G. A., Wilkinson, G., Eds.; Pergamon: Oxford, U.K., 1995; Vol. 12, pp 623-637.
104. Yeh, M. C.-P.; Chang, S.-C.; Chang, C.-J. *J. Organomet. Chem.* **2000**, *599*, 128.
105. (11*R*, 12*S*)-diHETE の合成で: Gigou, A.; Beaucourt, J.-P.; Lellouche, J.-P.; Gree, R. L. *Tetrahedron Lett.* **1991**, *32*, 635.
106. Schumacher, M.; Miesch, L.; Franck-Neumann, M. *Tetrahedron Lett.* **2003**, *44*, 5393.
107. マクロラクチン (macrolactin) A 類縁体の合成で: Benvengnu, T. J.; Toupet, L. J.; Gree, R. L. *Tetrahedron* **1996**, *52*, 11811.
108. ピペリジンアルカロイド SS20864A の合成で: Takemoto, Y.; Ueda, S.; Takeuchi, J.; Baba, Y.; Iwata, C. *Chem. Pharm. Bull.* **1997**, *45*, 1900.
109. カルボノリド (carbonolide) B の合成で: Franck-Neumann, M.; Geoffroy, P.; Gumery, F. *Tetrahedron Lett.* **2000**, *41*, 4219.
110. Wasicak, J. T.; Craig, R. A.; Henry, R.; Dasgupta, B.; Li, H.; Donaldson, W. A. *Tetrahedron* **1997**, *53*, 4185.
111. イカルガマイシン (ikarugamycin) の合成で: Roush, W. R.; Wada, C. K. *J. Am. Chem. Soc.* **1994**, *116*, 2151.
112. Takemoto, Y.; Yoshikawa, N.; Baba, Y.; Iwata, C.; Tanaka, T.; Ibuka, T.; Ohishi, H. *J. Am. Chem. Soc.* **1999**, *121*, 9143.
113. Takemoto, Y.; Ishii, K.; Ibuka, T.; Miwa, Y.; Taga, T.; Nakao, S.; Tanaka, T.; Ohishi, H.; Kai, Y.; Kanehisa, N. *J. Org. Chem.* **2001**, *66*, 6116.
114. a) Pearson, A. J.; Ghidu, V. P. *J. Org. Chem.* **2004**, *69*, 8975. b) 隣接アルコールから開始するイオン化について: Franck-Neumann, M.; Geoffroy, F.; Hanss, *Tetrahedron Lett.* **2002**, *43*, 2277.
115. (+)-[6]-ギンゲルジオール (gingerdiol, ジンジャージオール) の合成で: Franck-Neumann, M.; Geoffroy, P.; Bissinger, P.; Adelaide, S. *Tetrahedron Lett.* **2001**, *42*, 6401.
116. Coquerel, Y.; Depres, J.-P.; Greene, A. E.; Cividino, P.; Court, J. *Synth. Commun.* **2001**, *31*, 1291.
117. a) Pearson, A. J.; Chang, K. *J. Chem. Soc., Chem. Commun.* **1991**, 394; b) *J. Org. Chem.* **1993**, *58*, 1228.
118. Pearson, A. J.; Srinivasan, K. *J. Chem. Soc., Chem. Commun.* **1991**, 392.
119. a) Yeh, M.-C. P.; Hwu, C.-C.; Ueng, C.-H.; Lue, H.-L. *Organometallics* **1994**, *13*, 1788. b) Coquerel, Y.; Depres, J.-P.; Greene, A. E.; Philouze, C. *J. Organomet. Chem.* **2002**, *659*, 176.
120. a) Pearson, A. J.; Wang, X.; Dorange, I. B. *Org. Lett.* **2004**, *6*, 2535. b) Pearson, A. J.; Dorange, I. B. *J. Org. Chem.* **2001**, *66*, 3140.
121. Pearson, A. J.; Wang, X. *J. Am. Chem. Soc.* **2003**, *125*, 638.

122. Pearson, A. J.; Mallik, S.; Mortezaei, R.; Perry, M. W. D.; Shively, R. J., Jr.; Youngs, W. J. *J. Am. Chem. Soc.* **1990**, *112*, 8034.
123. Ong, C. W.; Chien, T.-L. *Organometallics* **1996**, *15*, 1323.
124. Ong, C. W.; Wang, J. N.; Chien, T.-L. *Organometallics* **1998**, *17*, 1442.
125. Han, J. L.; Ong, C. W. *Tetrahedron* **2005**, *61*, 1501.
126. Hudson, R. D. A.; Osborne, S. A.; Stephenson, G. R. *Tetrahedron* **1997**, *53*, 4095.
127. Emerson, G. F.; Watts, L.; Pettit, R. *J. Am. Chem. Soc.* **1965**, *87*, 131.
128. Fitzpatrick, J. D.; Watts, L.; Emerson, G. F.; Pettit, R. *J. Am. Chem. Soc.* **1965**, *87*, 3254.
129. (＋)-アステリスカノリド (asteriscanolide) の合成で: Limanto, J.; Snapper, M. L. *J. Am. Chem. Soc.* **2000**, *122*, 8071.
130. Seigal, B. A.; An, M. H.; Snapper, M. L. *Angew. Chem. Int. Ed.* **2005**, *44*, 4929.
131. 総 説: Pearson, A. J. Transition Metal Diene and Dienyl Complexes: Nucleophilic Attack on Diene and Dienyl Complexes. In *Comprehensive Organometallic Chemistry II*; Abel, E. W., Stone, F. G. A., Wilkinson, G., Eds.; Pergamon: Oxford, U.K., 1995; Vol. 12, pp 635-685.
132. a) Semmelhack, M. F.; Herndon, J. W. *Organometallics* **1983**, *2*, 363. b) Semmelhack, M. F.; Herndon, J. W.; Springer, J. P. *J. Am. Chem. Soc.* **1983**, *105*, 2497.
133. a) Balazs, M.; Stephenson, G. R. *J. Organomet. Chem.* **1995**, *498*, C17. b) 分子内反応につ いては: Yeh, M.-C. P.; Chuang, L.-W.; Ueng, C. H. *J. Org. Chem.* **1996**, *61*, 3874.
134. a) Semmelhack, M. F.; Herndon, J. W.; Liu, J. K. *Organometallics* **1983**, *2*, 1885. b) Semmelhack, M. F.; Le, H. T. M. *J. Am. Chem. Soc.* **1985**, *107*, 1455.
135. Yeh, M. C. P.; Hwu, C. C. *J. Organomet. Chem.* **1991**, *419*, 341.
136. Faller, J. W.; Murray, H. H.; White, D. L.; Chao, K. H. *Organometallics* **1983**, *2*, 400.
137. a) Pearson, A. J.; Khan, M. N. I.; Clardy, J. C.; Ciu-Heng, H. *J. Am. Chem. Soc.* **1985**, *107*, 2748. b) Pearson, A. J.; Khan, M. N. I. *Tetrahedron Lett.* **1984**, *25*, 3507. c) Pearson, A. J.; Khan, M. N. I. *Tetrahedron Lett.* **1985**, *26*, 1407.
138. a) Yeh, M. C. P.; Tsou, C.-J.; Chuang, C.-N.; Lin, H.-W. *J. Chem. Soc., Chem. Commun.* **1992**, 890. b) Pearson, A. J.; Douglas, A. R. *Organometallics* **1998**, *17*, 1446.
139. カルバゾールの合成で: Knölker, H.-J.; Goesmann, H.; Hofmann, *Synlett* **1996**, 737.
140. Liebeskind, L. S.; Bombrun, A. *J. Am. Chem. Soc.* **1991**, *113*, 8736.
141. Hansson, S.; Miller, J. F.; Liebeskind, L. S. *J. Am. Chem. Soc.* **1990**, *112*, 9660.
142. (−)-インドリジジン (indolizidine) 209B の合成で: Shu, C.; Alcudia, A.; Yin, J. Liebeskind, L. S. *J. Am. Chem. Soc.* **2001**, *123*, 12477.
143. Bjurling, E.; Johansson, M. H.; Andersson, C.-M. *Organometallics* **1999**, *18*, 5606.
144. 総 説: Pearson, A. J. Nucleophiles with Cationic Pentadienyl-Metal Complexes. In *Comprehensive Organic Synthesis*; Trost, B. M., Fleming, I., Semmelhack, M. F., Eds.; Pergamon: Oxford, U.K., 1991; Vol. 4, pp 663-694.
145. トリコデルモール (trichodermol) の合成で: Pearson, A. J.; O'Brien, M. K. *J. Org. Chem.* **1989**, 54, 4663.
146. ウペナミド (upenamide) の合成で: Han, J. L.; Ong, C. W. *Tetrahedron* **2007**, *63*, 609.
147. a) Pearson, A. J. *Acc. Chem. Res.* **1980**, *13*, 463. b) Pearson, A. J.; Richards, I. C. *Tetrahedron Lett.* **1983**, *24*, 2465.
148. Potter, G. A.; McCague, R. *J. Chem. Soc., Chem. Commun.* **1992**, 635.
149. Stephenson, G. R. *J. Organomet. Chem.* **1985**, *286*, C41.
150. a) Knölker, H.-J.; Bauermeister, M.; Blaser, D.; Boese, R.; Pannek, J.-B. *Angew. Chem., Int. Ed. Engl.* **1989**, *28*, 223. b) Knölker, H.-J.; Bauermeister, M. *J. Chem. Soc., Chem. Commun.* **1990**, 664. c) Knölker, H.-J.; Fröhner, W. *Synlett* **1997**, 1108. d) Knölker, H.-J.; Fröhner, W. *Tetrahedron Lett.* **1998**, *39*, 2537.
151. 7-メトキシ-O-メチルムコナール (mukonal) の合成で: Kataeva, O.; Krahl, M. P.; Knölker, H.-J. *Org. Biomol. Chem.* **2005**, *3*, 3099.
152. ネオカラゾスタチン (neocarazostatin) B の合成で: Czerwonka, R.; Reddy, K. R.; Baum, E.; Knölker, H.-J. *Chem. Commun.* **2006**, 711.
153. 総 説: Knölker, H.-J.; Reddy, K. R. *Chem. Rev.* **2002**, *102*, 4303.
154. a) Bandara, B. M. R.; Birch, A. J.; Kelley, L. F.; Khor, T. C. *Tetrahedron Lett.* **1983**, *24*, 2491. b) Howell, J. A. S.; Thomas, M. J. *J. Chem. Soc., Dalton Trans.* **1983**, 1401. c) Atton, J.

G.; Evans, D. J.; Kane-Maguire, L. A. P.; Stephenson, G. R. *J. Chem. Soc., Chem. Commun.* **1984**, 1246.
155. Pearson, A. J.; Gehrmini, A. M.; Pinkerton, A. A. *Organometallics* **1992**, *11*, 936.
156. Knölker, H.-J.; Hermann, H.; Herzberg, D. *Chem. Commun.* **1999**, 831.
157. a) Pearson, A. J.; Kole, S. L.; Yoon, J. *Organometallics* **1986**, *5*, 2075. b) Pearson, A. J.; Ray, T. *Tetrahedron Lett.* **1986**, *27*, 3111. c) Pearson, A. J.; Lai, Y.-S.; Lu, W.; Pinkerton, A. A. *J. Org. Chem.* **1989**, *54*, 3882.
158. Pearson, A. J.; Katiyar, S. *Tetrahedron* **2000**, *56*, 2297.
159. Wallock, N. J.; Donaldson, W. A. *J. Org. Chem.* **2004**, *69*, 2997.
160. Chaudhury, S.; Li, S.; Donaldson, W. A. *Chem. Commun.* **2006**, 2069.
161. 5(*R*)-ヒドロキシエイコサテトラエン酸 (HETE) メチルエステルの合成で: Laabassi, M.; Gree, R. *Bull. Soc. Chim. Fr.* **1992**, *129*, 151.
162. Donaldson, W. A. *J. Organomet. Chem.* **1990**, *395*, 187.
163. マクロラクチン (macrolactin) A の合成で: Bärmann, H.; Prahlad, V.; Tao, C.; Yun, Y. K.; Wang, Z.; Donaldson, W. A. *Tetrahedron* **2000**, *56*, 2283.
164. アンブルチシン (ambruticin) の合成で: Lukesh, J. M.; Donaldson, W. A. *Chem. Commun.* **2005**, 110.
165. 総説: a) Aubert, C.; Buisine, O.; Malacria, M. *Chem. Rev.* **2002**, *102*, 813. b) Lautens, M.; Klute, W.; Tam, W. *Chem. Rev.* **1996**, *96*, 49. c) Frühauf, H.-W. *Chem. Rev.* **1997**, *97*, 523.
166. Trost, B. M.; Yanai, M.; Hoogsteen, K. *J. Am. Chem. Soc.* **1993**, *115*, 5294.
167. Oh, C. H.; Gupta, A. K.; Park, D. I.; Kimj, N. *Chem. Commun.* **2005**, 5670.
168. a) Trost, B. M.; Hashmi, A. S. K. *Angew. Chem., Int. Ed. Engl.* **1993**, *32*, 1085. b) Trost, B. M.; Hashmi, A. S. K. *J. Am. Chem. Soc.* **1994**, *116*, 2183.
169. Lautens, M.; Edwards, L. G.; Tam, W.; Lough, A. J. *J. Am. Chem. Soc.* **1995**, *117*, 10276 および引用文献.
170. Lautens, M.; Tam, W.; Lautens, J. C.; Edwards, L. G.; Crudden, C. M.; Smith, A. C. *J. Am. Chem. Soc.* **1995**, *117*, 6863 および引用文献.
171. Lautens, M.; Lautens, J. C.; Smith, A. C. *J. Am. Chem. Soc.* **1990**, *112*, 5627.
172. a) ヨヒンバン (yohimbane) の合成で: Wender, P. A.; Smith, T. E. *J. Org. Chem.* **1996**, *61*, 824. b) Wender, P. A.; Smith, T. E. *J. Org. Chem.* **1995**, *60*, 2962.
173. a) Gilbertson, S. R.; Hoge, G. S. *Tetrahedron Lett.* **1998**, *39*, 2075. b) Jolly, R. S.; Luedlke, G.; Sheehan, D.; Livinghouse, T. *J. Am. Chem. Soc.* **1990**, *112*, 4965.
174. O'Mahoney, D. J. R.; Belanger, D. B.; Livinghouse, T. *Org. Biomol. Chem.* **2003**, *1*, 2038.
175. McKinstry, L.; Livinghouse, T. *Tetrahedron Lett.* **1994**, *50*, 6145.
176. Wender, P. A.; Jenkins, T. E.; Suzuki, S. *J. Am. Chem. Soc.* **1995**, *117*, 1843.
177. Wender, P. A.; Croatt, M. P.; Deschamps, N. M. *J. Am. Chem. Soc.* **2004**, *126*, 5948.
178. 総説: Siebwith, S. N.; Arnard, N. T. *Tetrahedron* **1996**, *52*, 6251.
179. Jolly, P. W.; Wilke, G. *The Organic Chemistry of Nickel*; Wiley: New York, 1975; Vol. 2, p. 94.
180. サルソレン (salsolene) オキシドの合成で: Wender, P. A.; Croatt, M. P.; Witulski, B. *Tetrahedron* **2006**, *62*, 7505.
181. Wender, P. A.; Ihle, N. C.; Correa, C. R. D. *J. Am. Chem. Soc.* **1988**, *110*, 5904.
182. Wender, P. A.; Nuss, J. M.; Smith, D. B.; Swarez-Sobrino, A.; Vågberg, J.; DeCosta, D.; Bordner, J. *J. Org. Chem.* **1997**, *62*, 4908.
183. a) Evans, P. A.; Baum, E. W.; Fazal, A. N.; Pink, M. *Chem. Commun.* **2005**, 63. b) 以下も見よ: Varela, J. A.; Castedo, L.; Saa, C. *Org. Lett.* **2003**, *5*, 2841.
184. DeBoef, B.; Counts, W. R.; Gilbertson, S. R. *J. Org. Chem.* **2007**, *72*, 799.
185. Wender, P. A.; Christy, J. P. *J. Am. Chem. Soc.* **2006**, *128*, 5354.
186. Trost, B. M.; Shen, H. C.; Horne, D. B.; Toste, F. D.; Steinmetz, B. G.; Koradin, C. *Chem. —Eur. J.* **2005**, *11*, 2577.
187. Yu, Z.-X.; Wender, P. A.; Houk, K. N. *J. Am. Chem. Soc.* **2004**, *126*, 9154.
188. Wender, P. A.; Dyckman, A. *J. Org. Lett.* **1999**, *1*, 2089.
189. Wender, P. A.; Haustedt, L. O.; Lim, J.; Love, J. A.; Williams, T. J.; Yoon, J.-Y. *J. Am.*

Chem. Soc. **2006**, *128*, 6302.
190. Wender, P. A.; Bi, F. C.; Brodney, M. A.; Gosselin, F. *Org. Lett.* **2001**, *3*, 2105.
191. (+)-アファナモール (aphanamol) の合成で: Wender, P. A.; Zhang, L.; *Org. Lett.* **2000**, *2*, 2323.
192. Wender, P. A.; Pedersen, T. M.; Scanio, M. J. C. *J. Am. Chem. Soc.* **2002**, *124*, 15154.
193. Wender, P. A.; Gamber, G. G.; Hubbard, R. D.; Zhang, L. *J. Am. Chem. Soc.* **2002**, *124*, 2876.
194. Wender, P. A.; Correa, A. G.; Sato, Y.; Sun, R. *J. Am. Chem. Soc.* **2000**, *122*, 7815.
195. Wender, P. A.; Deschamps, N. M.; Sun, R. *Angew. Chem. Int. Ed.* **2006**, *45*, 3957.
196. 総 説: Rigby, J. H. *Tetrahedron* **1999**, *55*, 4521.
197. 総 説: Rigby, J. H. *Acc. Chem. Res.* **1993**, *26*, 579.
198. Rigby, J. H.; Kirova-Snovei, M. *Tetrahedron Lett.* **1997**, *38*, 8153.
199. Rigby, J. H.; Warshakoon, N. C. *Tetrahedron Lett.* **1997**, *38*, 2049.
200. Rigby, J. H.; Kirova, M.; Niyaz, N.; Mohanmadi, F. *Synlett* **1997**, 805.
201. Rigby, J. H.; Fales, K. R. *Tetrahedron Lett.* **1998**, *39*, 1525.
202. Rigby, J. H.; Warshakoon, N. C.; Payen, A. J. *J. Am. Chem. Soc.* **1999**, *121*, 8237.
203. a) Rigby, J. H.; Rege, S. D.; Sandanayaka, V. P.; Kirova, M. *J. Org. Chem.* **1996**, *61*, 843. b) Rigby, J. H.; Hu, J.; Heeg, M. J. *Tetrahedron Lett.* **1998**, *39*, 2265.
204. Rigby, J. H.; Fiedler, C. *J. Org. Chem.* **1997**, *62*, 6106.
205. a) Rigby, J. H.; Mann, L. W.; Myers, B. J. *Tetrahedron Lett.* **2001**, *42*, 8773. b) Kündig, E. P.; Robvieux, F.; Kondratenko, M. *Synthesis* **2002**, 2053.
206. Achard, M.; Tenaglia, A.; Buono, G. *Org. Lett.* **2005**, *7*, 2353.
207. 9-エピペンタレン酸 (pentalenic acid) の合成で: Rigby, J. H.; Laxmisha, M. S.; Hudson, A. R.; Heap. C. R.; Heeg, M. J. *J. Org. Chem.* **2004**, *69*, 6751.
208. Rigby, J. H.; Heap, C. R.; Warshakoon, N. C. *Tetrahedron* **2000**, *56*, 3505.
209. Chaffee, K.; Morcos, H.; Sheridan, J. B. *Tetrahedron Lett.* **1995**, *36*, 1577.

8

遷移金属アルキン錯体の合成化学的応用

8.1 はじめに

実際上ほとんどすべての遷移金属はアルキンと反応するが,相当する金属アルケン錯体と同様の,単純で安定な金属アルキン錯体をつくるものは比較的少ない.その理由は,多くのアルキン錯体はさらなるアルキンとの反応に非常に活性であって,もっと複雑な錯体か有機化合物になってしまう.一方,安定なものは全く安定で,反応性が低すぎて有機合成に用いられないほどである.有機合成にうまく遷移金属アルキン錯体を利用する道を開発するためには,これらの極端な二つの反応性の制御をはかる必要がある.

8.2 金属アルキン錯体への求核攻撃

金属アルケン錯体とは対照的に,金属アルキン錯体への求核攻撃は比較的まれで合成化学的利用はほとんどない.安定な $CpFe(CO)_2^+$ アルキン錯体は,広い範囲の求核剤と反応し,非常に安定な σ-アルケニル鉄錯体を与え,ついで Ag(I) と反応させ CO 挿入を起こさせることができる〔ルイス酸を促進剤とする CO 挿入;(8.1)式〕[1].これらの錯体はさらに種々の反応に用いることができるものと思われるが,この点に関しほとんど研究はされていない.

$$(8.1)$$

アルキンへの付加反応で最もよく用いられている遷移金属は,パラジウムである.ア

ルコール,アミド,アミン,および酸などのソフトな求核剤とアルキンとのパラジウム触媒による反応は,環化の前や後で何が起こるかによっておよそ四つに分類される(図8.1)[2]. すべての反応は金属とアルキンとから錯体がまず形成され,環化/プロトン化分解〔図8.1過程(a)〕,(b)環化カルボニル化,(c)環化と続くカルボニル化,または(d)環化/カップリングなどが続いて起こる.この最後の型にはアリールおよびアルケニルハロゲン化物,および同様なトリフラートとの反応が含まれる.

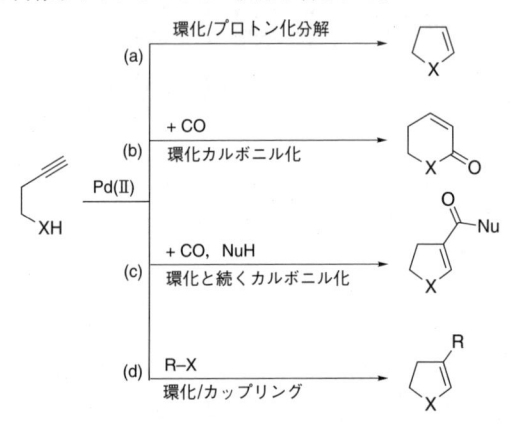

図 8.1 パラジウム(II)触媒によるアルキン環形成反応

パラジウム(II)錯体は,ヒドロキシ基置換アルキンの環化反応[3]で,配位アルケンの場合(第7章)と同様な配位アルキン[4]への求核剤の攻撃の過程を含む[4]触媒となる〔(8.2)式〕[5]. しかし,この反応の機構はまだ研究されておらず,σ-アルケニルパラジウ

ム(II)錯体が,プロトン化された複素環でもってプロトン分解されるのだろうというやや普通ではない機構が推定されている.アルキン酸の類似の環化はラクトンを与える

〔(8.3)式〕[6].

パラジウムは二つのアルコールをアルキンへ付加させスピロ環化合物を与える反応を触媒的に進行させる．2番目の付加は，β脱離による副生成物がみられないので，おそらくパラジウム触媒の作用で起こるのではない〔(8.4)式〕[7]．二つの型のカルボニル化

〔すなわち，図8.1の過程 (b) と過程 (c) がヒドロキシアルキンについて報告されている〔(8.5)式[8] および (8.6)式[9]．後者では，酢酸エステルの加水分解が環化の前に起こっているのであろう．

第四の型の環化はパラジウム(0)触媒が用いられるという点が異なっている．反応機構としては，ハロゲン化物やトリフラートのパラジウム(0)への酸化的付加とアルキンの配位，続いて起こる求核付加などが鍵過程に含まれている．こうして生成したジアルキルパラジウム錯体は最後に還元的脱離を行い，生成物を与える〔(8.7)式〕[10]．

アルキンに付加できるのは遊離のアルコール（およびアルコキシド）だけではない．カルボニル基も，おそらくエノールやヘミアセタールの形で，アルキンとの環化を容易に行う．反応機構は詳しくは研究されていないが，カルボニル基とアルキンの両方がパラジウムで活性化されていると考えられている[11]．この型の反応の一例として，ジアセチレンスピロアセタールエノールエーテル天然物の合成への応用を示す〔(8.8)式〕[12]．

もっと活発に研究されているのがアミノアルキンから含窒素ヘテロ環を得る反応で，とりわけインドール合成がよく研究されている〔(8.9)式[13]〕[14]〜[16]．2,3-二置換ベンゾ[b]フランの生成と同様に，インドール骨核の3位の官能基化をパラジウム(0)触媒存在下有機ハロゲン化物やトリフラートを用いて行える〔(8.10)式[17]〕[18]，窒素ヘテロ環への環化の例をさらに二つ (8.11)式[19] と (8.12)式[20] に示す．

8.2 金属アルキン錯体への求核攻撃

(8.10)

(8.11)

(8.12)

芳香族アルデヒドから誘導されるイミンはアルキンと反応しイソキノリンと関連ヘテロ環化合物を与える．(8.10)式で示したインドール形成反応と同様に，有機ハロゲン化物の付加[21]，一酸化炭素存在下での有機ハロゲン化物の付加[22]，またはアルケンを用いた Heck(ヘック)型反応〔(8.13)式〕[23]により，イソキノリン環の4位の官能基化を容易に行える．

(8.13)

分子間でのアルキンへの付加は分子内の場合ほどは研究が進んでいない．分子間ヒドロアミノ化反応では触媒としてパラジウムはあまり適していない[24]．パラジウムをうま

く補って，ロジウム，ルテニウム，およびイリジウム錯体が分子間反応で使える〔(8.14)式〕[25]．Markovnikov 配向の付加が唯一の，またはおもな生成物となる．反応機構は不明である．おそらく，パラジウム触媒でみられたようなアルキンの配位/求核付加，あるいは窒素－水素結合への金属の挿入と続くアルキンの転位挿入のどちらかを含んでいるのであろう（第4章の前周期遷移金属触媒によるヒドロアミノ化を参照）．

$$\text{Hex} {-\!\!\!\equiv} \quad + \quad \text{PhNH}_2 \quad \xrightarrow[\text{PhMe, 79\%}]{[\text{Rh(cod)}_2]\text{BF}_4,\ \text{PCy}_3} \quad \underset{\text{Hex}}{\overset{\text{N}^{\text{Ph}}}{\|}} \tag{8.14}$$

ルテニウム触媒により，カルボン酸をアルキンへ，アンチ Markovnikov および Markovnikov 型で付加できる[26]．末端アルキンでみられるアンチ Markovnikov 型位置選択性は η^2-アルキン金属錯体が η^1-アルケニリデン錯体へ変化する機構で説明される〔(8.15)式[27]〕．そのアルケニリデン配位子の求電子的炭素に酸が付加し，金属へのプロトン化が起こり，中間体からの還元的脱離が続き生成物を与える．反応の Z 選択性は金属とブチル基との間の立体反発で説明できる．立体選択性は劣るが，レニウム錯体も有効な触媒でありアンチ Markovnikov 型付加体を与える[28]．

$$\tag{8.15}$$

Markovnikov 型生成物を与える内部アルキンおよび末端アルキンのルテニウム触媒反応については，異なった機構が提案されている．アルキンの錯体化，酸のより求電子的な炭素への付加，プロトン化，つづく還元的脱離という過程が提案されている〔(8.16)

$$\tag{8.16}$$

8.2 金属アルキン錯体への求核攻撃

式[29]〕.

上述のルテニウム触媒によるヒドロアシルオキシ化に加えて,おそらくアルケニリデンルテニウム中間体を含むと思われる,末端アルキンとアルコールやアミンとの興味深く合成化学的に有用な反応が開発されている[30].分子内反応の生成物の酸化状態は触媒を適切に選ぶことにより調整できる〔(8.17)式〕[31].提案されている反応機構を(8.18)

$$\begin{array}{ll} RuCpClL_2, & L = P(4\text{-MeOC}_6H_4)_3, \quad N\text{-ヒドロキシスクシンイミド} \quad 65:7\% \\ RuCpClL'_2, & L' = P(4\text{-FC}_6H_4)_3, \quad N\text{-ヒドロキシスクシンイミド} \quad 5:68\% \end{array}$$

(8.17)

式[32]に示す.電子豊富な配位子を用いた場合,全体として酸化が起こりラクトンを与える.σ結合をしたジヒドロピランルテニウム錯体が生成,続いてアルケン部のプロトン化によりカチオン性ルテニウムカルベンが生成し,これが N-ヒドロキシスクシナートの攻撃を受け〔(8.18)式のサイクル(a)〕.この錯体のプロトン化により,生成物であるラクトン,スクシンイミド,そして活性な触媒を与える.対照的に,電子不足配位子は,

(8.18)

N-ヒドロキシスクシナートとの配位子交換が優先し，プロトン化によりジヒドロピランを生成し，配位子交換で活性触媒を与える〔サイクル (b)〕.

ルテニウム触媒による末端アルキンとアリルアルコールとの分子間反応は興味ある転位生成物を与える．提案されている機構の鍵過程としては，アルキリデンルテニウム錯体の生成と続くアルコールの付加により，ルテニウムカルベンを与える過程が含まれる〔(8.19)式〕[33]．生成したカルベン錯体は酸化的な [3,3]シグマトロピー転位を行い〔少なくとも形式的には Ru(II) → Ru(IV)〕，η^1–η^1 または η^1–η^3 錯体を与える．最後に還元的脱離で生成物に至る．

(8.19)

多環芳香族化合物の合成の機構として，ハロゲン化アルキリデン-金錯体を経由する環融着反応が提案されている〔(8.20)式〕[34]．同様な転位は，スズ，ゲルマニウム，およびケイ素でも可能である〔(8.21)式〕[35]．

(8.20)

(8.21)

M = SnBu$_3$ (64%)
GeMe$_3$ (92%)
SiMe$_3$ (63%)

アルキンのパラジウム触媒反応でハロゲンも求核剤として用いることができる（ハロ

8.2 金属アルキン錯体への求核攻撃

パラジウム化).反応機構の研究によれば,末端アルキンへの塩化物イオン(Cl^-)の付加の立体化学は,低 Cl^- 濃度でシス,高 Cl^- 濃度でトランスであった[36].この選択性は多くの場合にも観測されている.たとえば,一酸化炭素雰囲気で末端アセチレン,アルコール,および過剰のジハロ銅とから,(Z)-3-クロロあるいは(Z)-3-ブロモ不飽和酸エステルが得られる〔(8.22)式〕[37].

$$Ph-\equiv \xrightarrow[\substack{DCE,\ CO\ (1\ atm)\\X=Cl,\ 80\%\\X=Br,\ 93\%}]{PdX_2,\ CuX_2\ (5\ 当量)} \underset{\text{中間体}}{\overset{X}{\underset{Ph}{\diagdown}}}PdX \longrightarrow \overset{X}{\underset{Ph}{\diagdown}}CO_2Me \qquad (8.22)$$

σ-パラジウム錯体は側鎖上のアルケンに挿入することができ,脱離により環状化合物を与える.この反応は(E)-および(Z)-α-アルキリデンラクトンの合成にも使われている〔(8.23)式および (8.24)式〕[38].

$$(8.23)$$

$$(8.24)$$

パラジウム触媒存在下,プロパルギルアルコールのシス-クロロ-またはシス-ブロモパラジウム化,つづく一酸化炭素挿入さらにラクトン化により(Z)-α-ハロアルキリデン-β-ラクトンが得られる〔(8.25)式〕[39].プロパルギルアミンからは,(E)-クロロ-β-ラクタムが得られる〔(8.26)式〕[40].高い Cl^- 濃度でみられる(8.25)式のシス-クロロパ

$$(8.25)$$

ラジウム化の原因はわかっていない．

$$\text{(8.26)}$$

アルキンのハロルテニウム化過程が，アルキンとビニルケトンとから 4-ハロ-3-アルケン-1-オンを得る合成化学的に有用な反応の基盤となっている〔(8.27)式〕[41]．アルケン挿入で生成するルテニウムエノラートはアルデヒドで捕捉することができ，驚くべき四成分カップリングが達成できる〔(8.28)式〕[42]．

$$\text{(8.27)}$$

$$\text{(8.28)}$$

ロジウム触媒によるアルキンと，塩化アリル〔(8.29)式〕[43]，酸塩化物〔(8.30)式〕[44]，クロロギ酸エステル〔(8.31)式〕[45]，またはエトキシアリルクロリド[46]との反応はシス-

$$\text{(8.29)}$$

8.2 金属アルキン錯体への求核攻撃

クロロロジウム化を経て塩素化生成物を与える．ロジウム(I)への酸化的付加が各反応の最初の過程であると思われる．高い Cl^- 濃度でもトランス-クロロロジウム化由来の生成物は得られない〔(8.29)式〕ことは，パラジウムを用いた反応〔(8.23)式を参照〕と対照的である．

$$\text{シクロヘキセニル-C≡CH} + \text{PhCOCl} \xrightarrow[\text{オクタン, 81\%}]{[RhCl(cod)]_2,\ PPh_3} \text{シクロヘキセニル-C(Ph)=CHCl} + CO \qquad (8.30)$$

$$\text{hex-C≡CH} + \text{ClCO}_2\text{Me} \xrightarrow[\text{86\%, 位置選択性 = 96:4}]{RhCl(cod)(PPh_3),\ PhMe} \text{hex-C(Cl)=CH-CO}_2\text{Me} \qquad (8.31)$$

金(I)/(III)，白金(II)，銀(I)，および銅(I)錯体もまた，水，アルコールおよびアミン[47]などのヘテロ原子求核剤のアルキンへの Markovnikov 型付加の触媒となる．これら錯体はルイス酸として働き，分子内反応ではヘテロ環形成は非常に容易である．いくつかの例を (8.32)式[48]，(8.33)式[49]，および (8.34)式[50] に示す．

$$\text{Ph-CH=CH-CH}_2\text{-C(CH}_2\text{OH)}_2\text{-CH}_2\text{-C≡CH} \xrightarrow[\text{MeOH, 99\%}]{AuCl} \text{環化生成物} \qquad (8.32)$$

$$C_{11}H_{23}\text{-CH(NH}_2\text{)-(CH}_2\text{)}_3\text{-C≡CH} \xrightarrow[\text{MeCN, 90\%}]{NaAuCl_4 \cdot 2H_2O} C_{11}H_{23}\text{-テトラヒドロピリジン} \qquad (8.33)$$

$$\text{Ph-CH=CH-CH}_2\text{-C(CO}_2\text{Me)(CO}_2\text{H})\text{-CH}_2\text{-C≡CH} \xrightarrow[\text{MeCN, 90\%}]{AuCl} \text{ラクトン生成物} \qquad (8.34)$$

アルキンへの付加反応でカルボニル基も求核剤として用いることができる．このような金属-オキソニウム中間体からのさらなる反応には，[4+2]環化付加〔(8.35)式〕[51]，求核付加〔(8.36)式〕[52]，および転位〔(8.37)式〕[53] などがある．すべての場合，反応機構としては，アルキンの配位（活性化），カルボニル酸素の求核付加，それから上述した諸反応が続き，最後に金属-炭素σ結合の加水分解による切断，という順に進むものと考えられる．

遷移金属錯体にアルキンが配位し錯体をつくると、アルキンは炭素求核剤の付加に対しても活性となる。パラジウム、白金、ルテニウム、および金錯体はヒドロアリール化[54]の触媒となり、アリール基で置換されたアルケンを与える。速度論的な同位体効果のデータ[55]とDFT理論計算[56]によると、反応機構は求電子的芳香族置換であって、炭素－水素結合活性化を含んでいないことが示されている〔(8.38)式〕[57]。形成する環の大きさは触媒の選択により調整される〔(8.39)式〕[58]。金錯体は二重分子内付加の触媒となる〔(8.40)式〕[59]。

8.2 金属アルキン錯体への求核攻撃

(8.39)

(8.40)

フランに連結したアルキンは環化付加し,縮環した芳香族化合物を与える.金錯体が特に効果的な触媒であるが,ロジウム,白金,パラジウム,およびイリジウムも触媒となる〔(8.41)式[60]〕[61), 62)].反応機構は明らかではないが,まずフランと金属と錯体をつくったアルキンとの間で[4+2]環化付加が起こり[63)],つづいてアレーンオキシドが生成するものと思われる[64)].

(8.41)

多くの遷移金属化合物がたいへん穏和な条件下で効率よくβ-ケトエステルとアルキンとのConiaエン反応の触媒となる〔(8.42)式[65)〜67)].キラル配位子を用いて不斉反応が実現されている〔(8.43)式[68)].シリルエノールエーテルやエナミン誘導体が求核剤として使える〔(8.44)式[69)]および(8.45)式[70)].レニウム錯体がシリルエノールエーテルビシクロ[3.3.0]環系を与える興味ある環融着反応の触媒となる〔(8.46)式[71)].反応機構として,レニウムに配位したアルキンへの求核攻撃がまず起こり,ついでレニウムカルベン錯体の形成と脱離が起こるものということが提案されている.

$$\text{(8.42)}$$

$$\text{(8.43)}$$

DTBM-segphos =

$$\text{(8.44)}$$

$$\text{(8.45)}$$

$$\text{(8.46)}$$

1-アルキニルシクロプロパノールやシクロブタノールは，金触媒と錯体化し環拡大してそれぞれシクロブタノンやシクロペンタノンを与える〔(8.47)式〕[72].

8.2 金属アルキン錯体への求核攻撃　331

(8.47)

1,n-エンイン ($n=5\sim7$) と金や白金触媒との反応で骨核転位がみられる．金触媒を用いた反応は非常に容易で，−63℃でさえ進行する場合もあり，より高い温度で白金触媒を用いたときにみられる同じような生成物を与える[73]．

金(I)錯体は求核性に乏しくふつうは酸化的付加を起こさない[74]．また，金(III)錯体は還元的脱離を行いにくい[75]．金錯体のおもな化学的性質はアルキンと配位し，アルキンを求核攻撃に対し活性化する点である．

金や白金触媒を用いた 1,n-エンインの環化異性化では，一見関連がないような一連の生成物ができてまごつくが，ほとんどの反応は少数の反応機構をもとに説明できる[76]．1,5-エンインの場合アルキンの配位により求核付加/シクロプロパン形成が開始し，金カルベン錯体が生成する〔(8.48)式〕．カルベンは結合状態を表す一つの極端な形であ

(8.48)

り，もう一方の極端な形がカルボカチオンである．結合の真の性質はわからないが基質によって異なるのであろう．カルベンは，添加物や置換形式に従い多くの異なる反応経過に入る．[1,2]ヒドリド移動/金属脱離が起こるとビシクロ[3.2.0]環系を与える〔(8.48)式[77] の過程 (a)〕．炭素結合切断と金属脱離による転位が起これはアルキリデンシクロペンテンを与える〔過程 (b)〕．カルベン中間体は，シクロプロパン環の開裂を伴う求核攻撃で捕捉され加水分解的に金属が除かれる〔(8.49)式〕．付加の位置に応じて，シクロペンテン〔過程 (c)〕またはシクロヘキセン〔過程 (d)〕が生じる．1,5-エンインの反応のこれら以外のおもな反応機構は，カルベン炭素の転位による6員環カルベンの生成と続く脱離であり，いくつかの系で認められている〔(8.50)式〕．

(8.49)

(8.50)

1,6-エンインもまたおもしろい分野であり,多くの環化生成物を与えるが,それらは機構的に説明づけられている.1,6-エンイン環化の白金触媒反応については理論的研究がされており,sp混成した内部炭素に部分的な負電荷をもつ分極したπ-アルキン白金錯体の形成が示されている.アルケンによる攻撃(6-エンド形)を受けシクロプロパン

(8.51)

化された白金カルベンが生成し,続く[1,2]ヒドリド移動によりビシクロ[3.1.0]系を生成するか[78],アルキリデンシクロヘキセンを生成する〔(8.51)式,過程(a)〕[79].5員環生成物は,たぶん配位アルキンへのアルカンの5-エキソ形付加で生成するものと考えられる〔過程(b)〕.生成するシクロプロパン化されたカルベンは,形式上 CD_2 の転位によりσ結合した錯体を与えた後,脱離する〔過程(c)〕か,または,形式上 $CH=Pt$ が転位し新しいカルベンを形成した後[1,2]ヒドリド移動を行う〔過程(d)〕.過程(c)と(d)とにより生成物が異なることを示すために,反応機構研究で二つの末端位重水素標識が用いられた[80].

エン-イン環化の例を(8.52)式[81],(8.53)式[82],および(8.54)式[82]に示す.最初の環化において,アルケンの立体化学を変えただけで化学反応位置選択性が変わってしまうのは注目に値する〔(8.53)式と(8.54)式〕.

求核剤が分子間反応〔(8.55)式と(8.56)式〕[82]でも分子内反応〔(8.57)式〕[83]でも生成物の中に取込まれる.電子豊富なアレーンは Fridel-Crafts 型でカルベン炭素に付加し高度に官能基化された化合成をつくる〔(8.58)式〕[84].金,白金,パラジウム,ロジウム,およびイリジウム錯体は,フェノールを与えるような,アルキニル基で置換されたフランを生成する触媒となる.

(8.55)

(8.56)

(8.57)

(8.58)

ヒドリドだけではなく,アシルオキシ基も [1,2]転位を行える[85]. アシルオキシ基の [1,2]転位のタイミングの異なる二つの反応機構が可能である〔(8.59)式〕[86]. たとえば,(8.59)式で $n=1$ の場合には,アシルオキシ基は環化の前または後で転位することが考えられる. 反応はすでに述べたように全体としてエステル基の [1,2]移動である. $n=2$ の場合,転位はビシクロ[4.1.0]の場合に起こり,$n=0$ の場合にはシクロペンタジエンが得られる.

1,4-エンインエステルの環化は Rauthenstrauch (ラウテンストラウフ) 転位のパラジウム触媒による変形である[87]. 非常に高い効率でキラリティーのトランスファー(または転写)が行われる〔(8.60)式〕[88].

金と白金に加えて,ルテニウム,イリジウム,ロジウム錯体も,アルキニルアルジミン,イミノエーテル,エステル,およびアミドを用いたアルケンのシクロプロパン化反応の触媒となる. これらの反応で金属カルベンが中間体として推定される〔(8.61)式[89]および (8.62)式[90]〕,エンイン環化を全合成に用いた例を (8.63)式に示す[91].

8.2 金属アルキン錯体への求核攻撃

(8.59)

(8.60)

(8.61)

$$(8.62)$$

$$(8.63)$$

プロパルギル酸エステルは，金触媒による [3,3] シグマトロピー転位を行いアレン酸エステルを与える．アルケン〔(8.64)式〕[92] やアレーン〔(8.65)式〕[93] をもつ基質はさらに金触媒反応が進み二環式の生成物を与える．

$$(8.64)$$

$$(8.65)$$

金触媒を用いる不斉反応では，金(I)錯体の配位の形が妨げとして働く．金(I)錯体は直線形（角度180°）なので，キラル配位子が基質に及ぼす影響は小さい．それでも，いくつかの不斉反応が開発されていて，アルコール存在下のエンイン環化〔(8.66)式〕[94] や分子間シクロプロパン化〔(8.67)式〕[95] などがその例である．

8.2 金属アルキン錯体への求核攻撃

(8.66)

(8.67)

後周期遷移金属は，オルト置換アルキニルアレーンのさまざまな興味深い環化/転位反応の触媒となる〔(8.68)式[96]，(8.69)式[97]，および (8.70)式[98]〕．これらの反応の機構は十分にはわかっていない．

(8.68)

(8.69)

(8.70)

N-プロパルギルエナミンの環融着反応によりピリジン誘導体が得られる．まずアルキリデンロジウム錯体が生成し，求核攻撃，そして転位と進む機構が提案されている

〔(8.71)式〕[99]. 2-(2'-ヨードアルケニル)エチニルアレーンの環化でアルキリデンルテニウム錯体の生成が考えられている. 反応途上ヨウ素が転位する〔(8.72)式〕[100]. プロパルギルアルコールから得られるアレニリデンルテニウム錯体はさまざまの求核剤と反応し置換生成物〔(8.73)式[101]および(8.74)式[102]〕, あるいは環融着化合物〔(8.75)式[103]〕を与える. チオラートで橋かけした二つのルテニウム原子をもつアレニリデンルテニウム錯体の構造がX線回折結晶解析により明らかとなっている.

$$(8.75)$$

8.3 安定なアルキン錯体

a. アルキンの保護基として

他の金属とは対照的に,ジコバルトオクタカルボニルはアルキンと非常に安定な錯体をつくり,ここではアルキンは Co–Co 結合に垂直な 4 電子供与橋かけ配位子として働く〔(8.76)式〕[104]. この錯体化によりアルキンの反応性は低下し,アルキンの還元やヒ

$$(8.76)$$

ドロホウ素化〔(8.77)式〕[105]に対する保護基として利用できるほどになる. アルキンは,コバルトを穏和な酸化で除去して再生される. 酸化剤としては,硝酸アンモニウムセリ

$$(8.77)$$

ウム,トリアルキルアミンオキシド,ジメチルスルホキシドなどが用いられ,あるいはTHF 中テトラブチルアンモニウムフルオリド(3 時間,$-10\ {}^\circ C$)[106]で処理しても除去できる. 金属をトリブチルスズヒドリドを用いて還元的に除去すると,アルケンが生成す

る〔(8.78)式[107]〕[108]．トリエチルシランを用いて還元的な脱錯体反応を行うとアルケニルシランが生成する〔(8.79)式〕[109]．1,2-ビス(トリメチルシリル)アセチレンを加えて反応混合物からコバルト中間体を除去すれば，アルケンの異性化とアルコールのシリル化を防ぐことができる．

アルキンがコバルトカルボニルと錯体をつくるとその幾何学的位置がアルケンの幾何配置の方向へ変形し，角度はおよそ$140°$になる[110]！この直線形からの変形はふつうは困難な反応を可能にし，メタセシス〔(8.80)式[111]〕や［4+2］環化付加〔(8.81)式[112]〕がその例である．

アルキンのコバルトへの配位は，そのプロパルギル位での正電荷も安定化し，アレン副生成物を与えることなしにプロパルギルカチオンの合成化学的利用（Nicholas 反応
ニコラス
）

8.3 安定なアルキン錯体

が可能となる〔(8.82)式〕[113]．コバルトで安定化されたプロパルギルカチオンは，プロパルギルアルコール類，エーテル，エポキシド，そしてエンイン類を含む種々の前駆体からルイス酸との反応で生成させることができる．これらは種々の求核剤ときれいに反応し[114]，プロパルギル基で置換された生成物を与える．

$$\text{(8.82)}$$

このアルキンの直線状分子からの変形が Nicholas 反応によって比較的小さな環のアルキンの合成を可能にする〔(8.83)式[115]〕．このプロセスは，エンジイン抗腫瘍剤の合成に多用されており〔(8.84)式[116]〕，またもっと複雑な環化にも用いられている〔(8.85)式[117,118]，(8.86)式[119]，(8.87)式[120] および (8.88)式[121]〕．

$$\text{(8.83)}$$

$$\text{(8.84)}$$

Ad: アダマンチル

$$\text{(8.85)}$$

(8.86)

(8.87)

(8.88)

不斉ホウ素エノラートでは，高いエナンチオ選択性が達成できる〔(8.89)式[122)]〕[123)]．コバルトに配位したプロパルギルアセタールはアリルシランとの不斉反応に用いることができる〔(8.90)式[124)]〕．錯体化していないアルキンではほとんどあるいは全くジアステレオ選択性はみられない[125)]．

(8.89)

8.3 安定なアルキン錯体

$$\text{TMS}-\!\!\!\equiv\!\!\!-\overset{\text{OMe}}{\underset{\text{OMe}}{\text{C}}}\!-\text{Co}_2(\text{CO})_6 \;+\; \text{CH}_2=\!\!\text{CH}-\overset{\text{SiPhMe}_2}{\underset{}{\text{CH}}}\!-\text{CO}_2\text{Me} \xrightarrow[86\%,\ dr > 10:1]{\text{BF}_3\text{OEt}_2}$$

(式中間生成物省略: TMS–C≡C–C(OMe)(Co₂(CO)₆)–CH(Me)–CH=CH–CH₂–CO₂Me) (8.90)

アルキンコバルト錯体の他の用途としては，アルキニルアルデヒドの立体選択的アルドール反応が知られている〔(8.91)式[126)]〕．錯体化していない遊離のアルキニルアルデ

(8.91)

ヒドはエノールシリルエーテルとアルドール反応を起こすが，立体選択性はほとんどない．しかし，錯体化したアルデヒドは高いシン選択的反応を行う[127)]．非常に高くかつ反対のシン：アンチ選択性が，ケテン *O,S*-アセタールと錯体化した，およびしていないアルデヒドとの反応でみられる〔(8.92)式[128)]〕．不斉アリルボランを用いると非常に高

(8.92)

いエナンチオ選択性とジアステレオ選択性がみられ，コバルトは容易に穏和な酸化で除去できるので，アルドール生成物が高収率で得られる〔(8.93)式[129)]〕．キラル配位子の存在下ジエチル亜鉛によるエナンチオ高選択的なアルキル化が（+）-インクルストポリン（incrustoporin）の合成に用いられた〔(8.94)式[130)]〕．

$$\text{Ph}\underset{\text{Co}_2(\text{CO})_6}{-\!\!\!\equiv\!\!\!-}\overset{\text{O}}{\underset{\text{H}}{\diagdown}} + R^*_2B\diagdown\!\!\!\diagup\text{OMe} \xrightarrow[\substack{2)\ \text{CAN, 92\%}\\ >98\%\ ee}]{1)\ \text{BF}_3\text{OEt}_2} \text{Ph}-\!\!\!\equiv\!\!\!-\overset{\text{OH}}{\underset{\text{MeO}}{\diagup\!\!\!\diagdown}}\!\!\!\diagup \quad (8.93)$$

$$R^* = $$

$$\underset{\text{Co}_2(\text{CO})_6}{-\!\!\!\diagup\!\!\!\equiv\!\!\!-\text{CHO}} + \text{Et}_2\text{Zn} \xrightarrow[\text{ヘキサン, 72\%, 99\% ee}]{\substack{\text{Ph Ph}\\ \diagup\\ \text{N}\diagup\text{OH}\\ \text{Ph}}} \underset{\text{Co}_2(\text{CO})_6}{-\!\!\!\diagup\!\!\!\equiv\!\!\!-}\overset{\text{OH}}{\underset{}{\diagup\!\!\!\diagdown}} \quad (8.94)$$

最後に，コバルトはプロパルギルラジカルをも安定化することができるので，ふつう高活性すぎるこのラジカルを合成に用いることができる〔(8.95)式〕[131].

$$\underset{\text{Co}_2(\text{CO})_6}{\text{Ph}-\!\!\!\equiv\!\!\!-}\overset{\text{OH}}{\underset{}{\diagup}}\diagdown\!\!\!\diagup\diagdown\!\!\!\diagup\!\!\!\diagdown\text{CO}_2\text{Me} \xrightarrow[\substack{2)\ \text{Zn, 38\%}}]{1)\ \text{HBF}_4} \underset{\text{Co}_2(\text{CO})_6}{\text{Ph}-\!\!\!\equiv\!\!\!-}\overset{\bullet}{\diagdown}\diagup\diagdown\!\!\!\diagup\!\!\!\diagdown\text{CO}_2\text{Me}$$

$$\longrightarrow \text{Ph}-\!\!\!\equiv\!\!\!-\overset{\text{CO}_2\text{Me}}{\diagup\!\!\!\bigcirc} \quad (8.95)$$

b. Pauson-Khand 反応[132),133)]

アルキンのジコバルト錯体は，種々の求電子剤や求核剤に対して非常に安定であるが，アルケン共存下で加熱すると，興味深くまた有用な"[2+2+1]"環化付加 Pauson-Khand（ポーソン・カーン）反応が起こり，シクロペンテノンが生成する〔(8.96)式〕[134). 反応は，アルキンとアルケンと一酸化炭素とを取込み，例外はあるが位置選択性は高く，アルケンの置換がカルボニル基側へ，またアルキンの大きい方の置換基がカルボニル基側へくる．本反応の機構はある程度調べられていて[135)，結果とうまく合う機構を (8.97)式に示す．まず，予期されるように配位不飽和座を空けるために一酸化炭素が放出されアルケンが配位し[136)，アルケンが Co-C 結合へ挿入，つづいて一酸化炭素の挿入と還元的脱離を経る．

$$\underset{\text{Co}_2(\text{CO})_6}{-\!\!\!\equiv\!\!\!-} + \diagup\!\!\!\diagdown\text{OTHP} \xrightarrow{\text{熱}} \underset{\text{アルキン}}{\overset{\text{CO}}{\diagdown}}\overset{\diagdown}{\underset{\text{アルケン}}{\diagup}}\text{OTHP} \quad (8.96)$$

8.3 安定なアルキン錯体

$$(8.97)$$

初めこのプロセスは，激しい反応条件を必要とすることや生成物収率がよくないことなどから，合成化学的有用性はあまり高くはなかった．しかし，反応は第三級アミノキシド[137]やアミン[138]，チオエーテル[139]，アルコール，エーテル，水，およびホスフィンオキシドなどのルイス塩基の添加によって著しく促進され，また収率も触媒系をポリマーやシリカゲルに担持させ固定化することにより向上する[140]．計算によるとルイス塩基はアルケン挿入過程の可逆性を抑制しているようだ[141]．

多くの分子間 Pauson-Khand 反応が報告されている〔(8.98)式[142]〕が，その分子内反応は合成化学的により注目され，種々のビシクロ化合物を合成するのに用いられている〔(8.99)式[143]，(8.100)式[144]〕．不斉の基質では高いジアステレオ選択性が達成される〔(8.101)式[145]，(8.102)式[146]，(8.103)式[147]〕．キラルな修飾基がアルキン上にあると（キ

$$(8.98)$$

$$(8.99)$$

$$\text{(8.100)}$$

$$\text{(8.101)}$$

$$\text{(8.102)}$$

$$\text{(8.103)}$$

ラルアルコキシアルキンやキラルプロピオル酸エステル)，ときには高いジアステレオ選択性がみられる[148]．キラルホスフィン配位子をもつコバルト錯体を用いたときに，特殊な基質（末端アルキン，ノルボルネン，ノルボルナジエン）については中程度ないし良好な不斉誘導がみられる[149),150)]．

上述のすべての反応は化学量論のジコバルトオクタカルボニルを用いたものである．最近数多くの触媒系が開発され，これらは，強い可視光照射下触媒量の$Co_2(CO)_8$を用いる方法[151)]，ホスホン酸トリフェニル存在下$Co_2(CO)_8$を用いる方法[152)]，CO圧1 atmでテトラメチルチオ尿素を用いる方法[153)]，$Co_2(PPh_3)(CO)_7$[154)]を用いる方法，さらに10 atmのCO加圧下$Co_4(CO)_{12}$を用いる方法[155)]などである[156)]．これらすべては，(8.104)式に示した型の限られた基質への適用が主で，COを必要とするものの，このよ

$$\text{(8.104)}$$

8.3 安定なアルキン錯体

うな非常に興味深い変換反応が触媒系として使えるようになった.

Pauson-Khand 反応では安定なアルキンコバルト錯体が含まれるので, Pauson-Khand 反応の出発物質の合成にコバルト錯体がプロパルギル位のカチオンを安定化するという性質を利用すると, このプロセスの適用範囲を拡大することができる. アリルシラン〔(8.105)式〕[157] が求核剤として用いられている. 先に述べた改良反応条件（すなわち, R_3NO, SiO_2）を用いると, 複雑な化合物が収率よく得られる. ホモプロパルギルアセタールも用いることができる. アリルボランを求核剤として用いた例を (8.106)式[158] に示す. アリルボランを用いた反応の高い立体選択性が注目される.

分子内反応は一般に位置選択性が非常に良いが, 二置換アルケンの分子間反応はしばしば位置異性体の混合物を与える. しかし, アルケンのホモアリル位に配位子——ふつうはヘテロ原子——を置くと位置制御が再び可能となる〔(8.107)式〕[159]. 実験的データはかなり集まっているが, この過程はまだ十分には理解されていない[160]. ヘテロ原子配位子は, 位置選択性を制御するだけではなく反応速度もかなり向上させている〔(8.108)式〕[161]. 位置およびジアステレオ選択的な分子間反応がキラルシクロプロペンで達成されている〔(8.109)式[162]〕. 電子不足アルキンを用いた場合にも位置選択的な

反応が起こる〔(8.110)式[163]〕. 電子不足アルキンの場合には, アルキンの分極が位置選択性を決める主要因である[164].

$$\text{(MeO-C}_6\text{H}_4\text{-S-CH}_2\text{CH}_2\text{-CH=CH-CH}_2\text{-OTBS)} + \text{TMS-C≡C-Co}_2(\text{CO})_6 \xrightarrow[79\%]{\text{単一位置異性体}} \text{生成物} \quad (8.107)$$

$$\text{エンイン-L} \xrightarrow[\text{2) 熱}]{\text{1) Co}_2(\text{CO})_8} \text{二環性エノン} \quad (8.108)$$

L = CH₂CH₂SMe, 27 h, 83%
  = CH₂SEt, 1.5 h, 59%
  = SEt, 0.15 h, 74%

$$\text{Ph-C≡C-Co}_2(\text{CO})_6 + \text{TMS-シクロプロペン-CO}_2\text{Me, Hex} \xrightarrow{\text{BuSMe}, 82\%} \text{生成物} \quad (8.109)$$

$$\text{TBSO-CH}_2\text{CH}_2\text{-C≡C-CO}_2\text{Et·Co}_2(\text{CO})_6 + \text{CH}_2=\text{CHCH}_3 \xrightarrow[\text{DCM, 92\%}]{\text{NMO}} \text{シクロペンテノン} \quad (8.110)$$

Pauson–Khand 反応の触媒として当初はコバルトカルボニルが使われたが, 最近では他に多くの触媒が開発されており, ジルコニウム, およびチタン〔(8.111)式[165]〕, ニッケル, パラジウム[166], 鉄, イリジウム〔(8.112)式[167]〕, モリブデン, タングステン, ロジウム[168], およびルテニウム[169),170)]も有効である. アルデヒドを, 触媒的脱カルボニルを利用して一酸化炭素源として使うことが可能である[171].

$$\text{アリル(フェニルプロパルギル)エーテル} \xrightarrow[\text{CO (1 atm), 85\%, 96\% ee}]{\text{TiMe}_2\text{L* 触媒, PhMe}} \text{二環性生成物} \quad (8.111)$$

TiMe₂L* = (インデニル)₂Ti(CH₂CH₂架橋)Me₂

$$\text{(メタリル)(フェニルプロパルギル)エーテル} \xrightarrow[\text{PhMe, CO (1 atm), 86\%, 93\% ee}]{[\text{IrCl(cod)}_2]_2, (S)\text{-tol-binap}} \text{二環性生成物} \quad (8.112)$$

8.3 安定なアルキン錯体

　Pauson-Khand 型反応の基質としてアレンインは興味深い[172]. さまざまな遷移金属錯体が分子間あるいは分子内反応に対し, ときには触媒に有効である. アレン部分の両方のアルケンが反応に関与でき, どのような結果が得られるかはアレン上の置換基と用いた触媒に依存する. 場合によっては, 触媒を変えると二重結合の選択性が完全に逆転する〔(8.113)式[173]〕. アレンを用いた Pauson-Khand 反応の例を (8.114)式[174] と (8.115)式[175] に示す. アレンエン〔(8.116)式[176]〕, 1,3-ジエンイン〔(8.117)式[177]〕, および 1,3-ジエンアレン〔(8.118)式[178]〕はロジウム触媒による Pauson-Khand 型反応を行う.

$$\text{(reaction scheme)} \tag{8.117}$$

$$\text{(reaction scheme)} \tag{8.118}$$

Pauson-Khand 反応は炭素-炭素二重結合に限ったものではない．イミン[179]，カルボジイミド〔(8.119)式[180]〕，ケトン[181]，およびアルデヒド[182]もアルキンと一酸化炭素との反応を行い α, β-不飽和ラクタムまたはラクトンを与える．モリブデンカルボニルはアレン連結ケトンあるいはアルデヒドと反応し，一酸化炭素挿入を行って α-メチレン-γ-ブチロラクトンを与える〔(8.120)式〕[183]．

$$\text{(reaction scheme)} \tag{8.119}$$

$$\text{(reaction scheme)} \tag{8.120}$$

8.4　金属触媒によるアルキンの環化オリゴマー化

いくつかの遷移金属はアルキン単位2個（または2個の異なるアルキン）との酸化的環化によりメタラシクロペンタジエンを与える．これらの中間体は，アルキン，アルケン，アレン，ニトリル，およびイソシアナートと容易に挿入/還元的脱離反応を行い多官能基性生成物を与える（図8.2）．

アルキンの**環化三量化**（cyclotrimerization）でアレーンを得るのにニッケル，イリジウム，ロジウム，およびルテニウムなどの多くの遷移金属錯体が触媒として有効であるが，なかでも $CoCp(CO)_2$ が最もよい．この反応の機構はよく研究されており[184]，(8.121)式に示す．まず，触媒から CO が取除かれ（したがって，この配位不飽和座を発生させるのにかなり高温を必要とする），2個のアルキンが配位し，メタラシクロペンタジエン

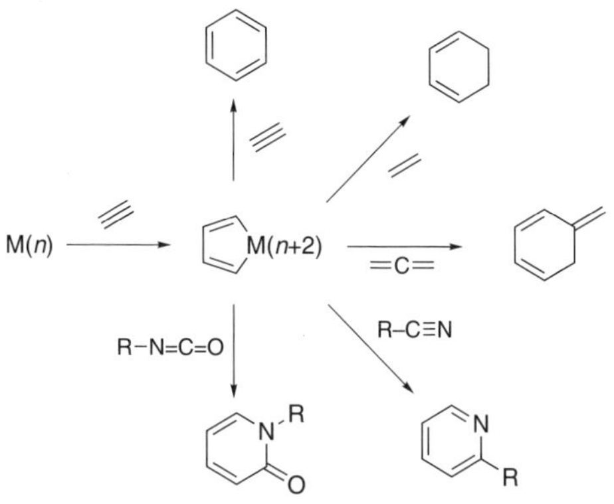

8.4 金属触媒によるアルキンの環化オリゴマー化　351

図 8.2　アルキンの環化オリゴマー化

に至る（アルキンの"還元的"カップリングであると同時に金属の"酸化"が起こっている）．この配位不飽和のメタラシクロペンタジエンは配位や他のアルキンの挿入が起こり，還元脱離してアレーンを与え触媒を再生する．別の可能性として [4+2] 環化付加を容易に行い同じ結果となる．

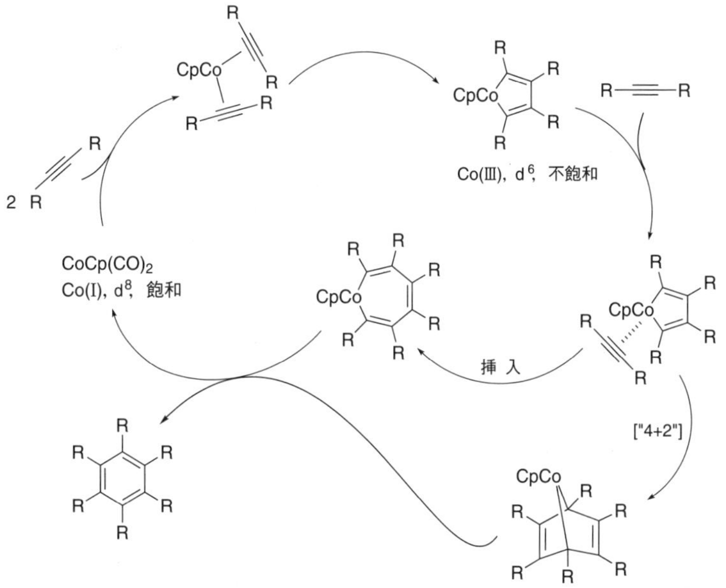

(8.121)

初めは，このプロセスには対称性のよい内部アルキンに限られ，ほとんど合成化学的

な価値はなかった.末端アルキンはすべての可能な三置換ベンゼンを与え,2種の異なるアセチレンを用いた"交差"環化三量化ではすべての可能な型の生成物を非選択的に与えてしまう.

この問題の見事な解決策として,またこの方法論の最も合成化学的に役に立つ応用として,一つの反応成分にジインを用い,もう一方の反応成分にビス(トリメチルシリル)-アセチレンのような非常に大きいアルキンを用いるとよいことが示された[185].ジインの使用により,メタラシクロペンタジエンがこのジインだけから生成するようになる.その理由は,第二のアルキンの取込みは分子内反応であり有利になるからである.TMS(トリメチルシリル)基が大きいので,この反応成分の自己三量化は抑えられる.これら二つの反応成分はきれいに環化三量化し,複雑な有機分子を高収率で与える〔(8.122)式〕[186].1,5-ジインとビス(トリメチルシリル)アセチレンからはベンゾシクロブテンが得られる.さらに良いことには,これら生成物は熱によりジエンへと開環し,Diels-Alder反応を行い多環化合物を与える.求ジエン体をもとのジイン部に組込んでおけば,この方法論を用いるエストロンの直截的合成〔(8.123)式〕[187]に示されるように,複雑な化合物を容易につくることができる.アルキンが3個とも同じ分子にあるときには容易に環化三量化が起こる〔(8.124)式〕[188].

8.4 金属触媒によるアルキンの環化オリゴマー化

$$(8.124)$$

アルキンの環化三量化の触媒の系として $CoCp(CO)_2$ が際立ってよく研究されているが，他に多くの金属もこの反応の良い触媒となる．Wilkinson 触媒 $RhCl(Ph_3P)_3$ は，ジインとアルキンとの環化三量化〔(8.125)式〕[189]，およびジインと無置換アセチレンとの環化三量化〔(8.126)式〕[190] の触媒となる．さらに，不斉反応では軸性キラルな化合物を与える〔(8.127)式〕[191]．これはニッケル(0)錯体〔(8.128)式[192]〕と同様である[193]．分子間環化の型がイリジウム(I)触媒反応の場合，配位子の選択により変えられる〔(8.129)式〕[194]．ルテニウム錯体も触媒となる〔(8.130)式〕[195]．パラジウム(0)錯体はエニンとジインとの環化三量化の触媒となる〔(8.131)式〕[196]．

$$(8.125)$$

$$(8.126)$$

$$(8.127)$$

(8.128)

(8.129)

(8.130)

(8.131)

　シアノ基は自身では三量化することのない三重結合であり、アルキンと共三量化することができ、ピリジン誘導体を生成する[197]. 単純なアルキンの環化三量化のように、非対称アルキンも可能なすべての位置異性体を生成する. しかし、ジインとの環化三量化は良好に進行しピリジンを与える〔(8.132)式[198]〕[199]. このプロセスは、単純なアルキンならうまくいく〔(8.133)式[200),201]、(8.134)式[202]、および(8.135)式[203]〕. (8.135)式の例では不斉誘導が起こっている. ルテニウム錯体も有効な触媒である〔(8.136)式〕[204].

8.4 金属触媒によるアルキンの環化オリゴマー化

(8.132)

(8.133)

(8.134)

(8.135)

(8.136)

　アルキンの自己三量化を抑えることができれば，アルキンはアルケンとも共三量化することができる．実際には，メタラシクロペンタジエンをまずつくってからそこへアルケンを入れる方法〔(8.137)式〕[205]，あるいは反応を一部分子内的に[206]〔(8.138)式〕[207]，または完全に分子内的に〔(8.139)式[208]〕行う[209]という工夫がなされている．金属の除去は$Fe(NO)_3$を用いて酸化的にあるいはSiO_2を用いて行われる．アレンはアルキンと環化三量化する〔(8.140)式〕[210]．

(8.137)

(8.138)

(8.139)

(8.140)

ルテニウムやニッケル錯体を触媒的に用いるアルキン-アルキン-アルケン環化三量化を (8.141)式[211] および (8.142)式[212] に示す．(8.142)式の反応で亜鉛金属はニッケル(II) をニッケル(0) に還元するため用いられている．パラジウム錯体はエンインとジイ

ンの共環化三量化の触媒となる〔(8.143)式〕[213),214)]. PPh_3 と $P(o\text{-tol})_3$ を用いた方が収率がよい. この反応の機構は未解明である[215)].

$$\text{(8.141)}$$

1 : 1 ジアステレオマー混合物

$$\text{(8.142)}$$

中間体

酸 化

$$\text{(8.143)}$$

イソシアナートは, このような環化三量化において二重結合の役を果たすことができ, ピリドンを生成物として与える〔(8.144)式[216)] と (8.145)式[217)]〕[218)]. ニッケル錯体とア

$$\text{(8.144)}$$

$$\text{(8.145)}$$

L =

ルキンとイソシアナートから安定なメタラサイクルが生成する〔(8.146)式〕[219]．用いるモル比に応じて，他のアルキンが続いて挿入しピリドンを与えるか，または，他のイソシアナートが挿入しピリミジンを生成する．このメタラサイクルはCOや酸とも反応してイミドや共役アミドを与える．ヘテロ原子－炭素二重結合をもつ多くの化合物もルテニウム触媒による環化三量化を行う〔(8.147)式〕[220]．

(8.146)

(8.147)

ニッケル(0)錯体は，アルキンと二酸化炭素とを"還元的カップリング"させ安定なメタラサイクルにすることができる．これら錯体は，他のアルキンや一酸化炭素を挿入で

取込むことやプロトン化分解を行う〔(8.148)式〕[221]. 触媒反応も容易である〔(8.149)式〕[222]. この方法は, 複雑な分子を合成するためにはまだ用いられてはいない. ニッケル(0)錯体は, おそらくメタラシクロペンテン中間体を経てアルキン-アルケン-二酸化炭素カップリングを行う〔(8.150)式〕[223].

アルキンは一酸化炭素共存下種々の遷移金属と反応し, 一酸化炭素およびアルキン由来の有機基を取込んだ生成物が得られる. さらに, アルキン由来の有機基と一酸化炭素

から構成される配位子をもつ有機金属錯体がしばしば生成する[224]. このタイプの反応はふつう大変複雑で, 有機化合物の合成に役立つほど制御可能なものはほとんどない. キノン類はアルキンと一酸化炭素との反応で得られる生成物の一つであることは従来から知られており, マレイン酸型錯体が中間体であるという強い証拠がある〔(8.151)式〕.

$$R-\equiv-R + CO + ML_n \longrightarrow \underset{R}{\overset{R}{\underset{\|}{\bigvee}}} ML_n \longrightarrow$$

+ あらゆる副生成物
制御不能で汚い系

(8.151)

しかし, このプロセスは, 同時に生成する有機化合物や有機金属化合物の数が多いので, 合成的価値はほとんどない. とはいうものの, これらの反応は利用価値があり将来の発展が期待される. マレイン酸型またはフタル酸型錯体が効率よく生成するように工夫をし, これらの錯体を一度生成させてからアルキンと反応させるようにすると, キノンの効率と収率のよい合成法となる. 最も効果的に生成できるフタル酸型錯体は, ベンゾシクロブタンジオンと $CoCl(PPh_3)_3$ との反応で得られるコバルト錯体である[225]. 最初に生成するビスホスフィンコバルト(Ⅲ)錯体は, アルキンを配位するために必要な, フタロイル面に対しアキシアル位に空きが得にくいので, アルキンに対して不活性である. しかし, 銀(I)で処理すると配位不飽和カチオン性錯体が生成し[226], あるいはもっと望ましいことに, ピリジン中ジメチルグリオキシムで処理すると, はずれやすいシスピリジン配位子 (X線回折で決定) をもつ正八面体錯体になり, このことによりフタル酸型錯体は活性となり, 種々のアルキンと反応して効率よくナフトキノンに変換される 〔(8.152)式〕. 同様にシクロブテンジオンからベンゾキノンが効率よく合成できる〔(8.153)式[227], (8.154)式[228]〕. 非対称な化合物からは, しばしば位置異性体の混合物が生成するが, ルイス酸を共存させると選択性はかなり良くなる[229].

$$\underset{}{\overset{}{\bigcirc}} \xrightarrow{CoCl(PPh_3)_3} \underset{安定}{\overset{}{\bigcirc} CoCl(PPh_3)_2} \xrightarrow[\text{熱, 89\%}]{Et-\equiv-OEt \atop AgBF_4, MeCN,} \underset{}{\overset{}{\bigcirc}} \overset{Et}{\underset{OEt}{}}$$

(8.152)

$$\text{(8.153)}$$

アセトン, 80 ℃, 89%, 3.7∶1
DCM, 室温, Zn(OTf)$_2$, 74%, 12∶1

$$\text{(8.154)}$$

8.5 ジルコニウムおよびチタン錯体による反応[230]

　これまで論じてきたすべてのアルキンの化学は後周期遷移金属錯体 (p.278 脚注参照) についてであり，それらの正常な多様な反応を含むものであった．しかし，前周期遷移金属にも多彩なアルキンの化学が知られている (例として第 4 章参照)．3 種の異なるアルキンをジルコニウムを用いて段階的に環化三量化することにより六置換アレーンが得られる〔(8.155)式〕[231].

$$\text{(8.155)}$$

　この段階的にジルコニウム錯体を用いる方法は，ピリジン類の合成に用いられる〔(8.156)式〕[232].

$$\text{(8.156)}$$

しかしもっと興味深い点は，アリールリチウム反応剤が $Cp_2Zr(Me)Cl$ と反応し続く脱メタンにより安定な構造決定が可能な**ベンザイン** (benzyne) のジルコニウム錯体が生成する〔(8.157)式〕ことであろう．これらのベンザイン錯体は種々の挿入反応を行い，

$$\text{(8.157)}$$

結果として芳香環の官能基化に至る．非対称なベンザイン錯体を用いると，この場合挿入反応は位置選択的ではないが，立体的に最も込み入っていない Zr−C 結合で起こる．すなわち，ニトリルは挿入によりアザジルコナシクロペンタジエンを与え，これはアリールケトンまたはヨードアリールケトンに分解できる〔(8.158)式〕[233]．アルキンは挿入によりジルコナシクロペンタジエンを与え，このものを二塩化硫黄と反応させるとベンゾチオフェンとなる〔(8.159)式〕[234]．アルケンも挿入することができジルコナシクロペンテンを与え，これは求電子剤で切断することにより種々の置換化合物を生成する〔(8.160)式〕[235]．

$$\text{(8.158)}$$

8.5 ジルコニウムおよびチタン錯体による反応

(8.159)

(8.160)

種々の官能基をもつインドールを，同様な挿入反応によりジルコナベンザイン中間体〔(8.161)式〕[236] から合成することができる．分子内アルケン挿入反応が CC-1065 類縁体の合成に用いられている〔(8.162)式〕[237]．

(8.161)

(8.162)

類似のチタンベンザイン錯体もアリールリチウム反応剤と $TiCp_2ClMe$ の反応で生成し，さらに，アルキン，アルケン，ケトン，およびニトリルと反応する〔(8.163)式〕[238]．

(8.163)

文 献

1. a) Reger, D. L.; Belmore, K. A.; Mintz, E.; McElligot, P. J. *Organometallics* **1984**, *3*, 134.
   b) Reger, D. L.; Mintz, E. *Organometallics* **1984**, *3*, 1759.
2. 総説: a) Alonso, F.; Beletskaya, I. P.; Yus, M. *Chem. Rev.* **2004**, *104*, 3079. b) Zeni, G.; Larock, R. C. *Chem. Rev.* **2004**, *104*, 2285. c) Nakamura, I.; Yamamoto, Y. *Chem. Rev.* **2004**, *104*, 2127.
3. 総説: Müller, T. E.; Beller, M. *Chem. Rev.* **1988**, *98*, 675.
4. Utimoto, K. *Pure Appl. Chem.* **1983**, *55*, 1845.
5. フロキノシン (furoquinocin) D の合成で: Saito, T.; Morimoto, M.; Akiyama, C.; Matsumoto, T.; Suzuki, K. *J. Am. Chem. Soc.* **1995**, *117*, 10757.
6. ペリジニン (peridinin) の合成で: Furuichi, N.; Hara, H.; Osaki, T.; Nakano, M.; Mori, H.; Katsumura, S. *J. Org. Chem.* **2004**, *69*, 7949.
7. (+)-ブロウソネチン (broussonetine) G の合成で: Trost, B. M.; Horne, D. B.; Woltering, M. J. *Chem.—Eur. J.* **2006**, *12*, 6607.
8. a) Consorti, C. S.; Ebeling, G.; Dupont, J. *Tetrahedron Lett.* **2002**, *43*, 753. b) 以下も見よ: Norton, J. R.; Shenton, K. E.; Schwartz, *Tetrahedron Lett.* **1975**, 51.
9. a) Kondo, Y.; Shiga, F.; Murata, N.; Sakamoto, T.; Yamanaka, H. *Tetrahedron* **1994**, *50*, 11803. b) クメストロール (coumestrol) の合成で: Hiroya, K.; Suzuki, N.; Yasuhara, A.; Egawa, Y.; Kasano, A.; Sakamoto, T. *J. Chem. Soc., Perkin Trans. 1* **2000**, 4339.
10. Arcadi, A.; Cacchi, S.; Del Rosario, M.; Fabrizi, G.; Marinelli, F. *J. Org. Chem.* **1996**, *61*, 9280.
11. Asao, N.; Nogami, T.; Takahashi, K.; Yamamoto, Y. *J. Am. Chem. Soc.* **2002**, *124*, 764.
12. Miyakoshi, N.; Aburano, D.; Mukai, C. *J. Org. Chem.* **2005**, *70*, 6045.
13. SB 242784 の合成で: Yu, M. S.; Lopez de Leon, L.; McGuire, M. A.; Botha, G. *Tetrahedron Lett.* **1998**, *39*, 9347.
14. 総説: Battistuzzi, G.; Cacchi, S.; Fabrizi, G. *Eur. J. Org. Chem.* **2002**, 2671.
15. ベンゾ[b]フラン, イソクマリン, およびイソクロメン (isochromene) を与える関連イリジウム錯体触媒反応: Li, X.; Chianese, A. R.; Vogel, T.; Crabtree, R. H. *Org. Lett.* **2005**, *7*, 5437.
16. Kondo, Y.; Shiga, F.; Murata, N.; Sakamoto, T.; Yamanaka, H. *Tetrahedron* **1994**, *50*, 11803.
17. Flynn, B. L.; Hamel, E.; Jung, M. K. *J. Med. Chem.* **2002**, *45*, 2670.
18. Arcadi, A.; Cacchi, S.; Marinelli, F. *Tetrahedron Lett.* **1992**, *33*, 3915.
19. Wolf, L. B.; Tjen, K. C. M. F.; ten Brink, H. T.; Blaauw, R. H.; Hiemstra, H.; Schoemaker, H. E.; Rutjes, F. P. J. T. *Adv. Synth. Cat.* **2002**, *344*, 70.
20. Yu, Y.; Stephenson, G. A.; Mitchell, D. *Tetrahedron Lett.* **2006**, *47*, 3811.
21. Dai, G.; Larock, R. C. *Org. Lett.* **2001**, *3*, 4035.
22. Dai, G.; Larock, R. C. *J. Org. Chem.* **2002**, *67*, 7042.
23. Huang, Q.; Larock, R. C. *J. Org. Chem.* **2003**, *68*, 980.
24. たとえば, Shimada, T.; Yamamoto, Y. *J. Am. Chem. Soc.* **2002**, *124*, 12670.
25. 総説: a) Bruneau, C.; Dixneuf, P. H. *Angew. Chem. Int. Ed.* **2006**, *45*, 2176. b) Beller, M.; Seayad, J.; Tillack, A.; Jiao, H. *Angew. Chem. Int. Ed.* **2004**, *43*, 3368.
26. 反応機構について: Alonso, F.; Beletskaya, I. P.; Yus, M. *Chem. Rev.* **2004**, *104*, 3079.
27. Doucet, H.; Martin-Vaca, B.; Bruneau, C.; Dixneuf, P. H. *J. Org. Chem.* **1995**, *60*, 7247.
28. Hua, R.; Tian, X. *J. Org. Chem.* **2004**, *69*, 5782.
29. Mitsudo, T.-a.; Hori, Y.; Yamakawa, Y.; Watanabe, Y. *J. Org. Chem.* **1987**, *52*, 2230.
30. アルケニリデン錯体を経るインドール, ベンゾ[b]フラン, およびエノールラクトン生成反応: Trost, B. M.; McClory, A. *Angew. Chem. Int. Ed.* **2007**, *46*, 2047.
31. Trost, B. M.; Rhee, Y. H. *J. Am. Chem. Soc.* **2002**, *124*, 2528.
32. 総説: Trost B. M.; Fredricksen, M. U.; Rudd, M. T.; *Angew. Chem. Int. Ed.* **2005**, *44*, 6630.
33. ローズフラン (rosefuran) の合成で: Trost, B. M.; Flygare, J. A. *J. Org. Chem.* **1994**, *59*, 1078.

34. Mamane, V.; Hannen, P.; Fürstner, A. *Chem.−Eur. J.* **2004**, *10*, 4556.
35. Seregin, I. V.; Gevorgyan, V. *J. Am. Chem. Soc.* **2006**, *128*, 12050.
36. Bäckvall, J.-E.; Nilsson, Y. I. M.; Gatti, R. P. G. *Organometallics* **1995**, *14*, 4242.
37. Li, J.-H.; Tang, S.; Xie, Y.-X. *J. Org. Chem.* **2005**, *70*, 477.
38. a) Ma, S.; Lu, X. *J. Chem. Soc. Chem. Commun.* **1990**, 733. b) Ma, S.; Lu, X. *J. Org. Chem.* **1991**, *56*, 5120. c) Lu, X.; Zhu,G.; Wang, Z.; Ma, S.; Ji,; Zhang, Z. *Pure Appl. Chem.* **1997**, *69*, 553. d) Zhu,G.; Zhang, Z.; *J. Org. Chem.* **2005**, *70*, 3339.
39. Ma, S.; Wu, B.; Jiang, X.; Zhao, S. *J. Org. Chem.* **2005**, *70*, 2568.
40. Ma, S.; Wu, B.; Jiang, X. *J. Org. Chem.* **2005**, *70*, 2588.
41. テトラヒドロジクラネノン (tetrahydrodicranenone) の合成で: B. Trost, B. M.; Pinkerton, A. B. *J. Org. Chem.* **2002**, *66*, 7714.
42. Trost, B. M.; Pinkerton, A. B. *J. Am. Chem. Soc.* **2000**, *122*, 8081.
43. Tong, X.; Li, D.; Zhang, Z.; Zhang, X. *J. Am. Chem. Soc.* **2004**, *126*, 7601.
44. Kokubo, K.; Matsumasa, K.; Miura, M.; Nomura, M. *J. Org. Chem.* **1996**, *61*, 6941.
45. Hua, R.; Shimada, S.; Tanaka, M. *J. Am. Chem. Soc.* **1998**, *120*, 12365.
46. Hua, R.; Onozawa, S.-y.; Tanaka, M. *Chem.−Eur. J.* **2005**, *11*, 3621.
47. 炭素−炭素多重結合の金触媒によるヒドロアミノ化: Widenhoefer, R. A.; Han, X. *Eur. J. Org. Chem.* **2006**, *20*, 4555.
48. Antoniotti, S.; Genin, E.; Michelet, V.; Genet, J.-P. *J. Am. Chem. Soc.* **2005**, *127*, 9976.
49. ソレノプシン (solenopsin) A の合成で: Fukuda, Y.; Utimoto, K. *Synthesis* **1991**, 975.
50. Genin, E.; Toullec, P. Y.; Antoniotti, S.; Brancour, C.; Genet, J.-P. Michelet, M. *J. Am. Chem.* **2006**, *128*, 3112.
51. a) (＋)-オクロマイシノン (ochromycinone) および(＋)-ルビギノン (rubiginone) B_2 の合成で: Sato, K.; Asao, N.; Yamamoto, Y. *J. Org. Chem.* **2005**, *70*, 8977. b) 以下も見よ: Asao, N.; Nogami, T.; Lee, S. Yamamoto, Y. *J. Am. Chem. Soc.* **2003**, *125*, 10921.
52. a) 金触媒: Yao, T.; Zhang, X.; Larock, R. C. *J. Am. Chem. Soc.* **2004**, *126*, 11164. b) Yao, T.; Zhang, X.; Larock, R. C. *J. Org. Chem.* **2005**, *70*, 7679. c) 白金触媒: Oh, C. H.; Reddy, V. R.; Kim, A.; Rhim, C. Y. *Tetrahedron Lett.* **2006**, *47*, 5307. d) 銅触媒: Patil, N. T.; Wu, H.; Yamamoto, Y. *J. Org. Chem.* **2005**, *70*, 4531.
53. Binder, J. T.; Crone, B.; Kirsch, S. F.; Liebert, C.; Manz, H. *Eur. J. Org. Chem.* **2007**, 1636.
54. 総説: a) Bandini, M.; Emer, E.; Tommasi, S.; Umani-Ronchi, A. *Eur. J. Org. Chem.* **2006**, 3527. b) Nevado, C.; Echavarren, A. M. *Synthesis* **2005**, 167.
55. Tunge, J. A.; Foresse, L. N. *Organometallics* **2005**, *24*, 6440.
56. Soriano, E.; Marco-Contelles, J. *Organometallics* **2006**, *25*, 4542.
57. 6-デオキシクリトリアセタール (6-deoxyxclitoriacetal) の合成で: Khorpheung, P.; Tummatorn, J.; Petsom, A.; Taylor, R. J. K.; Roengsumran, S. *Tetrahedron Lett.* **2006**, *47*, 5989.
58. Ferrer, C.; Amjis, C. H. M.; Echavarren, A. M. *Chem.−Eur. J.* **2007**, *13*, 1358.
59. Hashmi, A. S. K.; Blanco, M. C. *Eur. J. Org. Chem.* **2006**, 4340.
60. Hashmi, A. S. K.; Frost, T. M.; Bats, J. W. *J. Am. Chem. Soc.* **2000**, *122*, 11553.
61. Hashmi, A. S. K.; Frost, T. M.; Bats, J. W. *Org. Lett.* **2001**, *3*, 3769.
62. Martin-Matute, B.; Nevado, C.; Cardenas, D. J.; Echvarren, A. M. *J. Am. Chem. Soc.* **2003**, *125*, 5757.
63. 金触媒反応の理論的研究: Rabaa, H.; Engels, B.; Hupp, T.; Hashmi, A. S. K. *Int. J. Quantum Chem.* **2007**, *107*, 359.
64. Hashmi, A. S. K.; Rudolph, M.; Weyerauch, J. P.; Woelfle, M.; Frey, W.; Bats, J. W. *Angew. Chem. Int. Ed.* **2005**, *44*, 2788.
65. Kennedy-Smith, J. J.; Staben, S. T.; Toste, F. D. *J. Am. Chem. Soc.* **2004**, *126*, 4526.
66. ニッケル触媒反応: Gao, Q.; Zheng, B.-F.; Li, J.-H.; Yang, D. *Org. Lett.* **2005**, *7*, 2185.
67. レニウム触媒反応: Kuninobu, Y.; Kawata, A.; Takai, K. *Org. Lett.* **2005**, *7*, 4823.
68. Corkey, B. K.; Toste, F. D. *J. Am. Chem. Soc.* **2006**, *127*, 17168.
69. (＋)-リコプラジン (lycopladine) A の合成で: Staben, S. T.; Kennedy-Smith, J. J.; Huang, D.; Corkney, B. K.; LaLonde, R. L.; Toste, D. F. *Angew. Chem. Int. Ed.* **2006**, *45*,

5991.
70. Harrison, T. J.; Patrick, B. O.; Dake, G. R. *Org. Lett.* **2007**, *9*, 367.
71. Kusama, H.; Yamabe, H.; Onizawa, Y.; Hoshino, T.; Iwasawa, N. *Angew. Chem. Int. Ed.* **2005**, *44*, 468.
72. Markham, J. P.; Staben, S. T.; Toste, D. F. *J. Am. Chem. Soc.* **2005**, *127*, 9708.
73. 金および白金触媒反応の総説: a) Fürstner, A.; Davies, P. W. *Angew. Chem. Int. Ed.* **2007**, *46*, 3410. b) Gorin, D. J.; Toste, F. D. *Nature* **2007**, 395. c) Jiminez-Nunea, E.; Echavarren, A. M. *Chem. Commun.* **2007**, 333. d) Zhang, L.; Sun, J.; Kozmin, S. A. *Adv. Synth. Catal.* **2006**, *348*, 2271. e) Hashmi, A. S. K.; Hutchings, G. J. *Angew. Chem. Int. Ed.* **2006**, *45*, 7896. f) Ma, S.; Yu, S.; Gu, Z. *Angew. Chem. Int. Ed.* **2006**, *45*, 200.
74. Nakanishi, W.; Yamanaka, M.; Nakamura, E. *J. Am. Chem. Soc.* **2005**, *127*, 1446.
75. 理論的研究: Komiya, S.; Albright, T. A.; Hoffmann, R.; Kochi, J. K. *J. Am. Chem. Soc.* **1976**, *98*, 7255.
76. 反応機構の総説: Lloyd-Jones, G. C. *Org. Biomolec. Chem.* **2003**, *1*, 215.
77. 白金についての理論的研究: Soriano, E.; Marco-Contelles, J. *J. Org. Chem.* **2005**, *70*, 9345.
78. イリジウム錯体触媒反応: Shibata, T.; Kobayashi, Y.; Maekawa, S.; Toshida, N.; Takagi, K. *Tetrahedron* **2006**, *61*, 9018.
79. Soriano, E.; Ballesteros, P.; Marco-Contelles, J. *J. Org. Chem.* **2004**, *69*, 8018.
80. 重水素および¹³C 標識基質での反応: a) Nieto-Oberhuber, C.; Munoz, M. P.; Lopez, S.; Jiminez-Nunes, E.; Nevado, C.; Herrero-Gomez, Raducan, M.; Echavarren, A. M. *Chem.—Eur. J.* **2006**, *12*, 1677. b) Chatani, N.; Furukawa, N.; Sakurai, H.; Murai, S. *Organometallics* **1996**, *15*, 901. c) Oi, S.; Tsukamoto, I.; Miyano, S.; Inoue, Y. *Organometallics* **2001**, *20*, 3704.
81. ロセオフィリン (roseophilin) の合成で: Trost, B. M.; Doherty, G. A. *J. Am. Chem. Soc.* **2000**, *122*, 3801.
82. Nieto-Oberhuber, C.; Lopez, S.; Munoz, M. P.; Jiminez-Nunes, E.; Bunuel, E.; Cardenas, D. J.; Echavarren, A. M. *Chem.—Eur. J.* **2006**, *12*, 1694.
83. Sherry, B. D.; Maus, L.; Laforteza, B. N.; Toste, D. F. *J. Am. Chem. Soc.* **2006**, *128*, 8132.
84. Toullec, P. Y.; Genin, E.; Leseurre, L.; Genet, J.-P.; Michelet, V. *Angew. Chem. Int. Ed.* **2006**, *45*, 7427.
85. 総説: Marco-Contelles, J.; Soriano, E. *Chem.—Eur. J.* **2007**, *13*, 1350.
86. Soriano, E.; Ballesteros, P.; Marco-Contelles, J. *Organometallics* **2005**, *24*, 3182.
87. Rautenstrauch, V. *J. Org. Chem.* **1984**, *49*, 950
88. Shi, X.; Gorin, D. J.; Toste, F. D. *J. Am. Chem. Soc.* **2005**, *127*, 5802.
89. Miki, K.; Ohe, K.; Uemura, S. *J. Org. Chem.* **2003**, *68*, 8505.
90. Nishino, F.; Miki, K.; Kato, Y.; Ohe, K.; Uemura, S. *Org. Lett.* **2003**, *5*, 2615.
91. (−)-α-クベベン (cubebene) の合成で: Fürstner, A.; Hannen, P. *Chem.—Eur. J.* **2006**, *12*, 3006.
92. Buzas, A.; Gagosz, F. *J. Am. Chem. Soc.* **2006**, *128*, 12614.
93. Marion, N.; Diez-Gonzalez, S.; de Fremont, P.; Noble, A. P.; Nolan, S. P. *Angew. Chem. Int. Ed.* **2006**, *45*, 3647.
94. Munoz, M. P.; Adrio, J.; Carretero, J. C.; Echavarren, A. M. *Organometallics* **2005**, *24*, 1293.
95. Johansson, M. J.; Gorin, D. J.; Staben, S. T.; Toste, F. D. *J. Am. Chem. Soc.* **2005**, *127*, 18002.
96. Nakamura, I.; Bajracharya, G. B.; Wu, H.; Oishi, K.; Mitzushima, Y.; Gridnev, I. D.; Yamamoto, Y. *J. Am. Chem. Soc.* **2004**, *126*, 15423.
97. Bajracharya, G. B.; Pahadi, N. K.; Gridnev, I. D.; Yamamoto, Y. *J. Org. Chem.* **2006**, *71*, 6204.
98. Nakamura, I.; Mizushima, Y.; Yamamoto, Y. *J. Am. Chem. Soc.* **2005**, *127*, 15022.
99. Kim, H.; Lee, C. *J. Am. Chem. Soc.* **2006**, *128*, 6336.
100. Shen, H.-C.; Pal, S.; Lian, J.-J.; Liu, R.-S. *J. Am. Chem. Soc.* **2003**, *125*, 15762.
101. Nishibayashi, Y.; Wakiji, I.; Hidai, M.; Uemura, S. *J. Am. Chem. Soc.* **2000**, *122*, 11019.

102. Inada, Y.; Yoshikawa, M.; Milton, M. D.; Nishibayashi, Y.; Uemura, S. *Eur. J. Org. Chem.* **2006**, 881.
103. Nishibayashi, Y.; Inada, Y.; Hidai, M.; Uemura, S. *J. Am. Chem. Soc.* **2003**, *125*, 6060.
104. Dickson, R. S.; Fraser, P. J. *Adv. Organomet. Chem.* **1974**, *12*, 323.
105. Nicholas, K. M.; Pettit, R. *Tetrahedron Lett.* **1971**, 3475.
106. Jones, G. B.; Wright, J. M.; Rush, T. M.; Plourok, G. W.; Kelton, T. F.; Mathews, J. E.; Huber, R. S.; Davidson, J. P. *J. Org. Chem.* **1997**, *62*, 9379.
107. シガトキシンの HIJK 環構成部分の合成で: Liu, T.-Z.; Isobe, M. *Tetrahedron* **2000**, *56*, 5391.
108. Hosokawa, S.; Isobe, M. *Tetrahedron Lett.* **1998**, *39*, 2609.
109. Kira, K.; Tanda, H.; Hamajima, A.; Baba, T.; Takai, S.; Isobe, M. *Tetrahedron* **2002**, *58*, 6485.
110. Dickson, R. S.; Fraser, P. J. *Adv. Organomet. Chem.* **1974**, *12*, 323.
111. シクロプロパラジシオール (cycloproparadiciol) の合成で: Yang, Z.-Q.; Danishefsky, S. J. *J. Am. Chem. Soc.* **2003**, *125*, 9602.
112. Iwasawa, N.; Inaba, K.; Nakayama, S.; Aoki, M. *Angew. Chem. Int. Ed.* **2005**, *44*, 7447.
113. 総説: a) Diaz, D. D.; Betancort, J. M.; Martin, V. S. *Synlett* **2007**, 343. b) Teobald, B. J. *Tetrahedron* **2002**, *58*, 4133. c) Caffyn, A.; Nicholas, K. M. Transition Metal Alkyne Complexes. Transition Metal Stabilized Propargyl Systems. In *Comprehensive Organometallic Chemistry II*; Abel, E. W., Stone, F. G. A., Wilkinson, G., Eds.; Pergamon: Oxford, U. K., 1995; Vol. 12, pp 685–702.
114. コバルトで安定化されたプロパルギルカチオンと種々の求核剤の反応: Kuhn, O.; Raw, D.; Mayr, H. *J. Am. Chem. Soc.* **1998**, *120*, 900.
115. シガトキシンの JKLM 環構成部分の合成で: Baba, T.; Huang, G.; Isobe, M. *Tetrahedron* **2003**, *59*, 6851.
116. ここに相当する Nicholas 反応を含むこの種の化合物の総説: a) Nicolaou, K. C.; Dai, W. M. *Angew. Chem., Int. Ed. Engl.* **1991**, *30*, 1387. b) Magnus, P.; Pitterna, T. *J. Chem. Soc., Chem. Commun.* **1991**, 541. c) Magnus, P.; Miknis, G. F.; Press, N. J.; Grandjean, D.; Taylor, G. M.; Harling, J. *J. Am. Chem. Soc.* **1997**, *119*, 6739. d) Magnus, P.; Eisenbeis, S. A.; Fourhurst, R. H.; Ikadis, T.; Magnus, T. A.; Parry, D. *J. Am. Chem. Soc.* **1997**, *119*, 5591.
117. インゲノール (ingenol) の合成で: Tanino, K.; Onuki, K.; Asano, K.; Miyashita, M.; Nakamura, T.; Takahashi, Y.; Kuwajima, I. *J. Am. Chem. Soc.* **2003**, *125*, 1498.
118. Nakamura, T.; Matsui, T.; Tamino, K.; Kuwajima, I. *J. Org. Chem.* **1997**, *62*, 3032.
119. プソイドプテロシン (pseudopterosin) G アグリコンジメチルエーテルの合成で: LeBrazidec, J.-Y.; Kociensky, P. J.; Connolly, J. D.; Muir, K. W. *J. Chem. Soc., Perkin Trans. 1* **1998**, 2475.
120. Tanino, K.; Kondo, F.; Shimizu, T.; Miayshita, M. *Org. Lett.* **2002**, *4*, 2217.
121. Patel, M. M.; Green, J. R. *Chem. Commun.* **1999**, 509.
122. PS-5 の合成で: Jacobi. P. A.; Murphree, S.; Rupprecht, F.; Zheng, W. *J. Org. Chem.* **1996**, *61*, 2413.
123. a) Jacobi, P. A.; Buddu, S. C.; Fry, M. D.; Rajeswari, S. *J. Org. Chem.* **1997**, *62*, 2894. b) Jacobi, P. A.; Herradina, P. *Tetrahedron Lett.* **1997**, *38*, 6621.
124. シストチアゾール (cystothiazole) の合成で: Shao, J.; Panek, J. S. *Org. Lett.* **2004**, *6*, 3083.
125. Sui, M.; Panek, J. S. *Org. Lett.* **2001**, *3*, 2439.
126. ネオカルチノスタチン (neocarzinostatin) およびケダルシジン (kedarcidin) クロモフォアの合成で: Caddick, S.; Delisser, V. M. *Tetrahedron Lett.* **1997**, *38*, 2355.
127. 総説: Mukai, C.; Hanaoka, M. *Synlett* **1996**, 11.
128. ブラストマイシノン (blastomycinone) の合成で: Mukai, C.; Kataoka, O.; Hanaoka, M. *J. Org. Chem.* **1993**, *58*, 2946.
129. Ganesh, P.; Nicholas, K. M. *J. Org. Chem.* **1997**, *62*, 1737.
130. Fontes, M.; Verdaguer, X.; Sola, L.; Vidal-Ferran, A.; Reddy, K. S.; Riera, A.; Pericas, M. A. *Org. Lett.* **2002**, *4*, 2381.

131. Salazar, K. L.; Khan, M. A.; Nicholas, K. M. *J. Am. Chem. Soc.* **1997**, *119*, 9053.
132. 総 説: a) Gibson, S. E.; Mainolfi, N. *Angew. Chem. Int. Ed.* **2005**, *44*, 3022. b) Blanco-Urgoiti, J.; Anorbe, L.; Perez-Serrano, L.; Dominguez, G.; Perez-Castells, J. *Chem. Soc. Rev.* **2004**, *33*, 32. c) Brummond, K. M.; Kent, J. L. *Tetrahedron* **2000**, *56*, 3263. d) Gao, O.; Schmalz, H.-O. *Angew. Chem. Int. Ed.* **1998**, *37*, 911. e) Chung, Y. K. *Coord. Chem. Rev.* **1999**, *188*, 297. f) Schore, N.E. *Org. React.* **1991**, *40*. 1.
133. Pauson-Khand 反応の副反応の総説: Bonaga, L. V. R.; Krafft, M. E. *Tetrahedron* **2004**, *60*, 9795.
134. Billington, D. C.; Pauson, P. L. *Organometallics* **1982**, *1*, 1560.
135. Gimbert, Y.; Lesage, D.; Milet, A.; Fournier, F.; Greene, A. E.; Tabet, J.-C. *Org. Lett.* **2003**, *5*, 4073.
136. この型の中間体は単離された: Banide, E. V.; Müller-Bunz, H.; Manning, A. R.; Evans, P.; McGlinchey, M. J. *Angew. Chem. Int. Ed.* **2007**, *46*, 2907.
137. Shambayati, S.; Crowe, W. E.; Schreiber, S. L. *Tetrahedron Lett.* **1990**, *31*, 5289.
138. Rajesh, T.; Periasamy, M. *Tetrahedron Lett.* **1998**, *39*, 117.
139. Brown, J. A.; Irvine, S.; Kerr, W. J.; Pearson, C. M. *Org. Biomolec. Chem.* **2005**, *3*, 2396.
140. a) Smit, W. D.; Kireev, S. L.; Nefedov, O. M.; Tarasov, V. A. *Tetrahedron Lett.* **1989**, *30*, 4021. b) Becker, D. P.; Flynn, T. *Tetrahedron Lett.* **1993**, *34*, 2087.
141. Perez del Valle, C.; Milet, A.; Gimbert, Y.; Greene, A. E. *Angew. Chem. Int. Ed.* **2005**, *44*, 5717.
142. テルペサチン (terpesacin) の合成で: Chan, J.; Jamison, T. F. *J. Am. Chem. Soc.* **2004**, *126*, 10682.
143. インゲノール (ingenol) の合成で: Winkler, J. D.; Lee, E. C. Y.; Nevels, L. I. *Org. Lett.* **2005**, *7*, 1489.
144. a) Van Ornum, S. G.; Cook, J. M. *Tetrahedron Lett.* **1997**, *38*, 3657. b) Van Ornum, S. G.; Bruendel, M. M.; Cooke, J. M. *Tetrahedron Lett.* **1998**, *37*, 6649.
145. (−)-デンドロビン(dendrobine)の合成で: Cassayre, J.; Zard, S. Z. *J. Organomet. Chem.* **2001**, *624*, 316.
146. (−)-アロストネリン (alostonerine) の合成で: Miller, K. A.; Martin, S. F. *Org. Lett.* **2007**, *9*, 1113.
147. (−)-ペンテノマイシン (pentenomycin) I の合成で: Rivero, M. R.; Alonso, I.; Carretero, J. C. *Chem.−Eur. J.* **2004**, *10*, 5443.
148. a) Bernardes, V.; Kam, N.; Riera, A.; Moyano, A.; Pericas, M. A.; Green, A. E. *J. Org. Chem.* **1995**, *60*, 6670. b) Fonquerna, S.; Moyano, A.; Pericas, M. A.; Riera, A. *Tetrahedron* **1995**, *51*, 4639.
149. Hay, A. M.; Kerr, W. J.; Kirk, G. G.; Middlemiss, D. *Organometallics* **1995**, *14*, 4986.
150. Verdaguer, X.; Lledo, A.; Lopez-Mosqera, C.; Maestro, M. A.; Pericas, M. A.; Riera, A. *J. Org. Chem.* **2004**, *69*, 8053.
151. Pagendorf, B. L.; Livinghouse, T. *J. Am. Chem. Soc.* **1996**, *118*, 2285.
152. Jeong, N.; Hwang, S. H.; Lee, Y.; Chung, Y. K. *J. Am. Chem. Soc.* **1994**, *116*, 3159.
153. Tang, Y.; Deng, L.; Zhang, Y.; Dong, G.; Chen, J.; Yang, Z. *Org. Lett.* **2005**, *7*, 593.
154. Gibson, S. E.; Johnstone, C.; Stevenazzi, A. *Tetrahedron* **2002**, *58*, 4937.
155. Kim, J. W.; Chung, Y. K. *Synthesis* **1998**, 142.
156. 触媒反応の総説: a) Shibata, T. *Adv. Synth. Catal.* **2006**, *348*, 2328. b) Gibson, S. E.; Stevenazzi, A. *Angew. Chem. Int. Ed.* **2003**, *42*, 1800.
157. Jameson, T. F.; Shambayati, S.; Crowe, W. E.; Schreiber, S. L. *J. Am. Chem. Soc.* **1997**, *119*, 4353.
158. Roush, W. R.; Park, J.-C. *Tetrahedron Lett.* **1991**, *32*, 6285.
159. Krafft, M. E.; Juliano, C. A.; Scott, I. L.; Wright, C.; McEachin, M. P. *J. Am. Chem. Soc.* **1991**, *113*, 1693.
160. Krafft, M. E.; Juliano, C. A. *J. Org. Chem.* **1992**, *57*, 5106.
161. Krafft, M. E.; Scott, I. L.; Romulo, R. H.; Feibelmann, S.; Van Pelt, C. E. *J. Am. Chem. Soc.* **1993**, *115*, 7199.
162. Pallerla, M. K.; Fox, J. M. *Org. Lett.* **2005**, *7*, 3593.

163. アステリカノリド (asteriscanolide) の合成で: Krafft, M. E.; Cheung, Y. Y.; Abboud, K. A. *J. Org. Chem.* **2001**, *66*, 7443.
164. de Bruin, T. J. M.; Michel, C.; Vekey, K.; Greene, A. E.; Gimbert, Y.; Milet, A. *J. Organomet. Chem.* **2006**, *691*, 4281.
165. Hicks, F. A.; Buchwald, S. L. *J. Am. Chem. Soc.* **1999**, *121*, 7026.
166. Tang, Y.; Deng, L.; Zhang, Y.; Dong, G.; Chen, J.; Yang, Z. *Org. Lett.* **2005**, *7*, 1657.
167. Shibata, T.; Toshida, N.; Yamasaki, M. Maekawa, S.; Takagi, K. *Tetrahedron* **2005**, *61*, 9974.
168. Koga, Y.; Kobayashi, T.; Narasaka, K. *Chem. Lett.* **1998**, 249.
169. Morimoto, T.; Chatani, N.; Fukumoto, Y.; Murai, S. *J. Org. Chem.* **1997**, *62*, 3762.
170. Kondo, T.; Suzuki, N.; Okada, T.; Mitsudo, T. *J. Am. Chem. Soc.* **1997**, *119*, 6187.
171. ロジウム触媒反応: a) Morimoto, T.; Fuji, K.; Tsutsumi, K.; Kakiuchi, K. *J. Am. Chem. Soc.* **2002**, *124*, 3806. b) Shibata, T.; Toshida, N.; Takagi, K. *J. Org. Chem.* **2002**, *67*, 7446. c) イリジウム触媒反応: Kwong, F. Y.; Lee, H. W.; Lam, W. H.; Qui, L.; Chan, A. S. C. *Tetrahedron: Asymmetry* **2006**, *17*, 1238.
172. 総説: Alcaide, B.; Almendros, P. *Eur. J. Org. Chem.* **2004**, 3377.
173. Brummond, K. M.; Chen, H.; Fisher, K. D.; Kerekes, A. D.; Rickards, B.; Sill, P. C.; Geib, S. J. *Org. Lett.* **2002**, *4*, 1931.
174. Mukai, C.; Hirose, T.; Teramoto, S.; Kitagaki, S. *Tetrahedron* **2005**, *61*, 10983.
175. グアナカステペン (guanacastepene) A の主要部の合成で: Brummond, K. M.; Gao, D. *Org. Lett.* **2003**, *5*, 3491.
176. Inagaki, F.; Mukai, C. *Org. Lett.* **2006**, *8*, 1217.
177. Wender, P. A.; Deschamps, N. M.; Gamber, G. G. *Angew. Chem. Int. Ed.* **2003**, *42*, 1853.
178. Wender, P. A.; Croatt, M. P.; Deschamps, N. M. *Angew. Chem. Int. Ed.* **2006**, *45*, 2459.
179. Chatani, N.; Morimoto, T.; Kamitani, A.; Fukumoto, Y.; Murai, S. *J. Organomet. Chem.* **1999**, *579*, 177.
180. フィゾスチグミン (physostigmine) の合成で: Mukai, C.; Yoshida, T.; Sorimachi, M.; Odani, A. *Org. Lett.* **2006**, *8*, 83.
181. Kablaoui, N. M.; Hicks, F. A.; Buchwald, S. L.; *J. Am. Chem. Soc.* **1997**, *119*, 4424.
182. Adrio, J.; Carretero, J. C. *J. Am. Chem. Soc.* **2007**, *129*, 778.
183. Yu, C.-M.; Hong, Y.-T.; Lee, J.-H. *J. Org. Chem.* **2004**, *69*, 8506.
184. a) Wakatsuki, Y.; Kuramitsu, T.; Yamazaki, H. *Tetrahedron Lett.* **1974**, *15*, 4549. b) McAllister, D. R.; Bercaw, J. E.; Bergman, R. G. *J. Am. Chem. Soc.* **1977**, *99*, 1666.
185. 総説: a) Malacria, M. *Chem. Rev.* **1996**, *96*, 289. b) Ojima, I.; Tzamarcoudaki, M.; Li, Z.; Donovan, R. J. *Chem. Rev.* **1996**, *96*, 635. c) Vollhardt, K. P. C. *Acc. Chem. Res.* **1977**, *10*, 1.
186. 酸素欠損パンクラチスタチン (pancratistatin) 主要部の合成で: Moser, M.; Sun, X.; Hudlicky, T. *Org. Lett.* **2005**, *7*, 5669.
187. Funk, R. L.; Vollhardt, K. P. C. *J. Am. Chem. Soc.* **1980**, *102*, 5253.
188. (−)-8-*O*-メチルテトランゴマイシン (methyltetrangomycin) の合成で: Kesenheimer, C.; Groth, U. *Org. Lett.* **2006**, *8*, 2507.
189. ビリジン (viridin) の合成で: Anderson, E. A.; Alexanian, E. J.; Sorensen, E. J. *Angew. Chem. Int. Ed.* **2004**, *43*, 1998.
190. McDonald, F. E.; Zhu, H. Y. H.; Holmquist, C. R. *J. Am. Chem. Soc.* **1995**, *117*, 6605.
191. Tanaka, K.; Nishida, G.; Ogino, M.; Hirano, M.; Noguchi, K. *Org. Lett.* **2005**, *7*, 3119.
192. Sato, Y.; Ohashi, K.; Mori, M. *Tetrahedron Lett.* **1999**, *40*, 5231.
193. Sato, Y.; Nishimata, T.; Mori, M. *Heterocycles* **1997**, *44*, 443.
194. Takeguchi, R.; Nakaya, Y. *Org. Lett.* **2003**, *5*, 3659.
195. Yamamoto, Y.; Arakawa, T.; Ogawa, R.; Itoh, K. *J. Am. Chem. Soc.* **2003**, *125*, 12143.
196. Yamamoto, Y.; Nagata, A.; Itoh, K. *Tetrahedron Lett.* **1999**, *40*, 5053.
197. 総説: a) Heller, B.; Hapke, M. *Chem. Soc. Rev.* **2007**, *36*, 1085. b) Varela, J. A.; Saa, C. *Chem. Rev.* **2003**, *103*, 3787.
198. Hillard, R. L., III; Parnell, C. A.; Volhardt, K. P. C. *Tetrahedron* **1983**, *39*, 905.
199. a) Naiman, A.; Vollhardt, K. P. C. *Angew. Chem., Int. Ed. Engl.* **1977**, *16*, 708. b) 総説:

Bonnemann, H.; Brijoux, W. *Adv. Heterocycl. Chem.* **1990**, *48*, 177.
200. Saa, C.; Crotts, D. D.; Hsu, G.; Vollhardt, K. P. C. *Synlett* **1994**, 487.
201. a) Boese, R.; Harvey, D. F.; Malaska, M. J.; Vollhardt, K. P. C. *J. Am. Chem. Soc.* **1994**, *116*, 11153. b) Boese, R.; van Sickle, A. P.; Vollhardt, K. P. C. *Synthesis* **1994**, 1374.
202. Heller, B.; Sundermann, B.; Fischer, C.; You, J.; Chen. W.; Drexler, H.-J.; Knochel, P.; Bonrath, W.; Gutnov, A. *J. Org. Chem.* **2003**, *68*, 9221.
203. Gutnov, A.; Heller, B.; Fischer, C.; Drexler, H.-J.; Spannenberg, A.; Sundermann, B.; Sundermann, C. *Angew. Chem. Int. Ed.* **2004**, *43*, 3795.
204. Yamamoto, Y.; Kinpara, K.; Ogawa, R.; Nishiyama, H.; Itoh, K. *Chem.—Eur. J.* **2006**, *12*, 5618.
205. Wakatsuki, Y.; Yamazaki, H. *J. Organomet. Chem.* **1977**, *139*, 169.
206. Grotjahn, D. B.; Vollhardt, K. P. C. *Synthesis* **1993**, 579.
207. Eichberg, M. J.; Dorta, R. L.; Lamottke, K.; Vollhardt, K. P. C. *Org. Lett.* **2000**, *2*, 2479.
208. Butenschon, H.; Winkler, M.; Vollhardt, K. P. C. *J. Chem. Soc., Chem. Commun.* **1986**, 388.
209. Cammack, J. K.; Jalisatgi, S.; Matzger, A. J.; Negron, A.; Vollhardt, K. P. C. *J. Org. Chem.* **1996**, *61*, 2699.
210. Petit, M.; Aubert, C.; Malacria, M. *Tetrahedron* **2006**, *62*, 10582.
211. Yamamoto, Y.; Kitahara, H.; Ogawa, R.; Kawaguchi, H.; Tatsumi, K.; Itoh, K. *J. Am. Chem. Soc.* **2000**, *122*, 4310.
212. Sambaiah, T.; Li, L.-P.; Huang, D.-J.; Lin, C.-H.; Rayabarapu, D. K.; Cheng, C.-H. *J. Org. Chem.* **1999**, *64*, 3663.
213. a) Weibel, D.; Gevorgyan, V.; Yamamoto, Y. *J. Org. Chem.* **1998**, *63*, 1217. b) Gevorgyan, V.; Quan, L. G.; Yamamoto, Y. *J. Org. Chem.* **1998**, *63*, 1244.
214. 総説: Rubin, M.; Sromek, A. W.; Gevorgyan, V. *Synlett* **2003**, 2265.
215. 反応機構: Rubina, M.; Conley, M.; Gevorgyan, V. *J. Am. Chem. Soc.* **2006**, *128*, 5818.
216. a) Earl, R. A.; Vollhardt, K. P. C. *J. Org. Chem.* **1984**, *49*, 4786. b) Earl, R. A.; Vollhardt, K. P. C. *J. Am. Chem. Soc.* **1983**, *105*, 6991.
217. Duong, H. A.; Cross, M. J.; Louie, J. *J. Am. Chem. Soc.* **2004**, *126*, 11438.
218. ロジウム錯体触媒反応: Kondo, T.; Nomura, M.; Ura, Y.; Wada, K.; Mitsudo, T.-a. *Tetrahedron Lett.* **2006**, *47*, 7107.
219. a) Hoberg, H.; Oster, B. W. *J. Organomet. Chem.* **1982**, *234*, C35. b) Hoberg, H.; Oster, B. W. *J. Organomet. Chem.* **1983**, *252*, 359.
220. Yamamoto, Y.; Kinpara, K.; Saigoku, T.; Takagishi, H.; Okuda, S.; Nishiyama, H.; Itoh, K. *J. Am. Chem. Soc.* **2005**, *127*, 605.
221. a) Hoberg, H.; Schaefer, P.; Burkhart, G.; Krüger, C.; Ramao, M. J. *J. Organomet. Chem.* **1984**, *266*, 203. b) Hoberg, H.; Apotecher, B. *J. Organomet. Chem.* **1984**, *270*, C15.
222. a) Louie, J.; Gibby, J. E.; Farnworth, M. V.; Tekavec, T. N. *J. Am. Chem. Soc.* **2002**, *124*, 15188. b) Tsuda, T.; Morikawa, S.; Sumiya, R.; Saegusa, T. *J. Org. Chem.* **1988**, *53*, 3140.
223. Takimoto, M.; Mizuno, T.; Mori, M.; Sato, Y. *Tetrahedron* **2006**, *62*, 7589.
224. a) Pino, P.; Braca, G. Carbon Monoxide Addition to Acetylenic Substrates. In *Organic Synthesis via Metal Carbonyls*; Wender, I., Pino, P., Eds.; Wiley: New York, 1977; Vol. 2, pp 420-516. b) Hubel, W. Organometallic Derivatives from Metal Carbonyls and Acetylene Compounds. In *Organic Synthesis via Metal Carbonyls*; Wender, I., Pino, P., Eds.; Wiley: New York, 1968; Vol. 1, pp 273-340.
225. Liebeskind, L. S.; Baysdon, S. L.; South, M. S.; Blount, J. F. *J. Organomet. Chem.* **1980**, *202*, C73.
226. Liebeskind, L. S.; Baysdon, S. L.; South, M. S.; Iyer, S.; Leeds, J. P. *Tetrahedron* **1985**, *41*, 5839.
227. Liebeskind, L. S.; Jewell, C. F. *J. Organomet. Chem.* **1985**, *285*, 305.
228. ロイレアノン (royleanone) の合成で: Liebeskind, L. S.; Chidambaram, R.; Nimkar, S.; Liotta, D. *Tetrahedron Lett.* **1990**, *31*, 3723.
229. Iyer, S.; Liebeskind, L. S. *J. Am. Chem. Soc.* **1987**, *109*, 2759.
230. 総説: a) Buchwald, S. L.; Nielsen, R .B. *Chem. Rev.* **1988**, *88*, 1047. b) Buchwald, S.

L.; Broene, R. D. Transition Metal Alkyne Complexes—Zirconium-Benzyne Complexes. In *Comprehensive Organometallic Chemistry II*; Abel, E. W., Stone, F. G. A., Wilkinson, G., Eds.; Pergamon: Oxford, U.K., 1995; Vol. 12, pp 771-784.
231. Takahashi, T.; Xi, Z.; Yamazaki, A.; Liu, Y.; Nakajima, K.; Kotora, M. *J. Am. Chem. Soc.* **1998**, *120*, 1672.
232. Takahashi, T.; Tsai, F.-Y.; Li, Y.; Wang, H.; Kondo, Y.; Yamanaka, M.; Nakajima, K. Kotora, M. *J. Am. Chem. Soc.* **2002**, *124*, 5059.
233. Buchwald, S. L.; King, S. M. *J. Am. Chem. Soc.* **1991**, *113*, 258.
234. Buchwald, S. L.; Fang, Q. *J. Org. Chem.* **1989**, *54*, 2793.
235. Zablocka, M.; Cénac, N.; Igau, A.; Donnadien, B.; Majoral, J.-P.; Skowronska, A.; Meunier, P.; *Organometallics*, **1996**, *15*, 5436.
236. a) Tidwell, J. H.; Senn, D. R.; Buchwald, S. L. *J. Am. Chem. Soc.* **1991**, *113*, 4685. b) Tidwell, J. H.; Buchwald, S. L. *J. Am. Chem. Soc.* **1994**, *116*, 11797. c) Tidwell, J. H.; Peat, A. J.; Buchwald, S. L. *J. Org. Chem.* **1994**, *59*, 7164.
237. Tietze, L. F.; Looft, J.; Feuerstein, T. *Eur. J. Org. Chem.* **2003**, *15*, 2749.
238. Campora, J.; Buchwald, S. L.; *Organometallics* **1993**, *12*, 4182.

9

遷移金属アリル錯体の合成化学的応用

9.1 はじめに

　η^3-アリル錯体はほとんどすべての遷移金属について知られているが，有機合成に用いられているのは比較的少ない．利用されているのはおもにパラジウムの錯体であるが，非常に幅広い用途が知られている．η^3-アリル金属錯体は種々の有機化合物から，さ

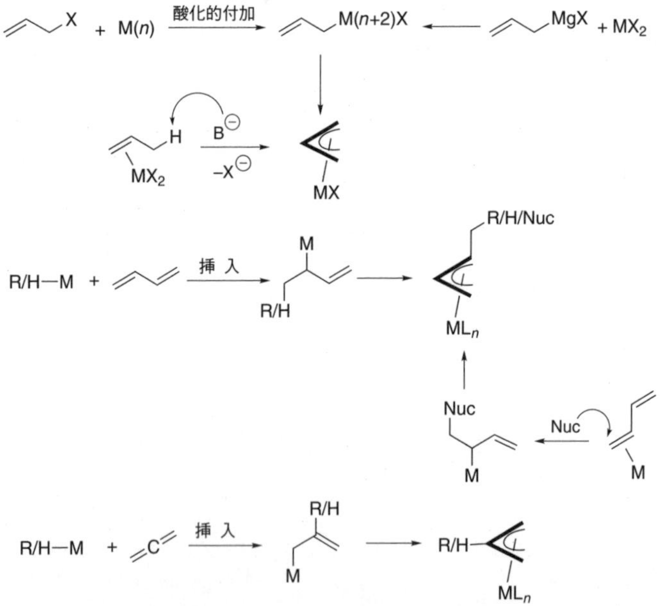

図 9.1　η^3-アリル金属錯体の合成

まざまな経路で合成できる（図 9.1）．合成法としては，1) 金属(0)または金属(I) へのアリル誘導体の酸化的付加，2) アリル典型金属錯体と遷移金属との反応（トランスメタル化），3) 1,3-ジエン金属錯体への求核攻撃，4) 1,2-および 1,3-ジエンの金属ヒドリド（または金属アルキル）への挿入，5) 錯体化アリルエーテルの酸開裂，および 6) π-アルケン錯体からのプロトン引抜きなどがある．

多くの η^3-アリル金属錯体は安定で単離できるが，それでも適切な条件下ではきわめて反応性に富む．次節以下にはこれら錯体が関係する反応の広がりを示す．

9.2 遷移金属触媒による 1,3-ジエンのテロメリゼーション[1]

パラジウム(0)触媒存在下 1,3-ジエンと求核剤との反応から 1,3-ジエン 2 分子と求核剤とを結合させた形の，官能基化されたオクタジエン類を生成する〔(9.1)式〕．

$$2 \ \diagup\!\!\!\diagdown + \text{NucH} + \text{Pd(0)} \longrightarrow \diagup\!\!\!\diagdown\!\!\!\diagup\!\!\!\diagdown\!\!\!\text{Nuc} + \diagup\!\!\!\diagdown\!\!\!\diagup\!\!\!\diagdown\!\!\!\diagup\!\!\!\diagdown$$
(9.1)

この反応の機構は十分には研究されてはいない．まず 2 分子のジエンが Pd(0) へ配位し，（今では）おなじみのジエンの"還元的二量化"（実際には 2 分子のジエンの金属への酸化的付加である）が起こって二つのジエンが結合し，ビス(η^3-アリル)パラジウム種を生成すると考えられる〔(9.2)式〕．すぐ後に述べるが，η^3-アリルパラジウム錯体は

(9.2)

NucH = AcOH, H$_2$O, ROH, RNH$_2$, CH$_2$(X)(Y), ここで X, Y = CO$_2$Et, CN, NO$_2$, COR

一般に置換基の少ない側で求核攻撃を受けやすい．この求核攻撃はアニオン性π-アルケン-η^3-アリル錯体を与え，これは，金属へのプロトン化とつづく還元的脱離によってジエンの"テロマー"(telomer) を与える（テロマーという用語はジエン2分子と求核剤1分子を組合わせる反応を示すが，やや不適当な語ではある）．この手法は官能基をもつ鎖状化合物の合成に有用である〔(9.3)式[2])[3]が，その分子間反応は複雑な化合物の合成にはあまり用いられていない．

前述のプロセスの有用性は，分子内反応へと応用されたときに非常に有効となる〔(9.4)式〕[4]．すなわち，官能基をいくつかもつ5員環を素早く効率的に組立てることが可能となる．分子内捕捉もうまく進む〔(9.5)式〕[5]．

もし基質が適当な位置のβ水素をもっていれば，求核剤の攻撃がなくても環化することができ，生成物としてジエンの代わりにトリエンを与える〔(9.6)式〕[6]．この環化は，

9.2 遷移金属触媒による1,3-ジエンのテロメリゼーション

"ヒドロメタル化"を経るエンインの環化（第3章）や，低原子価遷移金属を触媒とする他の多くの環化反応などとも密接な関係をもっている．

最も関係が深いのは，(9.7)式[7]，(9.8)式[8]，(9.9)式[9]に例示したトリエンの鉄(0)触媒カップリングの場合であろう．反応機構は研究されていないが，(9.6)式に示したものと似ているものと思われる．類似のロジウム触媒反応も知られている〔(9.10)式〕[10]．

(9.7)

(9.8)

(9.9)

(9.10)

この型のプロセスで初期のものとして，最も工業的に重要なものは，反応条件によって非常に多種類の化合物を製造することのできるニッケル(0)触媒による1,3-ジエン環化オリゴマー化であろう（図9.2）[11]．

最終的にどのような生成物になるにせよ、すべてまずブタジエンが二量化しビス(η^3-アリル)ニッケル錯体になることで反応は始まる〔(9.2)式のPdの場合と同様〕。この中間体にさらにジエンが挿入すれば環状三量体に至り、いくつか存在するビス(η^1-アリル)

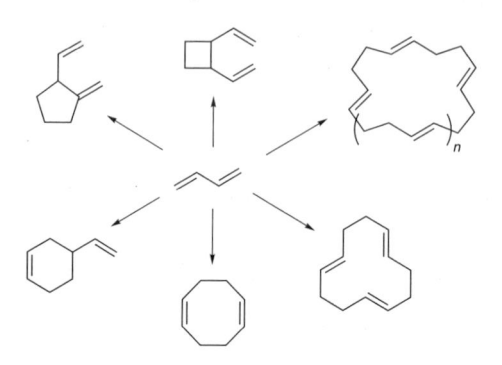

図9.2 Ni(0)触媒によるブタジエンのオリゴマー化

中間体のどれかから還元的脱離が進めばシクロオクタジエンや、ビニルシクロヘキセンや、ジビニルシクロブタンなどに至る〔(9.11)式〕。あるいは、β脱離/還元的脱離がトリエンを与え、これがさらにNi(0)と反応する。

(9.11)

この反応系は単純ブタジエンに限って非常によく研究されているが、複雑な化合物の合成への応用という点では、(+)-アステリスカノリド (asteriscanolide) の合成〔(9.12)式〕[12]のような8員環を形成する分子内反応への適用という範囲にとどまっている。二環性化合物を同様に合成するのに、アルキンも良好に組込まれる〔(9.13)式〕[13]。(9.12)式と(9.13)式に示した過程は第7章で述べた。

9.3 アリル誘導体のパラジウム触媒反応　　　377

$$(9.12)$$

$$(9.13)$$

9.3　アリル誘導体のパラジウム触媒反応[14)]

a. 概　論[15)]

　パラジウム錯体はアリル化合物について非常に多くの有用な触媒反応を可能にし，これらは一般に η^3-アリル錯体を経由して進行する（図 9.3）．最終生成物が何であれ，こ

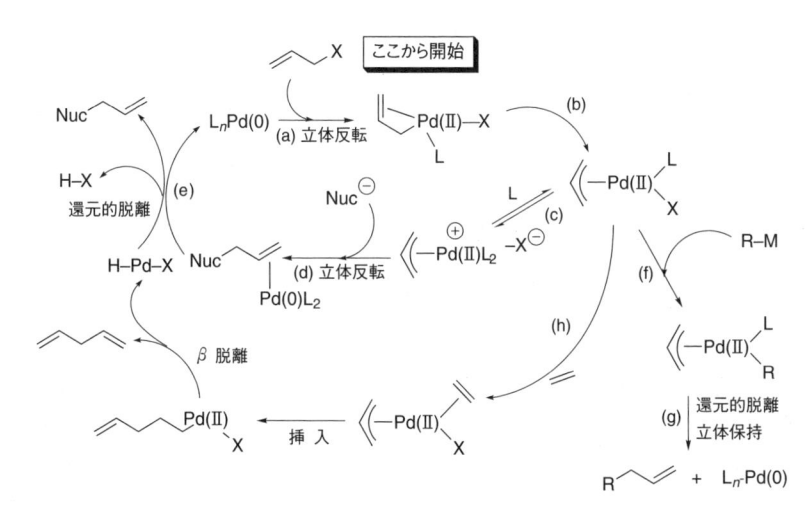

図 9.3　アリル誘導体のパラジウム触媒反応

れらの反応は一連のおなじみのステップから成り立っており、ほとんどの場合 η^3-アリル錯体への求核攻撃を含んでいる。反応はアリル誘導体へのパラジウム(0)錯体の酸化的付加で始まる〔図9.3の経路 (a)〕。この過程では初期生成物として**立体反転**による η^1-アリル錯体が生成し、これらはめったに検出されなくて、ただちに η^3-アリル錯体との平衡に入る（経路b）。対照的に η^3-アリル錯体は非常に安定な黄色固体で、単離しようと思えば容易に単離できる。しかし、過剰の配位子が存在すると、低い平衡濃度ではあるがカチオン性 η^3-アリル錯体（経路c）が発生する。このものは、広範囲の求核剤に対し反応性が高く、金属の**反対側から**求核攻撃を受けて（立体反転；経路d）求核体のアリル化が起こり、再び触媒サイクルへ入っていくパラジウム(0)を再生する（経路e）。2回の反転が起こるので、このアリル置換は全体として立体保持である。非対称アリル化合物についての位置選択性は、置換基の少ない方のアリル炭素での攻撃が優先するものの、求核剤、金属（下記参照）、カチオン[16]、および配位子[17] によって異なる。

η^3-アリル錯体は典型元素有機金属化合物とトランスメタル化を起こし、η^3-アリル-η^1-アルキルパラジウム(II)錯体を与え（経路f）、つづく還元的脱離（経路g）によりアルキル化されたアリル化合物を与える。この場合、求核剤 R-M の R は最初金属へ移り、ついで η^3-アリル基へ金属と同じ側から移動し、この過程が立体保持なので、アルキル化全体としては立体反転である。η^3-アリル錯体にはアルケンが挿入することができ（経路h；おそらく η^1-異性体を経由する）、つづく β 水素脱離によって1,5-ジエンが生成する。これらすべてのプロセスが複雑な分子の合成に応用されており、以下に詳細を述べる。

多くのパラジウム(0)錯体やパラジウム(II)触媒前駆体が用いられ、触媒の選択はあまり重要でない場合が多い。最も一般的な触媒として用いられるのは市販もされている Pd(PPh$_3$)$_4$ である。しかし、市販品は、触媒活性が著しく異なっていたりするので、自分自身で合成するのが最もよい。η^3-アリルパラジウム(II)錯体はそれ自身よい触媒であり、合成および取扱いが容易なことからよく用いられる。空気に安定で、調製が容易で、取扱いやすい Pd(dba)$_2$(dba: PhCH=CH-CO-CH=CHPh、ジベンジリデンアセトン) を適当な量のトリフェニルホスフィンと反応させると、その場で PdL$_n$ が生成し、これは非常に便利な触媒調製法として用いられる。最後に、いろいろな種類のパラジウム(II)塩は、反応基質や配位子が存在すると容易に還元されるので、これらプロセスのよい触媒前駆体である。

b. アリル位アルキル化[18),19)]

アリル化合物を安定化カルボアニオンでアルキル化する反応（すなわち "Tsuji (辻)-Trost 反応"（トロスト））は、パラジウム(0)錯体による触媒反応のなかで合成化学的に最も有用な反応の一つである〔(9.14)式〕。非常に広い範囲のアリル化合物が、かなり多様なカルボ

9.3 アリル誘導体のパラジウム触媒反応

アニオンと反応するので，このプロセスは炭素-炭素結合生成反応として重要である．反応は立体選択性に優れ，2回の反転の結果全体として立体保持で進行する[20]．反応の位置選択性も良好で，出発物質におけるアリル位脱離基の位置に関係なく，η^3-アリル中間体の置換基の数の少ない方の炭素を攻撃する．しかし，位置選択性は基質，求核剤，触媒，および反応条件に依存する．たとえば，トリシクロヘキシルホスフィンを配位子として用いると，置換基の多い炭素が攻撃を受ける[21]．

$$X\overset{\ominus}{\frown}Y + R\frown Z \xrightarrow{PdL_4} R\frown\overset{Y}{\underset{X}{\frown}} \qquad (9.14)$$

$Z = Br, Cl, OAc, -OCOR, OP(OEt)_2, O-S(=O)_2-R, OPh, OH, R_3N^{\oplus},$
$NO_2, SO_2Ph, CN,$ エポキシド, ラクトン

$X, Y = CO_2R, COR, SO_2Ph, CN, NO_2$

長年にわたりこのプロセスは非常によく用いられており，高度に複雑な系への適用に関する文献は多く，確立された信頼できる方法である[22)~24)]．例としては(9.15)式[25)]，(9.16)式[26)] および (9.17)式[27)] などがある．

$$(9.15)$$

$$(9.16)$$

$$(9.17)$$

このプロセスの分子内反応も効果的に進む[28)]．また，高分子[29)~31)]をはじめ3ないし11員環の合成に用いられた．例としては，(9.18)式[32)]，(9.19)式[33)]，そして(9.20)式[34)]など．アリルカルボナートやエポキシドの反応ではη^3-アリル中間体が生成する過程でカルボアニオンが発生するので，わざわざ塩基を加える必要がない．

(9.18)

(9.19)

(9.20)

種々のアリル位官能基はその反応性が異なる（たとえば，$Cl > OCO_2R > OAc \gg OH$）ので，立体選択性に加えて高い位置選択性が，二置換型アリル化合物でみられる〔(9.21)式〕[35]．

(9.21)

パラジウム触媒によるアリル位反応を不斉反応として行う方法が進歩し，このプロセスの合成化学上の有用性が飛躍的に増した[36]．この系の不斉化の方法は複雑であり，基質の種類が変われば必要条件も変わる．最もやっかいな基質は，キラルでラセミ体の非対称 1,3-二置換アリル化合物〔(9.22)式〕である．酸化的付加はきれいに反転するので，光学活性なパラジウム(0)錯体と，キラルでラセミ体のアリルアセテートと反応すれば二つのπ-アリルパラジウムのジアステレオマー錯体を生成する．求核攻撃もまたきれいに反転するので，高い不斉誘導を達成するには二つのジアステレオマーの一方が他方よりかなり速く反応する必要があり，しかも**反応性の低い方のジアステレオマーは，求核攻撃**

9.3 アリル誘導体のパラジウム触媒反応

の速度よりも速い速度で反応性のよい方のジアステレオマーへ異性化する必要がある.（このことは第4章で述べた不斉水素化でみられたことと同じである．）非環式の系ではこの異性化は，$\pi \to \sigma$ 転位と続く σ-アルキルパラジウム結合の回転，さらに $\sigma \to \pi$ 転位によりエナンチオ面の交替をもってすれば容易に可能である〔(9.22)式, (9.23)式〕[37].

(9.22)

(9.23)

このような $\pi \to \sigma \to \pi$ 異性化経路は，環状化合物ではパラジウム－炭素 σ 結合での回転ができないため**存在しない**．しかし，ラセミでキラルであるような環状化合物のアリル位アルキル化で不斉誘導が達成されている．この場合，パラジウム**触媒** [Pd(0)L$_n$] が η^3-アリルパラジウム錯体を攻撃するというプロセスにより，ジアステレオ面交換が起こっているものと考えられる〔(9.24)式〕．このプロセスは，高濃度触媒を用いたときに観測されるが，光学活性な基質を用いて選択性が**悪くなってくるとき**（例，ラセミ化）の原因ともなっている[38].

(9.24)

脱離基を不斉識別することは，やはり困難でありあまり例がない．スフィンゴフンギン (sphingofungin) E と F の合成で，キラルパラジウム錯体が，ジェミナル (geminal) ジアセテートの不斉アリル位アルキル化の触媒となる．この反応は，二つのよい脱離基を識別するとともにエノラート求核剤のエナンチオトピック (enantiotopic) 面も識別して

いる点が注目される〔(9.25)式〕[39]. 求核剤のプロキラル面の識別は(−)-フペルジン(huperzine)Aの合成でアリル位の二重アルキル化でも用いられている〔(9.26)式〕[40].

$$\tag{9.25}$$

$$\tag{9.26}$$

あまり難しくない課題として(したがって当然研究例は多くなるが), η^3-アリル錯体の二つのエナンチオトピックな末端を区別するだけで済む対称アリル化合物の場合がある[41]. 非常に多数の配位子がこの型の反応のために開発され(また開発は続いており), そのいずれもが高い率で不斉誘導が行われている[42]〔(9.27)式〕[43].

$$\tag{9.27}$$

η^3-アリルパラジウムの不斉反応のなかで最も有用なものは, おそらくメソ体基質の非対称化を行う触媒反応であろう〔(9.28)式〕[44]. これらの場合, 触媒は二つのアリル位

9.3 アリル誘導体のパラジウム触媒反応

脱離基を区別できればよく,高い不斉誘導が起こることが多い.多くの合成への応用例では,第二の脱離基はその次の過程で置換反応に供せられ,手早く環状系を構築できる〔(9.29)式〕[45].特に印象的な例では,パラジウム触媒によるアリル位置換反応が二つ用いられ,最後にHeckアルケンアリール化(第4章)が使われている〔(9.30)式〕[46),47].

(9.28)

L* = (9.25)式を見よ

(9.29)

L* = (9.25)式のエナンチオマー

(9.30)

c. トランスメタル化によるアリル位アルキル化

いくつかの実際的な理由から,アリールやビニル系に比べてアリル系でトランスメタル化が用いられることはやや少ない.アリルアセテート類が対応するアルコールから入手容易なので最も好ましいアリル誘導体であるが,これらは,ハロゲン化アリルよりもPd(0)に対しずっと酸化的付加しにくいので,ホスフィンを共存させてこの反応を促進させる必要がある.生成する酢酸イオンはパラジウムに強く配位し,そのうえホスフィ

ンが過剰に存在すると，ただでさえ遅く律速段階となっているトランスメタル化過程の速度がさらに遅くなってしまう．最後に，ジアルキルパラジウム(II)錯体とは対称的に，σ-アルキル-π-アリルパラジウム(II)錯体は還元的脱離が遅いので，触媒サイクル中のこの最後の過程がスムーズには進行しない〔(9.31)式〕．このような訳で，アリルアセ

$$
\text{Ph}\diagup\!\!\!\diagup\!\!\!\diagdown_{\text{OAc}} \xrightarrow[\text{反転}]{\text{Pd(0)L}} \text{Ph}\diagup\!\!\!\diagup\!\!\!\diagdown\underset{\underset{\text{AcO}\quad\text{L}}{\text{Pd}}}{} \xrightarrow[\text{トランスメタル化}]{\text{R-M}}
$$

$$
\underset{\underset{\text{L}\quad\text{R}}{\text{Pd}}}{\text{Ph}\diagup\!\!\!\diagup\!\!\!\diagdown} \xrightarrow[\substack{\text{遅 い}\\\text{保 持}}]{\text{還元的脱離}} \text{Ph}\diagup\!\!\!\diagup\!\!\!\diagdown_{\text{R}} \quad (9.31)
$$

全体として反転

テート類のトランスメタル化によるアルキル化という手法があまり発展していないのは驚くにあたらない．とはいうものの適当な条件下〔すなわち，DMFのような極性溶媒，ホスフィンを存在させないいわゆる"配位子のない"触媒として $Pd(dba)_2$ や $PdCl_2$-$(MeCN)_2$ のような錯体，トランスメタル化を促進させるため過剰の LiCl を用いる，など〕，アリルアセテート類は多様なアリールおよびアルケニルスズ反応剤でアルキル化される．カップリングはアリル部分の置換基の少ない側で起こり，高選択的に反転で(酸化的付加過程が反転，つづくトランスメタル化/還元的脱離過程は保持)，アリル部分[48]とアルケニルスズ部分のアルケン部分の幾何異性は保持される〔(9.32)式〕[49]．印象的な例として，アザスピラシド (azaspiracid)-1 の合成を (9.33)式に示す[50]．

(9.32)

アリルエポキシドおよびアリルカルボナート[51]はこのプロセスでもっと反応性がよく，種々のアリールおよびアルケニルスズ反応剤でアルキル化される〔(9.34)式[52]，(9.35)式[53]〕．ただしアセチレンスズや，ベンジルおよびアリルスズ化合物はカップリングしない．塩化アリルは最も反応性のよい基質であり，"通常の"条件下（すなわち，ホスフィンの存在下）多官能基性化合物ともきわめて収率よくカップリングを行う[54]〔(9.36)式[55]〕．このプロセスは塩化アリルや有機スズ化合物に限ったものではない〔(9.37)式[56]〕．

9.3 アリル誘導体のパラジウム触媒反応

(9.33)

(9.34)

(9.35)

(9.36)

$$\text{TMS}\diagup\hspace{-0.3em}\diagdown\hspace{-0.3em}\underset{\text{OPO(OEt)}_2}{\text{Pent}} \xrightarrow[\text{MeMgBr, 69\%}]{\text{PdCl}_2\text{(dppf)}} \text{TMS}\diagup\hspace{-0.3em}\diagdown\hspace{-0.3em}\underset{\text{Me}}{\text{Pent}} \qquad (9.37)$$

η^3-アリルパラジウム錯体の中心炭素への，エステルエノラート，またはかさ高いニトリルのアニオンの求核付加が場合によっては起こる．この場合パラダシクロブタンを経てシクロプロパンが生成する[57),58)]．この型の付加は強いドナー性配位子と α 位に置換基をもつ求核剤で起こる．(9.38)式に，脱カルボニル/分子内 Michael 付加で生成させたエステルエノラートの反応を例として示す[59)]．

(9.38)

d. アリル位アミノ化[60)]，アルコキシ化，還元，脱プロトン反応

アリル化合物への**窒素求核剤** (nitrogen nucleophile) の反応は合成化学的に最も有用な反応の一つで，第一級および第二級アミンや，アミドやイミドのアニオン，さらにアジドがアリル化合物を効果的にアミノ化する（ただし NH_3 を除く）．アリル位アミノ化の立体および位置選択性はアリル位アルキル化の場合と似ており，さらに反応に用いることのできるアリル化合物の範囲も似ている．アリルアミンのアミノ基の移動を Pd(0) が触媒することを考えると，最初の攻撃がアリル系のその置換基の少ない末端で起こったとは限らないが，窒素はほとんどの場合アリル系の置換基の少ない末端に導入される[61)]．

分子間アミノ化は効率のよい反応であり，さらに広範囲の官能基許容性がある．このプロセスは炭素環ヌクレオシド類縁体[62)]などの合成に多用されている〔(9.39)式[63)]お

(9.39)

9.3 アリル誘導体のパラジウム触媒反応

および (9.40)式[64]〕. 大スケール反応で抗 MRSA (メチシリン耐性黄色ブドウ球菌) β-メチルカルバペネム (methylcarbapenem) が合成されている〔(9.41)式〕[65].

$$\text{(9.40)}$$

$$\text{(9.41)}$$

パラジウム触媒によるアリル位アミノ化での不斉誘導は, 特に対称形 1,3-二置換化合物の不斉アリル位アルキル化に用いられたような基質については効果的に行える〔(9.42)式[66] および (9.43)式〕[67]. この方法はメソ体アリル化合物の非対称化に最もよく用いられ, また, 多官能基化シクロヘキセン〔(9.44)式〕の合成が効率よく行える[68].

$$\text{(9.42)}$$

$$\text{(9.43)}$$

L* = (9.25)式を見よ

分子内アミノ化は特に有用で，広範な橋かけ型〔(9.45)式〕[69]，縮環型環化合物〔(9.46)式〕[70]，スピロ環化合物〔(9.47)式〕[71]，や大環状化合物〔(9.48)式〕[72]などが効率よく合成できる．(9.46)式の η^3-アリル中間体のアミノ化は金属と同じ面から起こっている（全体として反転）という点は普通ではない．この場合，求核剤は環の反対側にはうまく近づくことができない．

9.3 アリル誘導体のパラジウム触媒反応

パラジウム触媒によるアリル位置換反応で最も多く用いられるのは炭素求核剤と窒素求核剤であるが,種々の**酸素求核剤**(oxygen nucleophile)も反応に使える.パラジウム(0)触媒存在下,フェノールはアリルエポキシド[73]や,アリルカルボナート[74),75)]を攻撃し,またキラル配位子が共存すれば不斉誘導が可能である〔(9.49)式[76)]および(9.50)式[77)]〕.この例ではカルボナートのラセミ体混合物が用いられたので,反応機構上のど

$$(9.49)$$

$$(9.50)$$

こかで異性化過程が含まれているはずである.二つの可能性があり,一つはパラジウム触媒の別の種がアンチ付加するという可能性,もう一つは σ-パラジウム錯体からジエノラート錯体を経て逆側から再び η^3-パラジウム錯体をつくるという可能性である.反応機構のいかんにかかわらず求核付加が一つの錯体についてはずっと速い必要がある.グリカールカルボナートを別の糖のアノマー位の OH 基に結合させることができるし〔(9.51)式[78)],グリコキシ化〔(9.52)式[79)]および分子内アルコキシ化[80),81)]も可能である〔(9.53)式[82)].この例では,塩化トリメチルスズを加えると反応が加速される.おそらく η^3-アリル錯体への非常によい求核剤として知られているスズアルコキシドが生成するからであろう[83)].ヒドロキシ基や水は使えないが,トリフェニルシラノールがその代用品として利用できる〔(9.54)式[84),85)].パラジウム(0)錯体は,エノラートの O-アルキル化の触媒ともなる〔(9.55)式[86)].

(9.51)

(9.52)

(9.53)

(9.54)

(9.55)

9.3 アリル誘導体のパラジウム触媒反応

酢酸イオンは,ふつうはパラジウム触媒によるアリル置換反応の脱離基なので,求核剤としてはめったに使われない.しかし,カルボン酸イオンはη^3-アリル錯体を攻撃することが可能であり,特にほとんどの求核剤とは対照的に,η^3-アリル配位子の金属の反対側から攻撃し立体反転となることもできるし,逆に金属を攻撃し立体保持となることもできる.酢酸イオンによる攻撃は,パラジウム(II)触媒によるジエンの2回アセトキシ化やクロロアセトキシ化などに代表される有用な変形反応で主要な役割を演じている〔(9.56)式〕.この反応はパラジウム(II)が,錯体化したジエンの二つの二重結合のうち

$$(9.56)$$

の一つのアセトキシ化を助け,η^3-アリルパラジウム(II)錯体を生成する.塩化物イオンがなければ,第2番目の酢酸イオンは金属から供給されトランスジアセテートとなる.塩化物イオンを加えておくと,金属上のこの配位座がブロックされ,錯体化されていない酢酸イオンが攻撃することになり,金属と反対側の面での攻撃により対応するシスジアセテートとパラジウム(0)を与える[87].パラジウム(0)をパラジウム(II)に再酸化するには,ベンゾキノン-MnO_2など多くの酸化剤が用いられる[88].これらの反応の生成物がアリルアセテートであり,パラジウム(0)触媒によるアリルアセテートの反応には多種多様なものが知られているので,このプロセスは広く研究されている有用なプロセスである.

これらの反応系は,非常に効率的で立体選択的な環縮合テトラヒドロフラン類やテトラヒドロピラン類の合成に用いられている〔(9.57)式〕[89].これらの場合,連結鎖上のヒドロキシ基は,π-アルケン錯体を最初に攻撃してトランスη^3-アリル錯体を生成する.このη^3-アリル錯体への,分子内または分子内で起こる酢酸イオンや,塩化物イオンや,アルコキシドなどの攻撃がそれぞれの生成物を与える.この非常に有用なプロセスの,他の応用例は本章の後の方で述べる.

$$(9.57)$$

窒素求核剤および何種かの炭素求核剤[90]のアリル化はアリルエステル,ハロゲン化物,およびカルボナートに限ったことではない.たとえば,アリルアルコールもルイス酸促進剤があれば用いることができる[91].反応機構は,η^3-アリルパラジウム中間体の生成を経由するとする普通の基質の反応の場合とは,それほど変わるものではないと思われる.しかし,η^3-アリルパラジウム中間体が生成する機構はもっと複雑で,まだ十分に明らかとなってはいない.アリルアルコールの反応例を (9.58)式[92] と (9.59)式[93] に示す.

$$(9.58)$$

$$(9.59)$$

9.3 アリル誘導体のパラジウム触媒反応

パラジウム(0)錯体は他にも多くの有用なアリル化合物の反応の触媒となる.η^3-アリルパラジウム中間体を攻撃できるヒドリド源があれば,アリルアセテートは容易にアルケンへと還元される〔(9.60)式〕[94].ギ酸アンモニウムは特に複雑な系に適している[95]〔(9.61)式[96]および(9.62)式[97]〕.配位子がキラルであれば,不斉を誘導できる[98]〔(9.63)式〕[99].アリルスルホンを同様にアルケンへ還元できる〔(9.64)式〕[100].ギ酸ア

394   9. 遷移金属アリル錯体の合成化学的応用

(9.64)

リルは分子内還元反応を行う.このときギ酸エステルがヒドリド源となる〔(9.65)式〕[101].この場合,ヒドリドはパラジウムと同じ側の面から供給される.

(9.65)

求核剤が存在しない場合,特に酢酸パラジウムと1当量のトリブチルホスフィン[102]から成るパラジウム(0)錯体は,アリルカルボナートを効率よくジエンへと交換する.このプロセスはまず反転で酸化的付加が起こり,シン脱離がこれに続く.立体的に制約のある系では,高い位置選択性が達成される〔(9.66)式〕[103].適当な対称的な系では,相応の不斉誘導がみられる〔(9.67)式〕[104].(塩基が存在すればアンチ脱離が可能である[105].)

最後に,アリルカルボナート,カルバマート,およびアリルエステルは,広い反応条件下で安定でしかも他にはずれやすい保護基があってもこれだけを除くことができるので,カルボン酸やアルコールやアミンなどの優れた保護基[106]となる.これらの場合,最初に生成するη^3-アリル錯体から触媒を再生させるために,求核剤を系に共存させてお

9.3 アリル誘導体のパラジウム触媒反応

有利
不利

および

(9.66)

ラセミ体

(9.67)

(9.68)

く必要がある〔(9.68)式〕. この系は非常に複雑な分子にも使える〔(9.69)式[107] および (9.70)式〕[108]. この保護基戦略の特別すごい例として，60量体オリゴヌクレオチドのNH$_2$とリン酸基上の104個のアリル保護基をたった1回のパラジウム触媒反応でほぼ100%収率で除去できる例があげられる[109].

$$\text{(9.69)}$$

$$\text{(9.70)}$$

e. η^3-アリルパラジウム錯体の挿入反応

アルケン，アルキン，および一酸化炭素はη^3-アリルパラジウム錯体に挿入し（おそらくη^1-異性体を経由して），σ-アルキルパラジウム錯体を与え，これが第4章で述べたような非常に幅広く有用な反応を行う. ある計算による研究ではアルケンはη^3-アリルパラジウム錯体に直接挿入するとされる[110]. 分子内反応に適用すると効率のよい環化プロセスとなる〔(9.71)式〕[111]. これらの反応は合成化学的に強力であり，有機合成における遷移金属がかけ値なく有用であることを示しており，一連の反応の出発物質もまた遷移金属を用いて合成される場合が少なくない.

9.3 アリル誘導体のパラジウム触媒反応

(9.71)

たとえば (9.72) 式に示すように，1-アセトキシ-4-クロロ-2-ブテンは $Pd(OAc)_2$ 触媒によるジエンのクロロアセトキシ化で合成されるし，ジアリルビススルホンはPd触媒によるハロゲン化アリルのアリル位アルキル化で得られる．この化合物を酢酸中 $Pd(dba)_2$ で反応させると効率よく環化する[112]．反応は，たいへん一般的で種々の官能基があっても起こる〔(9.73)式〕[113]．

(9.72)

(9.73)

不飽和基がさらに適当な位置に存在すると、さらなる挿入が起こり、いくつかの環を1段の効率のよいプロセスでつくれる〔(9.74)式[114]，(9.75)式[115]〕。ジエンはη^3-アリルパラジウム錯体にも挿入し、また新しいη^3-アリル錯体を生成し、これが酢酸イオンによる求核攻撃を受けジエンアセテートを与える〔(9.76)式〕[116]。

(9.74)

(9.75)

(9.76)

η^3-アリルパラジウム錯体へアルケンが挿入するとη^1-アルキルパラジウム錯体が生成し、これは一酸化炭素と容易に反応する(第4章)。これらの環化反応を一酸化炭素雰囲気中で行うとη^1-アルキルパラジウム中間体は一酸化炭素により捕捉されη^1-アシルパラジウム錯体となり、さらに挿入反応が行える。出発物質の構造と反応条件を適切に選べば、驚くような多重環化が達成できる〔(9.77)式[117]，(9.78)式[118]〕。このプロセスはトランスメタル化へと連結させることもできる〔(9.79)式〕[119]。

9.3 アリル誘導体のパラジウム触媒反応

(9.77)

(9.78)

(9.79)

f. トリメチレンメタン中間体を経るパラジウム(0)触媒による環化付加反応

トリメチレンメタンの遷移金属錯体は以前から知られているが，反応性が低いため合成化学的利用はほとんどない．しかし，1,1′-二官能基性アリル化合物であってアリルア

セテートとアリルシラン部を併せもつ化合物は, パラジウム(0)錯体と反応し, あたかも広い範囲の電子不足アルケンと [3+2] 付加環化を行う双極イオン性トリメチレンメタン錯体ともいうような, 不安定で反応性の高い中間体を生成する〔(9.80)式〕[120]. 反応

$$
\text{AcO} \diagup \text{TMS} \xrightarrow[\text{酸化的}]{\text{PdL}_n} L_n\overset{\oplus}{\text{Pd}} \diagup \text{TMS} \xrightarrow{\overset{\ominus}{\text{OAc}}} L_n\overset{\oplus}{\text{Pd}} \diagup \overset{\ominus}{\diagdown}_{\text{EWG}} \xrightarrow[\text{段階的}]{\text{協奏的または}} \diagup_{\text{EWG}} \tag{9.80}
$$

はまずアリルアセテート部が Pd(0) 錯体に酸化的付加してカチオン性の η^3-アリルパラジウム錯体を生じる. 残りのアリルシラン部を, おそらく酢酸アニオンで置換すれば, 双極イオン性のトリメチレンメタン錯体を与える. この錯体のアニオン末端が共役エノンの β 位を攻撃し α-エノラートを生成させ, ついでこれが求電子的カチオン性 η^3-アリルパラジウム錯体の末端を攻撃する.

この環化付加が協奏的であるかどうかは不明である. しかし, アルケン側の立体化学は生成物中に保持されるので, 発生してくる単結合の回転よりも閉環が速いに違いない. 加えて, これらのプロセスはジアステレオ選択性にも優れている〔(9.81)式[121], (9.82) 式〕[122]. 非対称二官能基性アリルアセテートでは, 官能基の電子的性質や, アセトキシ基やシリル基の最初の位置に関係なく, より置換基の多い末端炭素でカップリングが起こる〔(9.83)式〕[123]. このことは, トリメチレンメタン種の三つの末端相互の平衡がカップリングより速く起こっていることを示している. ピロン (pyrone) やトロポン

(9.81)

9.3 アリル誘導体のパラジウム触媒反応

(9.82)

(9.83)

シス体：トランス体 = 1：1

(tropone)のような広がりのある系では，アクセプターアルケン側の置換基などの性質にもよるが，[3+2]，[3+4]，または[3+6]環化付加などが起こる〔(9.84)式[124]，(9.85)式[125]〕．この反応は分子内でも起こり，官能基を多数もつ多環化合物[126]の合成に非常に有効である〔(9.86)式〕[127]．不斉反応も可能である〔(9.87)式〕[128]．

しかし

(9.84)

(9.85)

(9.86)

$$\text{pent}\diagup\hspace{-0.3em}\diagdown\hspace{-0.3em}\overset{O}{\|}\hspace{1em} + \hspace{1em} \text{TMS}\diagup\hspace{-0.3em}\diagdown\hspace{-0.3em}\text{OAc} \xrightarrow[-25\,^\circ\text{C},\ 79\%,\ 84\%\ ee]{\text{Pd(dba)}_2,\ L^*,\ \text{PhMe}} \text{pent-cyclopentane product} \tag{9.87}$$

L* = (binaphthyl phosphoramidite with 2,5-diphenylpyrrolidine)

炭素－酸素や炭素－窒素の二重結合もトリメチレンメタンパラジウム錯体との反応を行える．二酸化炭素の環化付加でラクトンを与える例を(9.88)式[129]に示す．アルデヒドも，この二官能基性アリルアセテートと Pd(0) 触媒存在下 [3+2] 環化付加を行い，含酸素ヘテロ 5 員環化合物[130]を与える〔(9.89)式〕[131]．

$$\text{TMS}\diagup\hspace{-0.3em}\diagdown\hspace{-0.3em}\text{OAc} \ +\ CO_2\ (1\ \text{atm}) \xrightarrow[\text{DME},\ 63\%]{\text{Pd(PPh}_3)_4} \text{methyl-butenolide} \tag{9.88}$$

$$\text{TMS}\diagup\hspace{-0.3em}\diagdown\hspace{-0.3em}\text{OAc}\ +\ \text{(dimethyl-formyl-methoxy-pyranone)} \xrightarrow[\text{PhMe},\ 92\%]{\text{Pd(PPh}_3)_4,\ \text{In(acac)}_3} \text{product} \tag{9.89}$$

共役エノンでみられた結果と対照的に，非対称トリメチレンメタン中間体からは，位置異性体混合物が生成する．このことは，最初に生成したトリメチレンメタン錯体の転位が環化反応と競争しているとして説明できる．共触媒としてスズ化合物を用いると，スズ化合物はおそらくアルデヒドの反応性を向上させるルイス酸として働き，反応の収率と位置選択性が劇的に改善される．非常にはっきりした効果が In(III) 共触媒を用いたときにみられる．この添加物は反応の位置選択性を 1,4-付加（すなわちアルケンへの付加）から 1,2-付加（すなわちカルボニル基への付加）へと完全に変える〔(9.90)式〕[132]．この反応でパラジウム(II)をパラジウム(0)にするため DIBAL が用いられている．インジウムによるこの変化は，陽性の強い In(III) がカルボニル炭素に配位してこの部分の反応性をアルケン部分より高めた結果であるものと考えられる．トリメチレンメタン錯体はアジリジンとさえ反応し [3+3] 環化付加生成物を与える〔(9.91)式〕[133]．

9.3 アリル誘導体のパラジウム触媒反応

(9.90)

(9.91)

メチレンシクロプロパンもまたパラジウム(0)触媒による[3+2]環化付加反応を行う．この反応も，活性なシクロプロパンの炭素-炭素結合が"酸化的付加"して形成されるようなトリメチレンメタン中間体を経由するものと考えられる（図9.4）[134]．ニッケル(0)錯体も同様な反応の触媒となる．これらの反応のほとんどは，どちらかといえば簡単な構造の分子で研究されているが，いくつかのより複雑な系への適用が検討されている〔(9.92)式〕[135]．

(9.92)

純粋なジアステレオマーのメチレンシクロプロパンの反応は立体選択的で，反応点のキラル炭素中心で立体配置が保持される〔(9.93)式〕[136]．アクセプターがアルキンではなくアルケンの場合，反応はシクロプロパンのもともとあったキラル中心に関して立体選択的（すなわち保持）であるが，アルケンの幾何異性は保持されない〔(9.94)式〕[137]．

(9.93)

(9.94)

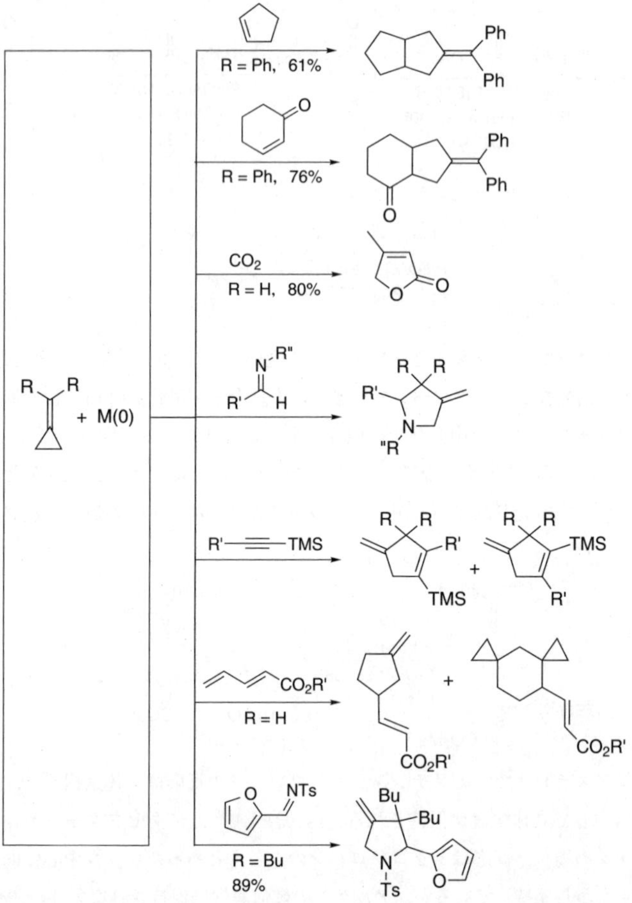

図 9.4　メチレンシクロプロパンの"トリメチレンメタン"反応

g. プロパルギル系の反応

パラジウム(0)錯体へのプロパルギル基質の酸化的付加は，配位子や基質の置換基に応じて η^1-プロパルギル錯体を生成し，さらに異性化し η^3-プロパルギル錯体[138]となる〔(9.95)式〕．その結果，プロパルギル基質へのパラジウム触媒による求核攻撃は，しばしばプロパルギル型とアレン型の生成物混合物を与える[139]．有機亜鉛反応剤の反応の位置選択性が，用いる配位子によって制御できる〔(9.96)式〕[140]．プロパルギルカルボナートが合成に使われており，例を (9.97)式に示す[141]．

$$\text{HC}{\equiv}\text{C-CH}_2\text{X} \xrightarrow{\text{Pd(0)}} \text{propargyl-Pd-X} \rightleftharpoons \text{allenyl-Pd-X}$$

$$\downarrow \text{Nu} \qquad\qquad \downarrow \text{Nu}$$

propargyl-Nu   allenyl-Nu   (9.95)

$$\text{TBS-C}{\equiv}\text{C-CH(OMs)-Bu} \xrightarrow[\text{PPh}_3,\ \text{PhZnBr},\ \text{THF}]{[\text{PdCl}(\eta^3\text{-CH}_2\text{CHCH}_2)]_2,\ L} \text{TBS-C}{\equiv}\text{C-CH(Ph)-Bu} + \text{TBS(Ph)C=C=CH-Bu} \quad (9.96)$$

L = PPh₃, 74%, 9:1

L = (binaphthyl-OH, PPh₂), 77%, 1:8

$$\text{PMBO-CH}_2\text{-CH(Me)-C}{\equiv}\text{C-CH(OCO}_2\text{Me)-CH}_2\text{-CH(Me)-CH}_2\text{-CH(Me)-CH}_2\text{OTBDPS} \xrightarrow[\text{HCO}_2\text{NH}_4,\ 90\%]{\text{Pd(PPh}_3)_4,\ \text{PBu}_3} \text{PMBO-CH}_2\text{-CH(Me)-C}{\equiv}\text{C-CH}_2\text{-CH(Me)-CH}_2\text{-CH(Me)-CH}_2\text{OTBDPS} \quad (9.97)$$

9.4 パラジウム以外の金属アリル錯体

a. モリブデン,タングステン,ルテニウム,ロジウムおよびイリジウム触媒

モリブデンヘキサカルボニル錯体は,安定化カルボアニオンによるアリルアセテートのアルキル化の触媒となる.しかし,位置選択性はパラジウム(0)の場合とはかなり異なる[142].パラジウムでは η^3-アリル系の置換基の少ない側を求核剤が攻撃したのに対し,モリブデンの場合,マロン酸エステルのようなアニオンを攻撃に用いると,より置換基の多い側での反応がもっと起こり,求核剤アニオンがもっと立体的に大きい場合には置換基の少ない側を攻撃する.$\text{Mo(RNC)}_4\text{(CO)}_2$ 錯体は Mo(CO)_6 よりも効率のよい触媒であるが,置換基数の少ない側のアリル末端へ優先的に攻撃する[143].立体的にかさ高い求核剤を用い,キラルなジアミン配位子存在下 $\text{Mo(CO)}_3\text{(EtCN)}_3$ は,高い ee(エナンチオマー過剰率)で置換基の多い末端でのアリル位アルキル化を起こす[144),145)].

モリブデン錯体による触媒反応は全体として保持で進む.しかし,二つの反転を含む

パラジウム触媒反応とは対照的に，モリブデン錯体触媒反応は非環式化合物では二つの保持の結果である〔(9.98)式〕[146]．この触媒系の合成化学的応用を (9.99)式に示す[147]．

(9.98)

(9.99)

同様にタングステンヘキサカルボニルおよび関連するモリブデン(0)錯体は，アリル位アルキル化も行う．求核剤の大きさがどのようであれ，タングステン触媒はより置換基の多い末端を攻撃するが[148]，例外も存在する[149]．

アリルカルボナートやアセテートの置換基の**多い側**でのアルキル化が，Rh(I)[150]，Ru(0およびII)[151,152] や Ir(I)[153,154] 触媒により可能である．キラル配位子存在下高い不斉誘導が行える[155~157]．

アリル置換反応でロジウム，ルテニウム，およびイリジウム触媒を用いる研究について，かなり多くの論文があるが，有機合成への利用はまだ一握りにすぎない．これらの例を (9.100)式[158]，(9.101)式[159]，および (9.102)式[160] に示す．これらの反応で銅アルコキシドやエノラートが優れた求核剤である．

(9.100)

(9.101)

9.4 パラジウム以外の金属アリル錯体

$$\text{(9.102)}$$

遷移金属触媒によるアリル位アルキル化の位置選択性をさらに複雑にしていることがある．いくつかの触媒系で置換基に関係なく，脱離基をもつ炭素で求核剤による置換反応が起こることである．この"記憶効果"の原因は，おそらく η^1-アリル錯体が生成するが η^3-アリル錯体は生成しないことによるものであろう〔(9.103)式〕[161]．この位置選択性の問題は未解決である．あらかじめ調製した η^3-アリル金属錯体の反応については次項で述べる．

$$\text{(9.103)}$$

b. η^3-アリルモリブテンおよびタングステン錯体

η^3-アリルモリブデン錯体は，隣接する官能基を活性化すると同時に立体化学も制御する．たとえば，(9.104)式のアセチル錯体はベンズアルデヒドと容易にアルドール反応を行い，さらに $NaBH_4$ で還元すれば金属と反対の面から反応が起こる．反応性の低い CO 配位子をニトロシル（形式的には NO^+）と塩化物イオンで置換すると，より反応性のよい錯体を生成し，つづいてベンズアルデヒドとゆっくり反応し加水分解により1,3-ジオールを与える[162]．中性の η^3-アリルモリブデン錯体は結構強い．たとえばHorner-Wadsworth-Emmons（ホーナー・ワズワース・エモンス）反応ができるし，生じたアルケンを四酸化オスミウム酸化することもできる．η^3-アリルモリブデン基の隣の官能基の反応は高い立体選択性で進む．側鎖での反応の終了後錯体の CO を NO に変えれば求核付加への反応性を上げられる〔(9.105)式[163]〕．

プロパルギルタングステン σ 錯体は，分子間または分子内アルコキシカルボニル化により η^3-アリルタングステン錯体へ変換できる．生成した錯体をアルデヒドと反応させればラクトンを与える．この反応は有機合成で用いられている〔(9.106)式[164] および (9.107)式[165]〕．

9. 遷移金属アリル錯体の合成化学的応用

$$\text{CpMo(CO)}_3^{\ominus} + \text{Cl}\diagup\diagdown\diagup\text{O} \longrightarrow (\text{CO})_3\text{CpMo}\diagup\diagdown\diagup\text{O} \xrightarrow[-\text{CO}]{\text{Me}_3\text{NO}}$$

(9.104)

(9.105)

(9.106)

9.4 パラジウム以外の金属アリル錯体

$$\text{(9.107)}$$

η^3-アリルモリブデン基は,環状の錯体への求核剤の付加の面選択性を制御するのに用いられる.たとえば,アリル官能基の隣接位からヒドリドまたはメトキシ基を引抜くと,カチオン性ジエン錯体を生成する.位置および立体選択的な求核剤の付加で η^3-アリルモリブデン錯体に戻る.この型の反応は (−)-アンドラクシニジン (andrachcinidine) の見事な合成に用いられている〔(9.108)式〕[166).

$$\text{(9.108)}$$

中性で光学活性な η^3-ピラニルモリブデンは [5+2] や [5+3] 環化付加を行う.ここでも,反応は金属の反対の面から起こる.〔(9.109)式[167) および (9.110)式[168)〕.

$$\text{(9.109)}$$

(9.110)

c. η^3-アリル鉄錯体

カチオン性 η^3-アリル鉄トリカルボニル錯体は,η^3-アリルパラジウム錯体と非常によく似た型の安定化カルボアニオンによる攻撃を受ける.$NaFe(CO)_3(NO)$ および $[Bu_4N][Fe(CO)_3(NO)]$ は塩化アリル,炭酸アリルやアリルアセテートのアリル位アルキル化を促進する[169),170)].しかし,Pd 触媒プロセスがあまりにも効率がよいため,アリル鉄錯体は有機合成にはほとんど使われていない.

触媒的な反応系とは異なるが,γ-アルコキシまたはγ-アセトキシエノンから前もって合成される η^3-アリル鉄錯体は,有機合成において非常に有効になりつつある[171)].この有用性は,鉄がアルケンの一方のプロキラルな面からのみ立体選択的に錯体を形成し,ついで求核剤を金属と反対の面から攻撃するようになるため,全体が高立体選択的プロセスとなっていることに由来する.初期の研究で不飽和ラクタムがとりあげられ,γ-アルコキシ基が錯体化を同じ面へと方向づけることが示された〔(9.111)式〕[172)].このジアステレオマーは分離可能であり,また,アリルシランと BF_3OEt_2 と反応させたあと錯体からはずせば,金属と反対の面からアリル化された単一ジアステレオマーが得られる.鎖状のγ-アルコキシエノンは同じような選択性と反応性を示すので,合成にさらに広く応用されつつある〔(9.112)式〕[173)].

(9.111)

9.4 パラジウム以外の金属アリル錯体

(9.112)

d. η^3-アリルコバルト錯体

コバルトカルボニルアニオン $[Co(CO)_4]^-$ は弱い塩基であり,またハロゲン化アリルと反応して η^3-アリルコバルトカルボニル錯体を与える弱い求核剤でもある〔(9.113)式〕[174]. この錯体は不安定な深紅色液体で合成化学的利用はほとんど行われていない.

(9.113)

ヨウ化メチルと反応させると,$[Co(CO)_4]^-$ アニオンは η^1-メチル錯体となり,ついで CO の挿入を経て η^1-アシル錯体に至る.さらにこれをブタジエンと反応させると β-アシル-η^3-アリルコバルト錯体〔(9.114)式〕となる.この錯体を強い塩基で処理すると酸

(9.114)

性度の高い α プロトンが引抜かれ,アシルジエンを与えるとともにコバルトカルボニル

アニオンが再生する[175]。一方，安定化カルボアニオンと反応させると，η^3-アリル基の置換基のない側で求核攻撃が起こる。全体を通し反応として見れば，1,3-ジエンのアルキル化-アシル化ということになる[176]。どちらの反応も複雑な分子の合成には用いられていない。

e. η^3-アリルニッケル錯体[177]

η^3-アリルニッケルハロゲン化物は，ふつうニッケルカルボニルやビス(シクロオクタジエン)ニッケルなどのニッケル(0)錯体とハロゲン化アリルとをベンゼンなどの非極性溶媒中で反応させ，高収率で得られる〔(9.115)式〕。この反応は広い範囲の官能基がア

$$\diagdown\!\!\!\!\diagdown\!\!\text{X} \xrightarrow[\text{Ni(CO)}_4]{\text{Ni(cod)}_2} \langle\!\langle (-\text{Ni}\overset{\text{X}}{\underset{\text{X}}{\diagup\!\!\!\diagdown}}\text{Ni}-)\rangle\!\rangle \qquad (9.115)$$

リル鎖上にあっても損われず，多くの合成化学的に有用な官能基をもった錯体が合成できる。パラジウム錯体の場合とは対照的に，η^3-アリルニッケルハロゲン化物はアルケン錯体のアリル位の脱プロトン反応(図9.1参照)によっては直接得ることはできない。おそらく，ニッケル(II)-アルケン錯体がほぼ全く知られていないので，プロトン引抜きに必要なアリル位の活性化機構が存在しないという理由による。η^3-アリルニッケルハロゲン化物錯体は深紅色ないし赤茶色の結晶で，溶液中で空気には非常に反応しやすいが，空気がないと安定である。

η^3-アリルパラジウムハロゲン化物は求核剤と容易に反応するが，η^3-アリルニッケルハロゲン化物はほとんどの場合反応しない。その代わり，見かけ上これら錯体は求核剤であるかのように働き，有機ハロゲン化物，アルデヒド，ケトンなどと反応し，そのアリル基を与える。しかし，これらの反応は求核反応ではなくラジカル連鎖反応であり，η^3-アリルニッケルハロゲン化物の反応系は対応するパラジウム錯体の化学とは非常に異なっている。反応は光か還元剤を加えることにより開始され，よりラジカルアニオンスカベンジャーであるm-ジニトロベンゼンを1%以下の量加えて抑止できる。キラルな第二級ハロゲン化物がアリル化でラセミ化することから炭素中心ラジカル中間体の関与が示唆されるが，ハロゲン化アルケニルは立体を保持するので完全な炭素中心ラジカルを経る訳ではない[178]。

η^3-アリルニッケルハロゲン化物錯体について最もよく知られ広く用いられている反応は，有機ハロゲン化物と反応しそのハロゲンをアリル基に置換する反応である〔(9.116)式〕。この反応は，DMF，HMPA，またはN-メチルピロリドンのような極性溶媒中でのみ進行する。

9.4 パラジウム以外の金属アリル錯体

$$(\text{allyl-NiBr})_2 + \text{R-X} \xrightarrow{\text{DMF}} \text{R-CH}_2\text{CH=CH}_2 + \text{NiBrX} \qquad (9.116)$$

R = アルキル，アリール，アルケニル，ベンジル
許容される官能基：OH, NH_2, CO_2R, CO_2H, CHO, COR, CN
反応速度：I > Br > Cl

アリール，アルケニル，第一級，第二級アルキル臭化物とヨウ化物は高収率で反応する．ハロゲン化アリールとハロゲン化アルケニルの方がハロゲン化アルキルよりも反応性はよい．臭化物やヨウ化物に比べ塩化物はずっと反応性は低い．反応は，ヒドロキシ基，エステル，アミド，ニトリルなど多様な官能基が存在しても進行する．これらの錯体は同じ分子中の塩化物よりも臭化物と優先的に反応する．また，ケトンやアルデヒドが存在しても反応に影響がない．η^3-アリル基が非対称のときには，ほとんどの典型元素アリル有機金属化合物とは対照的に，カップリングはもっぱら置換基の少ない側で起こる．(+)-セルレニン(cerulenine)〔(9.117)式〕[179]とラバンズキノシン(lavanduquinocin)〔(9.118)式〕[180]の合成にこれらの利点が活用されている．

(9.117)

(9.118)

η^3-アリルニッケルハロゲン化物は，ハロゲン化アリールとたいへん穏和な条件下で反応し幅広い官能基の存在も妨げにならないので，多種多様な化合物へのアリル基の導入に用いられる〔(9.119)式[181]および(9.120)式[182]〕．

(9.119)

$$\text{(9.120)}$$

溶媒としてベンゼンのような非極性のものを用いると，η^3-アリルニッケルハロゲン化物は二量体になってしまうが，DMFやTHFのような極性溶媒中では，ハロゲン化アリルはニッケルカルボニルと反応し，ホモカップリングがきれいに起こる〔(9.121)式〕[183].

$$\text{(9.121)}$$

反応はかなりよく理解されている．まず配位飽和で反応しやすいニッケルカルボニルの一つのCO配位子が解離し〔(9.122)式の過程 (a)〕，生成した配位不飽和の$Ni(CO)_3$にハロゲン化アリルが酸化的付加〔過程 (b)〕，そしてη^3-アリルニッケルカルボニル中間体を与える．この錯体は，赤外吸収スペクトルで（ν_{CO} 2060 cm^{-1}）で検出できるし，別途η^3-アリルニッケル臭化物二量体とCOをDMF中で反応させて得ることもできる．しかし，二量体もη^3-アリルニッケルカルボニル臭化物も過剰のアリル臭化物と速やかに反応し，カップリング生成物であるビアリルを与える．η^3-アリルニッケル臭化物二量体をDMF中一酸化炭素と反応させるだけで，カップリングが効率よく進むし，アリル臭化物と$Ni(CO)_4$が反応液中で検出されるので，最終段階を除いてすべての過程は可逆的であろう．高希釈条件下でα,ω-ビスアリルハロゲン化物は環化する〔(9.122)式〕[184]．この方法で，単純な12，14，および18員環[185]，フムレン（humulene）[186]，および大環状ラクトン[187]が合成された．この非常に有用なカップリングは，ニッケルカルボニルが揮発性（沸点43℃）で，強い毒性をもち，取扱いが容易でなく廃棄しにくいので，実際にはほとんど使われていない．

9.4 パラジウム以外の金属アリル錯体

$$\text{(9.122)}$$

これらの錯体に対し，ハロゲン化アリルは最も高い反応性をもつ化合物の一つであるが，η^3-アリル配位子とハロゲン化アリルとの速い交換のため，実際の反応ではすべての可能な生成物が得られてしまう．もし，この二つのアリル基が電子的にいくぶんでも異なっていれば，選択的なクロスカップリングがよい収率で起こることもある[188]．この反応において，η^3-アリル系にあるアルケンの立体化学は失われるが，ハロゲン化アルケニル中のアルケンの立体化学は通常保持される．

共役エノンは塩化トリメチルシリルの存在下ニッケル(0)錯体と反応し，1-トリメチルシリルオキシ-η^3-アリルニッケル錯体を与える．この錯体は有機ハロゲン化合物と型どおりのカップリングをし，シリルエノールエーテルを生成する〔(9.123)式〕[189]．この生成物は見方を変えれば，求核剤（R^-）が出発エノンのβ位に求核付加してできる化合物に相当する．しかしながら，ニッケルと錯体になることにより，通常の反応性が逆転し，β-アルキル基が求電子剤（$RX="R^+"$）として導入されることになる．η^3-アリルニッケル錯体を中間体として，共役エノンへのアリルスズ反応剤の共役付加が触媒的に進行する．以上の二つのプロセスは関連しているが，反応機構的にいくぶん異なる〔(9.124)式〕[190]．

$$\text{(9.123)}$$

$$\text{(9.124)}$$

η^3-アリルニッケルハロゲン化物は有機ハロゲン化物とアルデヒドやケトンの存在下でも反応する．もう少し強い反応条件（20℃ではなく50℃）ではカルボニル化合物も反応するようになり，ホモアリルアルコールを与える[191]．α-ジケトンは最も反応性のよい基質でありα-ケトホモアリルアルコールを生成する．コレスタノン，プロゲステ

ロン，5α-アンドロスタン-3,17-ジオンなどのアルデヒドや環状ケトンは良好に反応する．しかし，単純な鎖状ケトンや α,β-不飽和ケトンはうまく反応できない．やはり典型元素有機金属とは違い，置換基数の少ない側のアリル基炭素上で反応する．η^3-(2-カルボエトキシアリル)ニッケル臭化物は，アルデヒドやケトンと反応し α-メチレン-γ-ブチロラクトンを与える〔(9.125)式〕．最後にニッケルは，側鎖にアルデヒドをもつ共役ジエンの不斉還元的環化反応の触媒となる．この反応はおそらくジエンのヒドロニッケル化による η^3-アリルニッケル錯体が生成し，つづいて環化したものであろう〔(9.126)式〕[192]．

$$\text{MeO}_2\text{C}-\!\!\!\text{(}\!\!-\text{NiBr}/_2 + \text{PhCHO} \xrightarrow[85\%]{\text{DMF}} \text{中間体} \longrightarrow \text{Ph}\diagup\text{O}\diagdown\text{O} \quad (9.125)$$

$$(9.126)$$

η^3-アリルニッケル錯体中間体および酸化的付加/トランスメタル化/還元的脱離サイクルを含む系において，ニッケル(II)ホスフィン錯体は，アリルアセテートのアリールボロン酸エステル[193]やアルケニルボロン酸エステル[194]によるアルキル化の触媒となっている〔(9.127)式〕[195]．これらのプロセスは既述の π-アリルパラジウムの化学と著しく似ており，アリル位アミノ化のようなもっぱらパラジウムの化学と考えられていたようなプロセスにも，ニッケル錯体の触媒としての利用が増えつつある〔(9.128)式〕[196]．

$$(9.127)$$

$$\diagup\!\!\!\diagdown\text{OAc} + \text{Et}_2\text{NH} \xrightarrow[100\%]{\text{Ni(dppb)}_2} \diagup\!\!\!\diagdown\text{NEt}_2 \quad (9.128)$$

(9.129)式に示したニッケル触媒による不斉アリル位アミノ化はこの遷移金属の利用が増えていくよい例であろう[197]。

(9.129)

文　献

1. 総説: a) Tsuji, J. *Acc. Chem. Res.* **1973**, *6*, 8. b) Tsuji, J. *Pure Appl. Chem.* **1981**, *53*, 2371. c) Tsuji, J. *Pure Appl. Chem.* **1982**, *54*, 197. d) Takacs, J. M. Transition Metal Allyl Complexes: Telomerization of Dienes. In *Comprehensive Organometallic Chemistry*; Wilkinson, G., Stone, F. G. A., Abel, E. W., Eds.; Pergamon: New York, 1982; Vol. 6, pp 785-797.
2. Rodriguez, A.; Nomen, M.; Spur, B. W.; Godfroid, J.-J.; Lee, T. K. *Eur. J. Org. Chem.* **2000**, 2991.
3. Takahashi, T.; Minami, I.; Tsuji, J. *Tetrahedron Lett.* **1981**, *22*, 2651.
4. a) Takacs, J. M.; Zhu, J. *J. Org. Chem.* **1989**, *54*, 5193. b) Takacs, J. M.; Chandramouli, S. *Organometallics* **1990**, *9*, 2877. c) Takacs, J. M.; Zhu, J. *Tetrahedron Lett.* **1990**, *31*, 1117.
5. Takacs, J. M.; Chandramouli, S.V. *J. Org. Chem.* **1993**, *58*, 7315.
6. Takacs, J. M.; Zhu, J.; Chandramouli, S. *J. Am. Chem. Soc.* **1992**, *114*, 773.
7. (−)-ギッボシド (gibboside) の合成で: Takacs, J. M.; Vayalakkada, S.; Mehrman, S. J.; Kingsbury, C. L. *Tetrahedron Lett.* **2002**, *43*, 8417.
8. Takacs, J. M.; Weidner, J. J.; Takacs, B. E. *Tetrahedron Lett.* **1993**, *34*, 6219.
9. (−)-プロトエメチノール (protoemetinol) の合成で: Takacs, J.M.; Boito, S.C. *Tetrahedron Lett.* **1995**, *36*, 2941.
10. Sato, Y.; Oonishi, Y.; Mori, M. *Organometallics* **2003**, *22*, 30.
11. Jolly, P. W. Nickel-Catalyzed Oligomerization of Alkenes and Related Reactions. In *Comprehensive Organometallic Chemistry*; Wilkinson, G., Stone, F. G. A., Abel, E. W., Eds.; Pergamon: New York, 1982; Vol. 6, pp 615-648.
12. a) Wender, P. A.; Ihle, N. C.; Corriea, C. R. D. *J. Am. Chem. Soc.* **1988**, *110*, 5904. b) 関連する環化付加: Wender, P. M.; Nuss, J. M.; Smith, D. B.; Swarez-Sobrino, A.; Vågberg, J.; DeCosta, D.; Bordner, J. *J. Org. Chem.* **1997**, *62*, 4908.
13. Wender, P. A.; Jenkins, T. E. *J. Am. Chem. Soc.* **1989**, *118*, 6432.
14. 総説: Hyland, C. *Tetrahedron* **2005**, *61*, 3457.
15. a) これらの反応の選択性の総説: Frost, C. G.; Howarth, J.; Williams, J. M. J. *Tetrahedron: Asymmetry* **1992**, *3*, 1089. b) 総説: Harrington, P. M. Transition Metal Allyl Complexes: Pd, W, Mo-Assisted Nucleophilic Attack. In *Comprehensive Organometallic Chemistry II*; Abel, E. W., Stone, F. G. A., Wilkinson, G., Eds.; Pergamon: Oxford, U.K., 1995; Vol. 12, pp 797-904.
16. a) Trost, B. M.; Bant, R. C. *J. Am. Chem. Soc.* **1998**, *120*, 70. b) Kawatsura, M.; Uozumi, Y.; Hayashi, T. *Chem. Commun.* **1998**, 217.
17. Hayashi, T.; Kawatsura, M.; Uozumi, Y. *J. Am. Chem. Soc.* **1998**, *120*, 1681.
18. 古い総説: a) Trost, B. M.; Verhoeven, T. R. *J. Am. Chem. Soc.* **1980**, *102*, 4730. b) Yamamoto, T.; Saito, O.; Yamamoto, A. *J. Am. Chem. Soc.* **1981**, *103*, 5600. c) Trost, B. M. *Acc. Chem. Res.* **1980**, *13*, 385.
19. ケトンエノラートを用いる場合の総説: Braun, M.; Meier, T. *Angew. Chem. Int. Ed.* **2006**, *45*, 6952.

20. a) Hayashi, T.; Konishi, M.; Kumada, M. *J. Chem. Soc., Chem. Commun.* **1984**, 107. b) Hayashi, T.; Hagihara, T.; Konishi, M.; Kumada, M. *J. Am. Chem. Soc.* **1983**, *105*, 7767. c) Leutenegger, V.; Umbricht, G.; Fahrni, C. von Matt, P.; Pfaltz, A. *Tetrahedron* **1992**, *48*, 2143.
21. Blacker, A. J.; Clarke, M. I.; Loft, M. S.; Williams, J. M. J. *Org. Lett.* **1999**, *1*, 1969.
22. Trost, B. M.; Ceschi, M. A.; König, B. *Angew. Chem., Int. Ed. Engl.* **1997**, *36*, 1486.
23. Naz, N.; Al-Tey, T.H.; Al-Abed, Y.; Voelter, W.; Fikes, R.; Hiller, W. *J. Org. Chem.* **1996**, *61*, 3250.
24. Braun, M.; Onuma, H.; Arinaga, Y. *Chem. Lett.* **1995**, 1099.
25. トレムレンジオール (tremulenediol) A の合成で: Ashfeld, B. L.; Martin, S. F. *Org. Lett.* **2005**, *7*, 4535.
26. (−)-ストリキニン (strychnine) の合成で: Kaburagi, Y.; Tokuyama, H.; Fukuyama, T. *J. Am. Chem. Soc.* **2004**, *126*, 10246.
27. Maezaki, N.; Hirose, Y.; Tanaka, T. *Org. Lett.* **2004**, *6*, 2177.
28. 総 説: Heumann, A.; Regher, M. *Tetrahedron* **1995**, *51*, 975.
29. Roland, S.; Durand, J. O.; Savignac, M.; Genet, J. P. *Tetrahedron Lett.* **1995**, *36*, 3007.
30. Fürstner, A.; Weintritt, H. *J. Am. Chem. Soc.* **1998**, *120*, 2817.
31. a) Boeckman, R. K.; Shair, M. D.; Vargas, J. R.; Stoltz, L. A. *J. Org. Chem.* **1993**, *58*, 1295. b) Michelet, V.; Besner, I.; Genet, J. P. *Synlett* **1996**, 215.
32. ビブサニン (vibsanin) F の合成で: Yuasa, H.; Makado, G.; Fukuyama, Y. *Tetrahedron Lett.* **2003**, *44*, 6235.
33. ソルダリシン (sordaricin) の合成で: Kitamura, M.; Chiba, S.; Narasaki, K. *Chem. Lett.* **2004**, *33*, 942.
34. δ-アラネオセン (araneosene) の合成で: Hu, T.; Corey, E. J. *Org. Lett.* **2002**, *4*, 2441.
35. a) Schink, H. E.; Bäckvall, J.-E. *J. Org. Chem.* **1992**, *57*, 1588. b) Bäckvall, J.-E.; Gatti, R.; Schink, H. E. *Synthesis* **1993**, 343.
36. 総 説: a) Trost, B. M. *J. Org. Chem.* **2004**, *69*, 5813. b) Trost, B. M.; Crawley, M. L. *Chem. Rev.* **2003**, *103*, 2921. c) Helmchen, G.; Kudis, S.; Sennhenn, P.; Steinhaugher, H. *Pure Appl. Chem.* **1997**, *69*, 513. d) Trost, B. M.; Van Vranken, D. L. *Chem. Rev.* **1996**, *96*, 395. e) Trost, B. M. *Acc. Chem. Res.* **1996**, *29*, 355. f) Williams, J. M. J. *Synlett* **1996**, 705.
37. a) Kardos, N.; Genet, J. P. *Tetrahedron: Asymmetry* **1994**, *5*, 1525. b) 以下も見よ: Pretot, R.; Pfaltz, A. *Angew. Chem. Int. Ed.* **1998**, *37*, 323.
38. Granberg, K. L.; Bäckvall, J.-E. *J. Am. Chem. Soc.* **1992**, *114*, 6858.
39. Trost, B. M.; Lee, C. *J. Am. Chem. Soc.* **2001**, *123*, 12191.
40. 最近の例: He, X.-C.; Wang, B.; Yu, G.; Bai, D. *Tetrahedron: Asymmetry* **2001**, *12*, 3213.
41. 反応機構の研究: Seebach, D.; Devaquat, E.; Ernst, A.; Hayakawa, M.; Kühnle, F. N. M.; Schweizer, W. B.; Weber, B. *Helv. Chim. Acta* **1995**, *78*, 1636.
42. Baldwin, J. C.; Williams, J. M. J.; Beckett, R. P. *Tetrahedron: Asymmetry* **1995**, *6*, 1515.
43. Trost, B. M.; Bunt, R. C. *J. Am. Chem. Soc.* **1994**, *116*, 4089.
44. C-2-エピ-ヒグロマイシン (hygromycin) A の合成で: Trost, B. M.; Dudash, J., Jr.; Dirat, O. *Chem.−Eur. J.* **2002**, 259.
45. バリエナミン (valienamine) の合成で: Trost, B. M.; Chipak, L. S.; Lübbers, T. *J. Am. Chem. Soc.* **1998**, *120*, 1732.
46. Yoshigaki, H.; Satoh, H.; Sato, Y.; Nukui, N.; Shibasaki, M.; Mori, M. *J. Org. Chem.* **1995**, *60*, 2016.
47. (+)-γ-リコラン (lycorane) の合成で: Chapsal, B. D.; Ojima, I. *Org. Lett.* **2006**, *8*, 1395.
48. a) Takanashi, S.-i.; Mori, K. *Liebigs Ann. Chem.* **1997**, 825. b) この分野のオリジナル研究: Del Valle, L.; Stille, J. K.; Hegedus, L. S. *J. Org. Chem.* **1990**, *55*, 3019.
49. FR182877 の合成で: Vanderwal, C. D.; Vosburg, D. A.; Weiler, K.; Sorensen, E. J. *J. Am. Chem. Soc.* **2003**, *125*, 5393.
50. Nicolaou, K. C.; Koftis, T. V.; Vyskocil, S.; Petrovic, G.; Tang, W.; Frederick, M. O.; Chen, D. Y.-K.; Li, Y.; Ling, T; Yamada, Y. M. A. *J. Am. Chem. Soc.* **2006**, *128*, 2859.
51. Castaño, A. M.; Ruano, M.; Echavarren, A. M. *Tetrahedron Lett.* **1996**, *37*, 6591.
52. a) White, J. D.; Jensen, M. S. *Synlett* **1996**, 31. b) Echavarren, A. M.; Tueting, D. R.;

Stille, J. K. *J. Am. Chem. Soc.* **1988**, *110*, 4039. c) Teuting, D. R.; Echavarren, A. M.; Stille, J. K. *Tetrahedron* **1989**, *45*, 979.
53. マダンガミン (madangamine) の合成で: Yoshimura, Y.; Inoue, J.; Yamazaki, N.; Aoyagi, S.; Kibayashi, C. *Tetrahedron Lett.* **2006**, *47*, 3489.
54. Farina, V.; Baker, S. R.; Benigni, D.A.; Sapino, C., Jr. *Tetrahedron Lett.* **1988**, *29*, 5739.
55. (+)-ラソノリド (lasonolide) Aの合成で: Yoshimura, T.; Yakushiji, F.; Kondo, S.; Wu, X.; Shindo, M.; Shishido, K. *Org. Lett.* **2006**, *8*, 475.
56. Urabe, H.; Inami, H.; Sato, F. *J. Chem. Soc., Chem. Commun.* **1993**, 1595.
57. 化学量論的反応の例: a) Otte, A. R.; Wilde, A.; Hoffmann, H. M. R. *Angew. Chem., Int. Ed. Engl.* **1994**, *33*, 1280. b) Hoffmann, H. M. R.; Otte, A. R.; Wilde, A.; Menzer, S.; Williams, D. J. *Angew. Chem., Int. Ed. Engl.* **1995**, *34*, 100. c) Hegedus, L. S.; Darlington, W. H.; Russell, C. E. *J. Am. Chem. Soc.* **1980**, *45*, 5193.
58. 触媒反応の例: a) Satake, A.; Nakata, T. *J. Am. Chem. Soc.* **1998**, *120*, 10391. b) Satake, A.; Kadohama, H.; Koshino, H.; H.; Nakata, T. *Tetrahedron Lett.* **1999**, *40*, 3597.
59. Shintani, R.; Park, S.; Hayashi, T. *J. Am. Chem. Soc.* **2007**, *129*, 14866.
60. アリル位アミノ化の総説: a) Johannsen, M.; Jørgensen, K. A. *Chem. Rev.* **1998**, *98*, 1689. b) Flegelova, Z.; Patek, M. *J. Org. Chem.* **1996**, *61*, 6735.
61. この異性化についての議論: Watson, I. D. G.; Yudin, A. K. *J. Am. Chem. Soc.* **2005**, *127*, 17516.
62. Kapeller, H.; Marschener, C.; Weissenbacher, M.; Griengl, H. *Tetrahedron* **1998**, *54*, 1439.
63. カルボビル (carbovir) の合成で: Olivo, H. F.; Yu, J. *J. Chem. Soc., Perkin Trans. 1* **1998**, 391.
64. バリエナミン (valienamine) の合成で: Kok, S. H.-L.; Lee, C. C.; Shing, T. K. M. *J. Org. Chem.* **2001**, *66*, 7184.
65. Humphrey, G. R.; Miller, R. A.; Pye, P. J.; Rossen, K.; Reamer, R. A.; Maliakal, A.; Ceglia, S. S.; Grabowski, E. J. J.; Volante, R. P.; Reider, P. J. *J. Am. Chem. Soc.* **1999**, *121*, 11261.
66. メセンブラン (mesembrane) とメセンブリン (mesembrine) の合成で: Mori, M.; Kuroda, S.; Zhang, C.-S.; Sato, Y. *J. Org. Chem.* **1997**, *62*, 3263.
67. Ovaa, H.; Stragies, R.; van der Marel, G. A.; van Boom, J. H.; Blechert, S. *Chem. Commun.* **2000**, 1501.
68. (+)-パンクラチスタチン (pancratistatin) の合成で: Trost, B. M.; Pulley, S. R. *J. Am. Chem. Soc.* **1995**, *117*, 10143.
69. (−)-アナトキシン (anatoxin) aの合成で: Trost, B. M.; Oslob, J. D. *J. Am. Chem. Soc.* **1999**, *121*, 3057.
70. アゲラスチン (agelastatin) Aの合成で: Stein, D.; Anderson, T. G.; Chase, C. E.; Koh, Y.; Weinreb, S. M. *J. Am. Chem. Soc.* **1999**, *121*, 9574.
71. (−)-セファロタキシン (cephalotaxin) の合成で: Tietze, L. F.; Schirok, H. *J. Am. Chem. Soc.* **1999**, *121*, 10264.
72. イナンデニン-12-オン (inandenine-12-one) の合成で: Trost, B. M.; Cossy, J. *J. Am. Chem. Soc.* **1982**, *104*, 6881.
73. Bradette, T.; Esher, J. L.; Johnson, C. R. *Tetrahedron: Asymmetry* **1995**, *36*, 6251.
74. Goux, C.; Massacret, M.; Lhoste, P.; Sinow, D. *Organometallics* **1995**, *14*, 4585.
75. Trost, B. M.; Toste, F. D. *J. Am. Chem. Soc.* **1998**, *120*, 815.
76. (+)-クルシホリオール (clusifoliol) の合成で: Trost, B. M.; Shen, H. C.; Dong, L.; Surivet, J.-P. *J. Am. Chem. Soc.* **2003**, *125*, 9276.
77. アフラトキシン (aflatoxins) の合成で: Trost, B. M.; Toste, F. D. *J. Am. Chem. Soc.* **2003**, *125*, 3090.
78. Sinou, D.; Frappa, I.; Lhoste, P.; Porwanski, S.; Kryczka, B. *Tetrahedron Lett.* **1995**, *36*, 6251.
79. アンスラックス四糖 (anthrax tetrasaccharide) の合成で: Guo, H.; O'Doherty, G. A. *Angew. Chem. Int. Ed.* **2007**, *46*, 5206.
80. Trost, B. M.; Tenaglia, A. *Tetrahedron Lett.* **1988**, *29*, 2974.

81. Fournier-Nguefack, C.; Lhoste, P.; Sinow, D. *J. Chem. Res., Synop.* **1998**, 105.
82. アンフィジノリド (amphidinolide) Kの合成で: Williams, D. R.; Meyer, K. G. *Org. Lett.* **1999**, *1*, 1303.
83. Keinan, E.; Sahai, M.; Roth, Z. *J. Org. Chem.* **1985**, *50*, 3558.
84. Trost, B. M.; Greenspan, P. D.; Geissler, H.; Kim, J. H.; Greeves, N. *Angew. Chem., Int. Ed. Engl.* **1994**, *33*, 2182.
85. Shimizu, I.; Omura, T. *Chem. Lett.* **1993**, 1759.
86. a) Hayashi, T.; Yamane, M.; Ohno, A. *J. Org. Chem.* **1997**, *62*, 204. b) Tenaglia, A.; Krammerer, F. *Synlett* **1996**, 576.
87. a) Bäckvall, J.-E. Metal-Mediated Additions to Conjugated Dienes In *Advances in Metal-Organic Chemistry*; Liebeskind, L. S., Ed.; JAI Press: London, 1989; Vol. 1, pp 135-175. b) Bäckvall, J.-E.; Byström, S. E.; Nordberg, R. E. *J. Org. Chem.* **1984**, *49*, 4619. c) Nyström, J.-E.; Rein, T.; Bäckvall, J.-E. *Org. Synth.* **1989**, *67*, 105.
88. Verboom, R. C.; Slagt, V. F.; Bäckvall, J.-E. *Chem. Commun.* **2004**, 1282 および引用文献.
89. a) Bäckvall, J.-E.; Andersson, P. G. *J. Am. Chem. Soc.* **1992**, *114*, 6374. b) Itami, K.; Palmgren, A.; Bäckvall, J.-E. *Tetrahedron Lett.* **1998**, *39*, 1223.
90. C-求核剤の例: a) Hou, R.-S.; Wang, H.-M.; Huang, H.-Y.; Chen, L.-C. *Heterocycles* **2005**, *65*, 1917. b) Kimura, M.; Futamata, M.; Mukai, R.; Tamaru, Y. *J. Am. Chem. Soc.* **2005**, *127*, 4592.
91. 総説: a) Muzart, J. *Eur. J. Org. Chem.* **2007**, 3077. b) Tamaru, Y. *Eur. J. Org. Chem.* **2005**, 2647.
92. Kimura, M.; Futumata, M.; Mukai, R.; Tamaru, Y. *J. Am. Chem. Soc.* **2005**, *127*, 4592.
93. Yokoyama, Y.; Hikawa, H.; Mitsuhashi, M.; Uyama, A.; Hiroki, Y.; Murakami, Y. *Eur. J. Org. Chem.* **2004**, 1244.
94. 総説: Tsuji, J.; Mandai, T. *Synthesis* **1996**, 1.
95. a) Mandai, T.; Kaihara, Y.; Tsuji, J. *J. Org. Chem.* **1994**, *59*, 5847. b) Lautens, M.; Delanghe, P. H. M. *Angew. Chem., Int. Ed. Engl.* **1994**, *33*, 2448.
96. (−)-ツベロステモニン (tuberostemonine) の合成で: Wipf, P.; Rector, S. R.; Takahashi, H. *J. Am. Chem. Soc.* **2002**, *124*, 14848.
97. Nagasawa, K.; Shimizu, I.; Nakata, T. *Tetrahedron Lett.* **1996**, *37*, 6881.
98. a) Hayashi, T.; Iwamura, I.; Naito, M.; Matsumoto, Y.; Nozumi, Y.; Miki, M.; Yanagai, K. *J. Am. Chem. Soc.* **1994**, *116*, 775. b) Hayashi, T.; Kawatsura, M.; Iwamura, H.; Yamura, Y.; Uozumi, Y. *Chem. Comm.* **1996**, 1767.
99. Kawatsura, M.; Uozumi, Y.; Ogasawara, M.; Hayashi, T. *Tetrahedron* **2000**, *56*, 2247.
100. (−)-ヒッポスポング酸 (hippospongic acid) Aの合成で: Trost, B. M.; Machacek, M. R.; Tsui, H. C. *J. Am. Chem. Soc.* **2005**, *127*, 7014.
101. a) Mandai, T.; Matsumoto, T.; Kawada, M.; Tsuji, J. *J. Org. Chem.* **1992**, *57*, 1326. b) Mandai, T.; Suzuki, S.; Murakami, T.; Fujita, M.; Kawada, M.; Tsuji, J. *Tetrahedron Lett.* **1992**, *33*, 2987.
102. Mandai, T.; Matsumoto, T.; Tsuji, J. *Tetrahedron Lett.* **1993**, *34*, 2513.
103. Mandai, T.; Matsumoto, M.; Nakao, Y.; Teramoto, A.; Kawada, M.; Tsuji, J. *Tetrahedron Lett.* **1992**, *33*, 2549.
104. Shimizu, I.; Matsumoto, Y.; Ono, T.; Satake, A.; Yamamoto, A. *Tetrahedron Lett.* **1996**, *37*, 7115.
105. Andersson, P. G.; Schab, S. *Organometallics* **1995**, *14*, 1.
106. 総説: Guibe, F. *Tetrahedron* **1998**, *54*, 2967.
107. (−)-クリボスタチン (cribostatin) 4の合成で: Chen. X.; Zhu, J. *Angew. Chem. Int. Ed.* **2007**, *46*, 3962.
108. ジスコデルモリド (discodermolide) の合成で: Hang, D. T.; Nerenberg, J. B.; Schreiber, S. L. *J. Am. Chem. Soc.* **1996**, *118*, 11054.
109. Hayakawa, Y.; Wakabayashi, S.; Kato, H.; Noyori, R. *J. Am. Chem. Soc.* **1990**, *112*, 1691.
110. Cardenas, D. J.; Alcami, M.; Cossio, F.; Menendez, M.; Echavarren, A. M. *Chem.—Eur. J.* **2003**, *9*, 96.
111. 総説: a) Oppolzer, W. Transition Metal Allyl Complexes: Intramolecular Alkene and

Alkyne Insertions. In *Comprehensive Organometallic Chemistry II*; Abel, E. W., Stone, F. G. A., Wilkinson, G., Eds.; Pergamon: Oxford, U.K., 1995; Vol. 12, pp 905-921. b) Oppolzer, W. *Angew. Chem., Int. Ed. Engl.* **1989**, *28*, 38. c) Oppolzer, W. *Pure Appl. Chem.* **1990**, *62*, 1941.
112. ペンタレノラクトン (pentalenolactone) E メチルエステルの合成で: Oppolzer, W.; Xu, J.-Z.; Stone, C. *Helv. Chim. Acta* **1991**, *74*, 465.
113. Holzapfel, C. W.; Marais, L. *J. Chem. Res., Synop.* **1998**, 60.
114. Oppolzer, W.; DeVita, R. J. *J. Org. Chem.* **1991**, *56*, 6256.
115. Grigg, R.; Sridharan, V.; Surkirthalingam, S. *Tetrahedron Lett.* **1991**, *32*, 3855.
116. Trost, B. M.; Luengo, J. I. *J. Am. Chem. Soc.* **1988**, *110*, 8239.
117. a) Oppolzer, W.; Bienayme, H.; Genevois-Borella, A. *J. Am. Chem. Soc.* **1991**, *113*, 9660. b) Oppolzer, W.; Xu, J.-Z.; Stone, C. *Helv. Chim. Acta* **1991**, *74*, 465.
118. Keese, R.; Guidetti-Grept, R.; Herzog, B. *Tetrahedron Lett.* **1992**, *33*, 1207.
119. Holzapfel, C. W.; Marais, L. *Tetrahedron Lett.* **1998**, *39*, 2179.
120. 総説: a) Trost, B. M. *Angew. Chem., Int. Ed. Engl.* **1986**, *25*. 1. b) Trost, B. M. *Pure Appl. Chem.* **1988**, *60*, 1615. c) Harrington, P. J. Transition Metal Allyl Complexes: Trimethylene Methane Complexes. In *Comprehensive Organometallic Chemistry II*; Abel, E. W., Stone, F. G. A., Wilkinson, G., Eds., Pergamon: Oxford, U.K., 1995; Vol. 12, pp 923-945. d) Lautens, M.; Klute, W.; Tam, W. *Chem. Rev.* **1996**, *96*, 49.
121. a) Trost, B. M.; Lynch, J.; Renaut, P.; Steinman, D. H. *J. Am. Chem. Soc.* **1986**, *108*, 284. b) Trost, B. M.; Mignani, S. M. *Tetrahedron Lett.* **1986**, *27*, 4137.
122. Holzapfel, C. W.; van der Merwe, T. L. *Tetrahedron Lett.* **1996**, *37*, 2303.
123. Trost, B. M.; Nanninga, T. N.; Satoh, T. *J. Am. Chem. Soc.* **1985**, *107*, 721.
124. Trost, B. M.; Schneider, S. *Angew. Chem.* **1989**, *101*, 215.
125. Trost, B. M.; Seoane, P. R. *J. Am. Chem. Soc.* **1987**, *109*, 615.
126. Trost, B. M.; Higuchi, R. L. *J. Am. Chem. Soc.* **1996**, *118*, 10094 および引用文献.
127. Trost, B. M.; Grese, T. A. *J. Org. Chem.* **1992**, *57*, 686.
128. Trost, B. M.; Stambuli, J. P.; Silverman, S. M.; Schwörer, U. *J. Am. Chem. Soc.* **2006**, *128*, 13328.
129. Greco, G. E.; Gleason, B. L.; Lowery, T. A.; Kier, M. J.; Hollander, L. B.; Gibbs, S. A.; Worthy, A. D. *Org. Lett.* **2007**, *9*, 3817.
130. Trost, B. M.; King, S. A. *J. Am. Chem. Soc.* **1990**, *112*, 408.
131. ストレプトミセス (streptomyces) 代謝物の合成で: Jacobsen, M. F.; Moses, J. E.; Adlington, R. M.; Baldwin, J. E. *Tetrahedron* **2006**, *62*, 1675.
132. a) Trost, B. M.; Sharma, S.; Schmidt, T. *J. Am. Chem. Soc.* **1992**, *114*, 7903. b) Trost, B. M.; Sharma, S.; Schmidt, T. *Tetrahedron Lett.* **1993**, *34*, 7183.
133. Hedley, S. J.; Moran, W. J.; Price, D. A.; Harrity, J. P. A. *J. Org. Chem.* **2003**, *68*, 4286.
134. a) Binger, P.; Büch, H. M. *Top. Curr. Chem.* **1987**, *135*, 77. b) 立体的および機構的研究: Corley, H.; Motherwell, W. B.; Pennell, A. M. K.; Shipman, M.; Slawin, A. M. Z.; Williams, D. J.; Bingh, P.; Stepp, M. *Tetrahedron* **1996**, *52*, 4883.
135. Lewis, R. T.; Motherwell, W. B.; Shipman, M.; Slawin, A. M. Z.; Williams, D. J. *Tetrahedron* **1995**, *51*, 3285.
136. Lautens, M.; Ren, Y. *J. Am. Chem. Soc.* **1996**, *118*, 9597.
137. Lautens, M.; Ren, Y. *J. Am. Chem. Soc.* **1996**, *118*, 10668.
138. X線構造解析: Tsutsumi, K.; Ogoshi, S.; Nishiguchi, S.; Kurosawa, H. *J. Am. Chem. Soc.* **1998**, *120*, 1938.
139. 反応の総説: Ma, S. *Eur. J. Org. Chem.* **2004**, 1175.
140. Ma, S.; Wang, G. *Angew. Chem. Int. Ed.* **2003**, *42*, 4215.
141. ボレリジン (borrelidin) の合成で: Nagamitsu, T.; Takano, D.; Marumoto, K.; Fukuda, T.; Furuya, K.; Otoguro, K.; Takeda, K.; Kuwajima, I.; Harigaya, Y.; Omura, S. *J. Org. Chem.* **2007**, *72*, 2744.
142. Trost, B. M.; Hung, M.-H. *J. Am. Chem. Soc.* **1984**, *106*, 6837.
143. Trost, B. M.; Merlic, C. A. *J. Am. Chem. Soc.* **1990**, *112*, 9590.
144. Trost, B. M.; Hachiya, I. *J. Am. Chem. Soc.* **1998**, *120*, 1104.

145. モリブデン錯体触媒による不斉アリル位アルキル化の総説: Belda, O.; Moberg, C. *Acc. Chem. Res.* **2004**, *37*, 159.
146. Lloyd-Jones, G. C.; Krska, S. W.; Hughes, D. L.; Gouriou, L.; Bonnet, V. D.; Jack, K.; Sun, Y.; Reamer, R. A. *J. Am. Chem. Soc.* **2004**, *126*, 702.
147. (−)-Δ^9-*trans*-テトラヒドロカンナビノール (tetrahydrocannabinol) の合成で: Trost, B. M.; Dogra, K. *Org. Lett.* **2007**, *9*, 861.
148. Malkov, A. V.; Baxendale, I. R.; Mansfield, D. J.; Kocovsky, P. *J. Chem. Soc., Perkin Trans. 1* **2001**, 1234.
149. Co, T. T.; Paek, S. W.; Shim, S. C.; Cho, C. S.; Kim, T.-J. Choi, D. W.; Kang, S. O.; Jeong, J. H. *Organometallics* **2003**, *22*, 1475.
150. Evans, P. A.; Nelson, J. D. *Tetrahedron Lett.* **1998**, *39*, 1729.
151. Yu, C.-M.; Lee, S.; Hong, Y.-T.; Yoon, S.-K. *Tetrahedron Lett.* **2004**, *45*, 6557.
152. ルテニウム触媒反応の総説: Bruneau, C.; Renaud, J.-L.; Demerseman, B. *Chem.— Eur. J.* **2006**, *12*, 5178.
153. a) Takeuchi, R.; Kashio, M. *Angew. Chem., Int. Ed. Engl.* **1997**, *36*, 263. b) Takeuchi, R.; Kashio, M. *J. Am. Chem. Soc.* **1998**, *120*, 8647.
154. 総説: Helmchen, G., Dahnz, A.; Dübon, P.; Schelwies, M.; Weihofen, R. *Chem. Commun.* **2007**, 675.
155. Jansson, J. P.; Helmchen, G. *Tetrahedron Lett.* **1997**, *38*, 8025.
156. Matsushima, Y.; Onitsuka, K.; Kondo, T.; Mitsudo, T.-a.; Takahashi, S. *J. Am. Chem. Soc.* **2001**, *123*, 10405.
157. Kazmaier, U.; Stolz, D. *Angew. Chem. Int. Ed.* **2006**, *45*, 3072.
158. グアル酸 (guar acid) の合成で: Evans, P. A.; Leahy, D. K.; Andrews, W. J.; Uraguchi, D. *Angew. Chem. Int. Ed.* **2004**, *43*, 4788.
159. Evans, P. A.; Lawler, M. J. *J. Am. Chem. Soc.* **2004**, *126*, 8642.
160. (−)-セントロロビン (centrolobine) の合成で: Börsch, M.; Blechert, S. *Chem. Commun.* **2006**, 1968.
161. Kawatsura, M.; Ata, F.; Hayase, S.; Itoh, T. *Chem. Commun.* **2007**, 4283.
162. Vong, W.-J.; Peng, S.-M.; Lin, S.-H.; Lin, W.-J.; Liu, R.-S. *J. Am. Chem. Soc.* **1991**, *113*, 573.
163. Pearson, A. J.; Mesaros, E. F. *Org. Lett.* **2001**, *3*, 2665.
164. (+)-ジヒドロカナデンソリド (dihydrocanadensolide) の合成で: Chen, M.-J.; Narkunan, K.; Liu, R.-S. *J. Org. Chem.* **1999**, *64*, 8311.
165. セスキテルペンラクトンの合成過程で: Narkunan, K.; Shiu, L.-H.; Liu, R.-S. *Synlett* **2000**, 1300.
166. Shu, C.; Liebeskind, L. S. *J. Am. Chem. Soc.* **2003**, *125*, 2878.
167. Yin, J.; Liebeskind, L. S. *J. Am. Chem. Soc.* **1999**, *121*, 5811.
168. Arryas, R. G.; Liebeskind, L. S. *J. Am. Chem. Soc.* **2003**, *125*, 9026.
169. Roustan, J. L.; Merour, J. Y.; Houlihan, F. *Tetrahedron Lett.* **1979**, 3721.
170. Plietker, B. *Angew. Chem. Int. Ed.* **2006**, *45*, 1469.
171. 総説: a) Enders, D.; Jandeleit, B.; von Berg, S. *Synlett* **1997**, 421. b) Speckamp, W. N. *Pure Appl. Chem.* **1996**, *68*, 695. c) 初期の報告: Green, J.; Carroll, M. K. *Tetrahedron Lett.* **1991**, *32*, 1141.
172. Hopman, J. C. P.; Hiemstra, H.; Speckamp, W. N. *J. Chem. Soc., Chem. Commun.* **1995**, 617.
173. イオノマイシン (ionomycin) の部分構造の合成で: Cooksey, J. P.; Kocienski, P. J.; Li, Y.-F.; Schunk, S.; Snaddon, T. N. *Org. Biomolec. Chem.* **2006**, *4*, 3325.
174. Heck, R. F.; Breslow, D. S. *J. Am. Chem. Soc.* **1960**, *82*, 750.
175. Heck, R. F. Organic Syntheses via Alkyl and Acylcobalt Tetracarbonyls. In *Organic Synthesis via Metal Carbonyls*; Wender, P., Pino, P., Eds.; Wiley: New York, 1968; Vol. 1, pp 379–384.
176. a) Hegedus, L. S.; Inoue, Y. *J. Am. Chem. Soc.* **1982**, *104*, 4917. b) Hegedus, L. S.; Perry, R. J. *J. Org. Chem.* **1984**, *49*, 2570.
177. 総説: a) Semmelhack, M. F. *Org. React.* **1972**, *19*, 115. b) Billington, D. C. *Chem. Soc.*

Rev. **1985**, *14*, 93. c) Krysan, D. J. Transition Metal Allyl Complexes π-Allylnickel Halides and Other π-Allyl Complexes Excluding Palladium. In *Comprehensive Organometallic Chemistry II*; Abel, E. W., Stone, F. G. A., Wilkinson, G., Eds.; Pergamon: Oxford, U.K., 1995; Vol. 12, pp 959–978.
178. Hegedus, L. S.; Thompson, D. H. P. *J. Am. Chem. Soc.* **1985**, *107*, 5663.
179. Kedar, T. E.; Miller, M. W.; Hegedus, L. S. *J. Org. Chem.* **1996**, *61*, 6121.
180. Knolker, H.-J.; Fröhner, W. *Tetrahedron Lett.* **1998**, *39*, 2537.
181. Hegedus, L. S.; Stiverson, R. K. *J. Am. Chem. Soc.* **1974**, *96*, 3250.
182. Hegedus, L. S.; Sestrick, M. R.; Michaelson, E. T.; Harrington, P. J. *J. Org. Chem.* **1989**, *54*, 4141.
183. Corey, E. J.; Semmelhack, M. F.; Hegedus, L. S. *J. Am. Chem. Soc.* **1968**, *90*, 2416.
184. センブレン (cembrene) の合成で: Dauben, W. G.; Beasley, G. H.; Broadhurst, M. D.; Muller, B.; Peppard, D. J.; Pesnelle, P.; Suter, C. *J. Am. Chem. Soc.* **1974**, *96*, 4724.
185. Corey, E. J.; Wat, E. K. W. *J. Am. Chem. Soc.* **1967**, *89*, 2757.
186. フムレン (humulene) の合成で: Corey, E. J.; Hamanaka, E. *J. Am. Chem. Soc.* **1967**, *89*, 2758.
187. Corey, E. J.; Kirst, H. A. *J. Am. Chem. Soc.* **1972**, *94*, 667.
188. Guerrieri, F.; Chinsoli, G. P.; Merzoni, S. *Gazz. Chim. Ital.* **1974**, *104*, 557.
189. Johnson, J. R.; Tully, P. S.; Mackenzie, P. B.; Sabat, M. *J. Am. Chem. Soc.* **1991**, *113*, 6172.
190. Grisso, B. A.; Johnson, J. R.; Mackenzie, P. B. *J. Am. Chem. Soc.* **1992**, *114*, 5160.
191. Hegedus, L. S.; Wagner, S. D.; Waterman, E. L.; Siirala-Hansen, K. *J. Org. Chem.* **1975**, *40*, 593.
192. a) Sato, Y.; Saito, N.; Mori, M. *J. Org. Chem.* **2002**, *67*, 9310. b) 以下も見よ: Yeh, M.-C.; Liang, J.-H.; Jiang, Y.-L.; Tsai, M.-S. *Tetrahedron* **2003**, *59*, 3409.
193. Kobayashi, Y.; Takahisa, E.; Usimani, S. B. *Tetrahedron Lett.* **1998**, *39*, 597.
194. Kobayashi, Y.; Takahisa, E.; Usmani, S. B. *Tetrahedron Lett.* **1998**, *39*, 601.
195. Δ^7-PGA$_1$ メチルエステルの合成で: Kobayashi, Y.; Murugesh, M. G.; Nakano, M.; Takahisa, E.; Usmani, S. B.; Ainai, T. *J. Org. Chem.* **2002**, *67*, 7110.
196. Bricout, H.; Carpentier, J.-F.; Mortreux, A. *Tetrahedron* **1998**, *54*, 1073.
197. Berkowitz, D. B.; Maiti, G. *Org. Lett.* **2004**, *6*, 2661.

10 遷移金属アレーン錯体の合成化学的応用

10.1 はじめに

アレーン（芳香族炭化水素）は，Cr，Mo，W，Fe，Ru，Os，Mn などの広範な遷移金属と安定な錯体をつくる[1]．遷移金属アレーン錯体の最も普通の形は η^6 配位型（図10.1）であって，アレーンのすべての π 系が配位する．この η^6-アレーン錯体の化学は広く研究されており，この反応の化学が本章の中心部分となる．η^2-アレーン錯体はあまり知られておらず，Os，Re，Mo，および W の場合に有機合成に用いられているだけである．この型のアレーン錯体では π-アレーン系の二つの炭素だけが配位しており，結局のところアレーンの共役は解けている．π 系の錯体化されていない部分は残っている不飽和度（例，Os-ベンゼンの場合には1,3-ジエン）に見合う反応性を示す．η^6 も η^2 もどちらの型の配位アレーンも，もとのアレーンと比べると反応性が劇的に変化しており，この点が有機合成での有用性をもたらすところである．

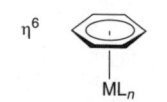

η^6　ML_n
$ML_n = Cr(CO)_3$, $Mn(CO)_3^+$,
$FeCp^+$, $RuCp^+$

η^2　ML_n
$ML_n = Os(NH_3)_5^{2+}$, $ReTp(CO)$,
$MoTp(NO)$, $WTp(NO)(CO)$

図 10.1　アレーン錯体の型

10.2　η^6-アレーン金属錯体の合成[2]

アレーンクロムトリカルボニル錯体はふつうアレーン溶媒中で $Cr(CO)_6$ を加熱して

10.2 η^6-アレーン金属錯体の合成

得られるが，この方法は $Cr(CO)_6$ が昇華しやすいので簡単ではない[3]．この問題を避けるため，出発物質としてあらかじめ調製した $Cr(CO)_3(NH_3)_3$ や $Cr(CO)_5$(2-picoline)，$Cr(CO)_3(MeCN)_3$，または $Cr(CO)_3$(pyridine)$_3$ など解離しやすい配位子をもつ錯体が用いられる〔(10.1)式〕[4]．さらに，最もよい方法として，$Cr(CO)_3$(naphthalene) 錯体との

$$\text{ArR} + Cr(CO)_6 \text{ または } Cr(CO)_3(L)_3 \text{ または } Cr(CO)_5L \xrightarrow{\text{熱}} \text{ArR-Cr(CO)}_3 + 3\,CO \tag{10.1}$$

M(0), d^6, $18e^-$, 飽和

アレーン交換をする方法があり，これは穏和な条件下で大過剰のアレーンを用いなくても進行する〔(10.2)式〕[5]．

$$\text{(naphthalene)Cr(CO)}_3 + \text{ArR} \rightleftharpoons \text{naphthalene} + \text{(ArR)Cr(CO)}_3 \tag{10.2}$$

芳香環（アレーン環）上に電子供与基があれば，アレーンのクロムトリカルボニル基への錯体化は容易になる．一般に，電子豊富アレーンはアレーンクロムトリカルボニル錯体を容易に形成し，電子不足アレーンは反応が遅いかまったく反応しない．（ニトロベンゼンのクロムトリカルボニル錯体は知られていない．）十分な電子的違いがあれば，同一化合物中の二つの類似のアレーン環を，場合によっては見分けることができる．

カチオン性シクロペンタジエニル鉄アレーン錯体は，塩化アルミニウム存在下フェロセンとアレーンとから容易に合成できる[6],[7]．錯体化できるアレーンに制限はあるものの，この方法でそこそこの範囲の錯体を合成することができる〔(10.3)式〕．

$$\text{Cp}_2\text{Fe} + \text{ArR} \xrightarrow{AlCl_3} [\text{CpFe(ArR)}]^+ Cl^- \tag{10.3}$$

関連するルテニウムアレーン錯体は，反応性の高いシクロペンタジエニルルテニウム錯体をアレーンと反応させて得られる〔(10.4)式〕[8]．より一般的な方法として，重合体である $RuCl_3 \cdot xH_2O$ を亜鉛で還元し，ついでアレーンと Cp^*H を加える方法が知

$$[\text{Cp*RuCl}]_4 \xrightarrow[\text{MeCN}]{\text{AgOTf}} [\text{Cp*Ru(MeCN)}_3]^+ \text{OTf}^- \xrightarrow{\text{PhR}} [\text{Cp*Ru}(\eta^6\text{-C}_6\text{H}_5\text{R})]^+ \text{OTf}^- \quad (10.4)$$

られている〔(10.5)式〕[9]. カチオン性マンガンアレーン錯体も Mn(CO)_5^+, $\text{Mn(CO)}_3\text{(acetone)}_3^+$, あるいは $\text{Mn(CO)}_3\text{(naphthalene)}^+$ を用いた配位子交換法により合成できる〔(10.6)式〕[10),11)].

$$\text{RuCl}_3\cdot\text{H}_2\text{O} \xrightarrow[\substack{1)\ 2\ \text{当量 Zn, EtOH} \\ 2)\ 2\ \text{当量 PhEt} \\ 3)\ 2.5\ \text{当量 Cp*H, 67\%}}]{} [\text{Cp*Ru}(\eta^6\text{-C}_6\text{H}_5\text{Et})]^+ \text{OTf}^- \quad (10.5)$$

$$\text{PhR} + \begin{array}{c} [\text{Mn(CO)}_5]^+ \text{X}^- \\ [\text{Mn(CO)}_3\text{(acetone)}_3]^+ \text{X}^- \end{array} \longrightarrow [(\eta^6\text{-C}_6\text{H}_5\text{R})\text{Mn(CO)}_3]^+ \text{X}^- \quad (10.6)$$

$$\text{X} = \text{BF}_4,\ \text{PF}_6$$

アレーンが錯体化されるとその反応性は非常に大きく変化する(図10.2)[12]. アレーン環に対して ML_n 部分は正味で電子求引性であり, このことは, 高い双極子モーメント

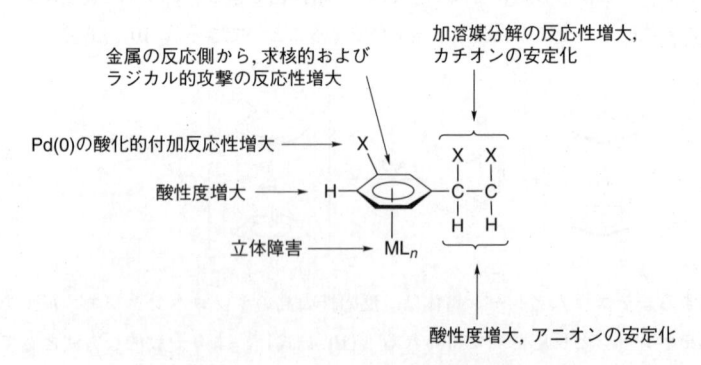

図 10.2 アレーンの金属への錯体化による効果

(ベンゼンクロムトリカルボニルで 5.08 D), 錯体化による安息香酸の酸性度増大 (遊離安息香酸の pK_a 5.75 に対し $Cr(CO)_3$-安息香酸錯体の pK_a 4.77), さらに $Cr(CO)_3$ 錯体化によるアニリンの塩基性減少 (錯体の pK_b 13.31, アニリンの pK_b 11.70) から明らかである.

その結果アレーン部分は, 通常の求電子反応に対するよりも, 求核攻撃に対して活性となる. 加えて, 電子不足アレーン環は負電荷をうまく安定化できるようになり, 環もベンジル位もプロトン引抜きを起こしやすくなる. 最後に, 金属と配位子はアレーンの片側を完全にブロックし, 反応剤を金属の反対側から接近するように仕向ける. これらの効果のすべてが有機合成で利用されている.

10.3 η^6-アレーン金属錯体の反応[13]

a. ハロゲン化アリールの芳香族求核置換反応

単純なハロゲン化アリールは芳香族求核置換反応に対してあまり活性ではないが, ハロゲン化アリールが適当な遷移金属種の錯体になるとこの反応は非常に容易になる. たとえば, η^6-クロロベンゼンクロムトリカルボニルのクロロ基をメトキシ基で置換する反応の速さは, 錯体化されていないニトロベンゼンのそれに近づく[14]. このこともアレーントリカルボニル基の高い電子求引能力を示している. ナトリウムフェノキシドやアニリンも容易にこの型の置換反応を行う[15]. η^6-フルオロベンゼンクロムトリカルボニルはさらに反応性がよく, アルコキシド, アミン, シアン化物イオン[16], 安定化カルボアニオンなど幅広い求核剤との反応を行う 〔(10.7)式〕[17].

$$\text{(10.7)}$$

$$\text{(10.8)}$$

クロムアレーン錯体を用いたこれらの置換反応はすべて2段階過程で進行する．金属と反対側からアレーン環へ求核攻撃が起こりアニオン性 η^5-シクロヘキサジエニル錯体を生成し，つづいて律速過程である環のエンド側からハロゲン化物イオンの脱離が起こる〔(10.8)式〕．

ハロゲン化物イオンのカルボアニオンによる置換は，錯体中のアレーンに可逆的に付加できる安定化カルボアニオンに限られる．2-リチオ-1,3-ジチアンのようなもっと反応性のよいカルボアニオンでは，錯体中のアレーンのオルト位やメタ位への攻撃が起こり，η^5-シクロヘキサジエニル錯体を生成するが，これは直接塩化物イオンの脱離を行えずまた脱離可能な型の η^5-シクロヘキサジエニル錯体への転位（平衡化）もできない〔(10.8)式〕[18]．安定化カルボアニオンもまた最初に配位クロロベンゼンのオルト位とメタ位を攻撃するが，この場合この付加は可逆的であって，平衡中にたまたまハロゲン基のある位置を攻撃するとハロゲン化物イオンの脱離が起こって置換が完了する．

これらの芳香族求核置換反応のほとんどはアレーンクロムトリカルボニル錯体について研究されているものであるが，複雑な化合物の有機合成，特にバンコマイシン (vancomycin)[19] およびリコテシン (ricotecin)[20] などの芳香環エーテル結合の形成において使われているものの多くは，カチオン性アレーンルテニウム錯体である〔(10.9)式〕．

(10.9)

カチオン性マンガンアレーン錯体も同じ目的に用いることができる〔(10.10)式〕[21]．クロロアレーンの鉄錯体も S_NAr 反応を容易に行う〔(10.11)式〕[22]．

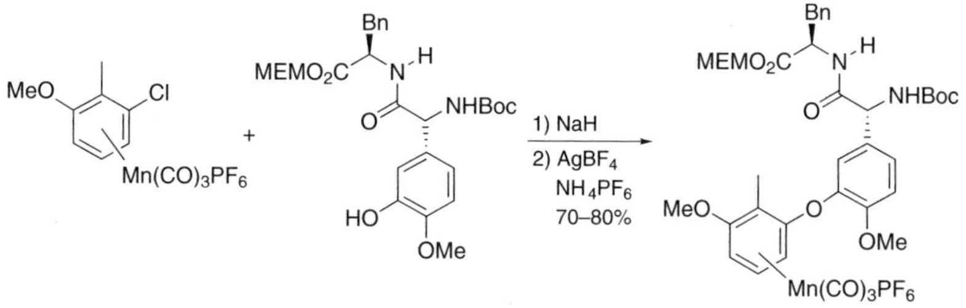

10.3 η⁶-アレーン金属錯体の反応

(反応式 10.10)

(反応式 10.11)

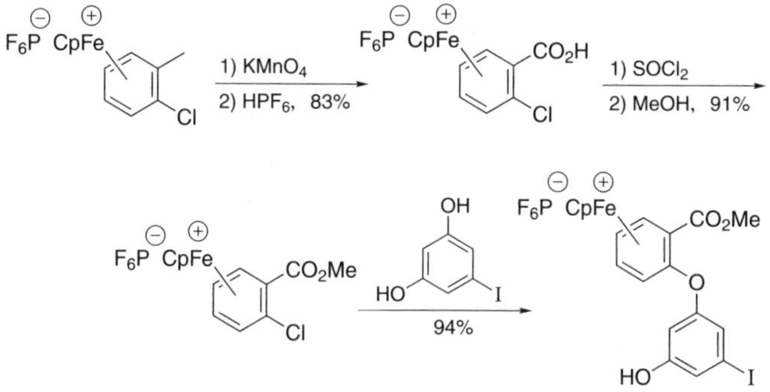

b. 金属アレーン錯体への炭素求核剤の付加[23)]

幅広い種類のカルボアニオンがクロムに配位したアレーンを金属の反対側から攻撃し，アニオン性 η^5-シクロヘキサジエニル錯体を与える．ほぼすべての求核的なカルボアニオンについて，この過程は可逆的であり，最初に攻撃する場所（速度論的要因）が最終生成物中でのアルキル化の場所（熱力学的要因）とは限らない．この η^5-シクロヘキサジエニル中間体（リチオジチアンをカルボアニオンとして用いたとき X 線結晶解析で構造決定されている[24)]）は三つの異なる経路でさらに反応する（図 10.3）．

図 10.3 の経路（a）についてはすでに述べた．η^5-シクロヘキサジエニル錯体を求電子剤で捕捉する経路（b）は非常に有用であるが，反応できる求電子剤は限られる．可逆的に付加するカルボアニオンについて，シクロヘキサジエニル錯体を与える効率のよい求電子剤はプロトン（CF_3COOH）だけである．すべての他の求電子剤は η^5-シクロヘキサジエニル錯体から平衡で遊離するカルボアニオンと優先的に反応してしまい，出発系の η^6-アレーン錯体を再生してしまう．一般的に求電子剤による捕捉が有効なのは不可逆的に反応するカルボアニオンだけで，このプロセスはうまくいけばいくつかの場合に有用である（下記）．η^5-シクロヘキサジエニル中間体の酸化〔経路（c）〕は，最もよく開発されているプロセスであって，付加するすべてのカルボアニオンについて有効であり，全工程は芳香族求核置換反応に相当する．この過程は上記三つのプロセスのなかで最も

図 10.3 アレーンクロム錯体とカルボアニオンとの反応

精力的な応用がはかられているところであり，以下にはまずこれについて述べることとする．

ほとんどのカルボアニオンについてアルキル化が可逆的であるので，生成物中の位置選択性は単純ではない．共鳴による電子供与性（ドナー）置換基（MeO, Me_2N, F, Cl）をもつ一置換アレーンではメタ攻撃がもっぱら優先し，TMS や CF_3 のような電子受容性（アクセプター）置換基ではパラ位への直接攻撃が優先する．（アシル基やシアノ基のような π 電子受容性置換基では競争的にアルキル化が起こる．）メチル基やクロロ基の場合はもっと複雑で，カルボアニオンによってはかなりの程度オルトアルキル化も観測される．

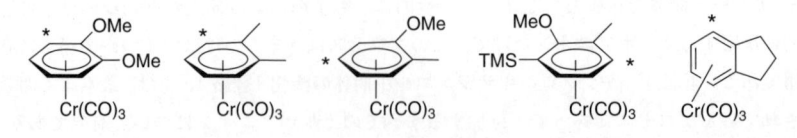

図 10.4 アレーンのアルキル化の位置選択性（*は優先部位）

10.3 η⁶-アレーン金属錯体の反応

1,2-二置換アレーン錯体の位置選択性は高い．立体的に最も込まない位置で，最も強いドナー置換基に対しメタ位に攻撃が起こる（図 10.4）．図 10.5 に示すようにインドールのアルキル化に関する位置選択性は複雑であり[25]，反応をどのように行うかに応じて立体的，熱力学的，速度論的要因のどれが主に働くかによって変わる．

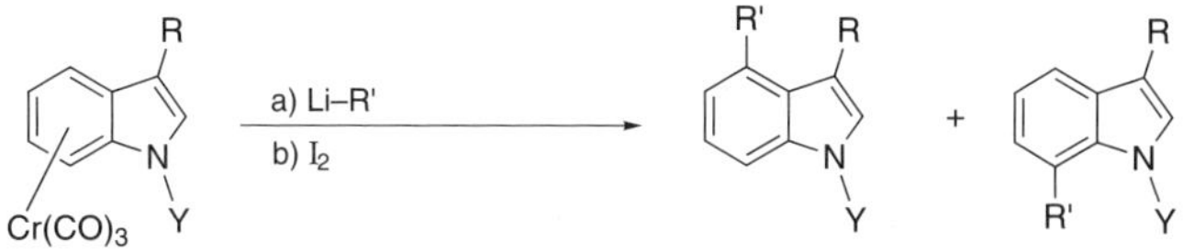

a. R' = C(Me)$_2$CN；R = H；Y = Me（熱力学的）　　99　　1 (92%)
b. R' = (1,3-ジチアニル)；R = H；Y = Me（速度論的）　14　　86 (68%)
c. R' = C(Me)$_2$CN；R = CH$_2$SiMe$_3$；Y = H（立体的）　17　　83 (82%)
d. R' = C(Me)$_2$CN；R = CH$_2$SiMe$_3$；Y = Si(t-Bu)(Me)$_2$（立体的）　95　　5 (78%)

図 10.5　インドールアルキル化の位置選択性

このような複雑さがあるにもかかわらず，アレーンクロムトリカルボニル錯体のアルキル化は数多くの複雑な分子の合成に用いられている〔(10.12)式[26]，(10.13)式[27]，(10.14)式[28]〕．

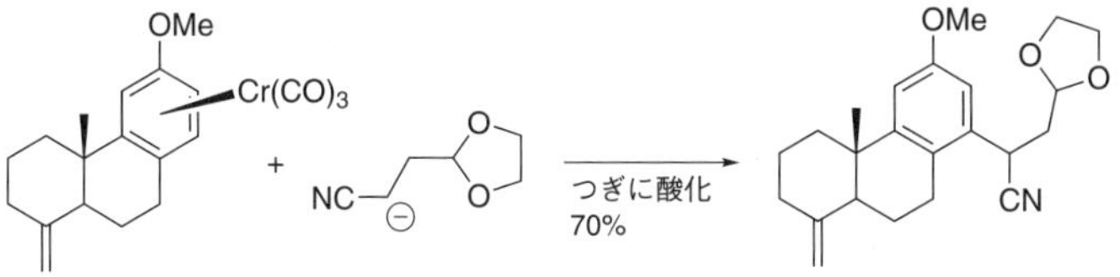

(10.12)

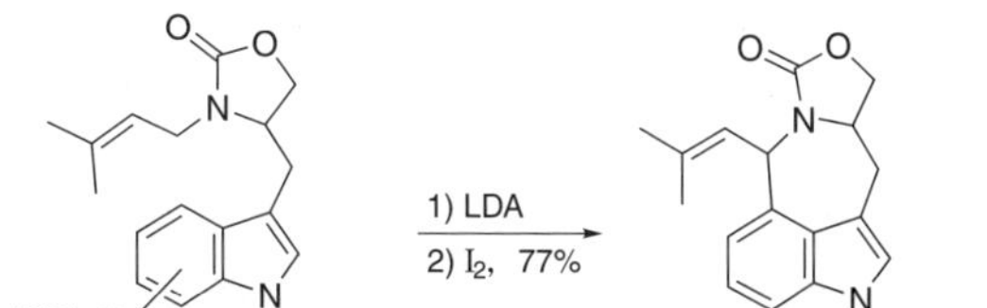

(10.13)

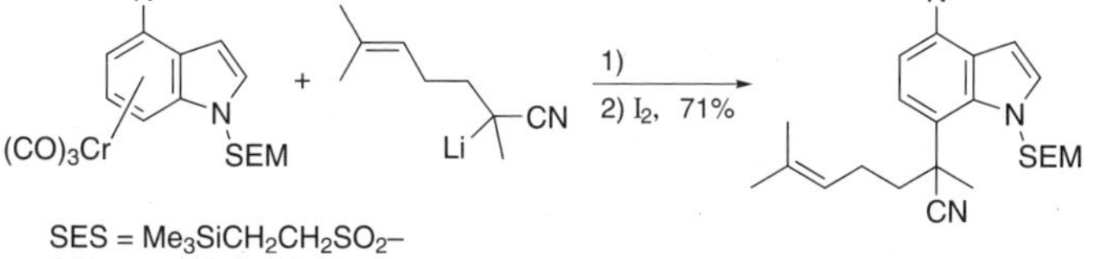

(10.14)

SES = Me$_3$SiCH$_2$CH$_2$SO$_2$–
SEM = Me$_3$SiCH$_2$CH$_2$–

η⁵-シクロヘキサジエニル錯体からアルキル化されたアレーンを遊離させるには酸化するのが普通であるが，トリチルカチオンを用いてヒドリド引抜きをすることも可能である．この方法では新しい（今，アルキル化された）アレーン錯体が生成し，つづけて$Cr(CO)_3$基を利用することができる〔(10.15)式〕[29]．この場合，ベンジル位の窒素が配向基となり，オルトアルキル化がほぼ確実に起こる．

$$(10.15)$$

非対称 1,2-および 1,3-二置換 η⁶-アレーンクロムトリカルボニル錯体はキラルであり，面のどちらに金属が位置するかによってエナンチオマーが得られる（図 10.6）．これらはしばしば分割可能であり，(10.15)式に示した反応により高いエナンチオマー過剰率（ee）で直接合成もできる．光学活性のヒドラゾン〔SAMP；(S)-1-アミノ-2-(メトキシメチル)ピロリジン〕配向基を用いても〔(10.16)式〕[30]，また二つのプロキラルなオルト位の一方へ配向させるためにキラル配位子存在下有機リチウム反応剤を用いても〔(10.17)式〕[31]，これを達成できる．

$$(10.16)$$

$$(10.17)$$

η⁵-シクロヘキサジエニル錯体と求電子剤との反応もまた，多くの合成的応用のある効果的なプロセスである．可逆的に付加するカルボアニオンの場合，求電子剤はプロトンに限られる．基質としてアルコキシベンゼン[32]を用いた場合，このプロトン化は置換

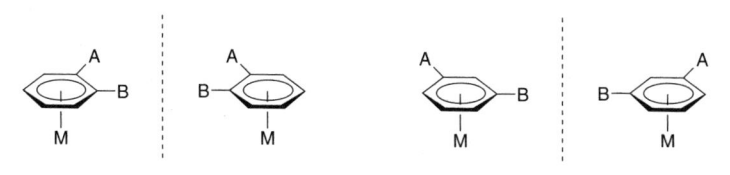

10.3 η⁶-アレーン金属錯体の反応

図 10.6 二置換アレーンのキラリティー

シクロヘキセノンを合成するのに有用である〔(10.18)式〕[33]．これらの，求核攻撃に対してアレーンを活性化するクロムの性質，アレーン環の特定の位置へ攻撃を配向させる性質，シクロヘキセノンを生成するような η⁵-シクロヘキサジエニル錯体のプロトン化

(10.18)

分解を可能にする性質により，アコレノン（acorenone）B の注目すべき全合成が達成された〔(10.19)式〕[34]．やはり，プロトンが η⁵-シクロヘキサジエニル錯体を開裂できる唯一の求電子剤であった．

(10.19)

ほとんどのアルキル化は可逆的なので（例外は下記），その他の求電子剤は遊離のカルボアニオンと優先して反応し，η⁶-アレーンクロムトリカルボニル錯体を再生し，求電子剤はアルキル化される．フルオロ基の求核置換によりキラルなアルコールを環に取込んでおけば，アルキル化/プロトン化の過程で不斉が導入される〔(10.20)式〕[35]．

(10.20)

ルテニウム[36]およびイリジウム[37]アレーン錯体での分子内求核付加により,スピロ環状のまたは縮環した2環性のη^5-配位錯体が得られる〔(10.21)式〕.このスピロ環状錯体を銅(II)塩を用いて錯体を分解すれば,置換基の種類や位置に応じて,遊離のスピロ環状および(または)縮環化合物が得られる[38].

(10.21)

ジチアンアニオンはη^6-アレーンクロムトリカルボニル錯体に不可逆的に付加するので,原理的には,プロトン以外の求電子剤で,生成するη^5-シクロヘキサジエニル錯体を捕捉することが可能なはずである.実際,この錯体を反応性のよいハロゲン化アルキルで処理するときれいな反応が起こる.ところが驚くべきことに,対応するアルキル基が導入されるのではなくて**アシル基**の導入が進行した.しかも攻撃は金属と同じ側の面から起こり,出発アレーン環のトランス二官能基化がきれいに起こっている〔(10.22)式〕[39].

この結果を説明するには,ジチアンの最初の求核攻撃は,期待されるように,金属との反対側の面で起こったことになる.つづいて**金属上で**アルキル化が起こり,このアルキル基はさらに近傍のカルボニル配位子へ転位しアシル中間体に至る.この錯体からの還元的脱離ではアシル基は金属と同じ側の面から移動し,選択性よくトランス二置換体を与える.同じ反応は,置換ナフタレンでも起こる.この,二つの炭素置換基をアレー

10.3 η^6-アレーン金属錯体の反応

(10.22)

ン二重結合へ付加させるワンポット反応は,アクラビノン (aklavinone) の AB 環合成の鍵過程として利用されている〔(10.23)式〕[40]. ベンゼンや電子豊富アレーンでは,すべての求電子剤は一酸化炭素挿入の結果を与える. 電子不足アレーン錯体は,臭化アリル,臭化ベンジルおよび臭化プロパルギルのような求電子剤を,CO 挿入せずに環に取込む. モリブデンアレーン錯体は類似の反応を行うが,クロムとは異なり CO 挿入生成物とはならない〔(10.24)式〕[41].

(10.23)

(10.24)

キラルオキサゾリン配向基をもつアレーン錯体のアルキル化により，2個の芳香環炭素は2個のキラル中心へと高いジアステレオ選択率で変換される〔(10.25)式〕[42]．この場合，大きいイソプロピル基とは**反対**の面でのアルキル化により不斉が導入される．ア

(10.25)

リル基，ベンジル基やプロパルギル基はCO挿入することなく金属から移る．これらの基が転位しにくい性質をもつからである．第二のアプローチは(10.17)式で用いられたアプローチと同様であり，2個のプロキラルなオルト位の一つをアルキル化するために不斉配位子存在下でリチオ化を行う〔(10.26)式〕[43]．両方のアプローチを用いた(+)-と(-)-アセトキシツビプロファン(acetoxytubiprofan)の全合成を(10.27)式と(10.28)式に示す[44]．

(10.26)

(10.27)

10.3 η^6-アレーン金属錯体の反応

(10.28)

カチオン性マンガンアレーン錯体は中性のクロムトリカルボニルアレーン錯体に比べてより求電子的であり，Grignard反応剤や有機亜鉛[45]反応剤や水素化物のような広い範囲の求核剤と反応する．求核剤の付加で生成する中性の η^5-マンガン錯体は炭素求電子剤とは反応しない．しかし第二の求核剤は金属の反対側から，直接[46]（一酸化炭素の挿入なしで）または配位子交換で活性化してから付加する〔(10.29)式〕[47]．シクロヘキサジエンをはずすのは単に空気酸化すればよい．メチルリチウムやフェニルリチウムを用いると反応は異なり一酸化炭素挿入生成物が得られる．この反応性の変化は明らかではない．

(10.29)

クロムトリカルボニルアレーン錯体はラジカルによる置換反応を行う．二置換のクロロトルエン錯体では，最初の置換パターンとは関係なく，すべての場合メタ置換体が主生成物となる〔(10.30)式〕[48]．分子内反応も報告されている〔(10.31)式〕[49]．

$$\text{(10.30)}$$

2-クロロ：18：55：0%
3-クロロ：0：74：0%
4-クロロ：0：32：43%

$$\text{(10.31)}$$

c. アレーンクロムトリカルボニル錯体のリチオ化[50]

アレーンがクロムに配位すると環はリチオ化 (lithiation) に対して活性化され，環がリチオ化されたアレーンクロムトリカルボニル錯体が容易に合成され，種々の求電子剤とよく反応するようになる〔(10.32)式〕[51), 52]．置換基として−OR，−NMe$_2$，−NHBoc，−CH$_2$OMe，−CH$_2$NMe$_2$，−CONEt$_2$，−F，−Cl などの孤立電子対をもつものがある場合，リチオ化はいつも置換基のオルト位で起こる．

$$\text{(10.32)}$$

$E^{\oplus}$ = CO$_2$, R–I, I$_2$, TMSCl, アルデヒド, ケトン, DMF

このプロセスは非常に複雑な系にでも適用でき，高い選択性で進行する．たとえば，ジヒドロクリプトピン (dihydrocryptopine) をクロムヘキサカルボニルと反応させると，ベンジル位ヒドロキシ基の助けを受けていると考えられるが，やや電子密度の高い方のジメトキシベンゼン環で錯体化が起こる．リチオ化はもっぱらメトキシ基のオルト位でありベンジル位ヒドロキシ基のペリ位でもある場所で起こり，位置選択的にアルキル化ができる〔(10.33)式〕[53]．

10.3 η^6-アレーン金属錯体の反応

$$(10.33)$$

錯体になったインドールは，2位のリチオ化を窒素上の大きな保護基で抑えておけば，ふつう反応しない4位でのリチオ化を受ける〔(10.34)式〕[54].

$$(10.34)$$

前に述べたが，非対称二置換アレーン錯体はキラルである．オルトリチオ化/アルキル化によりちょうどこのような生成物が得られ，上記のように数種の異なる方法で不斉の導入が可能である[18]．ドナー（電子供与）性の基（-MeO, -OCH$_2$OCH$_3$, -NMe$_2$）で置換された不斉ベンジル炭素をもつアレーン錯体はきわめてよい収率，高いジアステレオ選択性で，オルトリチオ化/アルキル化が進行する．配位子で配向付けられたオルト位のメタル化により不斉誘導が進行し，メチル基は錯体中金属と**反対側の面を占めること**

E-X = MeOSO$_2$F, Me$_3$SiCl, Ph$_2$PCl; さらに RCHO, R$_2$CO

$$(10.35)$$

になる〔(10.35)式〕[55]。キラルなベンズアルデヒド由来のケタールまたはアミナール[56]を配向基として用いることができ，光学活性なオルト置換ベンズアルデヒド錯体が得られる〔(10.36)式〕[57]。合成化学的におもしろい例を (10.37)式に示す[58],[59]。

(10.36)

(10.37)

オルトリチオ化を経る不斉誘導でもっと汎用性のあるアプローチは，キラルな有機リチウム反応剤を用いる方法である[60]。この場合，リチオ化された C_2 対称のジベンジルアミンは，プロキラルな二つのオルト位を効率よく区別することができ，収率もよくエナンチオマー過剰率 (ee) も高い[61]〔(10.38)式〕[62]。エナンチオ選択的なリチオ化/塩素化の例を (10.39)式に示す[63]。

X = OR, Cl, F, CON(i-Pr)$_2$, N(Me)Boc
E = TMSCl, PhCHO

(10.38)

10.3 η⁶-アレーン金属錯体の反応

(10.39)

d. 側鎖の活性化と立体化学の制御

アレーンに錯体化した金属の"電子求引的"性質のもう一つの表れは，アルキル側鎖のベンジル位の負電荷を安定化する能力である．これにより，広範な求電子剤による錯体化アレーンのベンジル位アルキル化が容易に起こる〔(10.40)式〕[64]．当然，ベンジル

(10.40)

E = R–I, R–OTf, Bn–Br, 臭化アリル/ヨウ化アリル, 臭化プロパルギル, RCHO, CO_2, RCOR, TMSCl, RCOCl, RCONHMe, t-BuONO (=NOH), 電子不足アルケン, PhSSPh, R_2PCl

位の官能基化は高い立体選択性をもって金属の**反対側**の面から起こる．このことは環状の系で最も顕著であり，環系では回転が制限されベンジル位プロトンが非等価であることに由来する〔(10.41)式〕[65]．

(10.41)

非環状の化合物でも，オルト置換基がベンジル位置換基を単一回転異性体になるよう

R	de
Me	100%
Et	100%
n-Bu	100%
i-Pr	92%

(10.42)

に仕向けるなら，高い立体選択性でベンジル位アルキル化が達成できる〔(10.42)式〕[66]．
ときには，環へのリチオ化とベンジル位のリチオ化が競合する．このような場合，環の反応点をシリル化して保護し，ベンジル位アルキル化が済んでから取除くことができる〔(10.43)式〕[67]．これらの過程が天然物の合成に用いられている[68]〔(10.44)式〕[69]．

(10.43)

(10.44)

ベンジルエーテルのクロムアレン錯体のベンジル位メチレンプロトンは，キラルなアミド塩基により脱プロトンされ，種々の求電子剤と反応し高収率高エナンチオ選択性で生成物を与える．分子間で求電子剤と反応することに加えて，このキラルアニオンは[2,3]Wittig 転位を行う〔(10.45)式〕[70]．金属と同じ側からの脱プロトンが場合によっては起こる．クロムトリカルボニルフタラン (phthalan) 錯体の不斉シリル化は予想どおりのエキソ付加体を与える〔(10.46)式〕[71]．しかし，その場 (in situ) 脱プロトンとヨウ化メチルとの反応は，ジェミナル (geminal) 二置換生成物を与える．この生成物は立

10.3 η^6-アレーン金属錯体の反応

体的に大きな TMS 置換基のある炭素でのエンド脱プロトンの結果生成したものである．これは速度論的条件下（−100 ℃）でも起こる．この異常な脱プロトンは，TMS 置換炭素の高い酸性度のためである．

(10.45)

(10.46)

驚くべきことに，ベンジル**カチオン**もまたクロムトリカルボニル基によって安定化される．錯体上のベンジルアルコール，塩化物，アセテート，エーテル，およびベンズアルデヒドアセタールは，金属の反対の面からルイス酸の助けによりイオン化され，錯体ベンジルカチオンを生じる．このカチオンのラセミ化は遅く，やはり金属の反対側で種々の求核剤と反応し，全体として立体保持の反応を行う〔(10.47)式〕[72]．

(10.47)

環状化合物の場合のように，脱離基が金属に対しアンチの位置をとれなくても，ゆっ

くりとではあるが，求核攻撃はやはり金属と反対の面で起こり，全体として立体反転となる．この反応は複雑な系で効果的である〔(10.48)式[73]および(10.49)式[74]〕．

(10.48)

(10.49)

アレーンクロムトリカルボニルで置換されたプロパルギルアセテートやアルコールからルイス酸を用いてプロパルギルカチオンが容易に生成する．このカチオンはかなり安定で^{13}C NMR スペクトルで観測されている[75]．このカチオンは種々の求核剤と反応しプロパルギル基をもつ生成物を与える〔(10.50)式[76]〕．立体化学は保持である．アレン

(10.50)

10.3 η⁶-アレーン金属錯体の反応

型生成物を与えるような求核剤の付加が場合によっては起こる[77]．

上述のすべての η^6-アレーン錯体で，金属はアレーンのどちらかの面だけを占め，分子の反対側の面で反応が起こる．結果として，非常に高い立体選択性が確保され，有機合成に多く用いられている．ジアステレオマー混合物を用いた非常に初期の例を（10.51）式[78]に示す．α-メチルインダノン錯体のエノンによるα-アルキル化は，完全に金属の反対側の面だけで起こる．活性化されているベンジル位のプロトンの引抜きは金属の反対側の面から起こり，ケトンの分子内アルキル化がきれいなシスの立体化学を与えるように進行する．

$$\text{(10.51)}$$

ラセミ体の2-インダノールは，おそらく酸素原子の配位によるのであろうが，OH基と同じ面から面選択的に錯体となる．エナンチオマー錯体を分割し，一つのエナンチオマーを酸化すると，Cr(CO)₃基に占有されているアレーンの面のみに基づき光学活性であるインダノン錯体が得られる（上述）．この光学活性な錯体の反応はもっぱら金属とは反対側の面で起こるので，Grignard反応剤によるアルキル化はインダノールの単一のエナンチオマーを与え，α-アルキル化すればインダノンの単一エナンチオマーを与え，α-アルキル化と続く還元はα-アルキルインダノールの単一のエナンチオマーを与える〔（10.52）式〕[79]．同様な変換がテトラロン（tetralone）についても行える[80]．

すでに述べたが，非対称1,2-および1,3-二置換アレーンクロムトリカルボニル錯体はキラルで，アレーンのどちらの面をクロムトリカルボニル基が占めるかということに基づいてエナンチオマーがある（図10.6, p.433）．これらは分割でき[81]，さらに場合によっては不斉合成で得られる[82]．諸反応は金属の反対側の面で起こるので，高いエナンチオ選択的反応が達成される．

たとえば，クロム錯体中のオルト置換アリールアルデヒドへの求核付加は，金属の反対側の面からアルデヒドカルボニル基への付加が起こるので，高い立体選択性が得られる．アルデヒドの一方のプロキラルな面だけが求核剤の攻撃にさらされる．これは，オ

[式(10.52)の反応スキーム]

ルト置換基がひずみの少ないアルデヒドの回転異性体を生むように働くからである〔(10.53)式〕[83]. アルデヒド酸素や隣接酸素にルイス酸が配位すると, 回転異性体の存

[式(10.53)の反応スキーム]

在比はまったく変わって, 求核剤との反応ではジアステレオ異性体を生成する〔(10.54)式〕[83]. 同様な要素が, イミンのアルキル化[84),85)]やアザ Baylis-Hilman 反応〔(10.55)

[式(10.54)の反応スキーム]

10.3 η⁶-アレーン金属錯体の反応

式〕[86)], Reformatsky 反応〔(10.56)式〕[87)], Staudinger 反応〔(10.57)式〕[88)], アザ Diels–Alder 反応[89)]〔(10.58)式〕[90)] なども含む錯体化アルデヒドの他の反応においても働き, 高いジアステレオ選択性で反応が起こる.

(10.55)

(10.56)
高純度エナンチオマー

(10.57)

(10.58)

芳香族ケトンやアルデヒド[91)], あるいはベンズアルデヒドイミン[92)] とニヨウ化サマリウムとの反応で得られるクロムトリカルボニル錯体化したベンジルラジカルも, 高いジアステレオ選択性を示す反応を行う〔(10.59)式〕[93)]. アレーンクロム錯体化学のもつ多くの特長を使った大変よい例を (10.60)式に示す[94)]. ケタールは第3段階でも切断できる.

(10.59)

(10.60)

アレーンが金属と錯体化すると求核剤に対し活性になる.しかし,η^6-ベンゼンクロムまたはマンガン錯体をカリウムナフタレニドで還元し,η^4-ベンゼン金属錯体にすると,錯体化されていない部分のアルケンは求電子剤の付加に対し活性化される.たとえば,プロトン,ベンジルハロゲン化物,二酸化炭素,イミニウム塩,およびニトロンなどの求電子付加が起こり η^5-シクロヘキサジエニル錯体となり,これを再び酸化して η^6 錯体とすることができる.期待どおり,プロトンと二酸化炭素を除くすべての求電子剤について金属と反対側からの付加が起こる〔(10.61)式[95] および (10.62)式[96]〕.一方,金属と同じ側から付加が起こる場合もあり,金属中心を求電子剤が攻撃する過程を経るのであろう.これらの求電子剤付加の過程は脱芳香族化のよい手法であるが,ベンゼン以外の場合の有機合成への応用例はまだない.

(10.61)

$$\underset{(CO)_3Cr}{\bigcirc} 2^{\ominus} \xrightarrow{CO_2} \underset{(CO)_3Cr}{\bigcirc}\overset{H}{\underset{CO_2^{\ominus}}{\diagdown}} \xrightarrow[O_2, 45\%]{TMSCl} \underset{(CO)_3Cr}{\bigcirc}-CO_2TMS$$

(10.62)

10.4 η^2-アレーン金属錯体[97]

η^6-アレーン錯体を形成する遷移金属はすべて強いπアクセプター金属-配位子系であって、アレーンの電子豊富なπドナー雲に結合し電子求引性の基として働いた。これとは対照的に、特に $[Os(NH_3)_5]^{2+}$ のような、η^2-アレーン錯体を形成する金属-配位子系は、強力なσドナー配位子でアレーンとはほとんどπ相互作用のできない配位子をもっている。これらの錯体は、**πアクセプター配位子**であるアルケン、ニトリル、アルデヒド、およびアルキンなどと優先して配位し、これらの配位子への結合形成はアミン、エステル、エーテル、アルコール、アミドなど**ドナー配位子**への結合形成よりも優先する。$[Os(NH_3)_5]^{2+}$ の際立った特長は、アレーンさえも"アルケン性"配位子のように挙動させ、アレーンの共役を解除するような形で6π系をη^2型として錯体化してしまう点である。アレーンとの錯体化はアレーンのπ系への影響が最小となるような位置で起こり、外部アルケン(スチレンの場合のように)は内部アルケンに優先して錯形成する。

これらの錯体はアレーン共存下 $[Os(NH_3)_5]^{3+}$ を還元して得られる。(この操作は"グローブボックス"条件下で行う。)錯体の分解はかなりきつい条件下 DDQ や CAN で酸化することにより行える [(10.63)式]。

$$\underset{X}{\bigcirc} + Os(NH_3)_5(OTf)_3 \xrightarrow[\substack{DME, DMA \\ \text{グローブボックス}}]{Mg(0)} \underset{X}{\bigcirc}-Os(NH_3)_5(OTf)_2$$

錯体の分解:CAN, TfOH
または DDQ または 160 ℃ MeCN

(10.63)

アレーンのη^2型錯体化により、たいへん興味ある反応が起こる。錯体化されていない部分のアルケンは Pd/C/H$_2$ により還元できる [(10.64)式][98]。$[Os(NH_3)_5]^{2+}$、すな

$$\bigcirc-Os(NH_3)_5(OTf)_2 \xrightarrow[MeOH, 89\%]{Pd-C, H_2} \bigcirc-Os(NH_3)_5(OTf)_2$$

(10.64)

わち Os(II) へのフェノールおよびアルコキシベンゼンの η^2 型錯体化は，エノンの γ-エノール体を用いた反応のようになり，電子不足アルケンへの Michael 付加が行える〔(10.65)式〕[99]．予想どおりだが，求電子剤は大きなオスミウム部分と反対の面で反応する．アニリンも同様な反応を行う〔(10.66)式〕[100]．

(10.65)

(10.66)

電子不足アルケン以外にも，アセタール，プロトン，第三級カルボカチオンなどの他の求電子剤が使える．アルキルベンゼンやナフタレンでは，求電子剤と求核剤をつぎつぎと導入することができ，シス-1,4-付加体を与える[101]．求電子剤の種類よりも多くの種類の求核剤，ヒドリド，シリルエノラート，安定化アニオン，銅アート錯体，および亜鉛反応剤などが使える〔(10.67)式〕．

(10.67)

アルコキシベンゼンではさらに広い可能性がある．(R)-2-フェノキシプロパン酸メチルエステル基は高収率でキラルな錯体を生成する〔(10.68)式〕[102]．連続的に求電子付加/求核付加/求電子付加/求核付加を行うと四つの異なる有機基を導入できる．キラルな基は金属をベンゼンの一つの面へ方向づけ，すべての他の反応は金属によって方向づけられている．

10.4 η^2-アレーン金属錯体

(10.68)

3-アルキル-1-メトキシベンゼンオスミウム η^2-錯体の"ベンジル位"の活性化ができる.たとえば,3,4-ジメチル-1-メトキシベンゼンをオスミウム錯体とし,3-ブテン-2-オンと反応させ,付加体を塩基で処理すると二環性の生成物を与える〔(10.69)式〕[103].さらに反応させ,錯体を分解すると,立体的に整ったデカリン誘導体が得られる.

ベンゼンやナフタレンに加えて,多くのヘテロ芳香環も錯体化できオスミウム-η^2-錯体を与える.ピロールの 4,5-η^2-錯体は安定で,期待どおり,3位に求電子剤の付加を受けるようなエナミンの典型的な反応を行い〔(10.70)式〕[104],アセチレンジカルボン酸エステルを用いると2位の再閉環を伴う.ピロールへの求電子付加はもっぱら2位で起こるが,オスミウムとの錯体化で付加位置が3位へ完全に移動している.これは,ある基質の反応性を遷移金属が変えてしまうという特徴のさらなる例である.

(10.69)

(10.70)

オスミウムはピロールの 4,5 位に優先的に錯体化するが，3,4 位にも結合することが可能である．その場合には非常に活性なアゾメチンイリドが生成し，求 1,3-双極子剤が存在すれば容易に環化付加を行う〔(10.71)式〕[105]．

(10.71)

フランの Os 錯体の反応はピロールの場合と似ている[106]．4 位での求電子攻撃が有利であるが，生成する 4,5-η^2-3H-フラニウム体が不安定なため，結果はもっと複雑でフランの置換基の位置に依存する．連続する求電子付加/求核付加によりシス-4,5-置換 4,5-ジヒドロフラン化合物が生成する〔(10.72)式〕．2-ヒドロキシメチルフラン錯体は，分子内求核付加により 2H-ピラノンを与える〔(10.73)式〕[107]．

10.4 η²-アレーン金属錯体

$$\text{(10.72)}$$

$$\text{(10.73)}$$

オスミウム以外にも，レニウム，モリブデン，およびタングステンの η^2-アレーン錯体が知られており反応性も似ている．2位に置換基をもつ（ピリジン窒素の配位能を弱めるため）ピリジンは WTp(NO)(PMe$_3$)(η^2-benzene) と反応し3,4-η^2錯体を生成する[108]．これらの錯体は電子不足アルケンと反応し，[4+2]環化付加生成物を与える〔(10.74)式〕．

$$\text{(10.74)}$$

Tpは(10.75)式を見よ

Re，W，および Mo の η^2 錯体は金属中心でキラルであり，レニウム錯体は (R)-α-ピネンを用いて分割できる．η^2-フラン錯体を用いて興味あるシクロペンテンの生成がみられている．たとえば，エナンチオ比を高めた錯体と電子不足アルケンとの反応を(10.75)式[109]に示す．金属がキラル中心であり，この中心は2,5-ジメチルフランと錯体化する前に分割してある．最初に生成するエノラート-3H-フラニウム体は，結合切断して金属で安定化されたアルケニルカチオンを生成する．エノラートがこのカチオンに付加し，ついで酸化すれば金属を除いた有機化合物が生成する．

η^2-アレーン錯体については，反応がオスミウム，ルテニウム，モリブデン，タングステンについて化学量論的であることや実験操作が煩雑であることなどの理由で，有機合成には現在のところほとんど使われていない．しかし，将来よい方法が開発されれば，このユニークな反応は有機合成化学者の武器庫に加わることになろう．ちょうど他の多くの有機金属プロセスが，特にパラジウムの化学が，当初は有機合成に用いるには曖昧

すぎると思われていたのと同じことと思われる.

(10.75)

Tp = ヒドリドトリス(ピラゾリル)ホウ酸アニオン

er は主生成物（95%）についてのエナンチオマー比

文　献

1. Kündig, E. P. Transition Metal π-Arene Complexes in Organic Synthesis and Catalysis. In *Topics in Organometallic Chemistry*; Kündig, E. P., Ed.; Springer: Berlin, 2004; pp 71–94.
2. 総説: a) Rosillo, M.; Dominguez, G.; Perez-Castells, J. *Chem. Soc. Rev.* **2007**, *36*, 1589. b) Semmelhack, M. F. Transition Metal Arene Complexes: Nucleophilic Addition. In *Comprehensive Organometallic Chemistry II*; Wilkinson, G., Stone, F. G. A., Abel, E. W., Eds.; Pergamon: New York, 1995; Vol. 12, pp 929–1015.
3. a) Nicholls, B.; Whiting, M. C. *J. Chem. Soc.* **1959**, 551. b) Mahaffy, C. A. L.; Pauson, P. *Inorg. Synth.* **1979**, *19*, 154.
4. a) Mosher, G. A.; Rausch, M. D. *Synth. React. Inorg. Met.-Org. Chem.* **1979**, *4*, 38. b) Rausch, M. D. *J. Org. Chem.* **1974**, *39*, 1787.
5. a) Kündig, E. P.; Perret, C.; Spichiger, S.; Bernardinelli, G. *J. Organomet. Chem.* **1985**, *286*, 183. b) 出発錯体の合成: Desobry, V.; Kündig, E. P. *Helv. Chim. Acta* **1981**, *64*, 1288.
6. a) Khand, I. U.; Pauson, P. L.; Watts, W. E. *J. Chem. Soc. C* **1968**, 2257. b) Astruc, D.; Dabard, R. *J. Organomet. Chem.* **1976**, *111*, 339.
7. Abd-El-Aziz, A. S.; Bernardin, S. *Coord. Chem. Rev.* **2000**, *203*, 219.
8. Kudinov, A. M.; Rybinskaya, M. I.; Struchkov, Y. T.; Yanovskii, A. I.; Petrovskii, P. V. *J. Organomet. Chem.* **1987**, *336*, 187.
9. Schmidt, A.; Piotrowski, H.; Lindel, T. *Eur. J. Inorg. Chem.* **2003**, 2255.
10. Bhasin, K. K.; Balkeen, W. G.; Pauson, P. L. *J. Organomet. Chem.* **1981**, *204*, C25.
11. a) Sun, S.; Yeung, L. K.; Sweigart, D. A.; Lee, T. Y.; Lee, S. S.; Chung, Y. K.; Switzer, S. R.; Pike, R. D. *Organometallics* **1995**, *14*, 2613. b) Jackson, J. D.; Villa, S. J.; Bacon, D. S.; Pike, R. D.; Carpenter, G. B. *Organometallics* **1994**, *13*, 3972.
12. この図は優れた（少し古い）総説からとった: Semmelhack, M. F. *J. Organomet. Chem.* **1976**, *1*, 361.
13. 総説: a) Kalinin, V. N. *Russ. Chem. Rev.* **1987**, *56*, 682. b) Uemura, M. *Adv. Met. Org. Chem.* **1991**, *2*, 195.
14. Brown, D. A.; Raju, J. R. *J. Chem. Soc. A* **1966**, 1617.
15. Rosca, S. J.; Rosca, S. *Rev. Chim.* **1974**, *25*, 461.

16. Mahaffy, C. A. L.; Pauson, P. L. *J. Chem. Res.* **1979**, 128.
17. Baldoli, C.; DelButtero, P.; Licandro, E.; Maiorana, S. *Gazz. Chim. Ital.* **1988**, *118*, 409.
18. Semmelhack, M. F.; Hall, H. T., Jr. *J. Am. Chem. Soc.* **1974**, *96*, 7091, 7092.
19. a) Pearson, A. J.; Chelliah, M. V. *J. Org. Chem.* **1998**, *63*, 3087 および引用文献. b) Janetka, J. W.; Rich, D. H. *J. Am. Chem. Soc.* **1997**, *119*, 6488 および引用文献.
20. Pearson, A. J.; Cui, S. *Tetrahedron Lett.* **2005**, *46*, 2639.
21. Pearson, A. J.; Shin, H. *J. Org. Chem.* **1994**, *59*, 2314.
22. Storm, J. P.; Andersson, C.-M. *J. Org. Chem.* **2000**, *65*, 5264.
23. 総説: a) Rosillo, Marta; Dominguez, Gema; Perez-Castells, Javier. *Chem. Soc. Rev.* **2007**, *36*, 1589. b) Pape, A. R.; Kaliappan, K. P.; Kündig, P. E. *Chem. Rev.* **2000**, *100*, 2917.
24. Semmelhack, M. F.; Hall, H. T., Jr.; Farina, R.; Yoshifuji, M.; Clark, G. E.; Bargar, T.; Hirotsu, K.; Clardy, J. *J. Am. Chem. Soc.* **1979**, *101*, 3535.
25. Semmelhack, M. F.; Wulff, W.; Garcia, J. L. *J. Organomet. Chem.* **1982**, *240*, C5.
26. Cambie, R. C.; Rutledge, P. S.; Stevenson, R. J.; Woodgate, P. D. *J. Organomet. Chem.* **1994**, *471*, 133, 149.
27. Semmelhack, M. F.; Knochel, P.; Singleton, T. *Tetrahedron Lett.* **1993**, *34*, 5051.
28. テレオシジン (teleocidine) A の合成で: Semmelhack, M. F.; Rhee, H. *Tetrahedron Lett.* **1993**, *34*, 1399.
29. Fretzen, A.; Ripa, A.; Liu, R.; Bernardinelli, G.; Kündig, E.P. *Chem.−Eur. J.* **1998**, *4*, 102.
30. Kündig, E. P.; Liu, R.; Ripa, A. *Helv. Chim. Acta* **1992**, *75*, 2657.
31. Fretzen, A.; Kündig, E. P. *Helv. Chim. Acta* **1997**, *80*, 2023.
32. a) Semmelhack, M. F.; Harrison, J. J.; Thebtaranonth, Y. *J. Org. Chem.* **1979**, *44*, 3275. b) Boutonnet, J. C.; Levisalles, J.; Normant, J. M.; Rose, E. *J. Organomet. Chem.* **1983**, *255*, C21.
33. erythro-ジュバビオン (juvabione) の合成で: Pearson, A. J.; Paramahamsan, H.; Dudones, J. D. *Org. Lett.* **2004**, *6*, 2121.
34. Semmelhack, M. F.; Yamashita, A. *J. Am. Chem. Soc.* **1980**, *102*, 5924.
35. Pearson, A. J.; Gontcharov, A. V. *J. Org. Chem.* **1998**, *63*, 152.
36. Pigge, F. C.; Coniglio, J. J.; Fang, S. *Organometallics* **2002**, *21*, 4505.
37. Chae, H. S.; Burkey, D. J. *Organometallics* **2003**, *22*, 1761.
38. Pigge, F. C.; Coniglio, J. J.; Rath, N. P. *J. Org. Chem.* **2004**, *69*, 1161.
39. Kündig, E. P.; Cunningham, A. F., Jr.; Paglia, P.; Simmons, D. P.; Bernardinelli, G. *Helv. Chim. Acta* **1990**, *73*, 386.
40. Kündig, E. P.; Inage, M.; Bernardinelli, G. *Organometallics* **1991**, *10*, 2921.
41. Kündig, E. P.; Fabritius, C.-H.; Grossheimann, G.; Robvieux, F.; Romanens, P.; Bernardinelli, G. *Angew. Chem. Int. Ed.* **2002**, *41*, 4577.
42. a) Kündig, E. P.; Bernardinelli, G.; Liu, R.; Ripa, A. *J. Am. Chem. Soc.* **1991**, *113*, 9676. b) Kündig, E. P.; Ripa, A.; Bernardinelli, G. *Angew. Chem., Int. Ed. Engl.* **1992**, *31*, 1071. c) Kündig, E. P.; Qualtropani, A.; Inage, M.; Ripa, A.; Dupre, C.; Cunningham, A. F., Jr.; Bourdin, B. *Pure Appl. Chem.* **1996**, *68*, 97.
43. a) Amurrio, D.; Khan, K.; Kündig, E .P. *J. Org. Chem.* **1996**, *61*, 2258. b) Beruben, D.; Kündig, E. P. *Helv. Chim. Acta* **1996**, *79*, 1533. c) Kündig, E. P.; Amurrio, D.; Anderson, G.; Beruken, D.; Khan, K.; Ripa, A.; Longgang, L. *Pure Appl. Chem.* **1997**, *69*, 543.
44. Kündig, E. P.; Cannas, R.; Laxmisha, M.; Ronggang, L.; Tchertchian, S. *J. Am. Chem. Soc.* **2003**, *125*, 5642.
45. Yeh, M.-C. P.; Hwu, C.-C.; Lee, A.-T.; Tsai, M.-S. *Organometallics* **2001**, *20*, 4965.
46. Roell, B. C., Jr.; McDaniel, K. F.; Vauhghan, W. S.; Macy, T. S. *Organometallics* **1993**, *12*, 224.
47. Lee, T.-Y.; Kang, Y. K.; Chung, Y. K.; Pike, R. D.; Sweigart, D. A. *Inorg. Chim. Acta* **1993**, *214*, 125.
48. Lin, H.; Yang, L.; Li, C. *Organometallics* **2002**, *21*, 3848.
49. Schwarz, O.; Brun, R.; Bats, J. W.; Schmalz, H.-G. *Tetrahedron Lett.* **2002**, *43*, 1009.
50. 総説: Semmelhack, M. F. Transition Metal Arene Complexes: Ring Lithiation In

Comprehensive Organometallic Chemistry II; Wilkinson, G., Stone, F. G. A., Abel, E. W., Eds.; Pergamon: New York, 1995; Vol. 12, pp 1017-1037.
51. a) Semmelhack, M. F.; Bisaha, J.; Czarny, M. *J. Am. Chem. Soc.* **1979**, *101*, 768. b) Card, R. J.; Trahanovsky, W. S. *J. Org. Chem.* **1980**, *45*, 2560. c) Gilday, J. P.; Negri, J. T.; Widdowson, D. A. *Tetrahedron* **1989**, *45*, 4605. d) Dickens, P. J.; Gilday, J. P.; Negri, J. T.; Widdowson, D. A. *Pure Appl. Chem.* **1990**, *62*, 575. e) Kündig, E. P.; Perret, C.; Rudolph, B. *Helv. Chim. Acta* **1990**, *73*, 1970.
52. Sebhat, I. K.; Tan, Y.-L.; Widdowson, D. A.; Wilhelm, R.; White, A. J. P.; Williams, D. J. *Tetrahedron* **2000**, *56*, 6121.
53. Davies, S. G.; Goodfellow, C. L.; Peach, J. M.; Waller, A. *J. Chem. Soc., Perkin Trans. 1* **1991**, 1019.
54. a) Nechvatal, G.; Widdowson, D. A. *J. Chem. Soc., Chem. Commun.* **1982**, 467. b) Beswick, P. J.; Greenwood, C. S.; Mowlem, T. J.; Nechvatal, G.; Widdowson, D. A. *Tetrahedron* **1988**, *44*, 7325. c) チュアングキシンマイシン (chuangxinmycin) メチルエステルの合成: Masters, N. F.; Mathews, N.; Nechvatal, G. Widdowson, D. A. *Tetrahedron* **1989**, *45*, 5955. d) Dickens, M. J.; Mowlen, T. J.; Widdowson, D. A.; Slawin, A. M. Z.; Williams, D. J. *J. Chem. Soc., Perkin Trans 1* **1992**, 323.
55. a) Uemura, M.; Miyake, R.; Nakayama, K.; Shiro, M.; Hayashi, Y. *J. Org. Chem.* **1993**, *58*, 1238. b) Christian, P. W.; Gil, R.; Muñoz-Fernandez, K.; Thomas, S. E.; Wierzchleyski, A. T. *J. Chem. Soc., Chem. Commun.* **1994**, 1569.
56. a) Alexakis, A.; Tomassini, A.; Andrey, O.; Bernardinelli, G. *Eur. J. Org. Chem.* **2005**, 1332. b) キラルなオキサゾリン基を配向基に用いた関連反応: Overman, L. E.; Owen, C. E.; Zipp, G. G. *Angew. Chem. Int. Ed.* **2002**, *41*, 3884.
57. a) Han, J.; Son, S. V.; Chung, Y. K. *J. Org. Chem.* **1997**, *62*, 8264. b) 関連する反応: Alexakis, A.; Kanger, T.; Mangenez, P.; Rose-Munch, F.; Perrotey, A.; Rose, E. *Tetrahedron: Asymmetry* **1995**, *6*, 47; 2135.
58. コルペンスアミン (korupensamine) A と B の合成で: Watanabe, T.; Tanaka, Y.; Shoda, R.; Sakamoto, R.; Kamikawa, K.; Uemura, M. *J. Org. Chem.* **2004**, *69*, 4152.
59. a) Uemura, M.; Daimon, A.; Hayashi, Y. *J. Chem. Soc., Chem. Commun.* **1995**, 1943. b) アリールナフタレン誘導体の単一異性体の関連する合成法: Watanabe, T.; Uemura, M. *J. Chem. Soc., Chem. Commun.* **1998**, 871.
60. 総説: Gibson, S. E.; Reddington, E. G. *Chem. Commun.* **2000**, 989.
61. a) Ewin, R. A.; MacLeod, A. M.; Price, D. A.; Simpkins, N. S.; Watt, A. P. *J. Chem. Soc., Perkin Trans. 1* **1997**, 401. b) Price, D. A.; Simpkins, N. S.; MacLeod, A. M.; Watt, A. P. *J. Org. Chem.* **1994**, *59*, 1961. c) Kündig, E. P.; Quattrepani, A. *Tetrahedron Lett.* **1994**, *35*, 3497.
62. Pache, S.; Botuha, C.; Franz, R.; Kündig, E. P.; Einhorn, J. *Helv. Chim. Acta* **2000**, *89*, 2436.
63. 保護された *ent-*アクチノイジン酸 (actinoidic acid) の合成で: Wilhelm, R.; Widdowson, D. A. *Org. Lett.* **2001**, *3*, 3079.
64. 総説: a) Uemura, M. *Org. React.* **2006**, *67*, 217. b) Davies, S. G.; McCarthy, T. D. Transition Metal Arene Complexes. Side Chain Activation and Control of Stereochemistry. In *Comprehensive Organometallic Chemistry II*; Wilkinson, G., Stone, F. G. A., Abel, E. W., Eds.; Pergamon: New York, 1995; Vol. 12, pp 1039-1070.
65. Arzeno, H. B.; Barton, D. H. R.; Davies, S. G.; Lusinchi, X.; Meunier, B.; Pascard, C. *Nouv. J. Chim.* **1980**, *4*, 369.
66. Solladie-Cavallo, A.; Farkhani, D. *Tetrahedron Lett.* **1986**, *27*, 1331.
67. Baird, P. D.; Blagg, J.; Davies, S. G.; Sutton, K. H. *Tetrahedron* **1988**, *44*, 171.
68. Schmalz, H. C.; Arnold, M.; Hollander, J.; Bats, J. W. *Angew. Chem., Int. Ed. Engl.* **1994**, *33*, 108.
69. 7,8-ジヒドロキシカラメネン (dihydroxycalamenene) の合成で: Schmalz, H. G.; Hollander, J.; Arnold, M.; Duerner, G. *Tetrahedron Lett.* **1993**, *34*, 6259.
70. Gibson, S. E.; Ham, P.; Jefferson, G. R. *Chem. Commun.* **1998**, 123.
71. Zemolka, S.; Lex, J.; Schmalz, H.-G. *Angew. Chem. Int. Ed.* **2002**, *41*, 2525.

72. 総説: Davies, S. G.; Donohoe, T. J. *Synlett* **1993**, 323.
73. a) Coote, S. J.; Davies, S. G.; Middlemiss, D.; Naylor, A. *Tetrahedron: Asymmetry* **1990**, *1*, 33. b) Coote, S. J.; Davies, S. G.; Middlemiss, D.; Naylor, A. *J. Chem. Soc., Perkin Trans. 1* **1985**, 2223. c) Coote, S. J.; Davies, S. G.; Middlemiss, D.; Naylor, A. *Tetrahedron Lett.* **1989**, *30*, 3581.
74. (−)-マクロカルパール (macrocarpal) Cの合成で: Tanaka, T.; Mikamiyama, H.; Maeda, K.; Iwata, C.; In, Y.; Ishida, T. *J. Org. Chem.* **1998**, *63*, 9782.
75. Netz, A.; Drees, M.; Strassner, T.; Müller, T. J. J. *Eur. J. Org. Chem.* **2007**, 540.
76. Netz, A.; Müller, T. J. J. *Tetrahedron* **2000**, *56*, 4149.
77. Müller, T. J. J.; Netz, A. *Organometallics* **1998**, *17*, 3609.
78. Jaouen, G.; Meyer, A. *Tetrahedron Lett.* **1976**, 3547.
79. Jaouen, G.; Meyer, A. *J. Am. Chem. Soc.* **1975**, *97*, 4667.
80. Schmalz, H. G.; Millies, B.; Bats, J. W.; Dürner, G. *Angew. Chem., Int. Ed. Engl.* **1992**, *31*, 631.
81. a) Solladie-Cavallo, A.; Solladie, G.; Tsamo, E. *J. Org. Chem.* **1979**, *44*, 4189. b) Davies, S. G.; Goodfellow, C. L. *J. Chem. Soc., Perkin Trans. 1* **1989**, 192.
82. a) Bromley, L. A.; Davies, S. G.; Goodfellow, C. L. *Tetrahedron: Asymmetry* **1991**, *2*, 139. b) Uemura, M.; Miyake, R.; Nakayama, K.; Shiro, M.; Hayashi, Y. *J. Org. Chem.* **1993**, *58*, 1238.
83. Tipparaju, S. K.; Puranik, V. G.; Sarkar, A. *Org. Biomol. Chem.* **2003**, *1*, 1720.
84. 有機亜鉛反応剤の付加: Ishimaru, K.; Ohe, K.; Shindo, E.; Kojima, T. *Synth. Commun.* **2003**, *33*, 4151.
85. シリルエノールエーテルの反応: Ishimaru, K.; Kojima, T. *Tetrahedron Lett.* **2001**, *42*, 5037.
86. Kündig, E. P.; Xu, L. H.; Schnell, B. *Synlett* **1994**, 413.
87. Baldoli, C.; Del Buttero, P.; Licandro, E.; Papagni, A.; Pilati, T. *Tetrahedron* **1996**, *52*, 4849.
88. a) Del Buttero, P.; Baldoli, C.; Molteni, G.; Pilati, T. *Tetrahedron: Asymmetry* **2000**, *11*, 1927. b) Del Buttero, P.; Molteni, G. Papagni, A. *Tetrahedron: Asymmetry* **2003**, *14*, 3949.
89. Ishimaru, K.; Koima, T. *J. Chem. Soc., Perkin Trans. 1* **2000**, 2105.
90. Kündig, E. P.; Xu, L. H.; Romanens, P.; Benardinelli, G. *Synlett* **1996**, 270.
91. ピナコールカップリングの例: a) Taniguchi, N.; Kaneta, N.; Uemura, M. *J. Org. Chem.* **1996**, *61*, 6088. b) Taniguchi, N.; Hata, T.; Uemura, M. *Angew. Chem. Int. Ed.* **1999**, *38*, 1232.
92. Taniguchi, N.; Uemura, M. *Synlett* **1997**, 51.
93. Merlic, C. A.; Walsh, J. C. *J. Org. Chem.* **2001**, *66*, 2265.
94. ジヒドロキシセルラト酸 (dihydroxyserrulatic acid) の合成で: Uemura, M.; Nishimura, H.; Minami, T.; Hayashi, Y. *J. Am. Chem. Soc.* **1991**, *113*, 5402.
95. Bao, J.; Park, S.-H. K.; Geib, S. J.; Cooper, N. J. *Organometallics* **2003**, *22*, 3309.
96. Corella, J. A., II; Cooper, N. J. *J. Am. Chem. Soc.* **1990**, *112*, 2832.
97. 総説: a) Smith, P. L.; Chordia, M. D.; Harman, W. D. *Tetrahedron* **2001**, *57*, 8203. b) Harman, W. D. *Chem. Rev.* **1997**, *97*, 1953.
98. Harman, W. D.; Taube, H.; *J. Am. Chem. Soc.* **1988**, *110*, 7906.
99. a) Kopach, M. E.; Harman, W. D. *J. Am. Chem. Soc.* **1994**, *116*, 6581. b) Kopach, M. E.; Kolis, S. P.; Liu, R.; Robertson, J. W.; Chordia, M. D.; Harman, W. D. *J. Am. Chem. Soc.* **1998**, *120*, 6199. c) Kolis, S. P.; Kopach, M. E.; Liu, R.; Harman, W. D. *J. Am. Chem. Soc.* **1998**, *120*, 6205.
100. Kolis, S. P.; Gonzalez, J.; Bright, L. M.; Harman, W. D. *Organometallics* **1996**, *15*, 245.
101. a) Winemiller, M. D.; Harman, W. D. *J. Am. Chem. Soc.* **1998**, *120*, 7835. b) Ding, F.; Kopach, M. E.; Sabat, M.; Harman, W. D. *J. Am. Chem. Soc.* **2002**, *124*, 13080.
102. Chordia, M. D.; Harman, W. D. *J. Am. Chem. Soc.* **2000**, *122*, 2725.
103. Kolis, S. P.; Kopach, M. E.; Liu, R.; Harman, W. D. *J. Am. Chem. Soc.* **1998**, *120*, 6205.
104. Hodges, L. M.; Gonzalez, J.; Koonts, J. I.; Myers, W. H.; Harman, D. *J. Org. Chem.* **1995**, *60*, 2125.

105. Gonzalez, J.; Koontz, J. I.; Myers, W. H.; Hodges, L. M.; Sabat, M.; Nilsson, K. R.; Neely, L. K.; Harman, W. D. *J. Am. Chem. Soc.* **1995**, *117*, 3405.
106. Chen, H.; Liw, R.; Myers, W. H.; Harman, W. D. *J. Am. Chem. Soc.* **1998**, *120*, 509.
107. Chen, H.; Caughey, R.; Liu, R.; McMills, M.; Rupp, M.; Myers, W. H.; Harman, W. D. *Tetrahedron* **2000**, *56*, 2313.
108. Graham, P. M.; Delafuente, D. A.; Liu, W.; Myers, W. H.; Sabat, M.; Harman, W. D. *J. Am. Chem. Soc.* **2005**, *127*, 10568.
109. Friedman, L. A.; You, F.; Sabat, M.; Harman, D. F. *J. Am. Chem. Soc.* **2003**, *125*, 14980.

索引

あ

IMes 304
アウスタミド 170
(−)-アウスタリド B 165
亜鉛化合物 82, 101
亜鉛ホモエノラート 83
ent-アクチノイジン酸 456
アクラビノン 435
アゲラスタチン A 261
アゲラスチン A 419
アゴスティック 19
アコレノン B 433
アザジラクチン 167
アザジルコナサイクル 149
アザスピラシド-1 384
アザ Diels-Alder 反応 447
アザ Baylis-Hilman 反応 446
アザペナム 223
アジュダゾール A 84
アジリジン 180, 402
アジリジン化
　アルケンの—— 252
アシルオキシ基
　——の[1, 2]転位 334
η^1-アシルパラジウム錯体 398
アステリカノリド 369
(+)-アステリスカノリド 314, 376
(+)-アストロフィリン 260
アスピドスペルマアルカロイド 235
アスペラジン 70
アセチレンケトン 83
(Z)-アセトアミドアクリラート 44
アセトアルデヒド 265
γ-アセトキシエノン 410
アセトキシオドントシスメノール 148
アセトキシツビプロファン 436
アゾメチンイリド 452
(−)-アナトキシン a 419
アニオン性配位子 5
(+)-アファナモール 316
(+)-アファナモール 1 261
アフィジコリン 170, 193
アフラトキシン 419
(+)-アフリカノール 260
アポプトリジノン 165, 260
アポプトリジン 166
アミド化 122
アミノ化 272
　——分子間 271
　アリル位—— 386
　パラジウム触媒を用いる—— 122
　分子内—— 388
アミノカルベン 256
アミノカルベン錯体 197, 214
　——の Dötz 反応 217
α-アミノ酸 224
β-アミノ酸ファルマコホア 69
アミン
　——への還元 53
　パラジウム触媒による——のアリール化 124
アミンオキシド 16
アミン配位子 6
β-アラネオセン 171
δ-アラネオセン 418
(+)-アリスガシン 69
アリルアセテート 383, 393
アリルアミン 386
アリルアルコール 47, 152, 392
　——の分割 48
　ルテニウム触媒による——の異性化 67
アリルエーテル 152
アリルエポキシド 384
N-アリール化 122
アリルカルボナート 384, 394
η^3-アリル金属錯体 28
　——の合成 373
η^3-アリル金属ヒドリド錯体 66
アリールグリコシド 95
η^3-アリルコバルト錯体 411
アリルシラン 347
アリルスルホン 393
アリールタリウム(III)錯体 95
η^3-アリルタングステン錯体 407
η^3-アリル鉄錯体 410
η^3-アリル鉄トリカルボニラクトン 178
η^3-アリルニッケル錯体 412
η^3-アリルニッケルハロゲン化物 412, 414
アリル配位子 5
アリール配位子 5
η^3-アリルパラジウム錯体 35, 373
アリル保護基 396
アリルボラン 347
アリールマンガン(I)錯体 95
アリルメチルエーテル 153
η^3-アリルモリブデン錯体 294, 407
アリル誘導体
　——のパラジウム触媒反応 377
アルキニルアミン 203
アルキニルアルデヒド
　——の立体選択的アルドール反応 343
アルキニルカルベン錯体 204

索引

アルキノン
　——の還元　55
アルキリデンシクロヘキセン
　　　　　　333
アルキリデンチタン錯体　250
(Z)-α-アルキリデンラクトン
　　　　　　325
アルキリデンロジウム錯体
　　　　　　337
η^1-アルキル-η^3-アリルジルコ
ニウム錯体　148
アルキル化
　——の位置選択性　430
　アリル位——　378
　アルキル銅反応剤による——
　　　　　　79
σ-アルキルジルコニウム(Ⅳ)
　　　　　錯体　92
アルキルジルコニウム種　94
trans-アルキルシンナムアルデ
　　　　　ヒド　185
アルキル配位子　5
σ-アルキルパラジウム(Ⅱ)錯
　　　　　体　86
アルキルヘテロ(混合)銅アート
　　　　　錯体　74
アルキン
　——とのパラジウム触媒によ
　　　る反応　318
　——のカルボクプレーション
　　　　　　84
　——の環化付加/メタセシス
　　　　　　212
　——の求電子的金属錯体　28
　——の挿入　85
　——のヒドロスズ化　60
　金属一水素結合への——　85
アルキン-アルキンメタセシス
　　　　　触媒　244
アルキン-エノン環化　156
アルキンコバルト錯体　339
アルキン錯体　317
　安定な——　339
σ-アルキンタングステン錯体
　　　　　　203
アルキン鉄錯体　28
アルキン配位子　6
アルケニリデン錯体　250
アルケニルアルミニウム化合物
　　　　　93, 104
アルケニルアレーン　91

η^6-アルケニルケテン　214
σ-アルケニルジルコニウム(Ⅳ)
　　　　　錯体　92, 103
アルケニルスズ　61, 111, 384
アルケニル銅アート錯体　84
アルケニルトリフラート　96
アルケニル配位子　5
σ-アルケニルパラジウム(Ⅱ)
　　　　　錯体　86
アルケン
　——の異性化　65
　——の求電子的金属錯体　27
　——のシクロプロパン化
　　　　　　229
　——の挿入　128, 269
　——の反応性　40
　——のヒドロ官能基化機構
　　　　　　60
　——のヒドロジルコニウム化
　　　　　　63
　——の不斉水素化　51
　——のメタセシス　210, 237
　Wilkinson 触媒による——の
　　　　　還元　39
　金属一水素結合への——　85
　モノヒドリド触媒による——
　　　　　の還元　38
アルケン-アルキンメタセシス
　　　　　　242
アルケン基交換　210
アルケン錯体　262
アルケン配位子　6
アルコキシカルベン錯体　196
　——の Dötz 反応　214
アルコキシクロムカルベン
　　　　　　225
α-アルコキシスズ反応剤　83
アルコキシベンゼン　450
アルコール
　——から金属ヒドリド生成機
　　　　　構　56
アルデヒド
　——の脱カルボニル　185
アルドール縮合　204
アルドール反応
　アルキニルアルデヒドの立体
　　　　　選択的——　343
α位のプロトン
　カルベン炭素の——　201
アレニリデンルテニウム錯体
　　　　　　338

アレニルアルコール　122
アレン　303
アレーン
　——の金属への錯体化による
　　　　　効果　426
アレンイン　349
η^2-アレーン金属錯体　449
η^6-アレーン金属錯体　424, 427
アレーンクロム錯体
　——とカルボアニオンとの反
　　　　　応　430
η^6-アレーンクロムトリカルボ
ニル錯体　30, 424
　——のアルキル化　431
　——のリチオ化　438
アレーン錯体　424
アレン酸エステル　336
アレーン配位子　6
アレーンルテニウム錯体　428
(−)-アロストネリン　368
アンスラックス四糖　419
アンタスコミシン B　71
アンチ選択的還元　52
アンチ Markovnikov 型付加体
　　　　　　322
(−)-アンドラクシニジン　409
5α-アンドロスタン-3,17-ジオ
ン　416
アンフィジノリド　164
アンフィジノリド A　172
アンフィジノリド K　420
アンフィジノリド T1　261
アンフィジノリド P　172
アンフィジノール 3　67
アンブルチシン　162, 315
(+)-アンブルチシン　194
(+)-アンブルチシン S　258

い

ee(エナンチオマー過剰率)　46
硫黄イリド　234
イオノマイシン　422
イカルガマイシン　313
異性化
　アルケンの——　66
イソキノリン　321
イソクマリン　364
イソクロメン　364

索　引

い

イソシアナート　357
9-イソシアノネオプブケアナン　258
イソドモ酸G　172
イソニトリル
　　——の金属-炭素二重結合への挿入　216
　　——の挿入　147
イソニトリル配位子　6
η　4
位置選択性
　　アルキル化の——　430
　　インドールアルキル化の——　431
1,4-付加
　　エナンチオ選択的な——　92
一酸化炭素
　　——の挿入　126
一酸化炭素配位子　173
イナンデニン-12-オン　419
イノン　83
ebthi　153
イミダゾリン類　222
イミン　53, 446
イリジウムアレーン錯体　434
イリジウム(I)錯体　18
イリジウム触媒　406
イリド　234
(+)-インクルストポリン　343
インゲノール　367, 368
インジウム(III)共触媒　402
インダン誘導体　217
インテグラマイシン　71
インデン　214
(−)-インドラクタムV類縁体　311
(−)-インドリジジン　314
インドール　363
　　——の2位でのパラジウム化　141
インドールアルキル化
　　——の位置選択性　431
インドール合成　320

う

Wittig反応剤　247
[2,3]-Wittig転位　442
Wilkinson錯体　7
Wilkinson触媒　39, 184, 353
　　——とCrabtree触媒の活性の比較　49
　　——によるアルケンの異性化　65
ウェルウィチンドリノンAイソニトリル　167
ウッドロシンI　259
ウペナミド　314

え

エキソ環状アルケン　85
エキソ二重結合　40
(+)-エキレニン　313
エクテイナスシジン　169
S18986　69
siphos　43
segphos　43
(+)-SCH351448　259
エステルエノラート　386
エストロン　352
エスペラミシン　119
エチルケトン　183
エナミド
　　——のアミンへの還元　53
エナンチオ選択的還元　45
エナンチオマー過剰率　46
nttl　253
エノール　276
エノールエステル
　　——のα-ヒドロキシエステルへの還元　53
エノールエーテル　202
エノールシリルエーテル　62
エノールトリフラート　165
エノールラクトン　364
エノン
　　——の還元　59
　　——への共役付加　74
6-エピ-サルソリリドA　261
8-エピ-PGF$_{2\alpha}$　258
エピ-β-ブルネセン　171
9-エピ-ペンタレン酸　316
エピルピニン　259
FR182877　167
FR900482　168
(−)-エプタゾシン　169

FTY720　163
エポチロン　69
Me-duphos　43
monophos　43
エリオラニン　70
エリオランギン　70
β-エレメン　310
エロゴルギアエン　160
1,6-エンイン　332
1,n-エンイン　86
　　——の環化異性化　331
エン-イン-エン開環閉環メタセシス　245
エン-インカップリング　157
エン-イン環化　333
塩化第四級アンモニウム　130
塩化トリメチルスズ　389
塩化パラジウム　263
塩化プロパルギル　171
エンジイン抗腫瘍剤　341
円錐角　15
エント-EI-1941-2　311

お

オキサミジンII　165
α-オキシ鉄錯体　227
(+)-オクロマイシノン　365
オスミウム-η^2-錯体　451
Overman転位　281
オルトアルキル化　432
オルト置換アリールアルデヒド　445
オルトパラジウム化　139
オルトリチオ化　140, 439
　　——とSuzukiカップリング　107

か

開環クロスメタセシス　245
開環重合　238
開環閉環メタセシス　245
カスケード反応　137
カタンシン　48
カチオン性アルケン鉄(II)錯体　282

索引

カチオン性 η^5-ジエニル錯体 30
カチオン性シクロオクタジエンイリジウム(I)錯体 48
カップリング
　アルキル亜鉛反応剤との―― 102
　Cadiot-Chodkiewicz―― 80
　Kumada―― 98
　Glaser―― 80
　クロス―― 31
　Suzuki―― 105
　Stille―― 61, 111
　Tamao-Kumada―― 98
　鉄カルボニルによる―― 174
　Negishi―― 101
　Hartwig-Buchwald―― 122
(S,S)-カプトプリル 194
カラブロン 255
カリケアミシン 119
$(-)$-カリスタチン 164
カリステギンアルカロイド 310
California red scale フェロモン 160
カリベルトシド 165
カリベルトシドアグリコン 166
ガルスベリン 311
$(+)$-1-カルバセファロチン 222
カルバゾキノシン C 256
カルバゾール 314
カルバゾールアルカロイド 298
カルビン錯体 244
カルベン錯体 26, 196
カルベン配位子 6
カルボクプレーション 84
カルボサイクリゼーション 137
カルホスチン 160
カルボニルイリド 235
カルボニル化反応 25, 176
カルボニル基
　――の触媒的不斉水素化 51
　――のメチレン化 247
カルボニル配位子 6
カルボノリド B 313
カルボビル 419
カルボン酸
　――の β-アリール化 141
カルボン酸イオン 391

環化異性化 86
　1,n-エンインの―― 331
環化オリゴマー化
　アルキンの―― 350
環化カルボニル化反応 177
環拡大 282
環化三量化 350
環化/転位反応 337
環化付加 301
　パラジウム(0)触媒による―― 399
　[2+2]環化付加 205, 301
　[2+2+1]環化付加 292
　[2+2+2]環化付加
　　ホモ Diels-Alder―― 302
　[3+2]環化付加 284
　[3+3]環化付加 402
　[4+2]環化付加 203, 303
　[4+2+2]環化付加 304
　[4+4]環化付加 304
　[6+2]環化付加 308
　[6+4]環化付加 308
環形成反応
　パラジウム(II)触媒によるアルキン―― 318
還元的カップリング 145
還元的脱離 18
　――の機構 21
還元的 Heck 反応 136
環状ケトン 183
ガンビエル酸 40, 161, 259
ガンビエロール 259
環付加 208
環融着 208, 324

き

ギ酸アンモニウム 393
$(-)$-キシロピン 70, 171
$(+)$-キセストキノン 170
$(-)$-ギッボシド 417
キノン誘導体 215
キノン類 360
ギムノシン 164, 312
逆供与 9
逆供与 π 結合 10
求核攻撃 24
　金属アルキン錯体への―― 317

18 電子カチオン性錯体への―― 27
求核的カルベン錯体 247
求核的 Schrock カルベン錯体 247
求核反応
　遷移金属上での―― 31
求電子攻撃 33
求電子剤 19
求電子的カルベン錯体
　――のメタセシス 237
共環化三量化 357
共三量化
　アルキンと―― 354
鏡像体過剰率 46
協奏的酸化的付加 19
共二量化 241
共役エナール
　――の還元 59
共役エノン
　――の 1,4-付加 92
共役カルベン錯体
　――への Michael 付加 206
極性求電子剤 19
均一系触媒 38
均一系水素化 38
均一系不斉水素化 42
金カルベン錯体 331
$(+)$-[6]-ギンゲルジオール 313
ギンコライド 83
金錯体 327
　――によるヒドロアリール化 328
銀錯体 279
均質金属カルボニル 173
金属アシルエノラート 189
金属アルキン錯体
　――への求核攻撃 317
金属アルケン錯体 262
金属カルボニル
　――の反応 174
金属交換 31
金属ジエニル錯体
　カチオン性――への求核攻撃 296
金属ジエン錯体 285
　――への求核攻撃 293
金属-炭素 σ 結合 72
金属ヒドリド
　アルコールから――生成 56

索引

く

(−)-クアドリゲミン C　169
(+)-グアナカステペン　260
グアナカステペン　258
グアナカステペン A　62, 369
グアル酸　422
クプラート　72
(−)-α-クベベン　366
Kumada(熊田)カップリング　98
クメストロール　364
グラキソライド前駆体　46
グラフィスラクトン　169
Grubbs 触媒
　第 2 世代——　238
Grubbs-Hoveyda 触媒　238
Grubbs ルテニウム触媒　238
Crabtree 触媒　49
　Wilkinson 触媒と——の活性の比較　49
(−)-クラボソリド A　261
グリカールカルボナート　389
グリセオビリジン　70
Grignard 反応剤
　——を用いた酸化的付加/トランスメタル化　98
　コバルトおよび鉄触媒を用いた——反応機構　101
クリプトタキエン　163
クリプトタンシノン　163
クリブウェリン　58, 169
(−)-クリボスタチン 4　420
Kulinkovich-de Meijere 反応　149
(−)-クルクキノン　256
(−)-クルクメン　162
(+)-クルシホリオール　419
Glaser カップリング　80
クロスカップリング　31
(−)-グロスポロン　193
クロスメタセシス　241
クロムアルコキシカルベン　210
クロムアレーン錯体　428
クロムカルベン錯体　216
　——の合成　197

クロムトリカルボニルアレーン錯体　437
クロムトリカルボニルシクロヘプタトリエン錯体　309
クロムトリカルボニルフタラン　442
クロムヘキサカルボニル　15
クロムヘテロ原子カルベン錯体
　——の光化学反応　220
クロロアレーン鉄錯体　428
クロロペプチン　165
クロロロジウム化　327

け

形式的酸化数　2
ケイ素
　——からパラジウムへのトランスメタル化　117
ケダルシジン　367
ケテン　221
β-ケトエステル　51
　——の速度論的分割　53
β-ケト化合物　267
α-ケトホモアリルアルコール　415
ケトン
　——の不斉還元　53
　——のルテニウム触媒による不斉還元　55
　ルテニウム(Ⅱ)触媒による——の還元　55
ケトンエノラート　417
ケモ選択的　55
　——なヒドロシリル化　62
ゲラニオール　47
ケリリン　167

こ

光学活性配位子　43
交差カップリング　31
交差メタセシス　241
高次環化付加　307
　——の機構　309
高次銅アート錯体　77
後周期遷移金属　278

Kosugi(小杉)-Migita(右田)-Stille 反応　111
(+)-コナゲニン　70
Conia エン反応　329
(+)-ゴニオタレスジオール　311
コバルト
　——を用いた Grignard 反応剤の反応機構　101
コバルトカルボニルアニオン　411
Cope 転位　281
　分子内シクロプロパン化につづく——　211
ゴミシン　194
コルペンスアミン　164, 456
Collman 反応剤　20, 181
　——による鉄カルベン錯体生成　220
コレスタノン　415
コレステロール阻害剤 1233A　193
混合アルキルヘテロ銅アート錯体　76

さ

Saegusa(三枝)酸化　276
酢酸アリル　280
　パラジウム(Ⅱ)触媒による——の転位　280
酢酸パラジウム(Ⅱ)　275
酢酸ロジウム(Ⅱ)　229
southern corn rootworm フェロモン　160
サマリウム　252
ザラゴジン酸　258
ザラゴジン酸 A　260
ザラゴジン酸 C　259
サリチルハラミド　159
サリノマイシン　254
サルコ酸メチル　165
サルソレンオキシド　315
サルパジン　167
サルパジンアルカロイド　170
酸塩化物
　——の脱カルボニル　186
酸化数　2
　電子数と——　7

索引

酸化的付加　18
　　──を経るアルケンの異性化
　　　　　　　　　　　　66
酸化的付加/アルケン挿入　128
酸化的付加/求核置換経路　122
酸化的付加/挿入　126, 177
酸化的付加/トランスメタル化
　　　　　　　　　　　　96
三環性フラン　283
酸素イリド　234
酸素求核剤　265, 389
(+)-ザンパノリド　159

し

C-1027　166
ジアステレオ選択性　78
ジアステレオマー過剰率　78
ジアステレオ面交換　381
ジアセチレンスピロアセタール
　　エノールエーテル天然物
　　　　　　　　　　　320
ジアゾ化合物　229
ジアゾナミド　164, 169
シアノ基　354
josiphos　43
chiraphos　43
C-H結合
　　──への挿入　233
ジエニル錯体　296
η⁵-ジエニル錯体　299
20,21-ジエピカリベルトシドA
　　アグリコン　261
ジエン　394
　　非環状──　293
1,3-ジエン
　　──のテロメリゼーション
　　　　　　　　　　　373
1,4-ジエン　91
ジエンアセテート　398
1,2-ジエン-7-イン　89
1,3-ジエン環化オリゴマー化
　　ニッケル(0)触媒による──
　　　　　　　　　　　375
ジエン錯体　285
(η⁴-1,3-ジエン)鉄トリカルボ
　　ニル錯体　29, 293
ジエン配位子　6
1,3-ジエン保護基　285

COの壁
　　6族カルベン錯体の──
　　　　　　　　　　　199
CO配位子　199
シガトキシン　71, 167, 367
β-ジカルボニルエノラート
　　　　　　　　　　　207
(+)-ジクタムノール　172
(−)-ジクチオスタチン　70
σ炭素−金属錯体　72
　　──の合成と反応　73
σドナー　5
σドナー結合　9
[3,3]シグマトロピー転位
　　　　　　　　324, 336
シクロアルカン　276
シクロアルケン　276
シクロオクタノン誘導体
　　　　　　　　　　　306
シクロオクタン誘導体　304
(η⁴-シクロブタジエン)鉄トリ
　　カルボニル　291
シクロブタジエン配位子　6
シクロブタノン　223
シクロプロパラジシオール
　　　　　　　　　　　367
シクロプロパン　29
　　置換──　151
シクロプロパン化　208
　　──の反応機構　209
　　ヒドリドカルベンによる──
　　　　　　　　　　　226
シクロプロピル-エナール
　　──の分子内アシル化　187
シクロプロピルカルベン
　　──のDötz反応　218
シクロプロペン　347
η⁵-シクロヘキサジエニル錯体
　　　　　　　　　　　429
シクロヘキサジエニル鉄錯体
　　　　　　　　　　　296
η⁵-シクロヘキサジエニル鉄ト
　　リカルボニル　30
シクロヘキサジエニル鉄トリカ
　　ルボニルカチオン　6
シクロヘキサジエニル配位子
　　　　　　　　　　　　5
シクロヘキセノン　433
4,4-二置換──　297
シクロヘキセン
　　多官能基化──　387

シクロヘプタ-3,5-ジエノン錯
　　体　289
シクロヘプタトリエノン　175
シクロヘプタトリエン配位子
　　　　　　　　　　　　6
シクロペンタジエニル鉄アレー
　　ン錯体　425
シクロペンタジエニル配位子
　　　　　　　　　　5, 27
シクロペンタジニエルジカルボ
　　ニル鉄　282
シクロペンテノン　83, 344
シクロメタル化反応　158
1,3-ジケトン　57
自己交換反応　27
ジコバルトオクタカルボニル
　　　　　　　　　　　339
CC-1065類縁体　363
(−)-ジスコデルモリド　163
ジスコデルモリド　420
シス挿入　88, 130
シストチアゾール　367
シス-二官能基化　295
ジチアンアニオン　434
シトラリトリオン　71
(+)-シトレオフラン　260
シトロネラールエナミン　65
シトロネロール　47
C-2-エピ-ヒグロマイシンA
　　　　　　　　　　　418
(+)-シネフンギン　68
ジヒドロアゼピン　306
(+)-ジヒドロカナデンソリド
　　　　　　　　　　　422
7,8-ジヒドロキシカラメネン
　　　　　　　　　　　456
ジヒドロキシセルラト酸　457
ジヒドロクリプトピン　438
(−)-4a,5-ジヒドロストレプタ
　　ゾリン　161
ジヒドロピラン
　　──の速度論的分割　153
ジヒドロリポセファリン　163
ジブロモケトン　174
ジペプチド　225
ジベンゾシクロオクタジエン配
　　位子　160
(+)-シホスタチン　71
ジメチルアセトアミド　266
ジャトロファトリオン　71
Schwartz反応剤　63

索　　引

18電子則　4
縮合環状化合物　305, 434
Staudinger反応　221, 447
erythro-ジュバビオン　455
Schrock カルベン錯体　247
Schrock モリブデンメタセシス
　　　　　　　触媒　238
シリルエノールエーテル
　　　　　　275, 457
β-シリル有機銅アート錯体
　　　　　　　　77
(+)-シリンドラミドA　260
ジルコナサイクル　146
ジルコナシクロペンタジエン
　　　　　　　362
ジルコナシクロペンテン　362
ジルコニウム(IV)アルキル錯体
　　　　　　　64
ジルコニウム錯体　361
ジルコニウム転位　64
ジルコノセン　146
　光学活性をもつ――　153
ジルコノセンジクロリド　151
(+)-*cis*-シルバチシン　260
シン-アンチ選択性　52
シン共平面　88
ジンコポリン　159
シン立体選択性　104

す

水　銀
　――のトランスメタル化　94
水酸化物イオン　26
水素化
　ルテニウム-binap触媒によ
　　　　　る――　49
ス　ズ
　――からパラジウムへのトラ
　　　　ンスメタル化　111
Suzuki(鈴木)反応　105
　分子内――　109
Suzuki(鈴木)-Miyaura(宮浦)反
　　　　　応　105
スズ反応剤　111
スズヒドリド還元
　共役エナールとエノンの――
　　　　　　　　60
スタキフリン　71

Stevens転位　234
Stille型カップリング反応　61
Stille反応　111
Stryker反応剤　58
(−)-ストリキニン　418
(+)-ストレパゾリン　161
ストレプトミセス代謝物　421
(*R*)-ストロンギロジオール
　　　　　　70, 160
スピカマイシン　167
スピロ環化合物　319, 434
スピロ環融着反応　289
スピロフンギン　70
スピロベチバン　163
スフィンゴフンギンE　381
スペクチナビリン　163
スリップ機構　16

せ

セスキテルペンラクトン　422
(−)-セファロタキシン　419
(+)-セルレニン　413
L-セレクトリド　283
セロフェンド酸　312
遷移金属　1
遷移金属カルベン錯体　196
遷移金属カルボニル錯体　173
遷移金属ヒドリド　37
前周期遷移金属　278, 361
(−)-セントロロビン　422
センブレン　423

そ

1,3-双極付加　192
不飽和カルベン錯体の――
　　　　　　　205
挿　入　23
　η³-アリルパラジウム錯体
　　　　　　の――　396
　一酸化炭素の――　126
　C-H――　233
　シス――　88, 130
　連続――　87
速度論的分割
　Grignard反応剤の――　99

ジヒドロピランの――　153
ヒドロフランの――　153
Sonogashira(薗頭)-Hagihara(萩
　　　　　原)反応　119
Sonogashira(薗頭)反応　119
(+)-ソラナスコン　159
ソルダリシン　418
ソレノプシンA　365

た

大環状化
　アルキン-アルケンの――
　　　　　　　243
大環状化合物　109, 131
大環状ラクトン　414
第三級アミン
　Heck反応における――　129
対称アリル化合物　382
タウトマイシン　310
Takai(高井)-Utimoto(内本)ア
　　　　　ルケニル化　251
タキソール　169
(−)-タキソール　163
多重結合　19
脱カルボニル　174, 184
Tamao(玉尾)-Kumada(熊田)
　　　　　カップリング　98
タリウム
　――のトランスメタル化　94
タングステン
　――η³-アリル錯体　407
　――η²-アレーン錯体　453
タングステンヘキサカルボニル
　　　　　　　406
炭素-アルミニウム化
　アルキンの――　104
炭素化環剤　137
炭素求核剤　274, 429
　――と酸化的付加/求核置換
　　　　　反応　124
炭素-水素結合
　――への挿入　233
炭素-炭素二重結合
　――の還元　53
炭素-窒素カップリング反応
　　　　　　　123
炭素-窒素二重結合
　――の還元　53

索 引

ち, つ

チエナマイシン 46
(+)-チエナマイシン 274
チタナサイクル 248
チタナシクロプロパン 149
チタン(II)アルケン 149
チタン錯体 361
 低原子価―― 148
チタン(IV)錯体 149
チタンベンザイン錯体 363
チタン(IV)メタラシクロプロパン 149
窒素イリド 234
窒素求核剤 386
 アリル化合物と――の反応 386
チュアングキシンマイシン 167, 456
中性配位子 6

Tsuji(辻)-Trost 反応 378
cis-ツジャン 312
(−)-ツベロステモニン 420

て

diop 43
dipamp 43
DIBAL 402
dr(ジアステレオマー比) 50
de(ジアステレオマー過剰率) 78
(R)-daipen 54
ds(ジアステレオ選択性) 206
TMC-95A 164
tmtu 350
davephos 135
d 軌道 9
(R)-dtbm-segphos 59
d 電子配置 3
Diels-Alder[4+2]環化付加 302
Diels-Alder 反応 192
デ-AB-コレスタ-8(14),22-ジエン-9-オン 310

6-デオキシクリトリアセタール 365
7-デオキシパンクラスタチン 194
デオキシフレノリシン 194
1-デオキシマンノジリマイシン 311
鉄アシルエノラート 189
鉄 η^3-アリル錯体 410
鉄(II)アルケン錯体 282
鉄アルコキシカルベン 220
鉄(II)オキシアリルカチオン 174
鉄カルボニル 177
 ――によるカップリング反応 174
鉄カルボニル錯体 227, 285
鉄触媒
 ――を用いた Grignard 反応剤の反応機構 101
鉄(0)触媒カップリング
 トリエンの―― 375
Dötz 芳香環融着反応 213
鉄ペンタカルボニル 15
テトラカルボニル鉄(−II)酸二ナトリウム 181
テトラキス 98
1,2,3,4-テトラヒドロイソキノリン誘導体 47
(−)-Δ⁹-trans-テトラヒドロカンナビノール 422
テトラヒドロジクラネノン 365
テトラヒドロセルレニン 257
テトラヒドロピラン 391
テトラヒドロフラン 391
テトラロン 445
(−)-テトロドトキシン 261
テトロノマイシン 310
Tebbe 反応剤 247
 ――と Ph₃PCH₂ との比較 260
3-デメトキシエリスラチジノン 194
テルペサチン 368
テレオシジン 140
テレオシジン A 455
(−)-デロパノン 193
テロマー 374
テロメリゼーション
 1,3-ジエンの―― 373

転位 23
[1,2]転位
 アシルオキシ基の―― 334
転位挿入 22
電子数
 ――と酸化数 7
(−)-デンドロビン 171, 368

と

銅アセチリド 80
銅(I)塩 117
銅チオフェンカルボキシラート 117
銅(I)トリフラート 229
銅ヒドリド 58
N-トシルエナミン 176
(+)-ドラグマシジン F 277
トランス効果
 配位子置換反応における―― 14
トランスファー水素化 54
トランスメタル化 31, 64, 92
 ――によるアリル位アルキル化 383
 ――による有機銅反応剤の合成 82
 カルベン配位子の―― 225
トランスメタル化/挿入 92
トリエン
 ――の鉄(0)触媒カップリング 375
トリエンクロム(0)錯体 307
トリコデルモール 314
(+)-トリシクロクラブロン 55, 159
トリシクロヘキシルホスフィン 379
トリス(アセトニルアセトナト)鉄 100
トリ鉄ドデカカルボニル 192
11,12,15(S)-トリヒドロキシイコサ-5(Z),8(Z),13(E)-トリエン酸 161
トリフェニルシラノール 389
トリブチルスズヒドリド 59, 125
トリフラート 74
 ――の酸化的付加 96

索　引

トリメチルアルミニウム　104
1-トリメチルシリルオキシ-η³-
　　アリルニッケル錯体　415
トリメチレンメタン中間体
　　　　　　　　　　　399
トリメチレンメタンパラジウム
　　錯体　402
トリメチレンメタン反応　404
トレムレンジオールA　418
トロパノン鉄トリカルボニル錯
　　体　289
トロパンアルカロイド　175
トロポン　400

な　行

ナイトレン(→ ニトレン)　252
内部アルキン
　　——のヒドロジルコニウム化
　　　　　　　　　　　103
ナカドマリンAマクロライド
　　　　　　　　　　　259
ナトリウムナフタレニド　197
7員環
　　——の合成法　174
7員環化合物　158
ナナオマイシン　194
ナフトキノン　360
ナブメトン　169
ナフレジン　167
ナプロキセン　46

二塩化クロム　251
二環性化合物　147, 212
Nicholas 反応　340
二置換アレーン
　　——のキラリティー　432
2,3-二置換インドール　138
ニチジン　311
ニッケラサイクル　156
ニッケルカルボニル　177
ニッケル-クロム　121
ニッケル(0)錯体　154
　　——と環化付加　303, 403
　　——による還元的カップリン
　　　　グ　358
　　——による1,3-ジエン環化
　　　　オリゴマー化　375
　　η³-アリル——　412

ニッケルテトラカルボニル　14
ニッケル(0)テトラキスホス
　　フィン錯体　15
ニッケル(II)ホスフィン錯体
　　　　　　　　　　　416
ニトリル配位子　6
ニトレン錯体　252
ニトロシル基　6
ニトロン　192, 282
ニヨウ化サマリウム　252, 447
二量化
　　アルコキシクロムカルベン
　　　　の——　225
ヌクレオシド炭素環類縁体
　　　　　　　　　　　386
ネオカラゾスタチン　314
ネオカルチノスタチン　367
(＋)-ネガマイシン　312
Negishi(根岸)カップリング
　　　　　　　　　　　101
Nozaki(野崎)-Hiyama(檜山)-
　　Kishi(岸)反応　121
ノズリスポリン酸　168
(－)-ノズリスポリン酸　166
Noyori(野依)触媒　55
ノルボルネン　143

は

πアクセプター　5, 10
配位子
　　——の分類　4
　　アニオンの——　4
配位子交換反応　12
配位子置換反応　12
　　——の分類　13
π*軌道　9
π結合　10
Baeyer-Villiger 酸化/脱離　223
バオゴンテンA　41
(R)-バクロフェン　69
橋かけアシル錯体　192
バシコリン　312
Vaska 錯体　18
Birch 還元　296
白金錯体　327

バックドネーション　9
Hartwig-Buchwald カップリン
　　グ　122
ハプト表記法　4
パラジウム(II)　139
　　——アルケン錯体　262
　　——供給源　263
　　——へのトランスメタル化
　　　　　　　　　　　　94
σ-パラジウム錯体　125
パラジウム(0)錯体
　　——の合成　98
パラジウム自己交換　35
パラジウム触媒
　　——によるアミノ化　122
　　——によるアミンのアリール
　　　　化　124
　　——によるカップリング　104
　　——による環化付加反応
　　　　　　　　　　　399
　　——によるスズヒドリド還元
　　　　　　　　　　　　59
　　アリル誘導体の——反応
　　　　　　　　　　　377
パラジウム(II)触媒　86
　　——によるアルキン環形成反
　　　　応　318
　　——による環化異性化　86
パラジウム/炭素　38
パラジウムビアリール中間体
　　　　　　　　　　　134
パラダシクロブタン中間体　29
(－)-バラノール　69
バリエナミン　418, 419
ハリコンドリン　71
ハリコンドリンB　261
パリトキシン　164
ハリングトノリド　258
ハレナキノール　170
ハロゲン化アリル　177
ハロゲン化アリール　96
　　——の芳香族求核置換反応
　　　　　　　　　　　427
ハロゲン化アルケニル　96
E-ハロゲン化アルケン　252
ハロパラジウム化　324
ハロルテニウム化　326
パンクラチスタチン　369
(＋)-パンクラチスタチン　419
バンコサミン　254
バンコマイシン　428

ひ

binap 43
ビアリール 164
　——の合成 106
非安定化求電子的カルベン錯体 226
P, N-配位子
　不斉2座配位—— 99
非関与配位子 2
被虐的立体誘導 223
非極性化合物 19
ピクロトキサン 161
PGE$_2$メチルエステル 260
Δ^7-PGA$_1$メチルエステル 423
ビシクロ化合物
　環化付加による——生成 175
　Pauson-Khand 反応による——生成 345
ビシクロ[3.1.0]系 333
ビシクロ[5.3.0]系 158
ビス(η^3-アリル)パラジウム 373
ビス Grignard 反応剤 151
ビス(トリメチルシリル)アセチレン 352
ビス(ピナコラト)二ホウ素 107
ビタミン E 311
ビタミン K 164
ビタミン K$_1$ 255
ヒッパジン 164
(−)-ヒッポスポング酸 420
PDE4 阻害剤 69
ヒドリド
　遷移金属—— 37
[1,2]ヒドリド移動 331
ヒドリドカルベン 226
ヒドロアシル化 184, 187
ヒドロアミノ化 91
　分子間—— 321
ヒドロアリール化
　アルケンの—— 278
ヒドロアルケニル化反応 90
ヒドロエステル化 63
ヒドロ官能基化 60, 279
(R)-3-ヒドロキシイコソン酸 69

5(R)-ヒドロキシエイコサテトラエン酸メチルエステル 315
6β-ヒドロキシシシキミ酸 193
α,25-ヒドロキシビタミン D$_3$ 171
2-ヒドロキシメチルフラン錯体 452
ヒドロキノン誘導体 214
ヒドロシリル化 62
ヒドロジルコニウム化 63, 104
ヒドロスズ化
　アルキンの—— 60
ヒドロニッケル化 416
ヒドロフラン
　——の速度論的分割 153
ヒドロホウ素化 62
　——と酸化的付加/トランスメタル化 104
ヒドロホルミル化 184, 187
ヒドロメタル化 67
ピナコールカップリング 457
ピナコールボラン 107
(R)-α-ピネン 453
ピバロフェノン 76
bppm 43
ビビンナチン 166
ビブサニン F 418
ピペリジンアルカロイド SS20864A 313
Hiyama(檜山)反応 118
η^3-ピラニルモリブデン 409
ピリジン 369
ピリジンイリド 226
ピリジン誘導体 337, 354
ピロール縮合ヘテロ環化合物 138
ピロン 220, 400
PYBOX 232
ピングイセノール 258
ピンナトキシン 164
(+)-ヒンバシン 166

ふ

フィゾスチグミン 369
(−)-フィソベニン 71
Fischer カルベン錯体 196

(R)-2-フェノキシプロパン酸メチルエステル 450
フォマチン 168
付加環化 → 環化付加
不均一系触媒 38
不斉アリル位アミノ化 417
不斉アリル位アルキル化 381
不斉化 380
不斉環化異性化 88
不斉還元
　ケトンの—— 53
不斉シクロプロパン化
　——に用いられる不斉配位子 232
不斉シリル化 442
不斉ジルコニウム触媒 153
不斉水素化 42
不斉配位子
　不斉シクロプロパン化に用いられる—— 232
不斉反応
　金触媒を用いる—— 336
不斉ビアリール 100
不斉 Michael アクセプター 162
不斉 Michael 付加 207
不斉メタセシス 246
不斉誘導 306, 380, 439
　Heck 反応による—— 133
プソイドプテロシン G アグリコンジメチルエーテル 367
ブタジエン
　——のオリゴマー化 376
フタル酸型錯体 360
ブテノリド 223
ブプレウリノール 164
(−)-フペルジン A 382
β,γ-不飽和エステル 177
α,β-不飽和カルベン錯体 204
α,β-不飽和ラクタム 350
フミキナゾリン 167
プミロトキシン 163
フムレン 414, 423
(+)-ブラシレニン 166
ブラストマイシノン 367
フラン 452
ブリアレリン 166
ブリオスタチン 194
η^6-フルオロベンゼンクロムトリカルボニル 427
(+)-ブルゲシニン 68

索 引

フルビビシン 153
(+)-ブロウソネチン G 364
フロキノシン 364
プロキラリティー 42
プロキラル 42
プロゲステロン 415
プロスタグランジン 75
(−)-プロスタグランジン E_1
　　　メチルエステル 161
プロスタグランジン $PGF_{2\alpha}$
　　　172
(−)-プロトエメチノール
　　　417
(−)-フロドシン 169
プロパルギルアセタール 342
プロパルギルカチオン 444
　　コバルトで安定化された──
　　　367
プロパルギルカルボナート
　　　404
η^1-プロパルギル錯体 404
プロパルギル酸エステル 336
プロパルギルタングステン
　　　σ 錯体 407
プロパルギルラジカル 344
分子状水素-タングステン錯体
　　　19
分子内白金触媒反応 312

へ

閉環メタセシス 239
ヘキサアルキルジスズ化合物
　　　116
1,3,5-ヘキサトリエン 89
Petasis 反応剤 250
β 水素脱離 23, 86
β 脱離 23
Heck 反応 128
ペリジニン 364
(+)-ベルノレピン 169
ベンザイン 362
ベンジル位アルキル化 441
ベンジルラジカル 447
ベンゼン環融着 216
ベンゾキノン 360
ベンゾシクロブテン 143, 206
ベンゾチオフェン 362
ベンゾフラン 143

ベンゾ[b]フラン 364
ベンゾモルファン 47
ペンタジエニル錯体 300
ペンタレノラクトン E メチル
　　　エステル 421
(−)-ペンテノマイシン 368
Henry 反応 70

ほ

芳香環融着 206
ホウ素
　　──からパラジウムへのトラ
　　　ンスメタル化 104
保護基 394
　　アルキンの── 339
ホスフィン 383
　　──置換鉄カルベン錯体
　　　227
ホスフィン円錐角 15
ホスフィンオキシド 16
ホスフィン配位子 6, 98
Pauson-Khand 反応 301, 344
Horner-Wadsworth-Emmons 反
　　応 407
Hoveyda-Grubbs 触媒 238
ホモアリルアルコール 415
　　──とカルベン錯体 211
　　──の還元 41, 47
　　不斉反応による── 122
ホモセリン 224
ホモ二量化
　　アルケンの── 241
ホモプロパルギルアルコール
　　　122
ポリエン 229
　　──のカチオン性環化 228
ポリガロイド 259
ポリメチルヒドロシロキサン
　　　58
(+)-ホルボキサゾール 70
ホルボキサゾール A マクロラ
　　　イド 259
ホルボール 171
(+)-ホルボール 169
ホルマミシノン 70
ボレリジン 421
(−)-ボレリジン 70
ボロン酸エステル 107

ま～む

Michael 付加
　　共役カルベン錯体への──
　　　206
(+)-マイコトリエノール 165
(−)-マクロカルパール C 457
マクロビラシン A 41
マクロラクチン A 313, 315
マダンガミン 419
末端アルキン 323
(+)-マノアリド 168
マリンゴリド 178
Markovnikov 型生成物 322
マレイン酸型錯体 360
マンガンアレーン錯体
　　カチオン性──
　　　426, 428, 437

み

ミケラミン 164
ミソプロストール 162
Mizoroki(溝呂木)-Heck 反応
　　　128
ムスコン 160

め

メセンブラン 419
メセンブリン 419
メソ体アリル化合物
　　──の非対称化 387
メタセシス 134, 210, 245
　　求電子的カルベン錯体の──
　　　237
メタセシス連鎖的環化 231
メタラサイクル 142
　　5 員環── 145
メタラシクロブタン 29
メタラシクロペンタジエン
　　　350
α-メタロケトン 183
α-メチルインダノン錯体 445
β-メチルカルバペネム 387
(−)-8-O-メチルテトランゴマ
　　　イシン 369

索引

7-O-メチルデヒドロピングイセノール 172
N-メチルピロリドン 100
メチル Meerwein 反応剤 196
メチレン化 247, 251
メチレン化反応剤 250
メチレンシクロプロパン 403
α-メチレン-γ-ブチロラクトン 416
7-メトキシ-O-メチルムコナール 314
(−)-メントール 65

も

(−)-モツポリン 164, 165
モノハプト配位子 4
モノヒドリド触媒
——によるアルケンの還元 38
モリブデンアレーン錯体 435
モリブデンカルボニル 350
モリブデンヘキサカルボニル錯体 405
モルフィナン 47
モルフィン 47
Monsanto 法酢酸プロセス 176

や 行

U86192A 167
有機亜鉛化合物
——から有機銅反応剤の合成 82
有機亜鉛ハロゲン化物 102
有機亜鉛反応剤
——と Negishi カップリング 101
有機スズ反応剤
トリフラートと——とのカップリング反応機構 116
有機銅 72
官能基をもつ——錯体の合成と反応 81
有機銅反応剤 82
有機ホウ素反応剤 96
有機リチウム反応剤 102

ヨウ化アルケニル 61
ヨウ化銅ジメチルスルフィド錯体 93
ヨウ素
——によるアルケニルスズの酸化的切断 61
E-ヨードアルケン 251
ヨードホルム 251
ヨヒンバン 315

ら

(+)-ラウダノシン 70, 171
Rauthenstrauch 転位 334
ラウリマリド 70
$trans$-(+)-ラウレジオール 310
ラクタム 127, 141
β-ラクタム 127, 179, 221, 222
ラクトン 127, 402
β-ラクトン 177
δ-ラクトン 177
ラジカル連鎖機構 21
ラセミ化 27
(+)-ラソノリド A 419
ラトジャドン 168
(−)-ラパマイシン 165
ラバンズキノシン 413
ラビジレクチン 168
(+)-ランソノリド 312

り

リコテシン 428
(+)-リコプラジン A 365
(+)-γ-リコラン 418
リゾキシン D 165
リチウムジオルガノ銅アート錯体 72
——に対する有機化合物の反応性 74
リチウム 2-チエニル銅アート錯体 76
リチウムナフタレニド 80
リチウムフェニルチオ(t-ブチル)銅アート錯体 76
リチオ化 438

2-リチオ-1,3-ジチアン 428
リツアリン 70
リッシオカルピン 159
立体反転 34
リン配位子 42, 45

る, れ

ルタマイシン B 261
ルテナサイクル 145
ルテニウムアレーン錯体 425
ルテニウム(II)ジアミンホスフィン錯体 53
ルテニウム触媒 322, 406
——によるアリルアルコールの異性化 67
——による環化付加 305
酸素配向—— 63
ルテニウム(I)触媒 157
ルテニウム(II)触媒 51
——によるケトンの還元 55
ルテニウム(II)-binap 系 46
ルテニウム-bpe ジブロミド触媒 53
(+)-ルビギノン B$_2$ 365
レウスカンドロリド A 310
レニウム η^2-アレーン錯体 453
レニウムカルベン錯体 329
レパジフォルミン 194
Reformatsky 反応 447
連鎖的メタセシス 245
連続挿入 87

ろ, わ

ロイレアノン 370
6 族カルベン錯体 208
——の CO の壁 199
ロサルタン 164
ロジウム(I)触媒 38, 303, 406
——による環化付加 305
——による Pauson-Khand 型反応 349
ロジウム(II)触媒 232

索　引　　　471

ロジウムヒドリド　57
ローズフラン　364
ロセオフィリン　366
Wacker プロセス　265

化 学 式

CF_3SO_2OR　96
$CoCl(PPh_3)_3$　360
$CoCl_2(dppb)$　101
$[Co(CO)_4]^-$　411
$Cr(CO)_6$　15, 173, 424
$Co_2(CO)_8$　173, 339
$Co(CO)Cp_2$　351
$Co(CO)_2(NO)(PPh_3)$　184
$Cr(CO)_3(\text{naphthalene})$　425
$Cr(CO)_5M_2$　197
$Cu(CN)R_2Li_2$　77
$(CuHPPh_3)_6$　58
$Cu[P(t\text{-}Bu_2)]RLi$　77
CuR_2Li　72

$Fe(acac)_3$　101
$Fe(CO)_3$　285
$Fe(CO)_5$　15, 173, 174, 178
$Fe_2(CO)_9$　173, 178
$Fe_3(CO)_{12}$　192
$Fe(CO)(COCH_3)(PPh_3)Cp$　189

$Fe(CO)_2Cp^-$　283
$Fe(CO)_2CpNa$　227
$[Fe(CO)_3(NO)][Bu_4N]$　410
$Fe(CO)_3(NO)Na$　410

$IrCl(CO)(PPh_3)_2$　18
$[Ir(py)(PCy_3)(cod)]PF_6$　50
$[Ir(py)(PCy_3)S_2]^+$　49

$Mn_2(CO)_{10}$　173
$Mo(CO)_6$　244
$Mo(CO)_2(RNC)_4$　405
$Mo(CO)_3(EtCN)_3$　405
$Mo(CO)_3(MeCN)_3$　296

$Na_2Fe(CO)_4$　20, 181
$[NiBr(C_3H_5)]_2$　91
$NiCl_2(dppp)$　99
$NiCl_2(PPh_3)_2$　100
$Ni(CO)_4$　15, 173, 177
$Ni(CO)_2(PPh_3)_2$　177

$[Os(NH_3)_5]^{2+}$　449

$PdCl_2(PPh_3)_2$　263
$PdCl_2(RCN)_2$　263
$PdCl_4Li_2$　263
$Pd(dba)_2$　98
$Pd_2(dba)_3\text{-}CHCH_3$　88
$Pd(OAc)_2$　87, 139
$Pd(PPh_3)_4$　98, 102

$Rh(acac)(CO)_2$　189
$[RhCl(CH_2=CH_2)_2]_2$　338
$RhCl(CO)(PPh_3)_2$　185
$RhCl(PPh_3)_3$　7, 39, 185
$Rh_6(CO)_{16}$　229
$Rh(CO)(triphos)SbF_6$　186
$Rh(cod)_2BF_4$　42
$Rh(cod)_2OTf$　42
$Rh(dppe)ClO_4$　188
$Rh(dppp)_2BF_4$　186
$Rh(H)(CO)(PPh_3)_3$　38
$Rh(nbd)BF_4$　42
$RuBr_2[(R)\text{-binap}]$　52
$RuCl_2[(S)\text{-binap}]$　51
$Rh_2(OAc)_4$　230, 233
$Ru(OAc)_2[(S)\text{-binap}]$　41, 46
$Ru(OCOR)_2(\text{binap})$　46
$Ru(MeCN)_3CpPF_6$　157

$SnHBu_3$　59

$TiClCpMe_2$　149
$TiCp_2Me_2$　250
$TiCp_2[P(OEt)_3]_2$　250

$WCC(t\text{-}BuO)_3Me_3$　244
$WTp(NO)(PMe_3)(\eta^2\text{-benzene})$　453

$ZrCl_2Cp_2$　151
$Zr(Bu)_2Cp_2$　152
$ZrHClCp_2$　63, 103

村井 眞二
むらい しんじ
　　1938年 大阪に生まれる
　　1966年 大阪大学大学院工学研究科博士課程 修了
　　現 奈良先端科学技術大学院大学 理事・副学長
　　　科学技術振興機構
　　　　JSTイノベーションプラザ大阪 総館長
　　大阪大学名誉教授
　　専攻 有機合成化学，触媒化学
　　工学博士

第1版 第1刷 2001年 4月 2日発行
　　　第4刷 2009年 9月 1日発行
第3版 第1刷 2011年 3月16日発行

遷移金属による有機合成（第3版）

Ⓒ 2011

訳　者　村　井　眞　二
発行者　小　澤　美　奈　子
発　行　株式会社 東京化学同人
　　　　東京都文京区千石3丁目36-7(☏ 112-0001)
　　　　電話 03-3946-5311・FAX 03-3946-5316
　　　　URL：http://www.tkd-pbl.com/

印刷 日本フィニッシュ㈱・製本 ㈱青木製本所

ISBN 978-4-8079-0736-6 Printed in Japan
無断複写，転載を禁じます。

有機合成反応 II
―さらなる可能性を求めて―

向山光昭 著
A5判　264ページ　定価4410円

日本の有機合成界をリードしてきた著者が,「有機合成反応：新しい可能性を求めて」(1987年刊)を著した後の二十余年の研究生活で開発した新しい合成反応をまとめたテキスト．研究の背景・着想および作業仮説とその展開について解説．有機合成研究に携わる研究者や学生に有効なヒントを与える．

合成有機化学
―反応機構によるアプローチ―

Rakesh Kumar Parashar 著
柴田高範・小笠原正道・鹿又宣弘
斎藤慎一・庄司　満 訳
A5判　464ページ　定価6825円

有機合成の新たな道を拓くための基礎知識として必須な反応形式，反応活性種を網羅かつ簡潔に整理．反応選択性，保護基，不斉合成などの概念から，多種多彩な数多くの炭素－炭素結合形成反応まで，関連性のある新しい反応例とともに紹介．反応機構を中心とした解説により，現代の合成有機化学が理解できる．

価格は税込(2011年3月現在)